普通高等教育“十三五”规划教材

电力电子技术

(第3版)

主　编　肖　冬
副主编　冯　琳　王继春
　　　　胡广浩　张艳芬

北　京
冶金工业出版社
2020

内容简介

本书系统地、全面地介绍了各种常用的电力电子器件、直流-直流变换电路、交流-直流变换电路（含有源逆变电路）、直流-交流变换电路、交流-交流变换电路、电力电子技术应用中的问题、电力电子电路的计算机 Matlab 仿真等。本书覆盖了电力电子学的主要内容，着重强调了电力电子学的基本理论和基本分析方法。本书力求概念清晰、结构严谨、深入浅出、内容新颖、理论联系实际，务求实用。

本书可作为普通高等院校自动化专业、电气工程及其自动化专业和相关专业的本科教材，也可供具有一定理论基础和实际经验的工程技术人员参考。

图书在版编目(CIP)数据

电力电子技术/肖东主编. —3版. —北京：冶金工业出版社，2017.7（2020.1重印）
普通高等教育“十三五”规划教材
ISBN 978-7-5024-7537-6

Ⅰ.①电… Ⅱ.①肖… Ⅲ.①电力电子技术—高等学校—教材 Ⅳ.①TM1

中国版本图书馆 CIP 数据核字（2017）第 169864 号

出 版 人 陈玉千
地　　址 北京市东城区嵩祝院北巷 39 号 邮编 100009 电话 （010）64027926
网　　址 www.cnmip.com.cn 电子信箱 yjcbs@cnmip.com.cn
责任编辑 卢 敏 美术编辑 彭子赫 版式设计 孙跃红
责任校对 李 娜 责任印制 李玉山
ISBN 978-7-5024-7537-6
冶金工业出版社出版发行；各地新华书店经销；三河市双峰印刷装订有限公司印刷
2011 年 10 月第 1 版，2014 年 3 月第 2 版，2017 年 7 月第 3 版，2020 年 1 月第 2 次印刷
787mm×1092mm 1/16；18.75 印张；452 千字；284 页
42.00 元

冶金工业出版社 投稿电话 (010)64027932 投稿信箱 tougao@cnmip.com.cn
冶金工业出版社营销中心 电话 (010)64044283 传真 (010)64027893
冶金工业出版社天猫旗舰店 yjgycbs.tmall.com
（本书如有印装质量问题，本社营销中心负责退换）

第3版前言

电力电子技术是以电力为对象的电子技术，是利用电力电子器件进行电能转换的技术，是一门新兴的高新技术学科。该技术近年来发展十分迅速，已成为信息产业和传统产业之间的重要桥梁，是当代高新技术的重要内容之一，也是支持多项高新技术发展的基础技术。

电力电子技术是本专业的基础平台课程，是电力电子装置、开关电源技术、自动控制系统、交流变频调速系统、柔性输电系统等课程的先行课程。同时，也是电气信息类其他相关专业的重要基础课之一。学生通过本课程的学习，可以了解电力电子学科领域的发展方向，理解并掌握电力电子学领域的相关基础知识，培养其分析问题、解决问题的能力。学完本课程后，学生可以了解主要电力电子器件的特性和主要电力电子电路的基本性能，掌握电力电子电路的基本分析方法和电力电子学的基本理论。

本书是面向电气工程及其自动化专业和自动化专业的本科教材。本书第2版经过几年来在教学实践中的使用，发现了一些内容安排不尽合理、学生自学较困难、个别叙述有偏差等问题。这些都在第3版中进行了重新编排修订。修订后的第3版教材基本覆盖了电力电子学的主要内容，着重强调了电力电子学的基本理论和基本分析方法，同时在重要内容加入例题进行辅助学习，并利用Matlab的Simulink工具箱辅助实验学习。本书力求概念清晰、结构严谨、深入浅出、内容新颖、理论联系实际、注重应用。

本版教材保留并修改了绪论、第1章电力电子器件；第2章直流-直流变换电路；第3章交流-直流变换电路（含有源逆变电路）；第4章直流-交流变换电路；第5章交流-交流变换电路、第7章电力电子技术应用中的一些问题和第8章电力电子电路的计算机仿真内容。去掉了第6章谐振软开关技术。

本书由东北大学肖冬、冯琳、胡广浩和张艳芬等同志共同编写完成。全书共分7章。其中，肖冬负责拟定全书大纲，并编写了绪论、第1章、第2章、第3章第1~2小节；冯琳编写了第6章、第7章和第3章第7~10小节；沈阳建筑大学的王继春编写了第3章第3~6小节；沈阳大学的胡广浩编写了第4章和第5章及参考文献；冯琳和营口大学的张艳芬参与了第4章和第5章的编写工作。全书由肖冬统稿。书中的一些插图和文字校对工作由肖冬和冯琳完成。同时，杨卫国和袁平老师博士生黎霸俊、硕士生张琦、李北京、徐家骝、张盛永、杨丰华、于志超和江隆强也参与了部分编写和校对工作。

本书在编写过程中，参阅了许多同行专家的论著和文献，书中部分内容引用了国内外专家、学者的研究成果，在此谨向他们致以诚挚的谢意。此外，在本书编写过程中，得到了冶金工业出版社的大力支持和帮助，也得到了编者所在单位许多同志的关怀、支持和帮助，在此一并对他们致以衷心的感谢。

由于作者水平有限，本书中可能仍然存在疏误遗漏之处，殷切希望同行专家和广大读者给予批评指正。

编著者

2017年3月

第2版前言

电力电子技术是以电力为对象的电子技术，是利用电力电子器件进行电能转换的技术，是一门新兴的高新技术学科。该技术近年来发展十分迅速，已成为信息产业和传统产业之间的重要桥梁，是当代高新技术的重要内容之一，也是支持多项高新技术发展的基础技术。

电力电子技术是本专业的基础平台课程，是电力电子装置、开关电源技术、自动控制系统、交流变频调速系统、柔性输电系统等课程的先行课程。同时，也是电气信息类其他相关专业的重要基础课之一。通过本课程的学习，使学生了解电力电子学科领域的发展方向，理解并掌握电力电子学领域的相关基础知识，培养其分析问题、解决问题的能力。学完本课程后，学生可以了解主要电力电子器件的特性和主要电力电子电路的基本性能，掌握电力电子电路的基本分析方法和电力电子学的基本理论。

本书是面向电气工程及其自动化专业和自动化专业的本科教材。本书第1版经过几年来在教学实践中的使用，发现了一些内容安排不尽合理的地方，以及个别叙述错误，这些都在第2版中进行了重新编排修订。修订后的第2版教材基本覆盖了电力电子学的主要内容，着重强调了电力电子学的基本理论和基本分析方法。本书力求概念清晰、结构严谨、深入浅出、内容新颖、理论联系实际、注重实用。

教材保留并部分修改了第1章各种常用的电力电子器件；第2章直流-直流变换电路；第3章交流-直流变换电路（含有源逆变电路）；第4章直流-交流变换电路；第5章交流-交流变换电路和第6章谐振软开关技术。另外补充了第7章电力电子技术应用中的一些问题和第8章电力电子电路的计算机仿真两部分内容。

本书由东北大学杨卫国、肖冬、冯琳等同志共同编写完成。全书共分8章，其中，杨卫国负责拟定全书大纲，并编写了绪论、第3章、第4章第1节和第2节；肖冬编写了第1章、第2章和第6章；沈阳大学的胡广浩编写了第4章第3节至第6节，杨菲编写了第5章；冯琳编写了第7章和第8章；沈阳农业大学的张志霞参与了第4章和第5章的编写工作。全书由杨卫国统稿。书中的一些插图和文字校对工作由胡广浩和杨菲完成。

本书在编写过程中，参阅了许多同行专家的论著和文献，书中部分内容引用了国内外专家、学者的研究成果，在此谨向他们致以诚挚的谢意。此外，在本书编写过程中，得到了冶金工业出版社的大力支持和帮助，也得到了编者所在单位许多同志的关怀、支持和帮助，在此一并对他们致以衷心的感谢。

由于作者水平有限，本书中可能仍然存在疏误遗漏之处，殷切希望同行专家和广大读者给予批评指正。

编著者

2013年12月

第1版前言

电力电子技术是以电力为对象的电子技术，是利用电力电子器件进行电能转换的技术，是一门新兴的高新技术学科。该技术近年来发展十分迅速，已成为信息产业和传统产业之间的重要桥梁，是当代高新技术的重要内容之一，也是支持多项高新技术发展的基础技术。

电力电子技术是本专业的基础平台课程，是电力电子装置、开关电源技术、自动控制系统、交流变频调速系统、柔性输电系统等课程的先行课程，同时，也是电气信息类其他相关专业的重要基础课之一。通过本课程的学习，学生可以了解电力电子学科领域的发展方向，理解并掌握电力电子学领域的相关基础知识，培养分析问题、解决问题的能力。学完本课程后，学生可以了解主要电力电子器件的特性和主要电力电子电路的基本性能，掌握电力电子电路的基本分析方法和基本理论。

本书是面向电气工程及其自动化专业和自动化专业的本科教材。本书对教学内容及所编章节顺序进行了合理规划与调整，覆盖了电力电子学的主要内容，着重强调了电力电子学的基本理论和基本分析方法。本书力求概念清晰、结构严谨、深入浅出、内容新颖、理论联系实际、务求实用。在本教材的第1章中，介绍了各种常用的电力电子器件，包括功率二极管、晶闸管及其派生器件、门极可关断晶闸管（GTO）、功率晶体管（GTR）、功率场效应晶体管（Power MOSFET）、绝缘栅双极型晶体管（IGBT）和其他新型电力电子器件，以及功率集成电路和功率模块。第2章介绍了直流-直流变换电路，包括降压斩波电路（Buck电路）、升压斩波电路（Boost电路）、升降压斩波电路和Cuk斩波电路、复合型DC-DC斩波电路，以及变压器隔离型直流-直流变换电路。第3章介绍了交流-直流变换电路（含有源逆变电路），包括不可控整流电路、单相可控整流电路、三相半波可控整流电路、三相桥式全控整流电路、三相桥式半控整流电路、变压器漏感对整流电路的影响、晶闸管的相控触发电路与同步问题、有源逆变电路、整流电路的谐波和功率因数，以及其他形式的大功率可控整流电路。第4章介绍了直流-交流变换电路，包括电压型逆变电路、电流型逆变电路、脉宽调制型逆变电路等。第5章介绍了交流-交流变换电路，包括交流调压电路、交-交变频电路和矩阵式交-交变频电路等。第6章介绍了典型谐振软开关电路，包括零电压开关准谐振电路、零电流开关准谐振电路等。

本书由东北大学杨卫国、肖冬等共同编写。全书共分6章，其中，杨卫国负责拟定全书大纲，并编写了绪论、第3章、第4章和第5章第1节；肖冬编写了第1章、第2章和第6章；胡广浩编写了第5章第2节；杨菲编写了第5章第3节；全书由杨卫国统稿。书中的一些插图和文字校对工作由胡广浩、杨菲和研究生洪超、魏新明等人完成。

本书在编写过程中，参阅了许多同行专家的论著和文献，书中部分内容引用了国内外专家、学者的研究成果，在此谨向他们致以诚挚的谢意。此外，本书在编写过程中，得到了冶金工业出版社的大力支持和帮助，也得到了编者所在单位许多同志的关怀、支持和帮助，在此一并对他们致以衷心的感谢。

由于作者水平有限，本书中疏误之处，殷切希望同行专家和广大读者给予批评指正。

编著者

2011年6月

目 录

0 绪 论

电力电子技术是利用电力电子器件及其电路进行电能变换的一门技术。它包括电压、电流、频率、相数等的变换。电力电子变流技术的应用，可以说是电能变换技术的一次“革命”，它使电能变换技术产生了一次飞跃。电力电子变流设备与老式的旋转变流机组相比，具有反应快、体积小、重量轻、噪声低、能量损耗小、容易驱动、可靠性高和易于使用微处理器实现高级自动控制（如自适应控制、最优控制和智能控制）等优点。它主要应用于电化学、电冶炼、电动汽车和电动火车、船舶、轧钢机、辊道运输、纺织机、造纸机、中频感应加热、高压静电除尘、直流输电和无功补偿等领域。随着电力电子器件性能的不断提高，与先进控制技术的有效结合，其应用已深入到工业生产、国防科技和社会生活的各个领域，正在向着应用面更广、应用水平更高的方向发展。

电子技术又称为电子学，是与电子器件、电子电路、电子设备和系统有关的科学技术，它的理论基础是电磁学。电子技术是研究电路中的电子器件及其电信号的产生、变换、处理、存储、发送和接收等问题的技术，又称为信息电子技术。

电力技术是一门涉及发电、输电及电力应用的科学技术，其理论基础也是电磁学（电路、磁路、电场、磁场），利用电磁学的基本原理处理发电、输配电及电力应用的技术称为电力技术。

电力电子技术是使用电力电子器件对电能进行变换和控制的技术，也就是应用于电力领域的电子技术。目前所用的电力电子器件均由半导体制成，故也可称为半导体变流技术。它是由电力技术、电子技术和控制技术综合而成的一门新兴学科。

电子学可分为电子器件和电子电路两大分支，这分别与电力电子器件和电力电子电路相对应。电力电子器件的制造技术和电子器件制造技术的理论基础一样，大多数工艺也基本相同。特别是现代电力电子器件大都采用微电子制造技术和集成电路制造工艺，许多设备都和微电子器件制造设备通用，这说明两者同根同源。电力电子电路和电子电路的许多分析方法也是一致的，只是两者应用目的不同，前者用于电力变换和控制，后者用于信息处理。广义而言，电子电路中的功率放大和功率输出部分也可算做电力电子电路。在信息电子技术中，半导体器件既可处于放大状态，也可处于开关状态；而在电力电子技术中，为避免功率损耗过大，电力电子器件总是工作在开关状态，这是电力电子技术的一个重要特征。

电力电子学（Power Electronics）这一名称是在20世纪60年代出现的。1974年，美国学者W. Newell用一个倒三角形对电力电子学进行了描述，认为电力电子学是由电力学、电子学和控制理论三个学科交叉形成的，这一观点被全世界普遍接受（图0-1）。

根据以上对“电力电子技术”的一般描述，可以将它定义为：电力电子技术是根据电力电子器件的特性、采用一种有效的静态变换和控制方法，将一种形式的电能转换为另一种形式的电能的技术。该技术包括电气和电子器件的有效使用、线性与非线性电路的理论分析、控制理论的应用和成熟设计方法的使用。

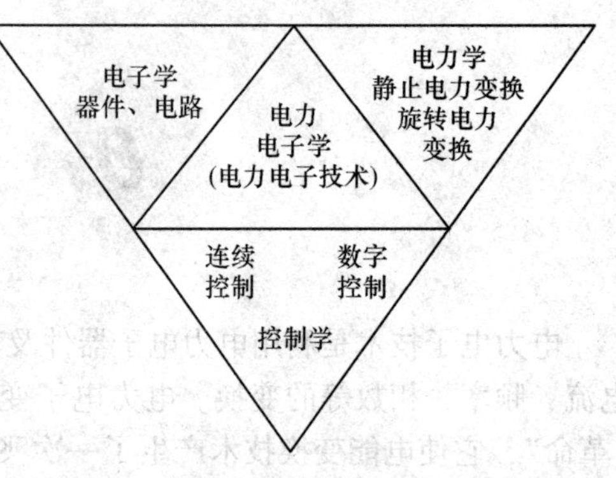

图 0-1 电力电子技术的 Newell 定义

美国电气和电子工程师协会（IEEE）的电力电子学会曾对电力电子学有如下的阐述："有效地使用电力半导体器件，应用电路和设计理论及分析开发工具，实现对电能的高效能变换和控制的一门技术，它包括对电压、电流、频率和波形等方面的变换"。

电力电子学的内容主要包括电力电子器件、能量变换主电路和控制系统三个方面。电力电子学利用电路理论、现代微电子技术、计算机技术、现代控制理论、大规模集成电路技术、电力系统理论，实现各种形式电能之间的变换，从而满足不同的用电要求。

电力电子变流装置主要完成各种电能形式的变换，以电能输入-输出变换的形式来分，主要包括以下四种基本变换：

(1) 交流-直流（AC-DC）变换。把交流电压变换成固定或可调的直流电压，即为AC-DC变换。交流-直流变换一般称为整流，完成交流-直流变换的电力电子装置称为整流器（Rectifier）。交流-直流变换常应用于直流电动机调速、蓄电池充电、电镀、电解以及其他直流电源等。

(2) 直流-交流（DC-AC）变换。把直流电变换成频率可变、电压固定或可调的交流电，称为DC-AC变换。直流-交流变换一般称为逆变，这是与整流相反的变换形式，完成直流-交流变换的电力电子装置称为逆变器（Inverter）。当逆变器的交流输出与电网相连时，其直流-交流变换称为有源逆变；当逆变器的交流输出与电机等无源负载连接时，其直流-交流变换称为无源逆变。有源逆变实际上是整流器的逆运行状态，主要用于电能的联网馈电，如交、直流调速系统四象限运行中的电能回馈和太阳能、风能等新能源的并网发电等；无源逆变装置的输出可以是恒压恒频（CVCF）的电源或不间断供电电源（UPS），也可以是变压变频输出的电源，这种变流装置也称为变频器。它广泛应用于各种变频电源中，如在中频感应加热和交流电动机的变频调速等方面的应用。

(3) 交流-交流（AC-AC）变换。交流-交流变换主要有交流调压和交-交变频两种基本形式，其中，交流调压只调节交流电压而频率不变，常应用于调温、调光、交流电动机的调压调速等场合；交-交变频则是电压和频率均可调节，完成交-交变频的电力电子装置也称为周波变换器（Cycloconverter），主要用于大功率交流变频调速等场合。

(4) 直流-直流（DC-DC）变换。将一种幅值固定或变化的直流电压变换成幅值可调或恒定的另一个电压等级的直流电压，称为DC-DC变换，也称为直流斩波。直流-直流变换主要包括升压、降压和升-降压变换等。采用脉宽调制（PWM）技术实现直流-直流变换的电力电子装置一般称为斩波器（Chopper）或脉宽调制（PWM）变流器。直流-直流变换常应用于升降压直流变换器、直流电压变换、开关电源和仪表电源、电池管理、电动汽车、地铁和电力机车等。

电力电子技术是电气工程及其自动化和自动化等专业的一门专业基础课，是本专业的必修课程。它主要研究各种电力电子器件的工作原理、基本特性、技术参数和组成各种变流装置的基本原理、控制要求、运行过程、工作波形，以及理论计算方法、分析方法、电路设计方法、经济技术指标、使用要领和应用场合。

学习电力电子技术的基本要求是：

(1) 了解本门课程在本专业中的地位、作用和服务对象；

(2) 掌握各种电力电子器件的工作原理、工作特性、技术参数及使用方法；

(3) 掌握单相、三相整流电路和有源逆变电路的基本原理、分析方法，不同性质负载下的波形分析和定量计算；

(4) 掌握无源逆变电路的基本原理、控制要求、换相过程和分析方法；

(5) 掌握各种典型直流-直流变换电路的基本原理和分析方法；

(6) 掌握电压型逆变电路和电流型逆变电路的基本原理和分析方法；

(7) 掌握交流调压、交流调功和交-交变频电路的基本原理和主要应用；

(8) 掌握 PWM 控制技术的基本原理和控制方法。

1 电力电子器件

本章摘要

电力电子器件是电力电子电路的基础，因而掌握各种常用电力电子器件的特性和使用方法是学好电力电子器件的基础。本章对常用电力电子器件的工作原理、基本特性、主要参数、驱动电路和使用中重点注意的一些问题进行了介绍。

电力电子器件是电力电子设备的灵魂和心脏。1948 年，普通晶体管的发明引起了一场电子工业革命。晶体管首先应用于小功率领域，如信息处理、通讯等。10 年后，即 1958 年，美国通用电气公司研制成功了世界上第一只工业用普通晶闸管。从那时起，电子技术的应用开始迈入强电领域并得到了迅猛发展。电能的变换和控制从旋转变流机组、离子变流器时代进入了电力电子变流时代。

同水银整流器相比，晶闸管具有体积小、重量轻、功耗低、效率高、无污染、噪声低、响应快和易于驱动等特点，且晶闸管的开通时间可以控制，加上组成装置后具有综合性能高、寿命长等优点，因此很快在电能变换领域占据了主导地位，并得到了迅猛发展。虽然近年来由于全控型器件的迅速发展和广泛应用，使晶闸管的应用领域受到一定程度的冲击，但其在整流领域、大功率电能变换领域的主导地位仍然是相当稳固的。本书仍以较大篇幅详细介绍晶闸管器件及其组成的各种电能变换电路的工作原理和分析方法。

传统的功率二极管和普通晶闸管（Thyristor）曾经一度是电力电子电能变换的主角。随着电能控制技术的不断发展和一些用电设备对电能变换质量的要求进一步提高，使得功率二极管、普通晶闸管的应用受到严重挑战。为克服功率二极管和普通晶闸管应用中存在的问题，迫切呼唤着开关频率更高、导通和关断都可控的电力电子器件，于是全控型器件便应运而生了。

20 世纪 70 年代后期，相继研制成功了电力双极型晶体管（Bipolar Junction Transistor，BJT）、功率场效应晶体管（Power MOSFET）和门极可关断晶闸管（Gate Turn-off Thyristor，GTO）。它们可称为第一代全控型电力电子器件，其共同特点是可通过门极（基极、栅极）控制其导通和关断，而且其开关频率明显高于晶闸管，适用于开关频率较高的电路，因此它们得到了迅速推广，使电力电子技术进入了一个新的、更高的发展阶段。第一代全控型电力电子器件虽然在高性能电能变换领域（如交流变频调速、计算机不间断电源等）获得了广泛应用，但也存在一些不足，如驱动功率大、导通压降大、损耗大、关断困难和开关频率不够高等。如电力双极型晶体管（BJT）驱动功率大，但导通压降低，而功率场效应晶体管（Power MOSFET）恰好与 BJT 相反，本着扬长避短、优势互补的原则，将两者组合起来，就可以达到克服缺点发挥长处的目的。绝缘栅双极型晶体管 IGBT（Insulated Gate Bipolar Transistor）便是在电力双极型晶体管（BJT）和功率场效应晶体管（Power MOSFET）基础上复合而成的新的全控型器件。它兼有功率场效应晶体管输入阻抗高、驱动功率小和电力双极型晶体管导通压降低的双重优点，使之成为了现代电力电子的主导器件。与IGBT相对应，MOS控制晶闸管（MOS Controlled Thyristor，MCT）和集成门极换流晶闸管（Integrated Gate Commutated Thyristor，IGCT）都是MOSFET和GTO的复合，它们综合了MOSFET和GTO的优点。IGBT、MCT、IGCT等可称为第二代全控型器件。它们都有驱动功率小、导通压降低、开关频率高等优点，广泛应用于当今高性能电能变换场合。

实际使用中，为使电能变换主电路体积尽可能小，接线尽可能简单，往往按照典型接线方式，将几只元件封装在一个模块内，如双管、单相桥式和三相桥式模块等。器件的模块化不仅缩小了装置体积，降低了装置成本，同时提高了装置可靠性，也方便了用户。

在模块化和复合化的基础上，很自然的发展是功率集成电路（Power Integrated Circuit，PIC）。在功率集成电路中，是在模块化基础上，把主电路功率元件、驱动电路、过压过流保护、电流检测、温度检测等电路都集成到一起，形成一个整体，称为智能型功率模块（Intelligent Power Module，IPM）。智能型功率模块可以称为第三代全控型器件。它的应用使控制电路进一步简化，整个电能变换设备进一步小型化，设备可靠性进一步提高。

1.1 电力电子器件的特点与分类

1.1.1 电力电子器件的特点

电力电子器件是指能实现电能变换或控制的电子器件。和信息系统中的电子器件相比，具有以下特点：

（1）电力电子器件往往工作在开关状态。关断时承受一定的电压，但基本无电流流过；导通时流过一定的电流，但器件只有很小的导通压降。电力电子器件工作时在导通和关断之间不断切换，其动态特性是器件的重要特性。

（2）电力电子器件处理的功率较大，具有较高的导通电流和阻断电压。由于自身的导通电阻和阻断时的漏电流，电力电子器件会产生较大的耗散功率，往往是电路中主要的发热源。为便于散热，电力电子器件往往具有较大的体积，并且使用时一般都要安装散热器，以限制因耗散功率造成的升温。

（3）电力电子器件的工作状态通常由信息电子电路来控制。由于电力电子器件处理的电功率较大，信息电子电路不能直接控制，需要中间电路将控制信号放大，该放大电路就是电力电子器件的驱动电路。

（4）需要缓冲和保护电路。电力电子器件的主要用途是高速开关，与普通电气开关、熔断器和接触器等电气元件相比，其过载能力不强，电力电子器件导通时的电流要严格控制在一定范围内。过电流不仅会使器件特性恶化，还会破坏器件结构，导致器件永久失效。与过电流相比，电力电子器件的过电压能力更弱，仅有少量的裕量，即使是微秒级的过电压脉冲都可能造成器件永久性的损坏。在电力电子器件开关过程中，电压和电流会发生急剧变化，为了增强器件工作的可靠性，通常要采用缓冲电路来抑制电压和电流的变化率，降低器件的电应力；采用保护电路来防止电压和电流超过器件的极限值。

1.1.2 电力电子器件的分类

按照电力电子器件能够被控制电路信号所控制的程度，可对电力电子器件进行如下分类：

(1) 不可控器件。不能通过控制信号来控制电路的通断，器件的导通与关断完全由自身在电路中承受的电压和电流来决定。典型器件是功率二极管。

(2) 半控型器件。通过控制信号能控制其导通而不能控制其关断的电力电子器件。典型半控型器件是晶闸管及其派生器件。

(3) 全控型器件。通过控制信号既可以控制其导通，又可以控制其关断的电力电子器件。这类器件的品种很多，典型器件有门极可关断晶闸管（GTO)、电力晶体管(GTR)、功率场效应管（Power MOSFET）和绝缘栅双极型晶体管（IGBT）等。

而按照控制电路加在电力电子器件控制端和公共端之间信号的性质，又可将可控电力电子器件分为电流驱动型器件和电压驱动型器件。

(1) 电流驱动型器件通过从控制极注入和抽出电流来实现器件的通断，其典型代表是 GTR。大容量 GTR 的开通电流增益较低，即基极平均控制功率较大。

(2) 电压驱动型器件通过在控制极上施加正向控制电压实现器件导通，通过撤除控制电压或施加反向控制电压使器件关断。当器件处于稳定工作状态时，其控制极无电流，因此平均控制功率较小。由于电压驱动型器件是通过控制极电压在主电极间建立电场来控制器件导通，故也称场控或场效应器件，其典型代表是 Power MOSFET 和 IGBT。

根据器件内部带电粒子参与导电的种类不同，电力电子器件又可分为单极型、双极型和复合型三类。器件内部只有一种带电粒子参与导电的称为单极型器件，如 Power MOSFET；器件内有电子和空穴两种带电粒子参与导电的称为双极型器件，如 GTR 和 GTO；由双极型器件与单极型器件复合而成的新器件称为复合型器件，如 IGBT 等。

1.2 功率二极管

功率二极管属于不可控电力电子器件，是 20 世纪最早获得应用的电力电子器件，它在整流、逆变等领域都发挥了重要作用。由于导电机理和结构不同，二极管可分为结型二极管和肖特基势垒二极管。

1.2.1 功率二极管的主要类型

功率二极管的类型主要有三种：

(1) 普通二极管。普通二极管又称为整流二极管，多用于开关频率不高（1kHz 以下）的整流电路中。其反向恢复时间较长，一般在 5μs 以上，这在开关频率不高时并不重要；正向电流定额和反向电压定额可以达到很高，分别可达数千安和数千伏以上。

(2) 快速恢复二极管。快速恢复二极管可分为快速恢复和超快速恢复两个等级。其中前者反向恢复时间为数百纳秒或更长；后者则在 100ns 以下，甚至达到 20~30ns。工艺上通常分为 PN 结构和 PIN 结构；采用外延型 PIN 结构的快速恢复外延二极管（FRED)，其反向恢复时间比较短（可低于 50ns)，正向压降也很低（0.9V 左右)，但其反向耐压多在 1200V 以下。

(3) 肖特基二极管。以金属和半导体接触形成的势垒为基础的二极管称为肖特基势垒二极管（SBD），简称为肖特基二极管。自20世纪80年代以来，由于工艺的发展，肖特基二极管在电力电子电路中广泛应用。肖特基二极管的优点是：反向恢复时间很短（10~40ns），正向恢复过程中也不会有明显的电压过冲；在反向耐压较低的情况下，其正向压降也很小（通常在0.5V左右），明显低于快速恢复二极管（通常在1V左右或更大），其开关损耗和正向导通损耗都比快速恢复二极管要小。肖特基二极管的弱点是，当反向耐压提高时其正向压降也会高得不能满足要求，因此多用于200V以下的低压场合。同时，由于反向漏电流较大且对温度敏感，反向稳态损耗不可忽略，而且必须严格限制其工作温度。

1.2.2 PN结型功率二极管基本结构、工作原理和基本特性

1.2.2.1 PN结型功率二极管基本结构和工作原理

PN结型功率二极管的基本结构是半导体PN结，具有单向导电性，正向偏置时表现为低阻态，形成正向电流，称为正向导通；而反向偏置时表现为高阻态，几乎没有电流流过，称为反向截止。

为了提高PN结二极管承受反向电压的阻断能力，需要增加硅片的厚度来提高耐压，但厚度的增加会使二极管导通压降增加。由于PIN结构可以用很薄的硅片厚度得到PN结构在硅片很厚时才能获得的高反压阻断能力，故结型功率二极管多采用PIN结构。PIN功率二极管在P型半导体和N型半导体之间夹有一层掺有轻微杂质的高阻抗N^-区域，该区域由于掺杂浓度低而接近于纯半导体，即本征半导体。在NN^-界面附近，尽管因掺杂浓度的不同也会引起载流子的扩散，但由于其扩散作用产生的空间电荷区远没有PN^-界面附近的空间电荷区宽，故可以忽略，内部电场主要集中在PN^-界面附近。由于N^-区域比P区域的掺杂浓度低很多，PN^-空间电荷区主要在N^-侧展开，故PN结的内电场基本集中在N^-区域中，N^-区域可以承受很高的外向击穿电压。低掺杂N^-区域越厚，功率二极管能够承受的反向电压就越高。在PN结反向偏置的状态下，N^-区域的空间电荷区宽度增加，其阻抗增大，足够高的反向电压还可以使整个N^-区域耗尽，甚至将空间电荷区扩展到N区域。如果P区域和N区域的掺杂浓度足够高，则空间电荷区将被局限在N^-区域，从而避免电极的穿通。

根据容量和型号，功率二极管有各种不同的封装，如图1-1a所示。其结构和电气符号如图1-1b、c所示。功率二极管有两个电极，分别是阳极A和阴极K。

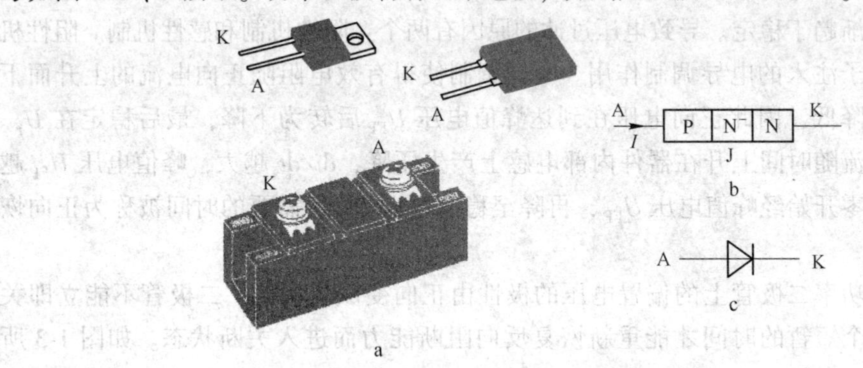

图1-1 功率二极管的外形、结构和电气图形符号

a—外形；b—结构；c—电气图形符号

当结型功率二极管外加一定的正向电压时，有正向电流流过，功率二极管电压降很小，处于正向导通状态；当它的反向电压在允许范围之内时，只有很小的反向漏电流流过，表现为高电阻，处于反向截止状态；若反向电压超过允许范围，则可能造成反向击穿，损坏二极管。

1.2.2.2 结型功率二极管的基本特性

结型功率二极管的基本特性有稳态特性和动态特性。

（1）稳态特性。图 1-2 是结型功率二极管的伏安特性曲线。当外加正向电压大于门槛电压 U_{TO}时，电流开始迅速增加，二极管开始导通。若流过二极管的电流较小，二极管的电阻主要是低掺杂 N^-区的欧姆电阻，阻值较高且为常数，因而其管压降随正向电流的上升而增加。当流过二极管的电流较大时，注入并积累在低掺杂 N^-区的少子空穴浓度将增大，为了维持半导体电中性条件，其多子浓度也相应大幅度增加，导致其电阻率明显下降，即电导率大大增加，该现象称为电导调制效应。电导调制效应使得功率二极管在正向电流较大时导通压降仍然很低，且不随电流的大小而变化。

（2）动态特性。结型功率二极管属于双极型器件，具有载流子存储效应和电导调制效应，这些特性对其开关过程会产生重要的影响。结型功率二极管开通和关断的动态过程如图 1-3 所示。

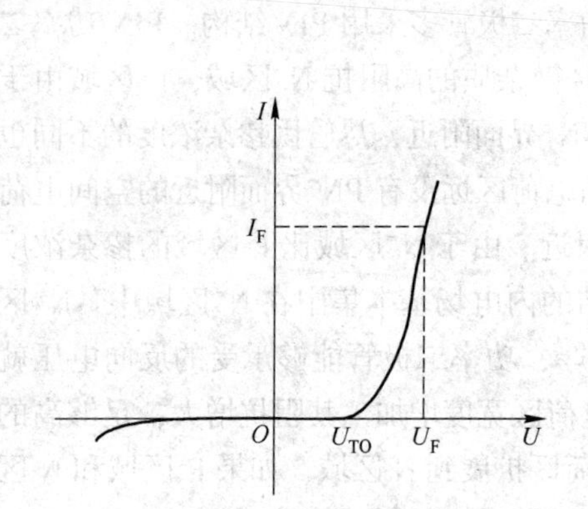

图 1-2 结型功率二极管的伏安特性曲线

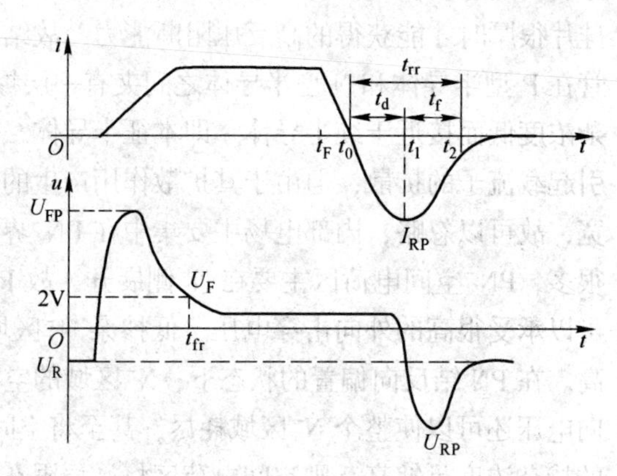

图 1-3 结型功率二极管的开关过程

结型功率二极管由断态到稳定通态的过渡过程中，正向电压会随着电流的上升出现一个过冲，然后逐渐趋于稳定。导致电压过冲的原因有两个：阻性机制和感性机制。阻性机制是指少数载流子注入的电导调制作用。电导调制使得有效电阻随正向电流的上升而下降，管压降随之降低，因此正向电压在到达峰值电压 U_{FP}后转为下降，最后稳定在 U_F。感性机制是指电流随时间上升在器件内部电感上产生压降，di/dt 越大，峰值电压 U_{FP}越高。正向电压从零开始经峰值电压 U_{FP}，再降至稳态电压 U_F 所需要的时间被称为正向恢复时间 t_{fr}。

当加在结型功率二极管上的偏置电压的极性由正向变成反向时，二极管不能立即关断，而需经过一个短暂的时间才能重新恢复反向阻断能力而进入关断状态。如图 1-3 所示，当原来处于正向导通的二极管外加电压在 t_F 时刻从正向变为反向时，正向电流开始下降，到 t_0 时刻二极管电流降为零，由于 PN 结两侧存有大量的少子，它们在反压的作用下被抽出器件形成反向电流，直到 t_1 时刻PN结内储存的少子被抽尽时，反向电流达到最大值 I_{RP}。之后虽然抽流过程还在继续，但此时被抽出的是离空间电荷区较远的少子，二极管开始恢复反向阻断能力，反向电流迅速减小。由于 t_1 时刻电流的变化方向改变，反向电流由增大变为减小，外电路中电感产生的感应电势会产生很高的反向电压 U_{RP}。当电流降到基本为零的 t_2 时刻，二极管两端的反向电压才降到外加反压 U_R，功率二极管完全恢复反向阻断能力。其中 $t_d=t_1-t_0$ 被称为延迟时间，$t_f=t_2-t_1$ 被称为下降时间。功率二极管反向恢复时间为 $t_{rr}=t_d+t_f$。

在反向恢复期中，反向电流上升率越高，反向电压过冲 U_{RP} 越高，这不仅会增加器件电压耐压值，而且其电压变化率也相应增高。当结型二极管与可控器件并联时，过高的电压变化率会导致可控器件的误导通。比值 $S=t_f/t_d$ 称为反向恢复系数，用来衡量反向恢复特性的硬度。S 较小的器件其反向电流衰减较快，被称为具有硬恢复特性。S 越小，反向电压过冲 U_{RP} 越大，高电压变化率引发的电磁干扰（EMI）强度越高。为避免结型二极管的关断过电压 U_{RP} 过高和降低EMI强度，在实际工作中应选用软恢复特性的结型二极管。

1.2.3　肖特基势垒二极管

肖特基势垒二极管，简称肖特基二极管（Schottky Barrier Diode，SBD），是利用金属与N型半导体表面接触形成势垒的非线性特性制成的二极管。由于N型半导体中存在着大量的电子，而金属中仅有极少量的自由电子，当金属与N型半导体接触后，电子便从浓度高的N型半导体中向浓度低的金属中扩散。随着电子不断从半导体扩散到金属，半导体表面电子浓度逐渐降低，表面电中性被破坏，于是就形成势垒，其电场方向为半导体→金属。在该电场作用之下，金属中的电子也会产生从金属→半导体的漂移运动，从而削弱了由于扩散运动而形成的电场。当建立起一定宽度的空间电荷区后，电场引起的电子漂移运动和浓度不同引起的电子扩散运动达到相对的平衡，便形成了肖特基势垒。

SBD早期应用于高频电路和数字电路，随着工艺和技术的进步，其电流容量明显增大并开始进入电力电子器件的范围。肖特基二极管在结构原理上与PN结二极管有很大区别，它的内部是由阳极金属（用铝等材料制成的阻挡层）、二氧化硅（SiO_2）电场消除材料、N^- 外延层（砷材料）、N型硅基片、N^+ 阴极层及阴极金属等构成，在N型硅基片和阳极金属之间形成肖特基势垒，如图1-4所示。

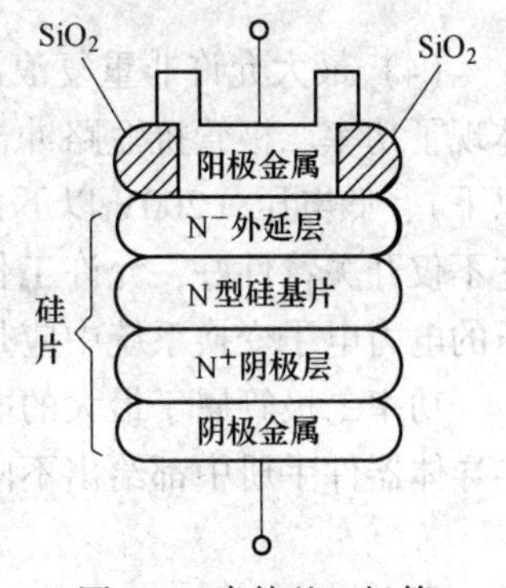

图1-4　肖特基二极管内部结构图

当SBD处于正向偏置时（即外加电压金属为正、半导体为负），合成势垒高度下降，这将有利于硅中电子向金属转移，从而形成正向电流；相反，当SBD处于反向偏置时，合成势垒高度升高，硅中电子转移比零偏置（无外部电压）时更困难。这种单向导电特性与结型二极管十分相似。

尽管肖特基二极管具有和结型二极管相仿的单向导电性，但其内部物理过程却大不相同。由于金属中无空穴，因此不存在从金属流向半导体材料的空穴流，即SBD的正向电流仅由多子形成，从而没有结型二极管的少子存储现象，反向恢复时没有抽取反向恢复电荷的过程，因此反向恢复时间很短，仅为10~40ns。

肖特基二极管导通压降比普通二极管和快恢复二极管低，这有助于降低二极管的导通损耗，提高电路的效率。但其反向耐压在200V以下，因此适用于低电压输出的场合。

1.2.4 功率二极管的主要参数

功率二极管电压、电流的额定值都比较高。当二极管加反向电压时，只要反向电压小于击电穿电压 U_{RO}，反向电流为反向饱和电流，其值很小，可以忽略不计。在导通状态时，流过额定电流 I_{FR}时的正向电压降 U_{FR}一般不超过1~2V。尽管正向导电时压降很小，正向电流产生的功耗及其发热却不容忽略。

（1）额定电压 U_{RR}。反向不重复峰值电压 U_{RSM}是指即将出现反向击穿的临界电压，反向不重复峰值电压 U_{RSM}的80%称为反向重复峰值电压 U_{RRM}。U_{RRM}也被定义为二极管的额定电压 U_{RR}。

（2）额定电流 I_{FR}。功率二极管的额定电流 I_{FR}被定义为在环境温度+40℃和规定的散热条件下，其管芯PN结的温升不超过允许值时，所允许流过的正弦半波电流平均值。

若正弦电流的最大值为 I_m，则正弦半波电流平均为

$$I_{FR} = \frac{1}{2\pi}\int_0^{\pi} I_m \sin(\omega t)\,d(\omega t) = \frac{1}{\pi} \times I_m \tag{1-1}$$

式中，ω 为正弦波角频率。

（3）最大允许的全周期均方根正向电流 I_{FRms}。二极管流过半波正弦电流的最大值为 I_m 时，其全周期均方根正向电流 I_{FRms}为

$$I_{FRms} = \sqrt{\frac{1}{2\pi}\int_0^{\pi} (I_m \sin\omega t)^2 d(\omega t)} = \frac{1}{2} I_m \tag{1-2}$$

由式1-1和式1-2可得 I_{FRms}与额定电流 I_{FR}的关系为

$$I_{FRms} = \frac{\pi}{2} \times I_{FR} = 1.57 I_{FR} \tag{1-3}$$

（4）最大允许非重复浪涌电流 I_{FSM}。I_{FSM}是二极管所允许的半周期峰值浪涌电流，它体现了功率二极管抗短路冲击电流的能力，其值比额定电流要大得多。在大电流（500A以下）、低电压（200V以下）的开关电路应用中，肖特基二极管是十分理想的开关器件。它不仅开关特性好，允许工作频率高，且正向压降相当小（$U<0.5$V），在大电流、低电压的电力电子变换系统中应是首选器件。

功率二极管属于最大的电力电子器件。二极管的参数是正确选用二极管的依据，一般半导体器件手册中都给出不同型号二极管的各种参数，以便使用。

1.3 晶闸管及派生器件

1.3.1 晶闸管的结构和工作原理

晶闸管（Thyristor）就是硅晶体闸管也称为可控硅整流器（SCR）。普通晶闸管是一种具有开关作用的大功率半导体器件，常简称为晶闸管。

1.3.1.1 晶闸管的结构

晶闸管是具有4层PNPN结构、3端引出线（A、K、G）的器件，晶闸管的外形、结构和符号如图1-5所示。常见晶闸管的外形有两种：螺栓形和平板形。其中，A为阳极、K为阴极、G为门极。容量大于200A的晶闸管都采用平板形结构。

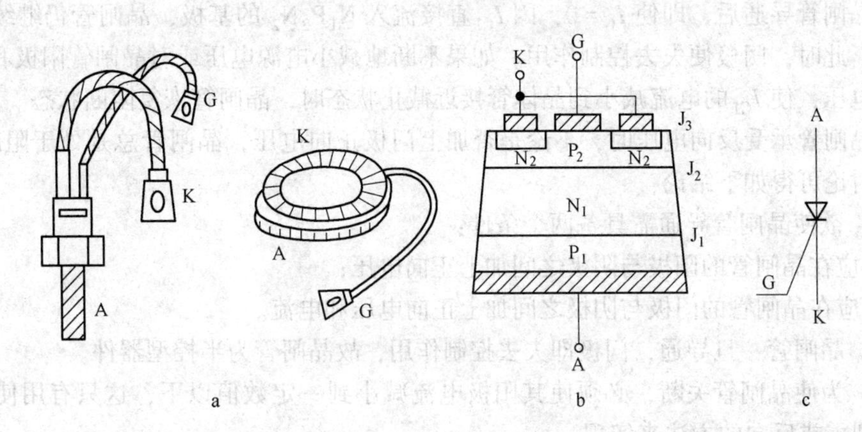

图1-5 晶闸管的外形、结构和符号

a—外形；b—结构；c—符号

1.3.1.2 晶闸管的工作原理

晶闸管在工作过程中，阳极A和阴极K与电源和负载相连，组成晶闸管的主电路，晶闸管的门极G和阴极K与控制晶闸管的触发电路相连，组成晶闸管的控制回路。晶闸管是4层3端器件，有J_1、J_2和J_3 3个PN结。可将中间的N_1和P_2分为两部分，构成一个$P_1N_1P_2$晶体管和$N_1P_2N_2$晶体管互连的复合管，每个晶体管的集电极电流同时又是另一个晶体管的基极电流。其中，a_1和a_2分别为$P_1N_1P_2$和$N_1P_2N_2$的共基极电流放大倍数。其工作电路如图1-6所示。

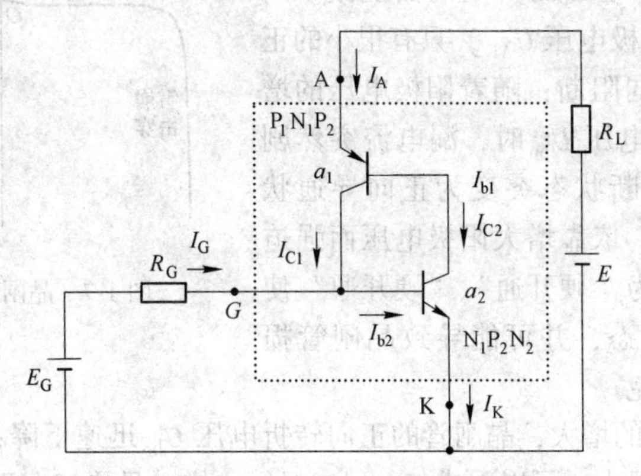

图1-6 晶闸管的双晶体管模型与工作电路图

当晶闸管承受正向阳极电压，门极未承受电压的情况下，$I_G=0$，晶闸管处于正向阻断状态。若门极承受正向电压且门极流入电流I_G足够大，晶体管$N_1P_2N_2$发射极电流增加，a_2增大，使$P_1N_1P_2$发射极电流增加，a_1增大，强烈的正反馈过程迅速进行。具体过程如下：

$$I_G\uparrow\rightarrow I_{C2}(I_{b1})\uparrow\rightarrow I_{C1}\uparrow$$

随着 a_1 和 a_2 增大，当达到 $a_1+a_2\geqslant 1$ 之后，两个晶体管均饱和导通，因而晶闸管导通。由此可知晶闸管导通的必要条件是 $a_1+a_2\geqslant 1$。晶闸管导通后，这时流过晶闸管的电流完全由主电路的电源电压和回路电阻决定。

当晶闸管导通后，即使 $I_G=0$，因 I_{C1} 直接流入 $N_1P_2N_2$ 的基极，晶闸管仍继续保持导通状态。此时，门极便失去控制作用。如果不断地减小电源电压或对晶闸管阳极和阴极加上反向电压，使 I_{C1} 的电流减小到晶体管接近截止状态时，晶闸管恢复阻断状态。

当晶闸管承受反向电压时，不论是否加上门极正向电压，晶闸管总是处于阻断状态。由上述讨论可得如下结论：

（1）欲使晶闸管导通需具备两个条件：

1）应在晶闸管的阳极与阴极之间加上正向电压；

2）应在晶闸管的门极与阴极之间加上正向电压和电流。

（2）晶闸管一旦导通，门极即失去控制作用，故晶闸管为半控型器件。

（3）为使晶闸管关断，必须使其阳极电流减小到一定数值以下，这只有用使阳极电压减小到零或反向的方法来实现。

1.3.2 晶闸管的工作特性及主要参数

1.3.2.1 晶闸管的静态伏安特性

晶闸管阳极与阴极间的电压 U_{AK} 和阳极电流 I_A 的关系称为晶闸管伏安特性，如图 1-7 所示。晶闸管的伏安特性包括正向特性（第Ⅰ象限）和反向特性（第Ⅲ象限）两部分。

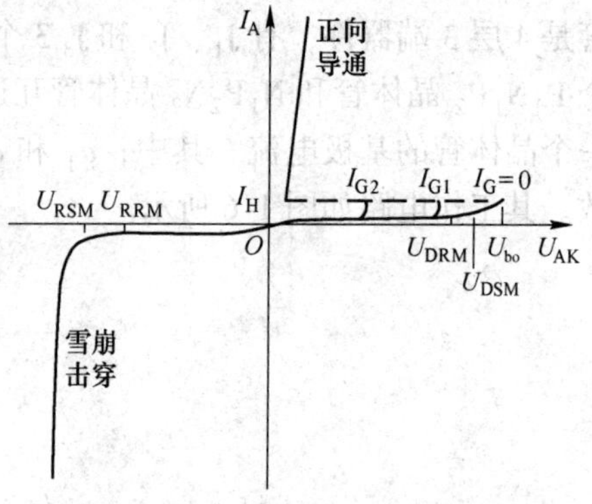

图 1-7 晶闸管伏安特性曲线

晶闸管的正向特性又有阻断状态和导通状态之分。在正向阻断状态时，晶闸管的伏安特性是一组随门极电流 I_G 的增加而不同的曲线簇。当 $I_G=0$ 时，逐渐增大阳极电压 U_{AK}，只有很小的正向漏电流，晶闸管正向阻断；随着阳极电压的增加，当达到正向转折电压 U_{bo} 时，漏电流突然剧增，晶闸管由正向阻断状态突变为正向导通状态。这种在 $I_G=0$ 时，依靠增大阳极电压而强迫晶闸管导通的方式称为“硬开通”。“硬开通”使电路工作于非控制状态，并可能导致晶闸管损坏，因此通常需要避免。

随着门极电流 I_G 的增大，晶闸管的正向转折电压 U_{bo} 迅速下降；当 I_G 足够大时，晶闸管的正向转折电压很小，可以看成与一般二极管一样，只要加上正向阳极电压，管子就导通了。此时晶闸管正向导通的伏安特性与二极管的正向特性相似，即当流过较大的阳极电流时，晶闸管的压降很小。晶闸管正向导通后，要使晶闸管恢复阻断，只有逐步减小阳极电流 I_A，使 I_A 下降到小于维持电流 I_H，则晶闸管又由正向导通状态变为正向阻断状态。晶闸管的反向特性与一般二极管的反向特性相似。在正常情况下，当承受反向阳极电压时，晶闸管总是处于阻断状态，只有很小的反向漏电流流过。当反向电压增加到一定值时，反向漏电流增加较快，再继续增大反向阳极电压会导致晶闸管反向击穿，造成晶闸管永久性损坏，这时对应的电压称为反向击穿电压 U_{RO}。综上所述，晶闸管的基本工作特性可以归纳如下：

（1）承受反向电压时（$U_{AK}<0$），不论门极有否触发电流，晶闸管都不导通，反向伏安特性类似于二极管。

（2）承受正向电压时，仅门极有正向触发电流的情况下晶闸管才能导通（即 $U_{AK}>0$ 时，$I_G>0$ 才能导通）。可以看出，SCR 是一种电流控制型器件，导通后的晶闸管特性和二极管的正向特性相仿，压降在 1V 左右；晶闸管一旦导通，门极就失去控制作用。

（3）要使晶闸管关断，必须使晶闸管的电流下降到某一数值以下（$I_A<I_H$）。

（4）晶闸管的门极触发电流从门极流入晶闸管，从阴极流出；为保证可靠、安全地触发，触发电路所提供的触发电压、电流和功率应限制在可靠触发区，既保证有足够的触发功率，又确保不损坏门极和阴极之间的 PN 结。

1.3.2.2 晶闸管的动态特性

晶闸管开通与关断过程中的伏安特性变化关系称为晶闸管的动态特性。晶闸管开通与关断过程的波形如图 1-8 所示，开通过程描述的是使门极在坐标原点时刻开始受到理想阶跃电流触发的情况；而关断过程描述的是对已导通的晶闸管，外电路所加电压在某一时刻突然由正向变为反向（图 1-8 中点划线所示的波形）的情况。

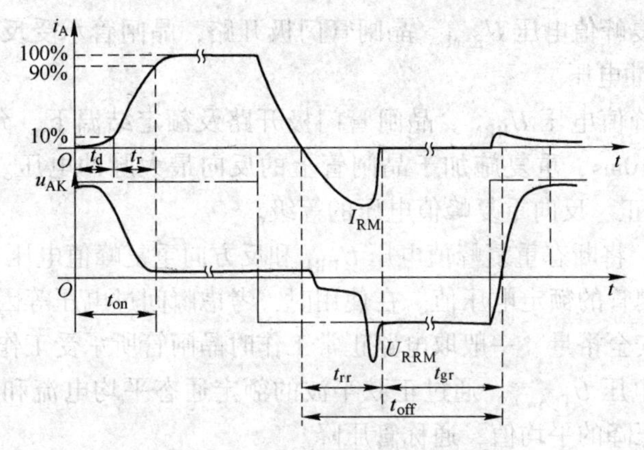

图 1-8 晶闸管开通和关断过程波形

由于晶闸管内部的正反馈过程需要时间，再加上外部电路电感的限制，晶闸管触发后阳极电流增长需要一个过程。从门极电流阶跃时刻开始至阳极电流上升到稳定值的 10%，这段时间称为延迟时间 t_d，此时晶闸管的正向电压也同步减小。阳极电流从 10%上升到稳态值 90%所需的时间称为上升时间 t_r。开通时间 t_{on} 定义为前两者之和，即 $t_{on}=t_d+t_r$。普通晶闸管延迟时间为 0.5~1.5μs，上升时间为 0.5~3μs。晶闸管开通时间与触发电流、外电路状态均有关系，通常增加触发电流可以加快开通过程。

原处于导通状态的晶闸管，当外加电压突然反向时，由于外电路电感的存在，其阳极电流的衰减也需要一个过程。与二极管反向恢复过程类似，晶闸管关断过程也会出现反向恢复电流，经过最大值 I_{RM} 后再反方向衰减。在恢复电流快速衰减时，由于外电路电感的作用，会在晶闸管两端引起反向的尖峰电压 U_{RRM}。从正向电流降为零到反向恢复电流衰减至接近于零的时间称为反向阻断恢复时间 t_{rr}。反向恢复过程结束后，由于载流子复合过程比较慢，晶闸管要恢复其对正向电压的阻断能力还需要一段时间 t_{gr}。在正向阻断恢复时间内，如果重新对晶闸管施加正向电压，晶闸管会重新正向导通而不受门极控制。在实际应用中，应对晶闸管施加足够长时间的反向电压，使晶闸管充分恢复其对正向电压的阻断能力，如此电路才能可靠工作。晶闸管的关断时间 t_{off} 定义为 t_{rr} 和 t_{gr} 之和，即 $t_{off}=t_{rr}+t_{gr}$，普通晶闸管的关断时间约几百微秒，这是施加反向电压时间设计的依据。

为了正确选择和使用晶闸管，需要了解和掌握晶闸管的一些主要参数及其参数的实测值，如通态峰值电压、门极触发电压、门极触发电流和维持电流等。

1.3.2.3 晶闸管的主要参数

A 晶闸管的电压参数

（1）断态不重复峰值电压 U_{DSM}。晶闸管在门极开路时，施加于晶闸管的正向阳极电压上升到正向伏安特性曲线急剧弯曲处所对应的电压值。它是一个不能重复且每次持续时间不大于 10ms 的断态最大脉冲电压。U_{DSM} 值小于转折电压 U_{bo}，其差值大小，由晶闸管制造厂自定。

（2）断态重复峰值电压 U_{DRM}。晶闸管在门极开路及额定结温下，允许每秒 50 次，每次持续时间不大于 10ms，重复施加于晶闸管上的正向断态最大脉冲电压 $U_{DRM}=80\%U_{DSM}$。

（3）反向不重复峰值电压 U_{RSM}。晶闸管门极开路，晶闸管承受反向电压时，对应于 10ms 的反向最大脉冲电压。

（4）反向重复峰值电压 U_{RRM}。晶闸管门极开路及额定结温下，允许每秒 50 次，每次持续时间不大于 10ms、重复施加于晶闸管上的反向最大脉冲电压。$U_{RRM}=80\%U_{RSM}$。表1-1 列出了晶闸管正、反向重复峰值电压的等级。

（5）额定电压。将断态重复峰值电压 U_{DRM} 和反方向重复峰值电压 U_{RRM} 中较小的那个值取整后作为该晶闸管的额定电压值。在使用时，考虑瞬间过电压等因素，选择晶闸管的额定电压值要留有安全裕量。一般取电路正常工作时晶闸管所承受工作电压峰值 2~3 倍。

（6）通态平均电压 $U_{T(AV)}$。通过正弦半波的额定通态平均电流和额定结温时，晶闸管阳极与阴极间电压降的平均值，通称管压降。

表 1-1 晶闸管正、反向重复峰值电压等级

级 别	1	2	3	4	5	6	7	8	9	10
正、反向重复峰值电压/V	100	200	300	400	500	600	700	800	900	1000
级 别	12	14	16	18	20	22	24	26	28	30
正、反向重复峰值电压/V	1200	1400	1600	1800	2000	2200	2400	2600	2800	3000

B 晶闸管的电流参数

（1）通态平均电流 $I_{T(AV)}$。在环境温度为+40℃和规定的冷却条件下，晶闸管在导通角不小于 170°的电阻性负载电路中，在额定结温时，所允许通过的工频正弦半波电流的平均值。将该电流按晶闸管标准电流系列取整数值，称为该晶闸管的通态平均电流，定义为该元件的额定电流。

晶闸管的额定电流用通态平均电流来标定，是因为整流电路输出端的负载常需用平均电流。但是，决定晶闸管允许电流大小的是管芯的结温；而结温的高低是由允许发热的条件决定的，造成晶闸管发热的原因是损耗，其中包括晶闸管的通态损耗、断态时正、反向漏电流引起的损耗以及晶闸管元件的开关损耗，此外还有门极损耗等。为了减小损耗，希望元件的通态平均电压和漏电流要小些。一般门极的损耗较小，而元件的开关损耗随工作频率的增加而加大。影响晶闸管发热的条件主要有散热器尺寸及元件与散热器的接触状况、采用的冷却方式（自冷却、强迫通风冷却、液体冷却）及环境温度等。晶闸管发热和冷却的条件不同，其允许通过的通态平均电流值也不一样。

各种有直流分量的电流波形都有一个电流平均值（一个周期内电流波形面积的平均），也就是直流电流表的读数值；也都有一个有效值（均方根值）。现定义电流波形的有效值与平均值之比称为该波形的波形系数，用 K_f 表示。如整流电路直流输出负载电流 i_d 的波形系数为

$$K_f = \frac{I}{I_d} \tag{1-4}$$

式中 I——负载电流有效值；

I_d——负载电流平均值。

流过晶闸管电流的波形系数为

$$K_{ft} = \frac{I_T}{I_{dT}} \tag{1-5}$$

式中 I_T——晶闸管电流有效值；

I_{dT}——晶闸管电流平均值。

根据规定条件，流过晶闸管为工频正弦半波电流波形。设电流峰值为 I_m，则通态平均电流

$$I_{Tav} = \frac{1}{2\pi}\int_0^{\pi} I_m \sin\omega t \mathrm{d}(\omega t) = \frac{I_m}{2\pi}(-\cos\omega t)\Big|_0^{\pi} = \frac{I_m}{\pi} \tag{1-6}$$

该电流波形的有效值

$$I_T = \sqrt{\frac{1}{2\pi}\int_0^{\pi}(I_m \sin\omega t)^2 \mathrm{d}(\omega t)} = I_m\sqrt{\frac{1}{2\pi}\int_0^{\pi}\left(\frac{1}{2} - \frac{\cos 2\omega t}{2}\right)\mathrm{d}(\omega t)} = \frac{I_m}{2} \tag{1-7}$$

正弦半波电流波形系数 K_f 应有

$$K_f = \frac{I_T}{I_{Tav}} = \frac{I_m/2}{I_m/\pi} = 1.57 \tag{1-8}$$

由式 1-8 知，如果额定电流为 100A 的晶闸管，其允许通过的电流有效值为 1.57×100=157（A）。

在实际电路中，流过晶闸管的波形可能是任意的非正弦波形，如何去计算和选择晶闸管的额定电流值，应根据电流有效值相等即发热相同的原则，将非正弦半波电流的有效值 I_T 或平均值 I_d 折合成等效的正弦半波电流平均值去选择晶闸管额定值，即

$$I_T = K_f I_d = 1.57 I_{Tav}$$

$$I_{Tav} = \frac{K_f I_d}{1.57} = \frac{I_T}{1.57} \tag{1-9}$$

式1-9中的 K_f 为非正弦波形的波形系数。由于晶闸管元件的热容量小，过载能力低，故在实际选用时，一般取1.5~2倍的安全裕量，故

$$I_{Tav}=(1.5\sim2)\frac{K_f I_d}{1.57} \tag{1-10}$$

根据式1-10在给定晶闸管的额定电流值后可计算流过该晶闸管任意波形允许的电流平均值。

$$I_d=\frac{1.57I_{Tav}}{(1.5\sim2)K_f} \tag{1-11}$$

(2) 维持电流 I_H。晶闸管被触发导通以后，在室温和门极开路的条件下，减小阳极电流，使晶闸管维持通态所必需的最小阳极电流。

(3) 掣住电流 I_L。晶闸管一经触发导通就去掉触发信号，能使晶闸管保持导通所需要的最小阳极电流。一般晶闸管的掣住电流 I_L 为其维持电流 I_H 的几倍。如果晶闸管从断态转换为通态，其阳极电流还未上升到掣住电流值就去掉触发脉冲，晶闸管将重新恢复阻断状态，故要求晶闸管的触发脉冲有一定宽度。

(4) 断态重复平均电流 I_{DR} 和反向重复平均电流 I_{RR}。额定结温和门极开路时，对应于断态重复峰值电压和反向重复峰值电压下的平均漏电流。

(5) 浪涌电流 I_{TSM}。在规定条件下，工频正弦半周期内所允许的最大过载峰值电流。由于元件体积不大，热容量较小，所以能承受的浪涌过载能力是有限的。在设计晶闸管电路时，考虑到电路中电流产生的波动，这是必须要注意的问题。通常电路虽然有过流保护装置，但由于保护不可避免地存在延时，因此，仍然会使晶闸管在短暂时间内通过一个比额定值大得多的浪涌电流，显然这个浪涌电流值不应大于元件的允许值。

对于持续时间比半个周期更短的浪涌电流，通常采用 I^2t 这个额定值来表示允许通过浪涌电流的能力。其中，电流 I 是浪涌电流有效值，t 为浪涌持续时间。因为PN结热容量很小，在这样短的时间内没有必要考虑热量从结面传到其他部位上去。I^2t 与由此引起的结温成正比，所以若结温的允许值已定，I^2t 的额定值也就定下来了。

C 动态参数

(1) 断态电压临界上升率 du/dt。在额定结温和门极开路条件下，使晶闸管保持断态所能承受的最大电压上升率。在晶闸管断态时，如果施加于晶闸管两端的电压上升率超过规定值，即使此时阳极电压幅值并未超过断态正向转折电压，也会由于 du/dt 过大而导致晶闸管的误导通。这是因为晶闸管在正向阻断状态下，处于反向偏置 J_2 结的空间电荷区相当于一个电容器，电压的变化会产生位移电流；如果所加正向电压的 du/dt 较高，便会有过大的充电电流流过结面，这个电流通过 J_3 结时，起到类似触发电流的作用，从而导致晶闸管的误导通。因此在使用中必须对 du/dt 有一定的限制，du/dt 的单位为V/μs。

在实际电路中常采取在晶闸管两端并联RC阻容吸收回路的方法，利用电容器两端电压不能突变的特性来限制电压上升率。

(2) 通态电流临界上升率 di/dt。在规定条件下，晶闸管用门极触发信号开通时，晶闸管能够承受而不会导致损坏的通态电流最大上升率。在使用中，应使实际电路中出现的电流上升率 di/dt 小于晶闸管允许的电流上升率。di/dt 的单位为A/μs。

晶闸管在触发导通过程中，开始只在靠近门极附近的小区域内导通，然后以0.03~

0.1mm/μs 的速度向整个结面扩展，逐渐发展到全部结面导通。如果电流上升率过大，则过大的电流将集中在靠近门极附近的小区域内，致使晶闸管因局部过热而损坏。因此，必须对 di/dt 的数值加以限制。为了提高晶闸管承受 di/dt 的能力，可以采用快速上升的强触发脉冲，加大门极电流，使起始导通区增加；还可在阳极电路串联一个不大的电感。

（3）开通时间 t_{on}。在室温和规定的门极触发信号作用下，使晶闸管从断态变成通态时，从门极触发脉冲前沿的10%到阳极电压下降至10%的时间间隔，称为门极控制开通时间，如图1-9所示。

开通时间 t_{on} 由延迟时间 t_d 和上升时间 t_r 组成。门极的开通时间就是载流子积累和电流上升所需要的时间。晶闸管的开通时间不一致，会使串联的晶闸管在开通时不能均压，并联时不能均流。增加门极电流的幅值和前沿陡度即采用强脉冲触发，可以减少开通时间，并使 t_{on} 的离散性显著减少，有利于晶闸管的均压和均流。此外，门极控制开通时间还和元件结温等因素有关。

（4）关断时间 t_{off}。从通态电流降至零瞬间起，到晶闸管开始能承受规定的断态电压瞬间的时间间隔。关断时间包括反向恢复时间 t_{rr} 和门极恢复时间 t_{gr} 两部分，如图1-10所示。晶闸管的阳极电流降到零以后，J_1、J_3 结附近积累的载流子，在反向电压作用下产生反向电流并随载流子的复合下降至零，J_1 和 J_3 结开始恢复阻断能力，这段时间即为反向恢复时间 t_{rr}。此后，随着 J_2 结两侧载流子复合完毕并建立起新的阻挡层，晶闸管完全关断而恢复了阻断能力，这段时间即为门极恢复时间 t_{gr}。

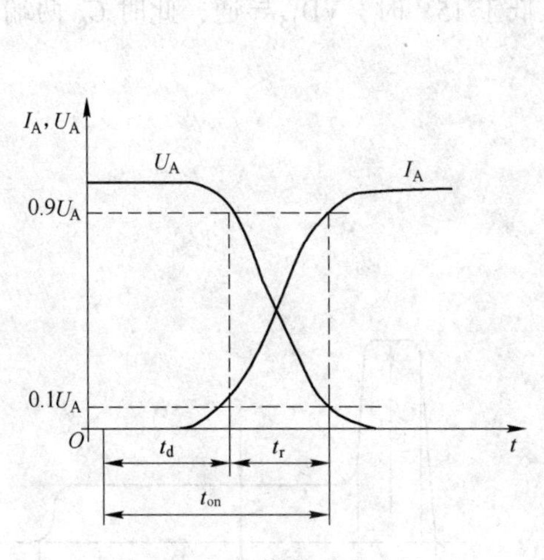

图1-9　门极控制开通时间

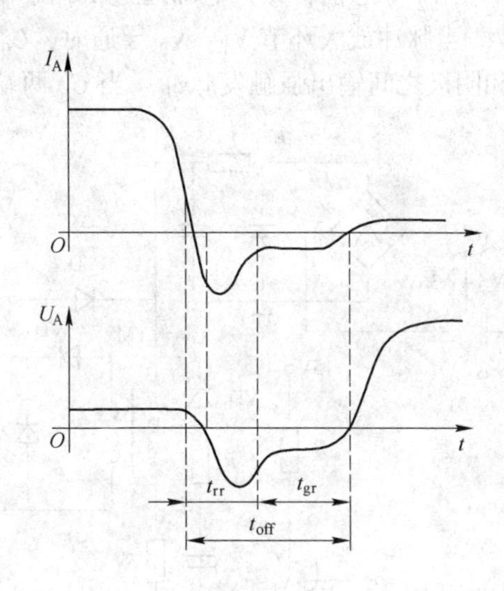

图1-10　晶闸管电路换向关断时间

晶闸管的关断时间与结温、关断时施加的反向电压等因素有关。结温越高，关断时间也越长。如晶闸管在120℃时的关断时间为25℃时的2~3倍，反向电压增大，关断时间减少。在实际电路中，必须使晶闸管承受反压的时间大于它的关断时间，并考虑一定的安全裕量。

1.3.2.4　晶闸管的型号

按照原机械工业部标准 JB 1144—75 的规定，KP 型普通晶闸管的型号及其含义如下：

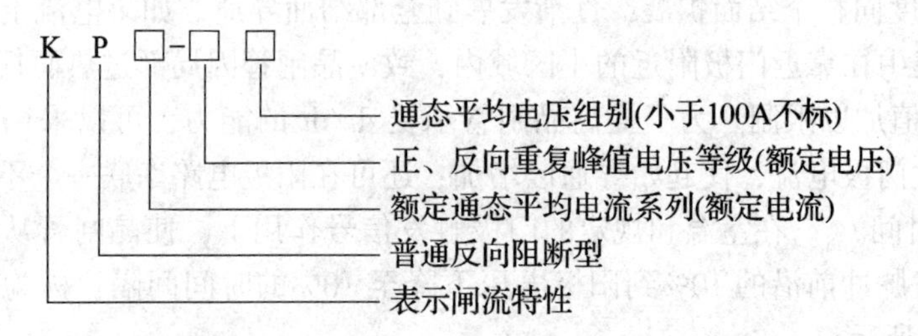

例如，KP200-15G 的型号，具体表示为额定电流 200A，额定电压为 1500V，通态平均电压为 1V 的普通型晶闸管。

1.3.3　晶闸管的触发

晶闸管的触发电路的作用是产生符合要求的门极触发脉冲，保证晶闸管在需要的时候由阻断转为导通。晶闸管触发电路应满足下列要求：

(1) 触发脉冲的宽度应保证晶闸管能可靠导通；

(2) 触发脉冲应有足够的幅度；

(3) 触发脉冲不超过门极电压、电流和功率定额，且在可靠触发区域之内；

(4) 应有良好的抗干扰性能、温度稳定性及与主电路的电气隔离。

图 1-11a 为常见的带强触发的晶闸管触发电路。使用整流桥可获得约 50V 的直流电源，在 V_2 导通前，50V 电源通过 R_5 向 C_6 充电，C_7 很大，C_6 很小，C_6 两端电压接近 50V。当脉冲放大环节 V_1、V_2 导通时，C_6 迅速放电，通过脉冲变压器 TM 向晶闸管的门极和阴极之间输出强触发脉冲。当 C_6 两端电压低于 15V 时，VD_{15} 导通，此时 C_6 两端电

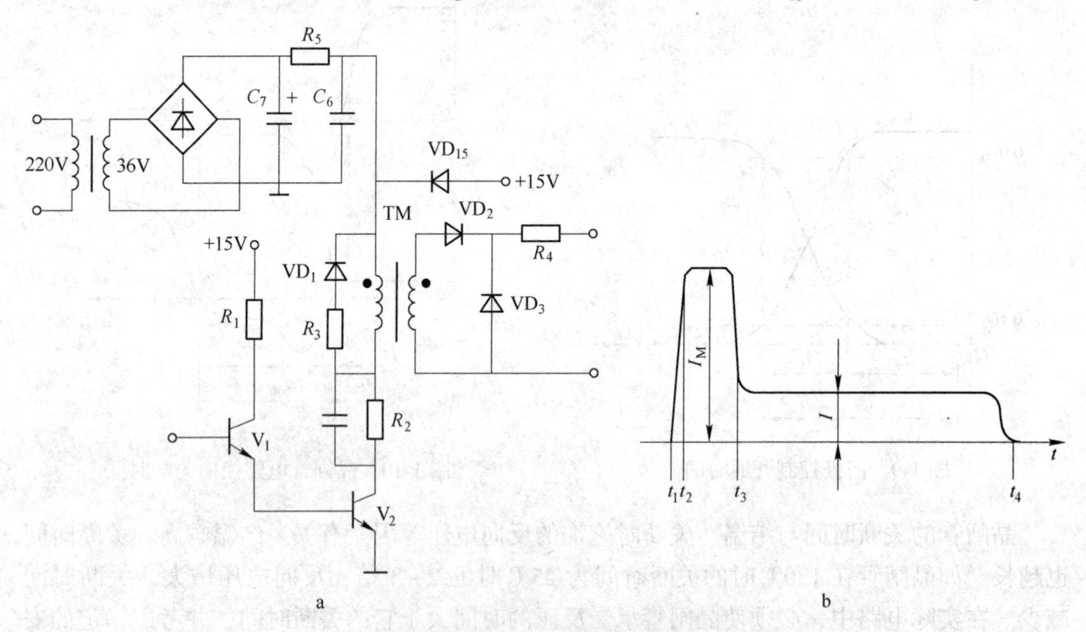

图 1-11　晶闸管触发电路和理想的晶闸管触发脉冲电流波形

a—触发电路；b—触发脉冲电流波形

$t_1 \sim t_2$ 为脉冲前沿上升时间（<1μs）；$t_1 \sim t_3$ 为强脉冲宽度；I_M 为强脉冲幅值（$3I_{GT} \sim 5I_{GT}$）；

$t_1 \sim t_4$ 为脉冲宽度；I 为脉冲平顶幅值（$1.5I_{GT} \sim 2I_{GT}$）

压被钳位在15V，进入触发脉冲平稳阶段。当 V_1、V_2 由导通变为截止时，脉冲变压器储存的能量通过 VD_1 和 R_3 释放。理想的晶闸管触发脉冲电流波形如图1-11b所示，强触发脉冲能缩短晶闸管的开通时间，有利于降低开通过程损耗。

1.3.4 派生晶闸管器件

1.3.4.1 快速晶闸管

快速晶闸管包括所有专为快速应用而设计的晶闸管，有常规的快速晶闸管和工作在更高频率的高频晶闸管，可分别应用于400Hz和10kHz以上的斩波或逆变电路中。由于对普通晶闸管的管芯结构和制造工艺进行了改进，快速晶闸管的开关时间以及 $\mathrm{d}u/\mathrm{d}t$ 和 $\mathrm{d}i/\mathrm{d}t$ 的耐量都有了明显改善。从关断时间来看，普通晶闸管一般为数百微秒，快速晶闸管为数十微秒，而高频晶闸管则为10μs左右。与普通晶闸管相比，高频晶闸管的不足在于其电压和电流定额都不易做高。由于工作频率较高，选择快速晶闸管和高频晶闸管的通态平均电流时不能忽略其开关损耗的发热效应。

1.3.4.2 双向晶闸管

双向晶闸管可以认为是一对反并联联结的普通晶闸管的集成，其电气图形符号和伏安特性如图1-12所示。

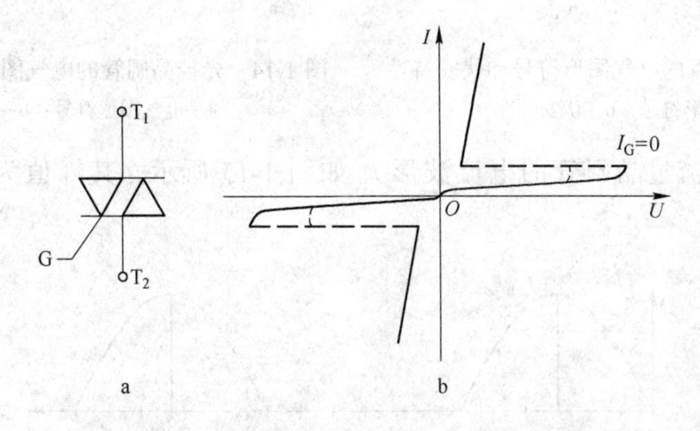

图1-12 双向晶闸管的电气图形符号和伏安特性
a—电气图形符号；b—伏安特性

它有两个主电极 T_1 和 T_2，一个门极G。门极使器件在主电极的正反两方向均可触发导通，所以双向晶闸管在第Ⅰ和第Ⅲ象限有对称的伏安特性。双向晶闸管与一对反并联晶闸管相比是经济的，而且控制电路比较简单，所以在交流调压电路、固态继电器和交流电动机调速等领域应用较多。由于双向晶闸管通常用在交流电路中，因此不用平均值而用有效值来表示其额定电流值。

1.3.4.3 逆导晶闸管

逆导晶闸管是将晶闸管反并联一个二极管制作在同一管芯上的功率集成器件，这种器件不具有承受反向电压的能力，一旦承受反向电压即开通。其电气图形符号和伏安特性如图1-13所示。与普通晶闸管相比，逆导晶闸管具有正向压降小、关断时间短、高温特性好、额定结温高等优点，可用于不需要阻断反向电压的电路中。逆导晶闸管的额定电流有两个，一个是晶闸管电流，一个是与之反并联的二极管的电流。

1.3.4.4 光控晶闸管

光控晶闸管又称光触发晶闸管，是利用一定波长的光照信号触发导通的晶闸管，其电气图形符号和伏安特性如图 1-14 所示。小功率光控晶闸管只有阳极和阴极两个端子，大功率光控晶闸管则还带有光缆，光缆上装有作为触发光源的发光二极管或半导体激光器。由于采用光触发保证了主电路与控制电路之间的绝缘，而且可以避免电磁干扰的影响，因此光控晶闸管目前在高压大功率的场合，如高压直流输电和高压核聚变装置中，占据重要的地位。

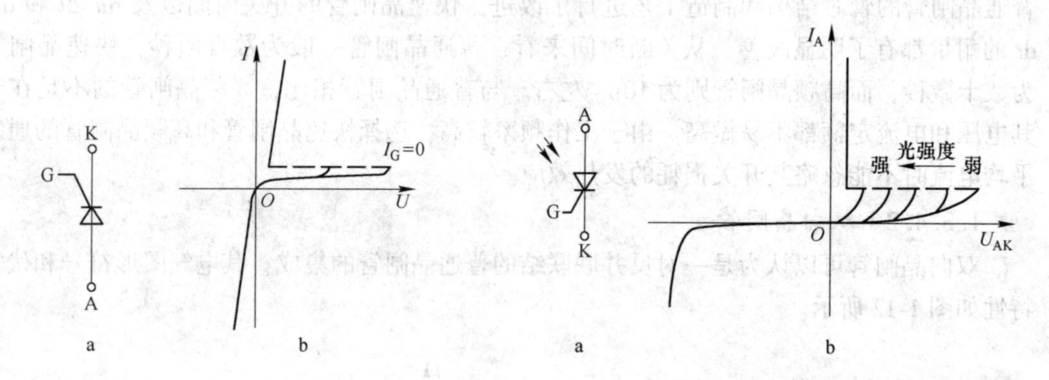

图 1-13 逆导晶闸管的电气图形符号和伏安特性
a—电气图形符号；b—伏安特性

图 1-14 光控晶闸管的电气图形符号和伏安特性
a—电气图形符号；b—伏安特性

例 1-1 实际流过晶闸管的电流波形 i_1 如图 1-15 所示，其峰值为 I_{m1}。计算结果如下：

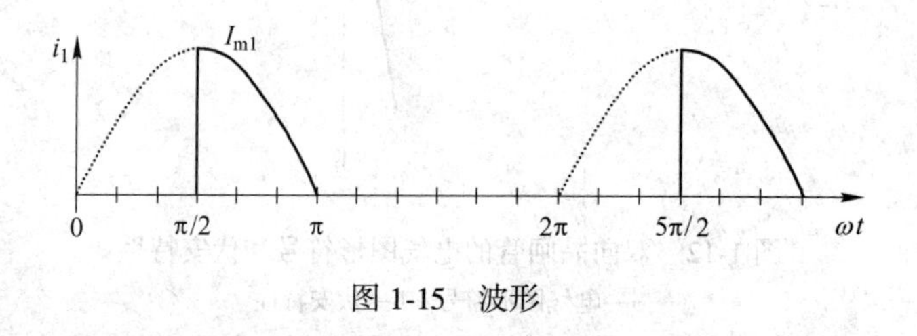

图 1-15 波形

(1) 若不考虑安全裕量，求 KP100 型晶闸管中流过 i_1 电流时所能承受的最大平均电流值。

(2) 实际电流波形 i_1 的平均值、有效值和波形系数。

解：

电流平均值

$$I_{d1}=\frac{1}{2\pi}\int_{\frac{\pi}{2}}^{\pi}I_{m1}\sin\omega t\,d(\omega t)=\frac{I_{m1}}{2\pi}$$

电流有效值

$$I_1=\sqrt{\frac{1}{2\pi}\int_{\frac{\pi}{2}}^{\pi}(I_{m1}\sin\omega t)^2d(\omega t)}=\sqrt{\frac{1}{2\pi}\left(\frac{\omega t}{2}-\frac{1}{4}\sin 2\omega t\right)_{\frac{\pi}{2}}^{\pi}}\times I_{m1}=\frac{I_{m1}}{2\sqrt{2}}$$

波形系数

$$K_{\rm f} = \frac{I_1}{I_{\rm d1}} = \frac{\pi}{\sqrt{2}} = 2.22$$

若不考虑安全裕量，KP100 型晶闸管中流过 i_1 电流时所能承受的最大平均电流值

$$I_{\rm d1} = \frac{1.57 I_{\rm Tav}}{K_{\rm f}} = \frac{I_{\rm T}}{K_{\rm f}} = \frac{1.57 \times 100}{2.22} = 70.7({\rm A})$$

考虑 1.5~2 倍的安全裕量

$$I_{\rm d1} = \frac{70.7}{1.5 \sim 2} = 35.35 \sim 47.13({\rm A})$$

例 1-2　图 1-16 中波形的阴影部分为晶闸管中的电流波形，其最大值为 $I_{\rm m1}$，计算各波形电流平均值、有效值与波形系数。若设 $I_{\rm m1}$ 均为 200A，不考虑安全裕量时，应选择额定电流为多大的晶闸管？

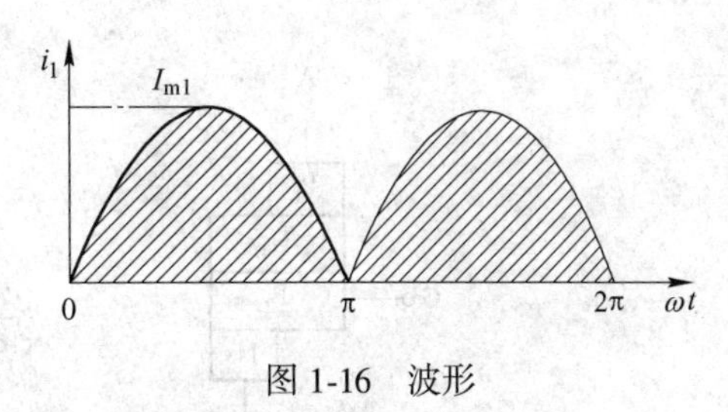

图 1-16　波形

解：

电流平均值为

$$I_{\rm d1} = \frac{1}{\pi}\int_0^{\pi} I_{\rm m1} \sin\omega t {\rm d}(\omega t) = \frac{2}{\pi} I_{\rm m1} = 127.3({\rm A})$$

电流有效值为

$$I_1 = \sqrt{\frac{1}{\pi}\int_0^{\pi} (I_{\rm m1} \sin\omega t)^2 {\rm d}(\omega t)} = \frac{1}{\sqrt{2}} I_{\rm m1} = 141.4({\rm A})$$

波形系数为

$$K_{\rm f1} = \frac{1}{2\sqrt{2}}\pi = 1.11$$

不考虑安全裕量为

$$I_{\rm d1} = \frac{1.57 I_{\rm Tav}}{K_{\rm f}} \Rightarrow I_{\rm Tav} = \frac{I_{\rm d1} K_{\rm f1}}{1.57} = \frac{127.2 \times 1.11}{1.57} = 90({\rm A})$$

考虑安全裕量为

$$I_{\rm Tav} = (1.5 \sim 2)\frac{I_{\rm d1} K_{\rm f1}}{1.57} = (1.5 \sim 2) \times \frac{127.2 \times 1.11}{1.57} = 135 \sim 180({\rm A})$$

1.4　门极可关断晶闸管（GTO）

门极可关断晶闸管简称 GTO，是一种在晶闸管基础上发展起来的全控型开关器件，其门极可以控制器件的开通和关断。它具有一般晶闸管耐高电压、电流容量大、浪涌承受能力比其他电力电子器件高等优点。因此，GTO 已逐步取代了晶闸管，成为大中容量 10kHz 以下的逆变器和斩波器的主要开关器件。

1.4.1　GTO的结构和工作原理

1.4.1.1　GTO的结构

GTO与普通晶闸管结构上的最本质区别就在于晶闸管是单元器件，即一个器件只含有一个晶闸管；而GTO则是集成器件，即一个器件是由许多小GTO集成在一片硅晶片上构成的。GTO是一种PNPN四层结构的半导体器件，其结构、等效电路及图形符号如图1-17所示。图1-17中A、G和K分别表示GTO的阳极、门极和阴极。a_1为$P_1N_1P_2$晶闸管的共基极电流放大系数，a_2为$N_2P_2N_1$晶闸管的共基极电流放大系数，图1-17中的箭头表示各自的多数载流子运动方向。

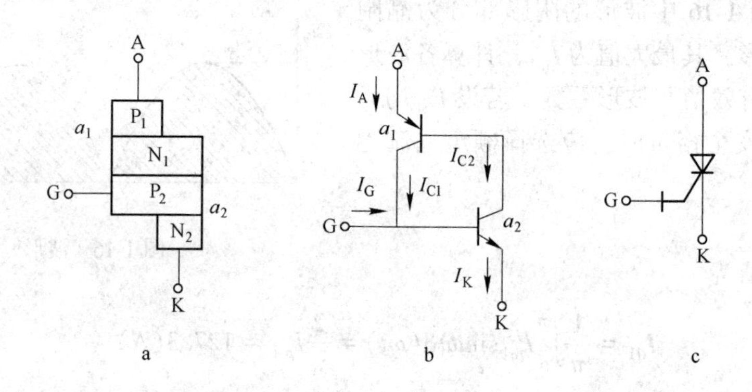

图1-17　GTO的结构、等效电路及图形符号
a—结构；b—等效电路；c—图形符号

1.4.1.2　GTO开通机理

由图1-17b所示的等效电路可以看出，当阳极加正向电压，门极加正触发信号时，GTO导通，其具体过程如下：

$$I_G\uparrow\rightarrow I_{C2}\uparrow\rightarrow I_A\uparrow\rightarrow I_{C1}\uparrow$$

显然这是一个正反馈过程。当流入的门极电流I_G足以使晶闸管$N_2P_2N_1$的发射极电流增加时，进而使$P_1N_2P_2$晶闸管的发射极电流也增加时，a_1和a_2也增大。当$a_1+a_2>1$之后，两个晶闸管均饱和导通，GTO则完成了导通过程。可见，GTO导通的必要条件是：

$$a_1+a_2>1 \tag{1-12}$$

此时注入门极的电流I_G为：

$$I_G=\frac{1-(a_1+a_2)}{a_2}I_A \tag{1-13}$$

式中　I_G——GTO的门极注入电流；

I_A——GTO的阳极电流。

由上式可知，当GTO门极注入正的I_G电流但尚不满足开通条件时，虽有正反馈作用，但器件仍不会饱和导通。这是因为门极电流不够大，不满足$a_1+a_2>1$的条件，这时阳极电流只流过一个不大而且是确定的电流值。当门极电流I_G撤销后，该阳极电流也就消失。与$a_1+a_2=1$状态所对应的阳极电流为临界导通电流，定义为GTO的擎住电流。当

GTO 在门极正触发信号的作用下开通时，只有阳极电流大于擎住电流后，GTO 才能维持大面积导通。

1.4.1.3 关断原理

GTO 开通后可在适当外部条件下关断，其关断电路原理与关断时的阳极和门极电流如图 1-18 所示。关断 GTO 时，将开关 S 闭合，门极就施以负偏置电压 E_G。晶闸管 $P_1N_1P_2$ 的集电极电流 I_{C1} 被抽出门极负电流 $-I_G$，此时 $N_2P_2N_1$ 晶闸管的基极电流减少，进而使 I_{C2} 减小，于是引起 I_{C1} 的进一步下降，如此循环，最终导致 GTO 的阳极电流消失而关断。

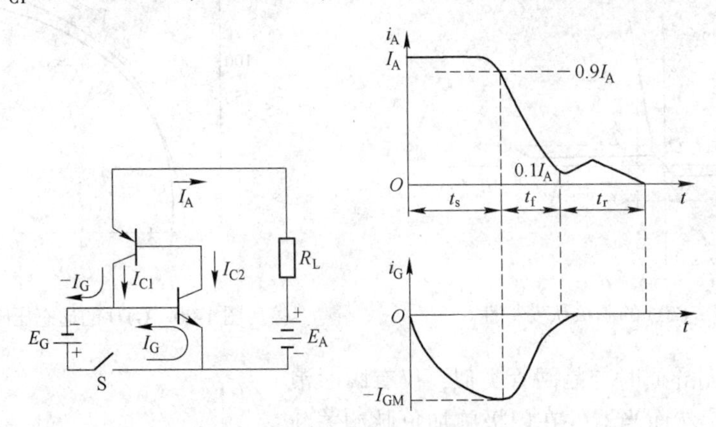

图 1-18 GTO 关断电路与关断过程波形

当抽出的最大门极电流 $-I_{GM}$ 和被关断的最大阳极电流 I_{ATO} 满足下式时

$$|-I_{GM}| > \frac{(a_1+a_2)-1}{a_2} I_{ATO} \tag{1-14}$$

用上述 GTO 被关断两个电流的比表示 GTO 的关断能力，称为电流关断增益，用 β_{off} 表示，β_{off} 是一个重要的特征参数，其值一般为 3~8。

1.4.1.4 失效机理

由于 GTO 器件是由成百上千个 GTO 小元组成，内部电路等效于这些 GTO 小元的并联。但由于制造工艺、材料质量等问题，很难保证一个大功率 GTO 内部所有小元的特性完全相同。若这些小元性能不一致，就可能造成稳态工作时电流分配不均，开关时间不同。先开通的小元将在短时间内承受全部阳极电流，后关断的小元也将承受先关断的小元转移过来的电流，造成这些小元局部电流过大而烧坏，使器件永久性失效。为解决这一问题，一方面在工艺上应改善内部大面积扩散及载流子寿命的均匀性，以保证内部小元性能的一致；另一方面，从电路上则应提高门极触发电流的强度和上升率，以改善内部 GTO 小元的开通一致性。

1.4.2 GTO 的特性及主要参数

1.4.2.1 静态特性

GTO 的阳极伏安特性如图 1-19 所示。当外加电压超过正向转折电压 BU_{FO} 时，GTO 即正向开通，这种现象称为电压触发。此时不一定破坏器件的性能；但是若外加电压超过反向击穿电压 BU_R 之后，则发生雪崩击穿现象，极易损坏器件。用 90%BU_{FO} 值定义为正向额定电压，用90%BU_R值定义为反向额定电压。

1.4.2.2　通态压降特性

GTO的通态压降特性如图1-20所示。结温不同时，GTO的通态压降U_A随着阳极通态电流I_A的增加而增加，只是趋势不尽相同。一般希望通态压降越小越好，管压降小，GTO的通态损耗小。

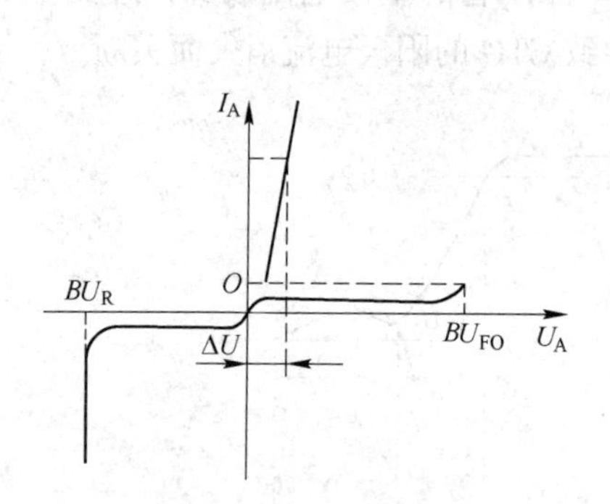

图1-19　GTO的阳极伏安特性

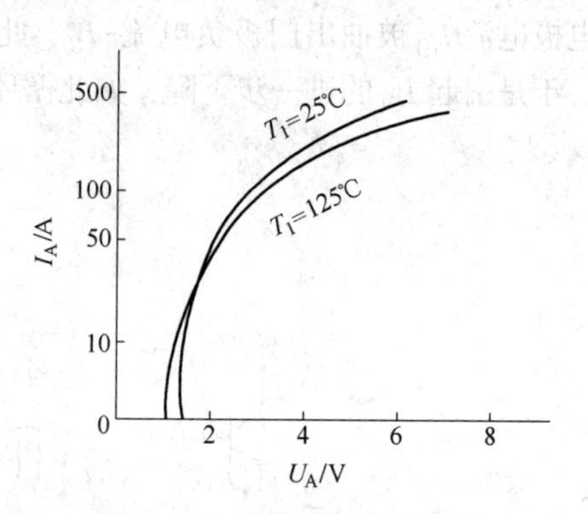

图1-20　GTO的通态压降特性

GTO在正向导通时与晶闸管类似，仅有瞬时浪涌电流的限制。然而当器件在门极施加负脉冲关断信号时，有一个门极反向偏置下GTO能可靠关断的阳极电流与电压的轨迹，如图1-21所示。这个轨迹与门极驱动状态和电路运行时的其他参数有关。这种在一定条件下，施加门极反偏电压使GTO能可靠关断的阳极电流和电压曲线包围的区间就叫GTO的反偏安全工作区RBSOA，简称安全工作区SOA。当电路条件改变后，SOA也会改变，实际应用时应予考虑。

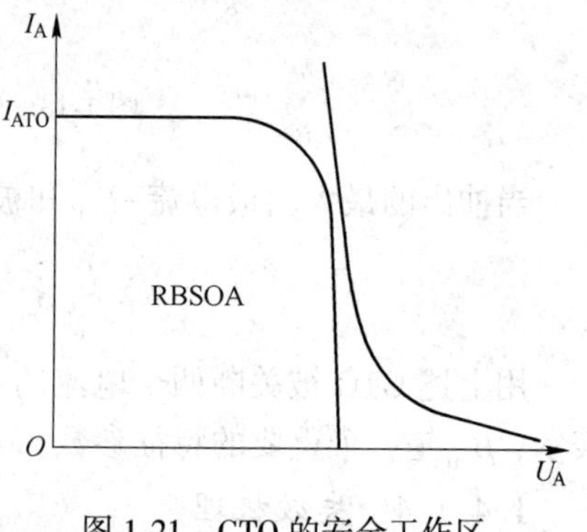

图1-21　GTO的安全工作区

1.4.2.3　动态特性

与晶闸管一样，讨论GTO动态特性，也就是分析器件从断态到通态和从通态到断态过程中，器件电压、电流及功耗随时间变化的状态。图1-22示出GTO开通和关断过程中的有关波形。开通过程从门极施加正向电流开始，当阳极电流大于其擎住电流后，即可完成。开通时间t_{on}也含延迟时间t_d和上升时间t_r。

整个开通时间受元件特性、门极电流上升率及门极脉冲幅值影响。这一过程中的功耗绝大部分在上升时间内产生。

门极施加负压，GTO开始关断。整个关断过程应分为三个阶段：

（1）存贮时间t_s。门极关断电流达到其峰值的10%到阳极电流下降到可关断电流的90%所需的时间。这一区间内部等效晶体管未退出饱和，三个PN结均为正向偏置，GTO工作状态基本无变化，功耗也很小。由于门极负脉冲使GTO饱和时存贮在P_2区的载流子被抽出，导通面积逐渐被压缩，然而总电流几乎维持不变。当这个阶段结束时，门极负电流达到最大值。

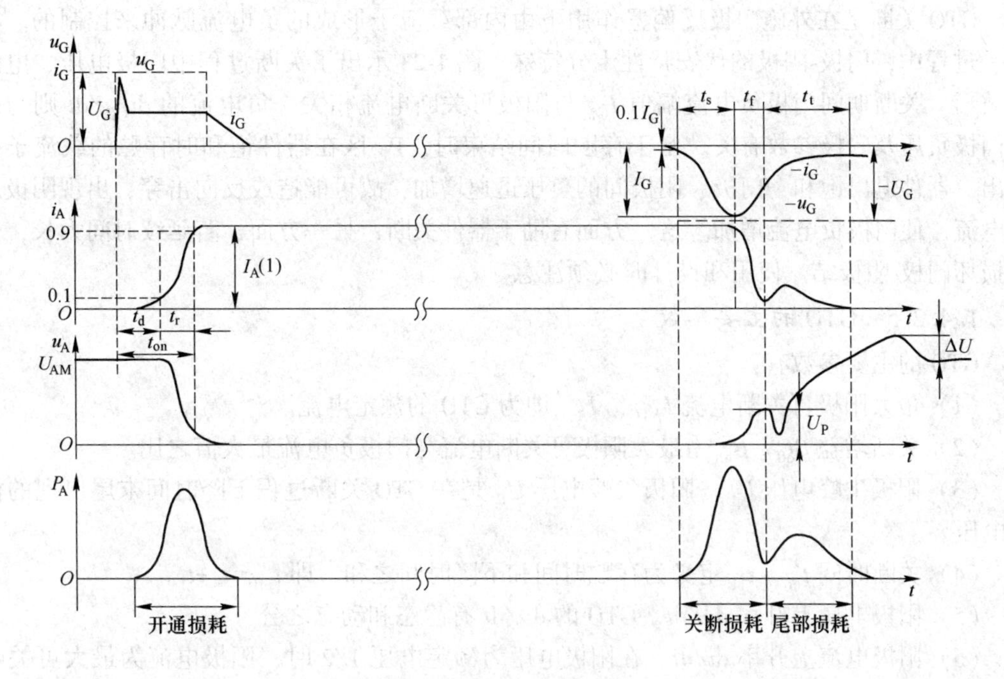

图 1-22 GTO 开关过程

（2）下降时间 t_f。阳极可关断电流 i_A 从 90%下降到 10%所需的时间。由图 1-22 电流波形可知，过了这个区间以后，阳极电流将重新开始回升。在这一区间内阳极电压明显增加，电流也有较大值，功耗幅值也最大。这段时间虽短，但功耗十分集中，过大的瞬时功耗会使器件失效。

（3）尾部时间 t_t。阳极电流从 10%可关断电流开始回升到最后衰减至断态漏电流经过的时间。这段时间内阳极电压已基本建立，但仍有残存载流子继续被抽出。器件很容易因过高的重加阳极电压 du/dt 导致关断失效，必须充分注意。这段时间内阳极电流呈现缓慢减小趋势，而电压已很高，因此关断损耗大部分出现在这段时间。由于尾部时间是残存载流子复合所需时间，它比抽出载流子的时间要长。为减小尾部损耗，应尽量缩短尾部时间。

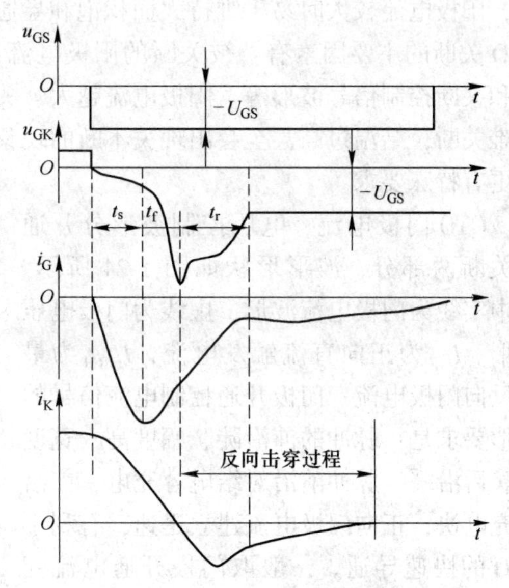

图 1-23 GTO 关断过程门极特性

1.4.2.4 门极特性

GTO 门极、阴极也跨在 P_2N_2 结两边，因此具有一般 PN 结类似的静态伏安特性。如图 1-23 所示，当门极反向偏置超过其反向击穿电压 BU_R 时，将门-阴极反向击穿，形成阴极反向电流，可能造成门-阴极结的损坏，必须引起注意。

GTO关断是在外施门极反偏置作用下由内部载流子形成的负电流脉冲来控制的。在这一过程中，门极-阴极的伏安特性十分特殊。图1-23示出了关断过程中门极电压、电流的波形。关断期间门极负电流幅值 I_{GM} 与阳极可关断电流相关，负电流的 di_{GR}/dt 则与外施门极负压及门极参数有关。由于存贮时间结束时，P_2 区在器件饱和时存贮的载流子被抽出，器件退出饱和，门极、阴极间的负压迅速增加，故可能造成反向击穿，出现阴极反向电流，使门极负电流增加。这一方面有助于器件关断；另一方面，若延续时间太长，也会损坏门极-阴极结。使用和设计时必须注意。

1.4.2.5 GTO的主要参数

GTO的主要参数有：

（1）最大阳极可关断电流 I_{ATO}。I_{ATO} 即为GTO的额定电流。

（2）关断增益 β_{off}。β_{off} 为最大阳极可关断电流与门极负电流最大值之比。

（3）阳极尖峰电压 U_P。阳极尖峰电压 U_P 是在GTO关断过程下降时间末尾出现的极值电压。

（4）关断时间 t_{off}。t_{off} 定义为存贮时间和下降时间之和，即 $t_{off}=t_s+t_f$。

（5）阳极电压上升率 du/dt。GTO的 du/dt 有静态和动态之分。

（6）阳极电流上升率 di/dt。在阳极电压为额定电压1/2时，阳极电流为最大可关断电流条件下，开通过程中阳极电流从10%到50%间的直线斜率。

1.4.3 GTO的驱动电路

可关断晶闸管由门极正脉冲控制导通，负脉冲控制关断。影响GTO导通的主要因素有：阳极电压、阳极电流、温度和开通控制信号的波形。阳极电压越高，GTO越容易导通，阳极电流较大时易于维持大面积饱和导通。温度低触发困难，温度高容易触发。影响GTO关断的主要因素有：被关断的阳极电流、负载阻抗性质、温度、工作频率、缓冲电路和关断控制信号波形等。阳极电流越大，关断越困难。电感性负载较难关断，结温越高越难关断，结温过高甚至会出现关不断的现象。工作频率高关断也困难。对关断信号的波形更有特殊要求。

GTO门极电流、电压控制波形分开通和关断两部分，波形形状如图1-24所示。图中实线为门极电流波形，虚线为门极电压波形。I_{GF} 为正向直流触发电流，I_{GRM} 为最大反向门极电流。门极开通控制电流信号的波形要求是：脉冲的前沿陡、幅度高、宽度大、后沿缓。脉冲前沿对结电容充电，前沿陡充电快，正向门极电流建立迅速，有利于GTO的快速导通。一般取门极开通电流变化率 dI_{GF}/dt 为 5~10A/μs。门极正脉冲幅度高可以实现强触发，一般该值比额定直流触发电流大3~10倍，为快速开通甚至还可以提高该值。门极触发电流的幅值不同，相应的开通时间亦不同。强触发有利于缩短开通时间，减少开通损耗，降低管压降，适用于低温触发并易于GTO串并联运行。触发电流脉

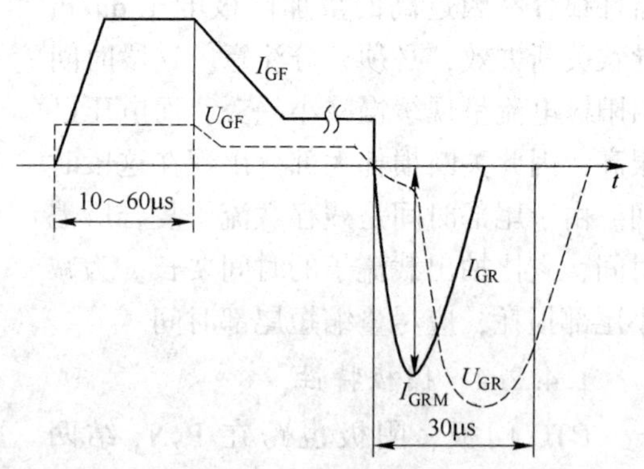

图1-24 GTO门极控制信号波形

冲的宽度用来保证阳极电流的可靠建立，一般定为10~60μs。后沿则应尽量缓一些，后沿过陡会产生振荡。

用门极反向电流来关断导通的GTO，反向门极电流波形对GTO的安全运行有很大影响。对关断控制电流波形的要求是：前沿较陡、宽度足够、幅度较高、后沿平缓；脉冲前沿陡可缩短关断时间，减少关断损耗，但前沿过陡会使关断增益降低，阳极尾部电流增加，对GTO产生不利的影响。一般关断脉冲电流的上升率 dI_{GR}/dt 取10~50A/μs。门极关断负电压脉冲必须具有足够的宽度，既要保证在下降时间 t_f 内能继续抽出载流子，又要保证剩余载流子的复合有足够的时间。特别是GTO关断过程中尾部时间过长时，必须有足够的门极负电压脉冲宽度保证GTO可靠关断。关断电流脉冲的幅值，GRM一般取为 $(1/3\sim1/5)I_{ATO}$ 值，由关断增益的大小来确定。在 I_{ATO} 一定的条件下，I_{GRM} 越大，关断时间越短，关断损耗越小，但是关断增益下降。若关断增益保持不变，增加 I_{GRM} 可提高GTO的阳极可关断能力。门极关断控制电压脉冲的后沿要尽量平缓一些，如果坡度太陡，由于结电容效应，尽管门极电压是负的，也会产生一个门极电流。这个正向门极电流有使GTO开通的可能，即使因为这个正向门极电流时间短或幅度小，不足以使GTO开通，也会使刚刚关断的GTO耐压和阳极承受 du/dt 的耐量降低，影响GTO的正常工作。

根据对GTO门极控制信号的期望的波形，可以组成各种各样的门极驱动电路，下面以两个电路实例加以说明。

图1-25给出一种直接耦合式的门极驱动电路。电路采用半桥结构，通过电容 C_1、C_2 分压，为GTO阴极提供零电位。这种电路结构简单，开通和关断的能量不受电容大小的影响，有较强的关断能力。图1-26所示为最简单的磁耦合式门极驱动电路，当驱动级晶体管V导通时，关断晶闸管，以保证较大的门极关断电流。驱动级晶体管关断时，利用变压器中贮能使GTO开通。这个电路最大的特点是简单、效率高。但由于开通仅仅依靠变压器在关断过程中存贮的能量，所以对大容量GTO不太合适，也不适合低频要求提供关断负偏压的应用场合。

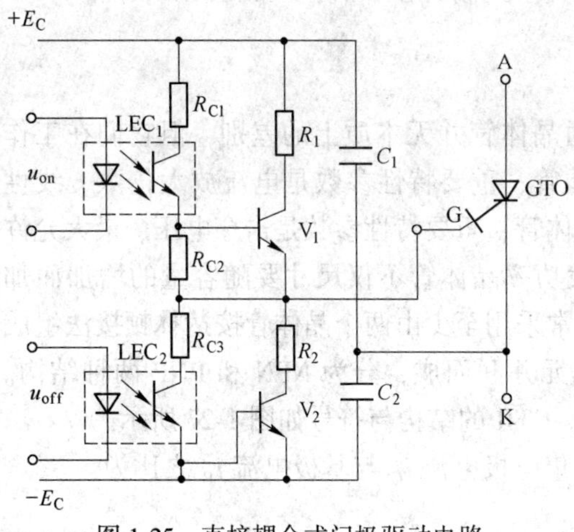

图1-25　直接耦合式门极驱动电路

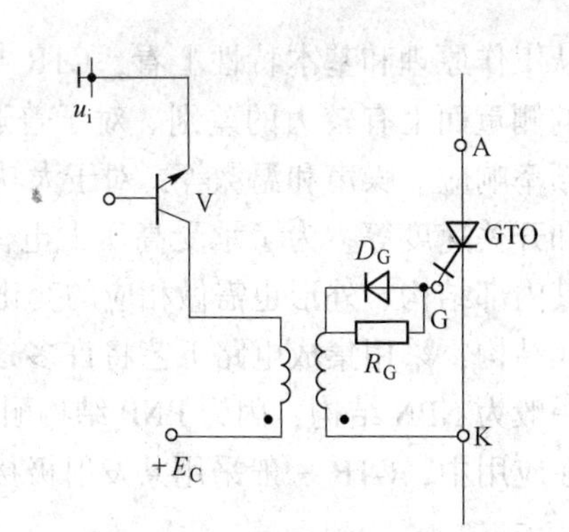

图1-26　磁耦合式门极驱动电路

1.4.4 GTO 的最大可关断阳极电流和电流关断增益

1.4.4.1 最大可关断阳极电流

GTO 的阳极电流允许值受两方面因素的影响：一是额定工作结温，其决定了 GTO 的平均电流额定值；二是关断失败。所以 GTO 必须规定一个最大可关断阳极电流 I_{ATO} 作为其容量，I_{ATO} 即管子的铭牌。在实际应用中，可关断阳极电流 I_{ATO} 受以下因素的影响：门极关断负电流波形、阳极电压上升率、工作频率和电路参数的变化等，在应用中应予特别注意。

1.4.4.2 电流关断增益

电流关断增益 β_{off} 为最大关断电流 I_{ATO} 与门极负电流最大值 I_{GM} 之比，即

$$\beta_{off}=\frac{I_{ATO}}{|-I_{GM}|}=\frac{a_2}{(a_1+a_2)-1} \tag{1-15}$$

β_{off} 表示 GTO 的关断能力。当门极负电流上升率一定时，β_{off} 随可关断阳极电流的增加而增加；当可关断阳极电流一定时，β_{off} 随门极负电流上升率的增加而减小。采用适当的门极电路，很容易获得上升率较快、幅值足够的门极负电流。因此，在实际中不必追求过高的关断增益。若关断增益 β_{off} 太大，则 GTO 处于深度饱和，不能用门极抽取电流的方法来关断，因此在允许范围内，要求 a_1+a_2 尽可能接近 1，且 a_2 要大。GTO 与晶闸管在结构上的不同点除了其多集成结构外，其 a_2 较大，使得晶体管 V_2 对门极电流反应比较灵敏，同时其 $a_1+a_2\approx1.05$，更接近 1，使得 GTO 导通时饱和程度不深，更接近于临界饱和，从而为门极控制关断提供有利条件。

1.5 功率晶体管（GTR）

功率晶体管又称为电力晶体管（GTR），是一种耐高压、大电流的双极结型晶体管。GTR 的电气符号与普通晶体管相同，它具有自关断能力，控制方便。自 20 世纪 80 年代以来，在中、小功率范围内取代晶闸管，但目前大多又被 IGBT 和功率 MOSFET 取代。

1.5.1 GTR 的结构和工作特性

从工作原理和基本特性上看，GTR 与普通晶体管并无本质上的差别，但它们在工作特性的侧重面上有较大的差别。对于普通晶体管，重要特性参数是电流放大倍数、线性度、频率响应、噪声和温漂等；对于大功率晶体管，重要特性参数是击穿电压、最大允许功耗和开关速度等。为了承受高压大电流，大功率晶体管不仅尺寸要随容量的增加而加大，其内部结构、外形也需做相应的变化。通常采用至少由两个晶体管按达林顿接法组成的单元结构，采用集成电路工艺将许多这种单元并联而成，分为 NPN 和 PNP 两种结构。其中一般为 NPN 结构，因为 PNP 结构耐压低。GTR 的结构与符号如图 1-27 所示。

在应用中，GTR 一般采用共发射极接法。集电极电流 i_C 与基极电流 i_B 之比为

$$\beta=\frac{i_C}{i_B} \tag{1-16}$$

式中，β 称为电流放大系数，它反映了基极电流对集电极电流的控制能力。当考虑集电极和发射极间的漏电流 I_{CEO} 时，i_C 与 i_B 的关系为：

$$i_C = \beta i_B + I_{CEO} \tag{1-17}$$

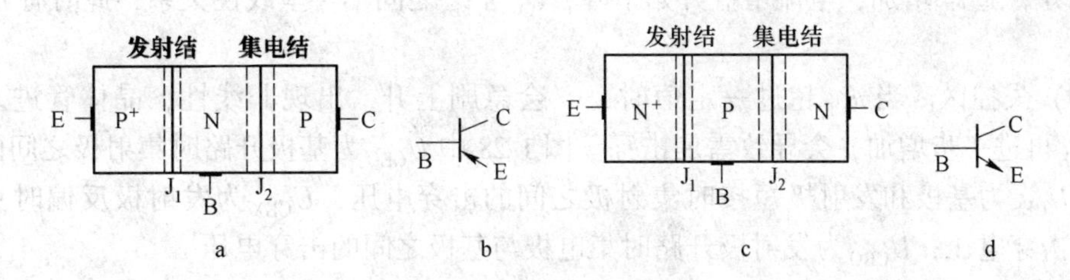

图 1-27 GTR 结构与符号

a—PNP 结构；b—PNP 符号；c—NPN 结构；d—NPN 符号

1.5.2 GTR 的特性及主要参数

1.5.2.1 GTR 的静态工作特性

GTR 一般采用共发射极接法，在电力电子电路中应用时有两种稳定工作状态：断态和通态，即利用其开关特性。如图 1-28 所示，GTR 的稳定工作区可分为：截止区、有源区和饱和区。

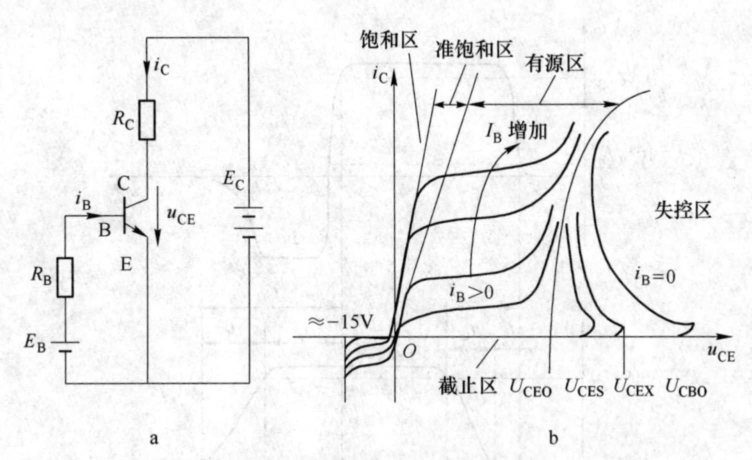

图 1-28 GTR 静态工作特性

a—GTR 共射接法；b—共射接法输出特性

（1）截止区。截止区又称为阻断区。截止区的 $i_B = 0$，开关处于断态（$i_C \approx 0$），GTR 承受高电压而仅有极小的漏电流存在；集电结反偏（$u_{BC} < 0$），发射结反偏或零偏置（$u_{BE} \leqslant 0$）。

（2）有源区。有源区又称为放大区或线性区。有源区中 i_C 与 i_B 之间呈线性关系，特性曲线近似平直，集电结反偏（$u_{BC}<0$），发射结正偏（$u_{BE}>0$）。在电力电子电路中应用时，应当尽量避免工作于有源区，否则功耗很大，要快速通过有源区，实现截止与饱和之间的状态转换。

(3) 饱和区。饱和区域 GTR 处于饱和导通状态，当 i_B 变化时，i_C 不再随之变化，导通电压和电流增益均很小，此时有 $u_{BC} \geqslant 0$，$u_{BE}>0$。

(4) 准饱和区。准饱和区域指有源区与饱和区之间的一段区域，即特性曲线明显弯曲的部分。随 i_B 增加，电流增益开始下降，i_C 与 i_B 之间不再呈线性关系，此时有 $u_{BC}<0$，$u_{BE}>0$。

(5) 失控区。当 u_{CE} 超过一定值时，i_C 会急剧上升，出现非线性，晶体管进入失控区，u_{CE} 再进一步增加，会导致雪崩击穿。图 1-28 中 U_{CEO} 为基极开路时集射极之间的击穿电压；U_{CES} 为基极和发射极短接时集射极之间的击穿电压；U_{CEX} 为发射极反偏时集射极之间的击穿电压；U_{CBO} 为发射极开路时集电极与基极之间的击穿电压。

1.5.2.2 GTR 的动态工作特性

在电力电子电路中应用时，GTR 主要工作在截止区及饱和区，切换过程中快速通过放大区，这个开关过程即反映了 GTR 的动态工作特性。

A 开通过程

GTR 是采用基极电流来控制集电极电流的，图 1-29 所示为 GTR 开关过程中基极电流和集电极电流的关系。GTR 开通需经过延迟时间 t_d 和上升时间 t_r，两者之和为开通时间 t_{on}。t_d 主要是由发射结势垒电容和集电结势垒电容充电产生的，增大 I_{B1} 的幅值并增大 di_B/dt，可缩短延迟时间，同时可缩短上升时间，从而加快开通过程。

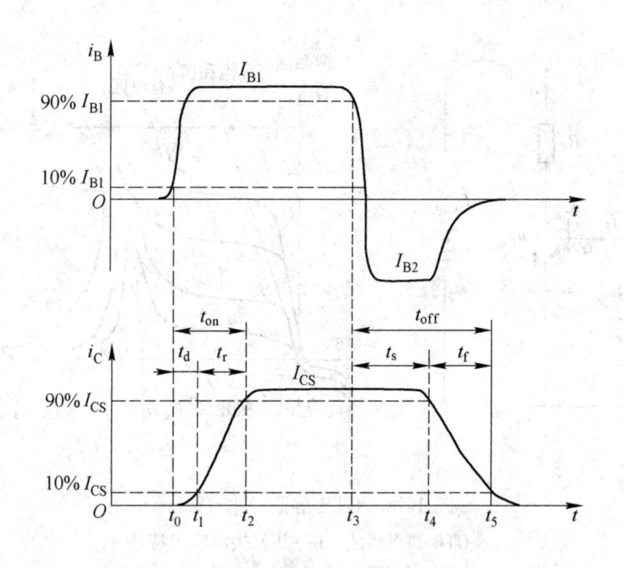

图 1-29 GTR 的开通和关断过程电流波形

B 关断过程

GTR 的关断过程包括储存时间 t_s 和下降时间 t_f，两者之和为关断时间 t_{off}。t_s 是用来除去饱和导通时储存在基区的载流子的，是关断时间的主要部分。减小导通时的饱和深度以减小储存的载流子，或者增大基极抽取负电流 I_{B2} 的幅值和负偏压，可缩短储存时间，从而加快关断速度。减小导通时的饱和深度的负面作用是会使集电极和发射极间的饱和导通压降 U_{CES} 增加，从而增大通态损耗。GTR 的开关时间一般在几微秒以内。

1.5.2.3 GTR 的主要参数

GTR 的主要参数除了在模拟电子技术中已经熟悉的电流放大倍数 β、直流电流增益 h_{FE}、集射极间漏电流 I_{CEO}、集射极间饱和压降 U_{CES}等，以及上面介绍的开通时间 t_{on}和关断时间 t_{off}之外，还有如下参数：

（1）最高工作电压 U_{CEM}。GTR 上电压超过规定值时会发生击穿，击穿电压不仅和晶体管本身特性有关，还与外电路接法有关，如图 1-28 所示，有 $U_{CBO}>U_{CEX}>U_{CES}>U_{CEO}$。实际使用时，为确保安全，最高工作电压 U_{CEM}要比 U_{CEO}低得多。

（2）集电极最大允许电流 I_{CM}。通常规定为 h_{FE}下降到规定值的 1/2~1/3 时所对应的 I_C 为集电极最大允许电流。实际使用时要留有裕量，一般只能用到 I_{CM}的一半或稍多一点。

（3）集电极最大耗散功率 P_{CM}。集电极最大耗散功率是指在最高工作温度下允许的耗散功率，它等于集电极工作电压与集电极工作电流的乘积。这部分能量转化为热能使管温升高，在使用中要特别注意 GTR 的散热，如果散热条件不好，会促使 GTR 的平均寿命下降。实践表明，工作温度每增加 20℃，平均寿命大约下降一个数量级，有时会因温度过高而使 GTR 迅速损坏。产品说明书中在给出 P_{CM}的同时给出了壳温 T_C，间接地表示了最高工作温度。

（4）最高结温 T_{JM}。GTR 的最高结温与半导体材料的性质、器件制造工艺和封装质量有关。一般情况下，塑封硅管的 T_{JM}为 125~150℃，金封硅管的 T_{JM}为 150~170℃，高可靠平面管的 T_{JM}为 175~200℃。

1.5.3 GTR 的驱动电路

GTR 基极驱动电路的作用是将控制电路输出的控制信号放大到足以保证 GTR 可靠导通和关断的程度。图 1-30 所示为采用分立元件组成的 GTR 的一种驱动电路，包括电气隔离和晶体管放大电路两部分。当光耦无输入信号时，$+V_{CC}$ 通过 R_1 驱动，使 V_1 导通，V_2 关断，$+V_{CC}$通过 V_1 和基极电阻 R_b 驱动 V 导通；当光耦有输入信号时 V_2 导通，V_1 关断，V 关断。

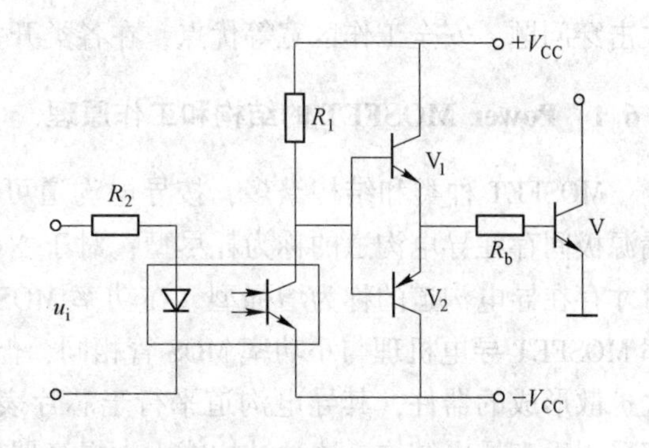

图 1-30 GTR 的一种基极驱动电路

1.5.4 GTR 的二次击穿现象和安全工作区

1.5.4.1 GTR 的二次击穿现象

当 GTR 的集电极电压升高至击穿电压时，I_C迅速增大，这种击穿首先出现的是雪崩击穿，又称为一次击穿。发生一次击穿时，只要 I_C不超过与最大允许耗散功率相对应的限度，GTR 一般不会损坏，工作特性也不变。但在实际应用中，常常发现当一次击穿发生时，I_C增大到某个临界点时会突然急剧上升，并伴随电压的陡然下降，这种现象称为二次击穿。二次击穿是 GTR 特有的现象，持续时间很短，一般在纳秒至微秒范围，常常立即导致器件的永久损坏，或者工作特性明显衰变，对 GTR 危害极大，必须避免。

1.5.4.2 GTR 的安全工作区（SOA）

对于 GTR 而言，把不同基极电流下二次击穿的临界点连接起来，构成一条二次击穿临界线，临界线上各点反映了二次击穿功率 P_{SB}。为了保证 GTR 正常工作，GTR 最大工作电流不能超过集电极的最大允许电流 I_{CM}，最大耗散功率不能超过集电极允许的最大耗散功率 P_{CM}，工作电压不能超过最高电压 U_{CEM}，同时也不能超过二次击穿临界线。这些限制条件构成了一个区域，即 GTR 的安全工作区，如图 1-31 所示。

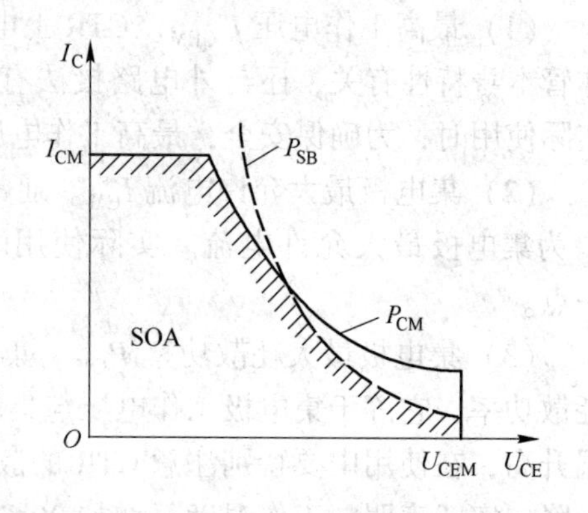

图 1-31 GTR 安全工作区

电力电子器件都有安全工作区，其他电力电子器件一般没有二次击穿现象。安全工作区通常由最大工作电流、最大耗散功率、最高工作电压构成。电力电子器件实际应用时必须工作于安全工作区的范围内，以免损坏。

1.6 功率场效应晶体管（Power MOSFET）

功率场效应晶体管即功率 MOSFET，是一种单极型电压全控器件，具有输入阻抗高、工作速度快（开关频率可达 500kHz 以上）、驱动功率小且电路简单、热稳定性好、无二次击穿问题、安全工作区宽等优点，在各类开关电路中应用极为广泛。

1.6.1 Power MOSFET 的结构和工作原理

MOSFET 种类和结构繁多，按导电沟道可分为 P 沟道和 N 沟道。当栅极电压为零时漏源极间存在导电沟道的称为耗尽型；对于 N(P) 沟道器件，栅极电压大于（小于）零时才存在导电沟道的称为增强型。在功率 MOSFET 中，应用较多的是 N 沟道增强型。功率 MOSFET 导电机理与小功率 MOS 管相同，但在结构上有较大区别。小功率 MOS 管是一次扩散形成的器件，其导电沟道平行于芯片表面，是横向导电器件。而功率 MOSFET 大都采用垂直导电结构，这种结构能大大提高器件的耐压和通流能力。

图 1-32a 为常用的功率 MOSFET 的外形，图 1-32b 给出了 N 沟道增强型功率 MOSFET 的结构，图 1-32c 为功率 MOSFET 的电气图形符号，其引出的三个电极分别为栅极 G、漏极 D 和源极 S。当栅源极间电压为零时，若漏极、源极间加正电源，P 区与 N 区之间形成的 PN 结反偏，漏极、源极之间无电流流过，如图 1-33a 所示。若在栅极、源极间加正电压 U_{GS}，栅极是绝缘的，所以不会有栅极电流流过。但栅极的正电压会将其下面 P 区中的空穴推开，而将 P 区中的电子吸引到栅极下面的 P 区表面，如图 1-33b 所示。当 U_{GS} 大于 U_T（开启电压，也称阈值电压，典型值为 2~4V）时，栅极下 P 区表面的电子浓度将超过空穴浓度，使 P 型半导体反型成 N 型而成为反型层。该反型层形成 N 沟道而使 PN 结消失，漏极和源极导电，如图 1-33c 所示。

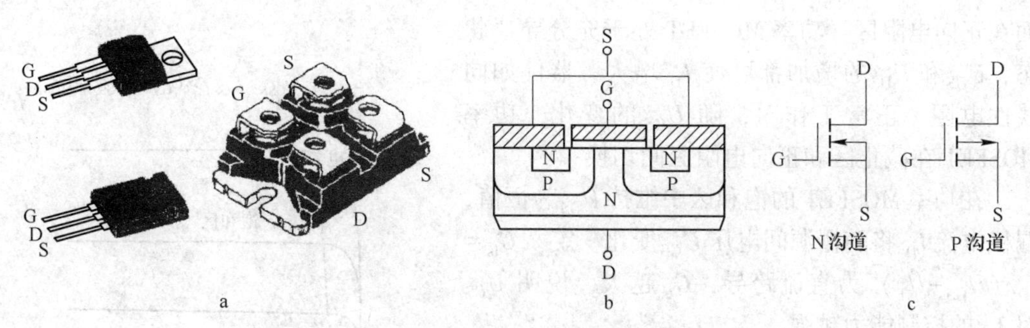

图 1-32　功率 MOSFET 的外形、结构和电气图形符号
a—外形；b—结构；c—电气图形符号

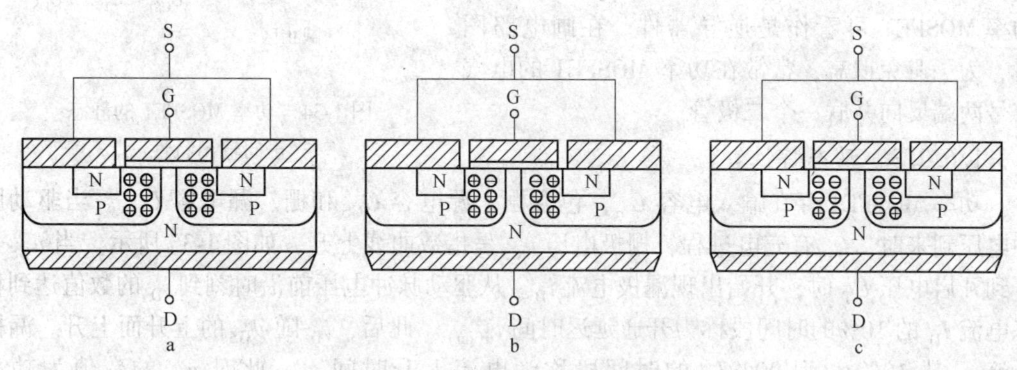

图 1-33　功率 MOSFET 导电机理
a—$U_{GS}=0$；b—$0<U_{GS}<U_T$；c—$U_{GS}>U_T$

1.6.2　Power MOSFET 的特性及主要参数

1.6.2.1　安全工作区

功率 MOSFET 的通态电阻 R_{DS}随着温度的上升而增大，而不像 GTR 等双极性器件中的通态电阻随着温度的上升而减小。导致这个差异的根本原因是这两种器件的工作载流子性质不同。GTR 这类双极性器件主要依靠少数载流子的注入传导电流，少数载流子的注入密度随结温升高而增大。电流的增大使结温进一步升高，从而使得电流与结温之间具有正反馈的关系。而功率 MOSFET 主要依靠多数载流子导电，多数载流子的迁移率随温度的上升而下降，其宏观表现就是漂移区的电阻升高，电阻升高会使电流减小，电流的减小使得结温下降，从而使得电流与结温之间呈负反馈关系。该特性不仅使得功率 MOSFET 没有热反馈引起的二次击穿现象，其安全工作区大大增大，而且电流越大，发热越大，通态电阻就加大，从而限制电流的加大，这对于功率 MOSFET 并联运行的均流也非常有利。

1.6.2.2　静态特性

功率 MOSFET 的静态正向输出特性如图 1-34 所示，描述了在不同的 U_{GS}下，漏极电流 I_D 与漏极电压 U_{DS}间的关系曲线。它可以分为三个区域：截止区、正向电阻区、饱和区。当 $U_{GS}<U_T$（开启电压为 2~4V）时，功率 MOSFET 工作在截止区；当 $U_{GS}>U_T$，器件工作在器件饱和区时，随着 U_{DS}的增大，I_D 几乎不变，只有改变 U_{GS}才能使 I_D 发生变化。

而在正向电阻区，功率 MOSFET 处于充分导通状态，U_{GS}和 U_{DS}的增加都可使 I_D 增大，器件如同线性电阻。正常工作时，随 U_{GS} 的变化，功率 MOSFET 在截止区和正向电阻区间切换。

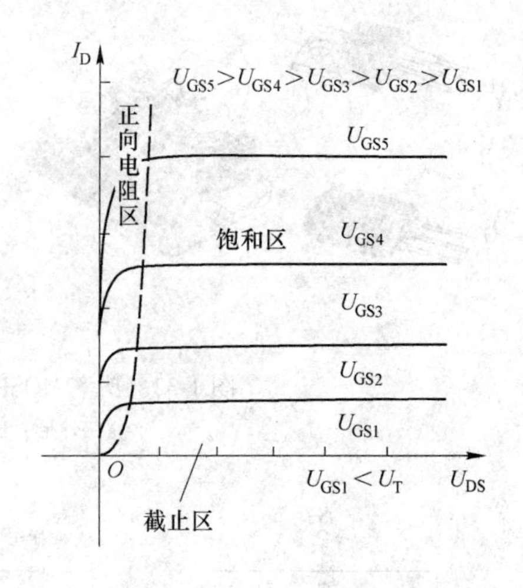

图 1-34　功率 MOSFET 的静态正向输出特性

在功率 MOSFET 的饱和区中维持 U_{DS}为恒值，漏极电流 I_D 将随栅源间电压 U_{GS}变化。定义 $G_{fs}=I_D/(U_{GS}-U_T)$ 为直流跨导，G_{fs}越大，说明 U_{GS} 对 I_D 的控制能力越强。

功率 MOSFET 漏极、源极之间有寄生二极管，漏极、源极间加反向电压时器件导通，因此功率 MOSFET 可看作是逆导器件。在画电路图时，为了避免遗忘，常常在功率 MOSFET 的电气符号两端反向并联一个二极管。

1.6.2.3　动态特性

功率 MOSFET 存在输入电容 C_{in}，包含栅、源电容 C_{GS}和栅、漏电容 C_{GD}。当驱动脉冲电压到来时，C_{in}有充电过程，栅极电压 u_{GS}呈指数曲线上升，如图 1-35 所示。当 u_{GS}上升到开启电压 U_T 时，开始出现漏极电流 i_D。从驱动脉冲电压前沿时刻到 i_D 的数值达到稳态电流 I_D 的 10%的时间段称为开通延迟时间 $t_{d(on)}$。此后，i_D 随 u_{GS}的上升而上升。漏极电流 i_D 从 10% I_D 到 90% I_D 的时间段称为电流上升时间 t_{ri}。此时 u_{GS} 的数值为功率 MOSFET 进入正向电阻区的栅压 U_{GSP}。当 u_{GS}上升到 U_{GSP}时，功率 MOSFET 的漏极、源极电压 u_{DS}开始下降，受栅、漏电容 C_{GD}的影响，驱动回路的时间常数增大，u_{GS}增长缓慢，波形上出现一个平台期，当 u_{DS}下降到导通压降，功率 MOSFET 进入到稳态导通状态，这一时间段为电压下降时间 t_{fv}。此后 u_{GS}继续升高直至达到稳态。功率 MOSFET 的开通时间 t_{on}是开通延迟时间、电流上升时间与电压下降时间之和，即 $t_{on}=t_{d(on)}+t_{ri}+t_{fv}$。

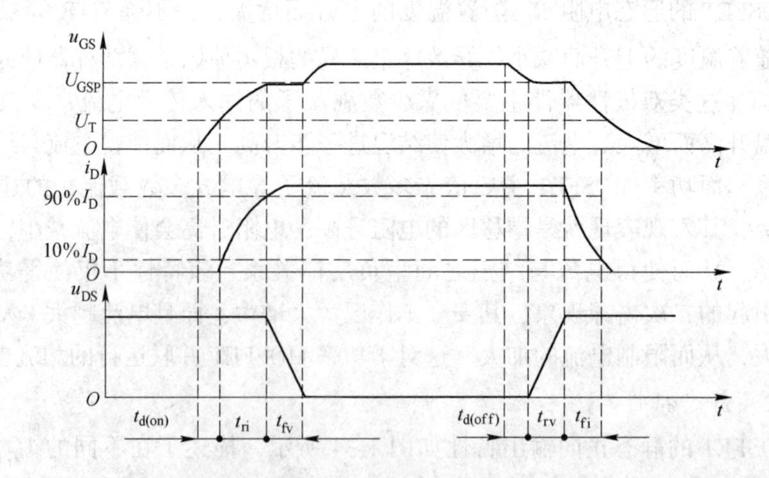

图 1-35　功率 MOSFET 的开关过程波形

当驱动脉冲电压下降到零时，栅源极输入电容 C_{in} 通过栅极电阻放电，栅极电压 u_{GS}

按指数曲线下降，当下降到 U_{GSP} 时，功率 MOSFET 的漏极、源极电压 u_{DS} 开始上升，这段时间称为关断延迟时间 $t_{d(off)}$。此时栅、漏电容 C_{GD} 放电，u_{GS} 波形上出现一个平台。当 u_{DS} 上升到输入电压时，i_D 开始减小，这段时间称为电压上升时间 t_{rv}。此后 C_{in} 继续放电，u_{GS} 从 U_{GSP} 继续下降，i_D 减小，到 $u_{GS}<U_T$ 时沟道消失，i_D 下降到稳态电流的 10%，这段时间称为电流下降时间 t_{fi}。关断延迟时间、电压上升时间和电流下降时间之和为功率 MOSFET 的关断时间 t_{off}，即 $t_{off}=t_{d(off)}+t_{rv}+t_{fi}$。功率 MOSFET 是单极性器件，只靠多子导电，不存在少子储存效应，因而关断过程非常迅速，是常用电力电子器件中最快的。

1.6.2.4 主要参数

除前面已涉及的跨导、开启电压以及开关过程中的时间参数外，功率 MOSFET 还有以下主要参数：

（1）通态电阻 R_{on}。通态电阻 R_{on} 是影响最大输出功率的重要参数。功率 MOSFET 是单极性器件，没有电导调制效应，在相同条件下，耐压等级越高的功率 MOSFET 其 R_{on} 越大，这是功率 MOSFET 耐压难以提高的原因之一。另外 R_{on} 随 I_D 的增加而增加，随 U_{GS} 的升高而减小。

（2）漏极电压最大值 U_{DSM}。U_{DSM} 是标称功率 MOSFET 额定电压的参数，为避免功率 MOSFET 发生雪崩击穿，实际工作中的漏极和源极两端的电压不允许超过漏极电压最大值 U_{DSM}。

（3）漏极电流最大值 I_{DM}。I_{DM} 是标称功率 MOSFET 电流额定的参数，实际工作中漏源极流过的电流应低于额定电流 I_{DM} 的 50%。

1.6.3 Power MOSFET 的驱动电路

与 GTO 和 GTR 通过电流来驱动不同，MOSFET 是电压驱动型器件，其输入阻抗极高，输入电流非常小，有利于驱动电路的设计。从图 1-35 中的开关过程可以看出，功率 MOSFET 的开关速度和 C_{in} 的充放电有很大关系。器件使用者无法降低 C_{in}，但可降低驱动电路内阻 R_G，以减小时间常数，加快开关速度。所以选择 R_G 很关键，不同的功率 MOSFET 有不同的推荐值，一般为几十欧姆，该电阻阻值应随被驱动器件电流额定值的增大而减小。功率 MOSFET 为场控器件，静态时几乎不需输入电流。但在开关过程中需对输入电容充放电，仍需一定的驱动功率。为了提高其开关速度，驱动电路必须要有足够的电压以保证器件开通时有较高的电压变化率，以加快输入电容的充电。

功率 MOSFET 的驱动电路多采用双电源供电，使功率 MOSFET 开通的驱动电压一般为 10~15V，关断时施加一定幅值的负驱动电压（-5~-15V）有利于减小关断时间和关断损耗。驱动电路的输出与功率 MOSFET 的栅极直接耦合，输入与前置信号隔离，或输入与前置信号直接耦合，输出与功率 MOSFET 栅极隔离，隔离器件可采用变压器或光耦。

目前对于功率 MOSFET 的驱动常采用专用的集成驱动芯片，如 TOSHIBA 公司生产的 TLP250 等功率 MOSFET、专用驱动芯片。TLP250 包含一个光发射二极管和一个集成光探测器，并集合了晶体管驱动电路。其采用 8 脚双列直插封状结构，内部结构如图 1-36 所示，其中 2、3 脚为输入，5、8 脚分别为输出端的地和电源，6、7 脚为推挽输出。其能输出最小±0.5A 的驱动电流，可用于驱动中、小功率的功率 MOSFET。

1.6.4 Power MOSFET 的防静电击穿保护

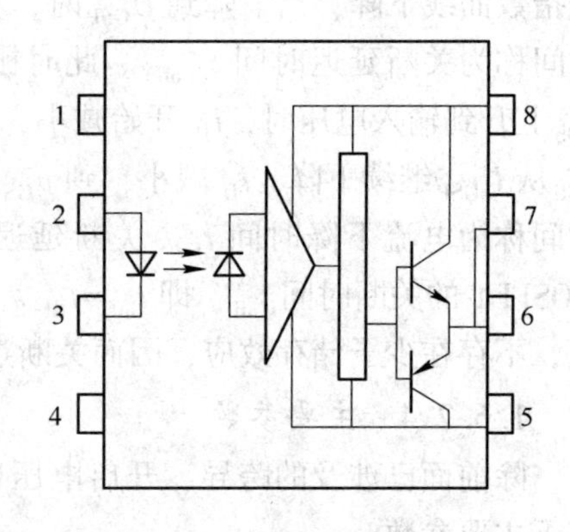

图 1-36 功率 MOSFET 的集成驱动芯片 TLP250

功率 MOSFET 的最大优点是具有极高的输入阻抗，因此在静电较强的场合难以泄放电荷，容易引起静电击穿。防止静电击穿应注意：

（1）在测试和接入电路之前器件应存放在静电包装袋、导电材料或金属容器中，不能放在塑料袋中。取用时应拿管壳部分而不是引线部分。工作人员需通过挽带良好接地。

（2）将器件接入电路时，工作台和烙铁都必须良好接地，焊接时烙铁应断电。

（3）在测试器件时，测量仪器和工作台都必须良好接地。器件的三个电极未全部接入测试仪器或电路前不要施加电压。改换测试范围时，电压和电源都必须先恢复到零。

（4）注意栅极电压不要过限。

1.7 绝缘栅双极型晶体管（IGBT）

绝缘栅双极型晶体管（IGBT）是 20 世纪 80 年代中期问世的一种新型复合电力电子器件。由于它兼有 MOSFET 的快速响应、高输入阻抗和 BJT 的低通态压降、高电流密度的特性，这些年发展十分迅速。

1.7.1 IGBT 的结构和工作原理

1.7.1.1 IGBT 的结构

绝缘栅双极型晶体管的结构、图形符号及等效电路如图 1-37 所示。从图中可见，有一个区域是由 NPN 组成的，这可以看成 MOSFET 的源极和栅极之间的部分，另一个区域是 PNP 结构，即双极型晶体管。IGBT 相当于一个由 MOSFET 驱动的厚基区 BJT。从图中

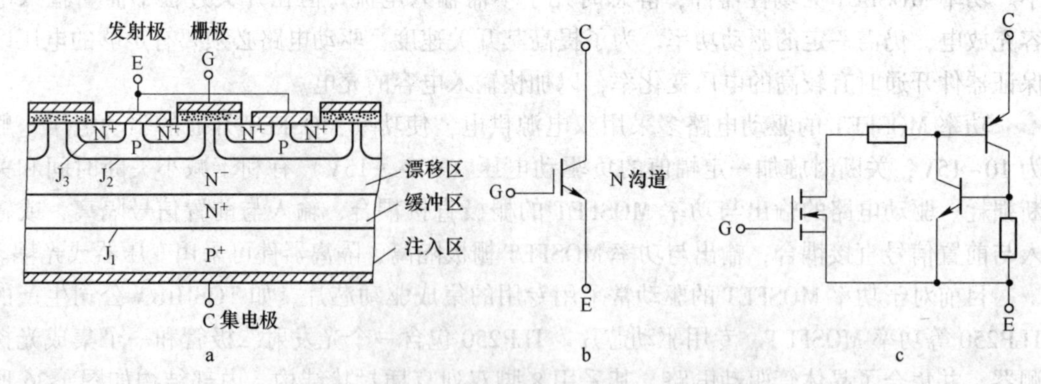

图 1-37 IGBT 的结构、图形符号及等效电路

a—结构；b—图形符号；c—等效电路

还可以看到，在集电极和发射极之间存在着一个寄生晶闸管。采用空穴旁路结构并使发射区宽度微细化后，可基本上克服寄生晶闸管的擎住作用。IGBT 的低掺杂 N 漂移区较宽，因此可以阻断很高的反向电压。

1.7.1.2 IGBT 的工作原理

由栅极电压来控制 IGBT 导通或关断。当 IGBT 栅极加上正电压时，MOSFET 内形成沟道，并为 PNP 晶体管提供基极电流，使 IGBT 导通。当 IGBT 栅极加上负电压时，MOSFET 内沟道消失，切断 PNP 晶体管的基极电流，IGBT 关断。

当 $U_{CE}<0$ 时，J_3PN 结处于反偏状态，IGBT 呈反向阻断状态。

当 $U_{CE}>0$ 时，分两种情况：

（1）若栅极电压 $U_{GE}<$开启电压 U_T，沟道不能形成，IGBT 呈正向阻断状态；

（2）若栅极电压 $U_{GE}>$开启电压 U_T，绝缘栅极下的沟道形成，N^+区的电子通过沟道进入 N^-漂流区，漂移到 J_3 结，由于 J_3 结正向偏置，也向 N^-区注入空穴，从而在 N^-区产生电导调制，使 IGBT 正向导通。

1.7.2 IGBT 的特性及主要参数

1.7.2.1 IGBT 的特性

A IGBT 的伏安特性

IGBT 的伏安特性是指以栅射极电压 U_{GE} 作为参变量时集电极电流 I_C 和集射极电压 U_{CE}之间的关系曲线，如图 1-38a 所示。IGBT 的控制变量是栅射极电压 U_{GE}，IGBT 的伏安特性可分为饱和区、击穿区和放大区 3 个部分。当栅射极电压 $U_{GE}<$射极开启电压 U_T，IGBT 工作于阻断状态。当 $U_{GE}>U_T$ 时，VMOS 沟道体区内形成导电沟道，IGBT 进入正向导通状态。在正向导通的大部分区域内，I_C 与 U_{CE}呈线性关系，此时 IGBT 工作于放大区。对应于伏安特性上明显弯曲的部分，I_C 与 U_{CE}呈非线性关系，此时 IGBT 工作于饱和区。开关器件 IGBT 常工作于饱和状态和阻断状态，若 IGBT 工作于放大状态，将会增大 IGBT 的损耗。

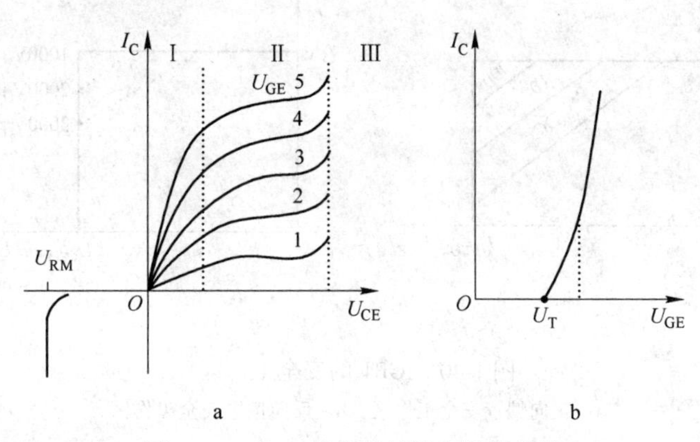

图 1-38 IGBT 的伏安特性和转移特性

B IGBT 的转移特性

IGBT 的转移特性是指输出集电极电流 I_C 与栅射控制电压 U_{GE}之间的关系曲线，见图

1-38b。IGBT 的转移特性与功率 MOSFET 的转移特性相同。当栅射极电压 $U_{GE}<U_T$ 时，IGBT 处于关断状态。当 $U_{GE}>U_T$ 时，IGBT 导通。在 IGBT 导通后的大部分集电极电流范围内，I_C 与 U_{GE} 呈线性关系。

C IGBT 的开关特性

IGBT 的开关特性如图 1-39 所示。IGBT 在开通过程中，大部分时间是作为 MOSFET 来运行的，只是在集射极电压 U_{CE} 下降过程后期，PNP 晶体管由放大区至饱和区，又增加了一段延缓时间，使集射极电压波形变为两段。IGBT 在关断过程中，集电极电流的波形变为两段，因为 MOSFET 关断后，PNP 晶体管中的存储电荷难以迅速消除，造成集电极电流较长的尾部时间。

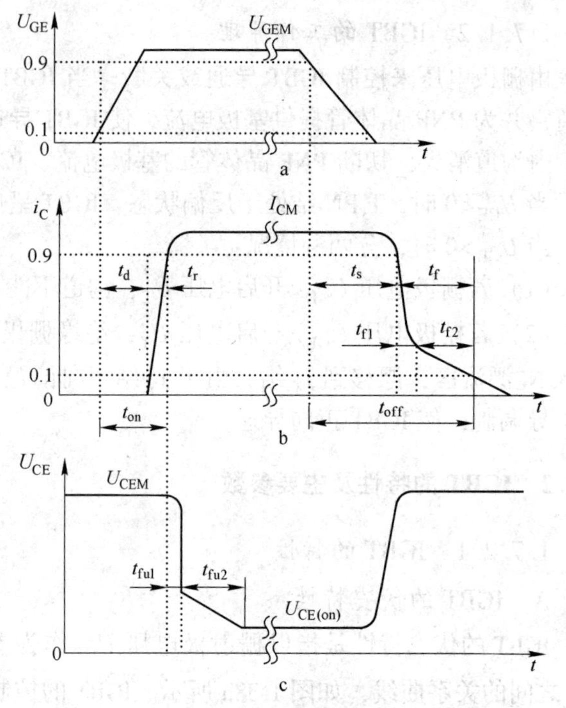

图 1-39 IGBT 的开关特性

1.7.2.2 IGBT 的主要参数

IGBT 的主要参数有：

（1）集射极额定电压 U_{CEO}。IGBT 最大耐压值，是根据器件的雪崩击穿电压而规定的。

（2）栅射极额定电压 U_{GES}。IGBT 是电压控制器件，靠加到栅极的电压信号来控制 IGBT 的导通和关断，而 U_{GES} 是栅极的电压控制信号额定值。通常 IGBT 对栅极的电压控制信号相当敏感，只有电压在额定电压值的范围内，才能使 IGBT 导通而不致损坏，安全工作区见图 1-40。

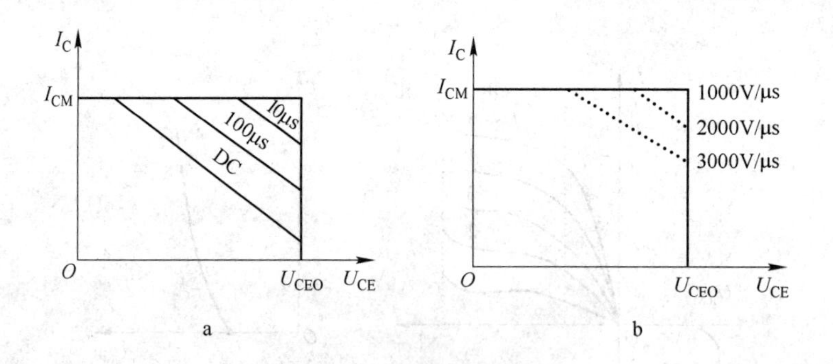

图 1-40 IGBT 的安全工作区

a—正向偏置安全工作区；b—反向偏置安全工作区

（3）栅射极开启电压 U_T。它是指使 IGBT 导通所需的最小栅射极电压。通常，IGBT 的开启电压 U_T 为 3~5.5V。

（4）集电极额定电流 I_C。它是指在额定的测试温度（壳温为25℃）条件下，IGBT 所允许的集电极最大直流电流。

（5）集射极饱和电压 $U_{CE(sat)}$。IGBT 在饱和导通时，通过额定电流的集射极电压，代表 IGBT 的通态损耗大小。通常集射极饱和电压 $U_{CE(sat)}$ 为 1.5~3V。

1.7.3 IGBT 的驱动电路

IGBT 的输入阻抗高，属电压型控制器件，要求的驱动功率小，与功率 MOSFET 相似，故可使用功率 MOSFET 的驱动技术对 IGBT 进行驱动，不过由于 IGBT 的输入电容较 MOSFET 大，故 IGBT 的关断偏压应比功率 MOSFET 驱动电路提供的偏压更高。对 IGBT 驱动电路的一般要求为：

（1）栅极驱动电压。IGBT 导通时，正向栅极电压值应能使 IGBT 完全饱和，并使通态损耗减至最小，故应保证栅极驱动电压为 12~20V；而反向偏压应为-5~-15V。

（2）串联栅极电阻。IGBT 的导通与关断是通过栅极电路的充放电来实现的，因此栅极电阻对 IGBT 的动态特性会产生较大的影响。数值较小的栅极电阻能加快栅极电容的充放电，从而减小开关时间和开关损耗，但与此同时也降低了栅极的抗噪声能力，并可能导致栅极-发射极电容和栅极驱动导线的寄生电感产生振荡。

在设计 IGBT 驱动电路时，可使用分立元件组成驱动电路，也可使用 IGBT 专用集成驱动电路，IGBT 专用集成驱动电路是专用于 IGBT 的集驱动、保护等功能于一体的复合集成电路，主要有富士公司的 EXB8XX 系列和夏普公司的 PC929 等。这里介绍一下在我国应用较广泛的 EXB8XX 系列。

EXB8XX 系列的内部框图如图 1-41 所示，EXB8XX 系列 IGBT 专用集成驱动电路采用单列直插式封装，使用单电源 20V 供电，在输出脚 3 和 1 间产生约 15V 的导通驱动电压，而通过内部稳压管在输出脚 1 和 9 间产生约-5V 的关断偏压。其内置过流保护电路，可通过检测 IGBT 在导通过程中的饱和压降来实施对 IGBT 的过流保护，同时提供过流检测输出信号，便于外部电路采集。由于其内部集成了功率放大电路，在一定程度上提高了驱动电路的抗干扰能力。

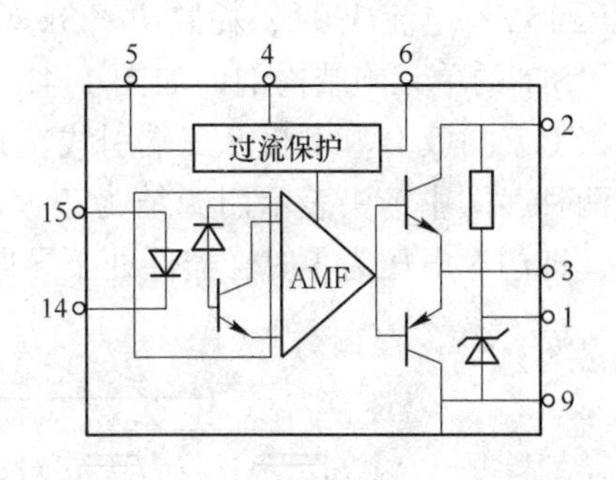

图 1-41　EXB8XX 驱动模块框图

1.7.4 IGBT 的擎住效应和安全工作区

1.7.4.1 擎住效应

IGBT 为 4 层结构，体内存在一个寄生晶闸管，其结构和等效电路如图 1-37 所示。在 NPN 晶体管的基极与发射极之间，存在一个体区短路电阻，P 型区的横向空穴流过该电阻会产生一定压降，对 J_3 结来说相当于一个正偏置电压。在规定的集电极电流范围内，这个正偏置电压不大，NPN 晶体管不会导通；当 I_C 大到一定程度时，该正偏置电压使 NPN 晶体管导通，进而使 NPN 和 PNP 晶体管处于饱和状态。于是寄生晶闸管导通，栅极失去控制作用，这就是所谓的擎住效应。IGBT 发生擎住效应后，造成导通状态锁定，无法关断 IGBT。因此，IGBT 在使用中，应注意防止过高的 du/dt 和过大的过载电流。

1.7.4.2　安全工作区

IGBT开通时的正向偏置安全工作区（FBSOA）如图1-40a所示，由电流、电压和功耗3条边界极限包围而成。最大集电极电流I_{CM}是根据避免擎住效应而确定的，最大集射极电压U_{CEM}是由IGBT中PNP晶体管的击穿电压所确定的，最大功耗则由最高允许结温所决定。IGBT导通时间长，发热严重，因而相应的安全工作区变窄。IGBT关断时的反向偏置安全工作区（RBSOA）如图1-40b所示，与IGBT关断时的du/dt有关。du/dt越高，RBSOA越窄。

1.8　其他新型电力电子器件

1.8.1　静电感应晶体管（SIT）

在现代全控型电力半导体器件的大家族中，除了GTR、功率MOSFET、GTO、IGBT这些主要类型之外，近十年来不断涌现出许多新型器件。SIT静电感应晶体管，也可称为功率结型场效应晶体管，简称JFET。SIT是一种单极型器件，具有输出功率大、失真小、输入阻抗高、开关特性好、热稳定性好、抗辐射能力强等一系列优点。SIT器件在结构设计上能方便地实现多胞合成，因而适合作高压大功率器件，不仅可以工作在开关状态，用作大功率的电流开关，而且可以作为功率放大器，用于高音质音频放大器、大功率中频广播发射机、长波电台、差转机等方面。目前SIT的制造水平已达到截止频率30~50MHz，电压15V，电流300A，耗散功率3kW。

SIT的单元胞结构剖面如图1-42a所示，它由几百或几千个单元胞并联而成。SIT有门极G、漏极D和源极S三端引线，其图形符号如图1-42b所示。SIT分为N沟道和P沟道两种，图中箭头表示门源结为正偏时门极电流的方向。SIT最重要的特征是在门源短路，即门源电压为零时，器件处于导通状态。

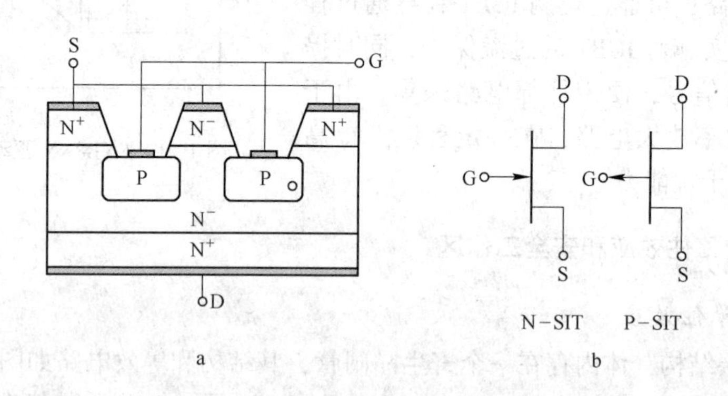

图1-42　SIT的原理结构及其图形符号

a—单元胞结构；b—图形符号

SIT的开通和关断原理可用沟道夹断机理来说明。如图1-42a所示，两个门极区间有一条沟道。当门源电压为零，即门源短路时，门源结形成的耗尽层不可能在沟道中心相遇，因而电子流不会被夹断。由此可知，SIT为一常开通型器件。当门源极加以负电压，即门源结处于反向偏置时，门源间 PN 结耗尽区的宽度增加，特别是 $U_{GS}=U_P$ 时，耗尽层在沟道中心相遇，沟道中的电流即被夹断，这就是 SIT 的关断原理。U_P 电压称为夹断电压。

SIT 的漏极电流不但受门极电压控制，同时也受漏极电压的控制，这种情况与真空三极管非常相似。因此，SIT 呈现类似真空三极管的特性。从这个意义上讲，SIT 可称为固体三极管。由于 SIT 中门极电压和漏极电压都能通过电场控制漏极电流，类似于静电感应现象，因此把 SIT 命名为静电感应晶体管。

N 沟道 SIT 的伏安特性示于图 1-43a 中。由图可知，SIT 的伏安特性与 MOSFET 有很大的不同，但与真空管却十分相似。当门源电压 U_{GS} 为零时，SIT 处于导通状态；U_{GS} 在负值方向上增加时，有不同的 I_D-U_{DS} 伏安特性。以 U_{GS} 为参变量，可作出 I_D-U_{DS} 一簇特性曲线。当漏源电压一定时，对应于漏极电流为零时的门源电压 U_{GS} 称为 SIT 的夹断电压 U_P。不同的漏源电压 U_{DS} 对应着不同的夹断电压 U_P。当门源电压 U_{GS} 一定时，随着漏源电压 U_{DS} 的增加，漏极电流 I_D 也线性增加，其大小由 SIT 的通态电阻所决定。由此可知，SIT 不但是一个开关器件，而且是一个特性良好的放大器件。图 1-43b 所示为 SIT 的转移特性，U_{DS}-U_{GS} 特性曲线的斜率定义为阻断增益 μ，其值由下式决定：

$$\mu=\Delta U_{DS}/\Delta U_{GS} \tag{1-18}$$

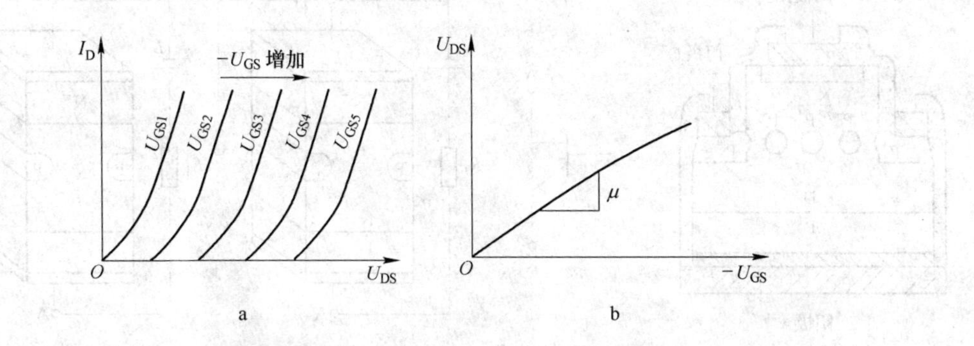

图 1-43　SIT 的静态特性
a—伏安特性；b—转移特性

阻断增益的含义是：在 SIT 能够处于阻断状态的前提下，漏源电压的增量与门源负电压增量之比。因为门源电压保持一定时，漏源电压增加，SIT 的漏源电流也要增加，为使漏源之间仍为阻断状态，势必增加门源负电压。由式 1-18 可知，门源负电压增加，SIT 能阻断的电压也成比例地增加，最大的漏源电压 U_{DSM} 与最大的门源负电压 $U_{DSM/\mu}$ 相对应，也即漏源电压的极限受 SIT 的门源电压所限制。常通型 SIT 的开关特性与功率 MOSFET 很相似，其开关波形及开关时间与相应的 MOSFET 也基本相同。若改变 SIT 的结构，使沟道变窄，则可使 SIT 在门源电压为零时处于阻断状态。当门源电压为正偏置时，SIT 才可导通，漏源电流与门源电流成正比例变化。这种新结构的 SIT 特性与双极型晶体管相似，称为常关断型器件。因为在门源电压正偏置作用下，产生电导调制效应，故称这种器件为双极型静电感应晶体管，简称 BSIT。

1.8.2 静电感应晶闸管（SITH）

SITH 是大功率场控开关器件，与 SCR 和 GTO 相比，它有许多优点，例如 SITH 的通态电阻小，通态电压低，开关速度快，开关损耗小，正向电压阻断增益高，开通和关断的电流增益大，di/dt 及 du/dt 的耐量高。近几年 SITH 的发展很快，目前 SITH 的产品容量已达到 2500A/4000V。由于 SITH 的工作频率可达 100kHz 以上，所以在高频感应加热电源中，SITH 可取代传统的真空三极管。

根据结构的不同，SITH 分为常关断型和常导通型两种。目前常开型器件发展较快。此外，根据能否承受反压的特点，SITH 又分为反向阻断型和阳极发射极短路型两种。由于 SITH 的制造工艺比较复杂，成本比较高，所以它的发展受到一定的影响，随着微电子精细加工工艺的改进，SITH 的发展将会进入一个崭新的阶段，其应用领域将会更加广泛。SITH 的单元胞结构剖面如图 1-44a 所示。由图可以看出，在 P^+NN^+ 二极管结构中置以 P^+ 型掩埋门极即形成了 SITH 的基本结构；或者在图 1-42a 所示的 SIT 结构中多加一个 P^+ 层即形成了 SITH。在 P^+ 层引出阳极，原 SIT 的源极变为阴极。SITH 的图形符号如图 1-44b 所示。

图 1-45a 为常关断型 SITH 的导通机理示意图。由图可知，当门极处于开路状态，在开关 S 打开后，阳极和阴极之间加以正向电压时，SITH 即有电流 I_A 流通，其导通特性和二极管特性相似。所以 SITH 比 SIT 的通态电阻小、通态电压低、通态电流大。

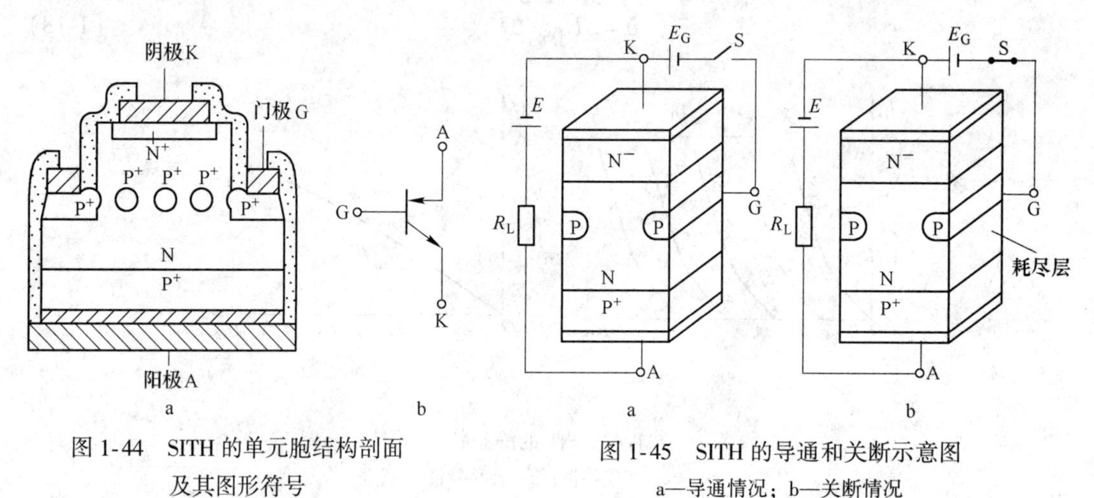

图 1-44　SITH 的单元胞结构剖面及其图形符号
a—单元胞结构；b—图形符号

图 1-45　SITH 的导通和关断示意图
a—导通情况；b—关断情况

SITH 的关断可用沟道夹断的原理来说明。图 1-45a 中，在两个 P 门极区之间形成了一个很窄的 N 型沟道，通过改变门极和阴极之间的电压即可控制沟道的通断，进而可控制阳极和阴极之间的电流。如图 1-45b 所示的 SITH 关断机理图，当开关 S 闭合之后，门极加以负电压，即使门极-阴极结处于反向偏置状态，这时耗尽层扩展，使阳极和阴极之间的电流夹断。在阳极电流夹断的过程中，由于门极-阴极处于偏置状态，所以从器件体内抽出过剩的载流子进而形成比较大的门极负电流。这一过程与 GTO 关断时的现象非常相似。门极所加负电压越高，可关断的阳极电流也越大，被阻断的阳极电压也越高。

SITH 为场控器件，它与 GTO 不同，由于不存在再生反馈的机理，所以不会因 du/dt 过高而产生误触发现象，也不会产生擎住效应。因为 SITH 与 SIT 一样，可通过电场控制阳极电流，因而被称为静电感应晶闸管。

SITH 的静态特性包括：伏安特性、正向阻断特性和通态压降特性，如图 1-46a、b、c 所示。

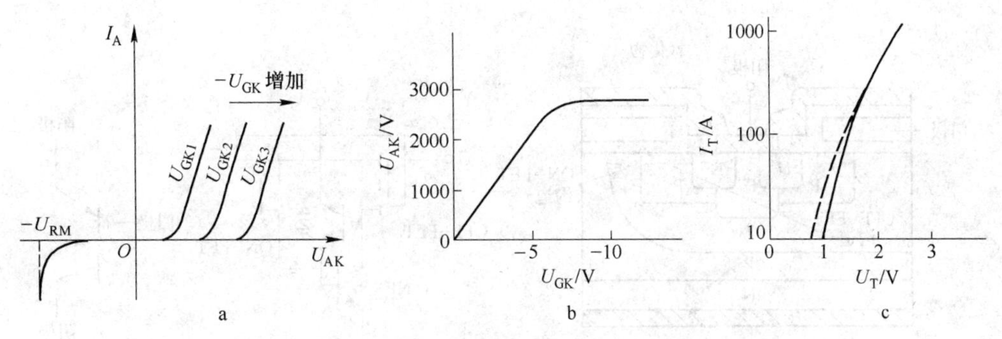

图 1-46　SITH 的静态特性

a—伏安特性；b—正向阻断特性；c—通态压降特性

由图 1-46a 中常关断型 SITH 的静态伏安特性可以看出，特性的正向偏置部分与 SIT 相类似。阳极阻断电压 U_{AK} 和阳极可关断电流由门极负电压 $-U_{GK}$ 控制，$-U_{GK}$ 越高，阻断阳极电压的能力越强。阳极电压被阻断后，阳极只有很小的漏电流存在。在图 1-46a 所示 SITH 的结构中，阳极具有 PN 结，所以这种结构形式的 SITH 也能阻断反向电压，显然这种反向阻断能力与门极电压无关。

SITH 的阳极电压阻断能力可用正向特性来描述。图 1-46b 所示为 300A/2500V 的 SITH 阻断特性实测曲线。图中正向阻断电压为 U_{AK}，门极反向电压为 U_{GK}。测试条件为：结温为 125℃，漏电流为 5mA。由图可知，正向阻断电压随着门极负电压的增加而增加，当 U_{GK} 从 0 增至 −4V 时，U_{AK} 线性地增加，U_{GK} 超过 −5V 时，U_{AK} 逐步进入饱和范围。U_{AK} 的最大值为 2700V 时，U_{GK} 的最大值为 −7V。阻断增益为：

$$\mu=\frac{\Delta U_{AK}}{\Delta U_{GK}}\approx 450 \tag{1-19}$$

图 1-46c 所示为阳极电流 I_T 与通态电压 U_T 的关系曲线。图中实线为结温 $T_J=25℃$ 时的特性曲线，虚线为 $T_J=125℃$ 时的特性曲线。结温的升高对通态电压的影响很小，这一特性比 GTO 优越。

1.8.3　MOS 控制晶闸管（MCT）

综合利用晶闸管高电压、大电流技术与 MOSFET 控制技术，研制出了 MOS 晶闸管复合器件。这种复合器件的基本结构是一个晶闸管或几个 MOSFET 的集成。根据门极控制方法的不同，MOS 晶闸管可分为 MOS-GTO（MCT）和 MOS 光控晶闸管。

1.8.3.1　MOS 门极可关断晶闸管

MCT 将 MOSFET 的高输入阻抗、低驱动功率与快速的开关速度和 SCR 的高电压、大电流特性结合在一起。MCT 的典型结构如图 1-47a 所示。它是在 SCR 结构中集成了一对 MOSFET，通过 MOSFET 来控制 SCR 的导通和关断。使 MCT 导通的 P 沟道 MOSFET 称为 ON-FET，使其关断的 N 沟道 MOSFET 称为 OFF-FET。

MCT 是采用 DMOSFET 集成电路工艺制成的。一个 MCT 大约有 10^5 个细胞。每个细胞有一个宽基区 NPN 晶体管和一个窄基区 PNP 晶体管以及一个 OFF-FET。OFF-FET 连接在 PNP 晶体管的基射极之间，另有 4%的单细胞含有 ON-FET，连接在 PNP 晶体管的集

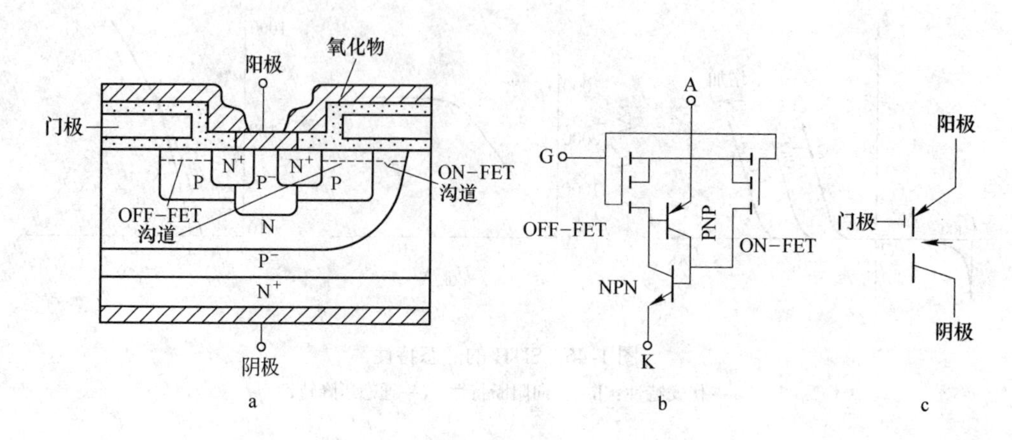

图 1-47 MCT 的单元胞剖面、等效电路及图形符号

a—单元胞剖面；b—等效电路；c—图形符号

射极之间，这两组的 MOSFET 栅极连接在一起，构成 MCT 的单门极。MCT 的等效电路和符号如图 1-47b、c 所示。图中为 P-MCT 的等效电路，N-MCT 的等效电路中箭头反向。

在结构上 MCT 需要用双门极控制，这一点与 SCR 和 GTO 不相同；门极信号以阳极为基准而不是以阴极为基准。当门极相对于阳极加负脉冲电压时，ON-FET 导通，它的漏极电流使 NPN 晶体管导通。NPN 晶体管又使 PNP 晶体管导通并且形成正反馈触发过程，这与 SCR 和 GTO 的导通过程类似。通过正反馈的循环，使 $a_{PNP}+a_{NPN}>1$，于是 MCT 导通。当门极施加相对于阳极为正脉冲的电压时，OFF-FET 导通，PNP 基极电流中断，PNP 晶体管被切断，破坏了正反馈过程，于是 MCT 关断。使 MCT 触发导通的门极负脉冲幅度一般为-5~-15V，使其关断的门极正脉冲电压幅度一般为+10V。由此可见，MCT 是一种电压控制器件。

根据对功率 MOSFET 和 IGBT 的研究证明，器件性能和阴极图形结构有密切关系，MCT 也是如此。MCT 将低通态损耗的四层结构与高阻抗 MOS 控制极结合在一起，使得可控制的阴极密度很高，所以 MCT 可设计成具有很高的 du/dt 耐量。现已研制出正向阻断电压高于 2000V 的单个元胞、元胞排、条和各种阵列布局，元胞数高达 21000 个。有效面积为 8.4mm^2 的 MCT，可控制电流密度为 70A/cm^2。

MCT 这种新型复合器件与 GTR、MOSFET、IGBT 和 GTO 等器件相比，有如下优点：

（1）电压、电流容量大，目前水平为阻断电压 3000V，峰值电流 1000A，最大关断电流密度为 6000A/cm^2。

（2）通态压降小，约为 1.1V，仅是 IGBT 通态压降的 1/2~1/3。对耐压为 600V 的各类器件正向电压与电流关系的比较如图 1-48 所示。

（3）di/dt 和 du/dt 耐量极高，目前水平为 di/dt=2000A/μs，du/dt=20000V/μs。

（4）开关速度快，开关损耗小。开通时间为 200ns，可在 2μs 时间内关断 1000V 电压。

（5）工作温度高，其温度受限于反向漏电流，上限值可达 250~270℃。

（6）MCT 还有一个重要特性是，即使关断失效，器件也不会损坏。当工作电压超出安全工作区范围时，MCT 可能失效。而当峰值可控电流超过安全工作区时，MCT 不会像其他大部分功率开关器件那样自然损坏，而只是不能用门极关断而已。

MCT 无正向偏置的安全工作区。图 1-49 给出了 MCT 的反向偏置安全工作区，即 MCT 关断时的电压和电流的极限容量。这个 RBSOA 与结温有关。当工作电压超出 RBSOA 范围时，MCT 可能会失效，但是当峰值可控电流超出 RBSOA 时，MCT 不会像 GTO 那样损坏。这一性能特点说明 MCT 可用简单的熔断器进行短路保护。

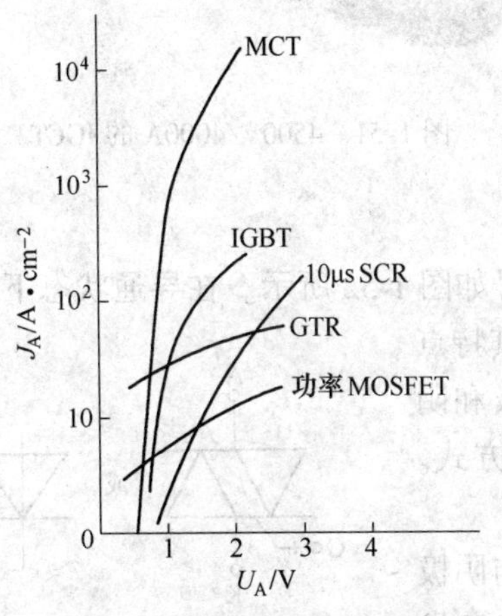

图 1-48　各类功率开关正向压降 U_A 与电流密度 J_A 的关系

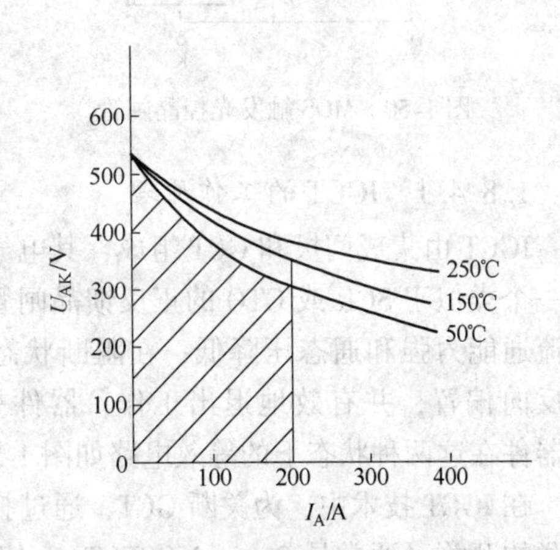

图 1-49　无吸收电路时 MCT 的安全工作区

1.8.3.2　MOS 触发光控晶闸管

图 1-50 给出 MOS 触发光控晶闸管的等效电路。当有光信号输入时，光电管电流增加，电阻 R 两端的电压上升，MOSFET 开通，这时从晶闸管 P 发射区流入的一部分电流即可触发晶闸管使它开通。这种复合器件的光控灵敏度只取决于光电晶体管和 MOSFET，而与 PNPN 结构本身无关。这样既可解决以往光控晶闸管难以克服的由于电源干扰引起的误动作问题，而且光触发灵敏度也可做得很高。例如，只要 1~3mA 的发光管电流，就可以开通 5A/600V 的 MOS 触发晶闸管。

1.8.4　集成门极换流晶闸管（IGCT）

集成门极换流晶闸管（IGCT）于 20 世纪 90 年代后期出现，1997 年得到商品化，其结合了 IGBT 与 GTO 的优点，容量与 GTO 相当，目前的制造水平是 6500V/4200A 和 4500V/5500A，适用于功率 1~10MW，开关频率 50~2000Hz 范围的应用，已在高压变频调速系统和风力发电系统中得到应用。图 1-51 为 ABB 公司的 4500V/4000A 的 IGCT。IGBT 是在大功率晶体管基础上发展的，过流时通过撤除门极电压可关断的器件。而 IGCT 是在晶闸管基础上发展的，其关断机理是通过在门极上施加负的关断电流脉冲，把阳极电流从阴极向门极分流，使原来的 PNPN 四层结构变成 PNP 三层结构，从而关断器件。由于负的关断电流脉冲限制，故 IGCT 有一个能关断的最大阳极电流值，超过此值器件便不断关断，出现“直通”现象，器件的额定电流就定义为这个最大可关断电流。

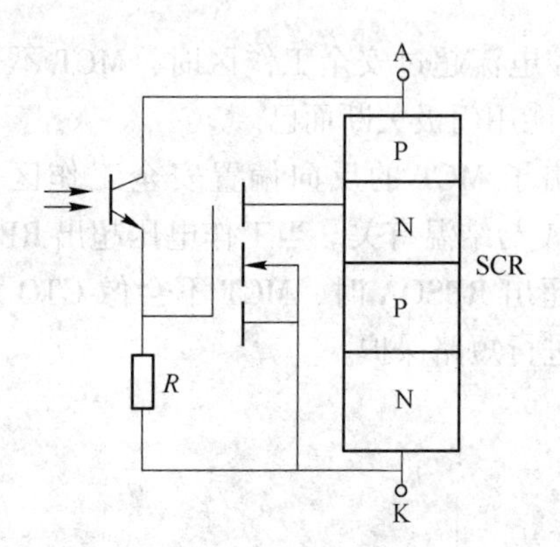

图 1-50　MOS 触发光控晶闸管

图 1-51　4500V/4000A 的 IGCT

1.8.4.1　IGCT 的工作原理

IGCT 由集成门极和 GCT 组成，其电气图形符号如图 1-52 所示。在导通状态下，GCT 是一个类似于 SCR 或 GTO 的正反馈晶闸管开关，其特点是流通能力强和通态压降低；在阻断状态下，门极和阴极反向偏置，并有效地退出工作，器件呈晶体管方式。该器件在这两种状态下的等效电路如图 1-53 所示。

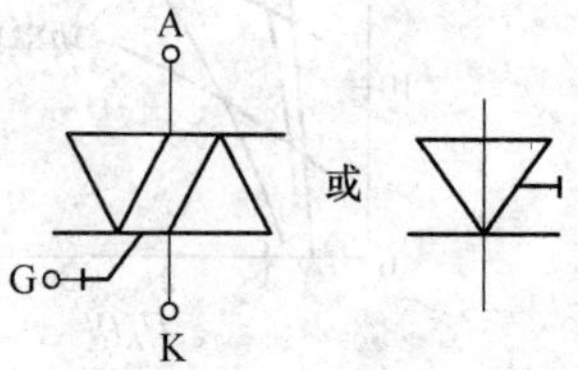

图 1-52　IGCT 的电气图形符号

在 IGCT 技术中，为关断 GCT，通过打开一个与阴极串联的开关（通常是 Power MOSFET），使 P 基极与 N 发射结反偏，整体的阳极电流便迅速转化为门极电流，把 GCT 转化成一个无接触基区的 PNP 型晶体管，阴极发射极的正反馈作用被阻止，GCT 也就均匀关断。由于 IGCT 关断发生在变成晶体管之后，所以无需外加 du/dt 限制，并且可像 Power MOSFET 或者 IGBT 那样工作，其最大的关断电流比额定电流高出许多，保护用的吸收电路可以省去，关断增益接近于 1。

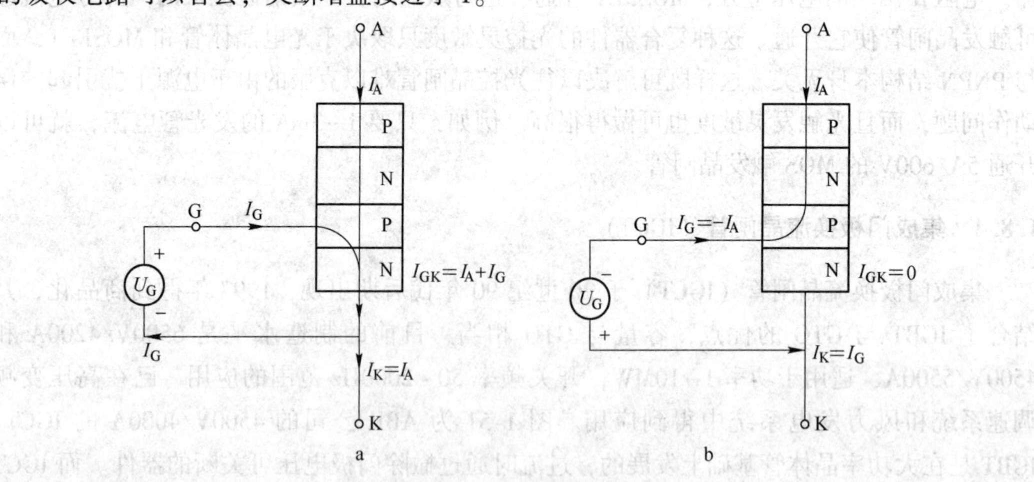

图 1-53　IGCT 的导通和阻断等效电路

a—导通状态；b—阻断状态

1.8.4.2　IGCT 的主要参数

IGCT 的主要参数有：

（1）重复峰值阻断电压 U_{DRM}。重复峰值阻断电压 U_{DRM} 是在门极断路而结温为额定值时，允许重复加在 IGCT 上的正向峰值电压。

（2）重复峰值反向电压 U_{RRM}。重复峰值反向电压 U_{RRM} 是指保证 IGCT 不被击穿时的反向峰值电压。

（3）最大可关断电流 I_{TQD}。最大可关断电流 I_{TQD} 是指保证 IGCT 能够被顺利关断条件下，允许通过的最大电流，是 IGCT 的额定电流。

1.8.5　注入增强型门极换流晶体管（IEGT）

IEGT（Injection Enhanced Gate Transistor）是耐压达 4000V 以上的 IGBT 系列电力电子器件，通过采取增强注入的结构实现了低通态电压，使大容量电力电子器件取得了飞跃性的发展。IEGT 具有作为 MOS 系列电力电子器件的潜在发展前景，具有低损耗、高速动作、高耐压、有源栅驱动智能化等特点，以及采用沟槽结构和多芯片并联而自均流的特性，具有进一步扩大电流容量方面的潜力。

1.8.5.1　IEGT 的工作原理

IEGT 的基本结构电路及电气符号如图 1-54 所示，它对外引出共 3 个端子，分别称为集电极 C、发射极 E 和栅极 G。最先由日本东芝公司开发并投放市场，其开通过程和关断过程如图 1-55 所示，其工作过程可分析如下：

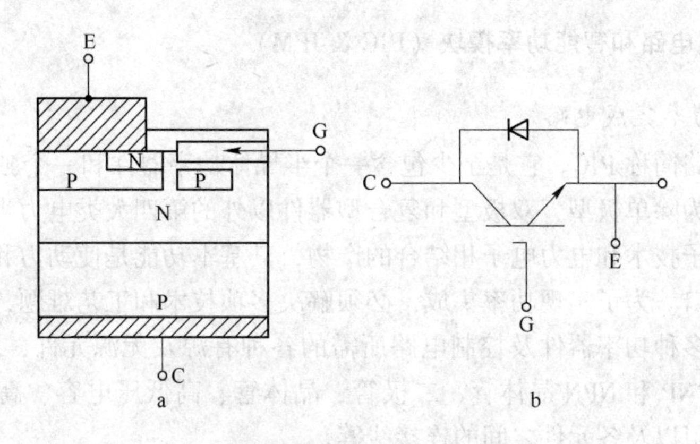

图 1-54　IEGT 的结构与符号
a—基本结构；b—电气符号

（1）开通过程：IEGT 的开通过程如图 1-55 所示。当在 IEGT 的栅-射极之间及集-射极之间加上正向电压时，由于 IEGT 横向门极长度较长，N 区的横向电阻较大，限制了空穴、电子在 P 区的表面形成反向势垒，因而导致注入的电子从发射极通过该势垒向 N 区移动，引起电子在该电场的作用下，大量从集电极 N 区向 P 区移动，而空穴则直接通过发射极电场漂移，但仍有一部分空穴在靠近门极的区域积累起来。这部分积累起来的空穴使从 N 区发射极注入的电子越来越多，以后重复上述过程形成正反馈，最终使载流子全部存贮在 N 区，使 IEGT 导通。

（2）关断过程：IEGT 的关断机理可由图 1-55 所示的模型来分析，当 IEGT 的栅-射极加上反向电压时，原在栅极 P 区表面形成的反向势垒便消失了，因而从 N 区发射极注入的电子便停止。同样从 P 区集电极注入的空穴也就停止运动，积存在 N 区的多余电子和空穴互相中和，多余的电子回到集电极重新与空穴中和，而多余的空穴回到发射极与电子中和，从而使开通时形成的反向势垒消失，进而使 N 区的载流子停止运动，IEGT 也就快速关断。

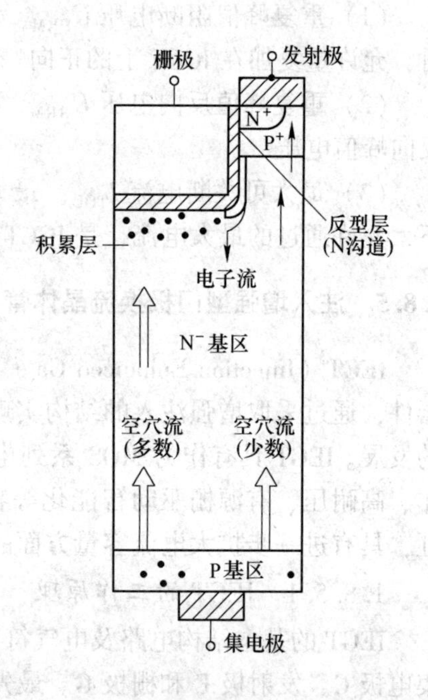

图 1-55 IEGT 的开通与关断机理

1.8.5.2 IEGT 的主要参数

IEGT 的主要参数有：

(1) 集-射极最大额定电压 $U_{CE(sat)}$，指栅极到发射极短路时，器件集电极到发射极能承受的最大直流电压。

(2) 栅-射极最大额定电压 $U_{GE(off)}$，指集电极到发射极短路时，器件栅极能承受的最大电压，一般其绝对值在 20V 以内。

(3) 集电极电流 I_c，指在额定结温条件下，集电极可连续工作而不造成 IEGT 损坏的最大直流电流值。

1.8.6 功率集成电路和智能功率模块（PIC & IPM）

1.8.6.1 功率集成电路

功率集成电路简称 PIC。它是至少包含一个半导体功率器件和一个独立功能电路的单片集成电路，成为除单极型、双极型和复合型器件以外的第四大类电力半导体器件。功率集成电路是微电子技术和电力电子相结合的产物，其基本功能是使动力和信息合一，成为机和电的关键接口。为了实现功率集成，必须解决多项技术和工艺难题，目前已能做到在一个芯片上集成多种功率器件及控制电路所需的各种有源及无源元件，如 P 沟道和 N 沟道的 MOSFET、PNP 和 NPN 晶体管、二极管、晶体管、高低压电容、高阻值多晶硅电阻和低阻值扩散电阻以及各元件之间的连接线等。

功率集成电路分为两类：一类是高压集成电路，简称 HVIC，它是高耐压电力半导体器件与控制电路的单片集成；另一类是智能功率集成电路，简称 SPIC，它是电力半导体器件与控制电路、保护电路以及传感器等电路的多功能集成。

A 高压集成电路

高压集成电路的功能是用来控制功率输出，现举两例说明。图 1-56 所示为 300V 全桥集成电路，其中高压开关元件为功率 MOSFET，它的导通电阻约为 5Ω。为了保证同一桥臂中两只开关元件在一个完全关断之后再打开另一个的要求，采用 5kΩ 串联电阻和输入电容构成的电路来延迟开通时间，用旁路二极管来加速关断过程。图中由 V_5 和 V_6MOS 管构成反相器，保证同一桥臂中的两只开关元件处于相反工作状态。

HVIC 可以工作于开关状态，也可以工作于放大状态。图 1-57 为电视机用 300V 视频放大器 HVIC。该芯片为 200V/250V、8MHz 电视机用视频输出放大器，在电压峰-峰值为

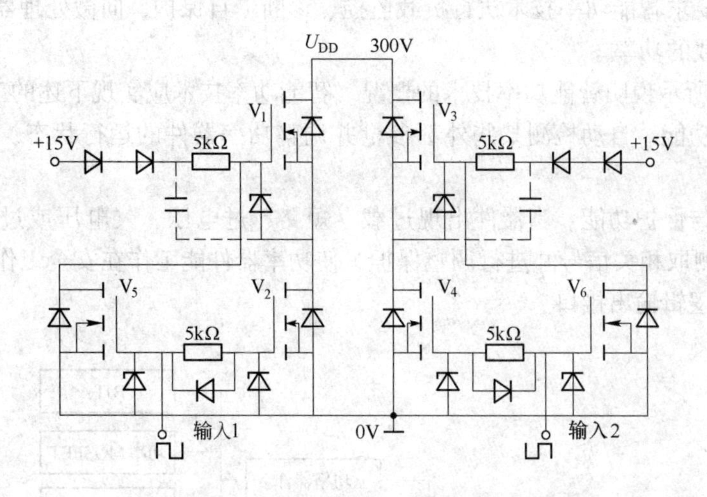

图 1-56 300V 全桥 HVIC

100V 时带宽为 6MHz。电路分为低压和高压两部分。低压部分用双极二极管和低压 MOSFET 作为输入信号放大、基准参考源和恒流源电路。高压部分用 LDMOS（横向 DMOS）和 EPMOS（扩展漏区的 PMOS）作共基-共射放大器，电流流经负载和互补的输出电路。芯片中还包括高达 10A 的显像管跳火放电用的高压保护二极管。

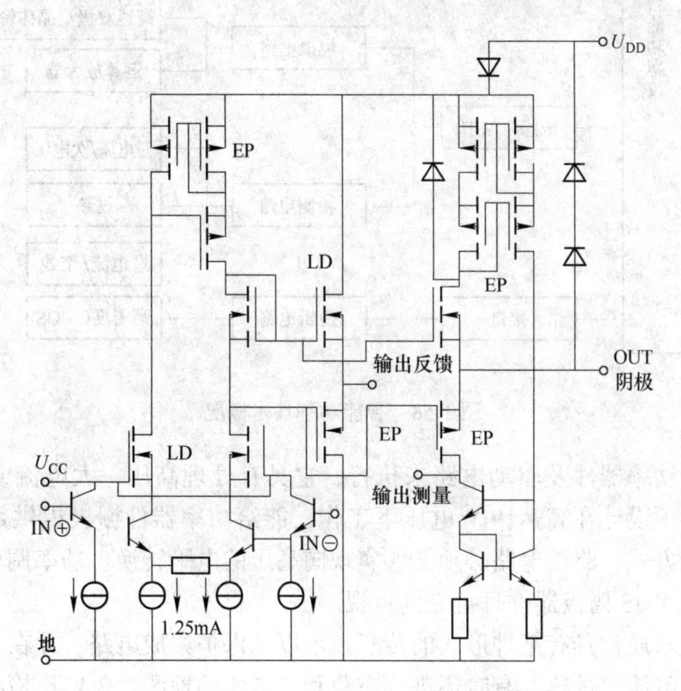

图 1-57 300V 视频放大器 HVIC

B 智能功率集成电路

智能功率集成电路必须能提供数字控制逻辑与功率负载之间的接口。最简单的形式可由一电平移动和驱动电路组成，把来自微处理器的信号转变成为足以激励负载的电压和电流；复杂的则要求智能功率技术执行负载监控、诊断、自保护、向微处理器反馈信息，并能控制激励负载的功率。

由图 1-58 所示说明智能功率技术的概况。智能功率技术应实现下述的三项任务：

(1) 控制功能。自动检测某些外部参量并调整功率器件的运行状态，以补偿外部参数的偏高。

(2) 传感与保护功能。当器件出现过载、短路、过电压、欠电压或过热等非正常运行状态时，能测取相关信号并进行调整保护，使功率器件能工作在安全工作区内。

(3) 提供逻辑输出接口。

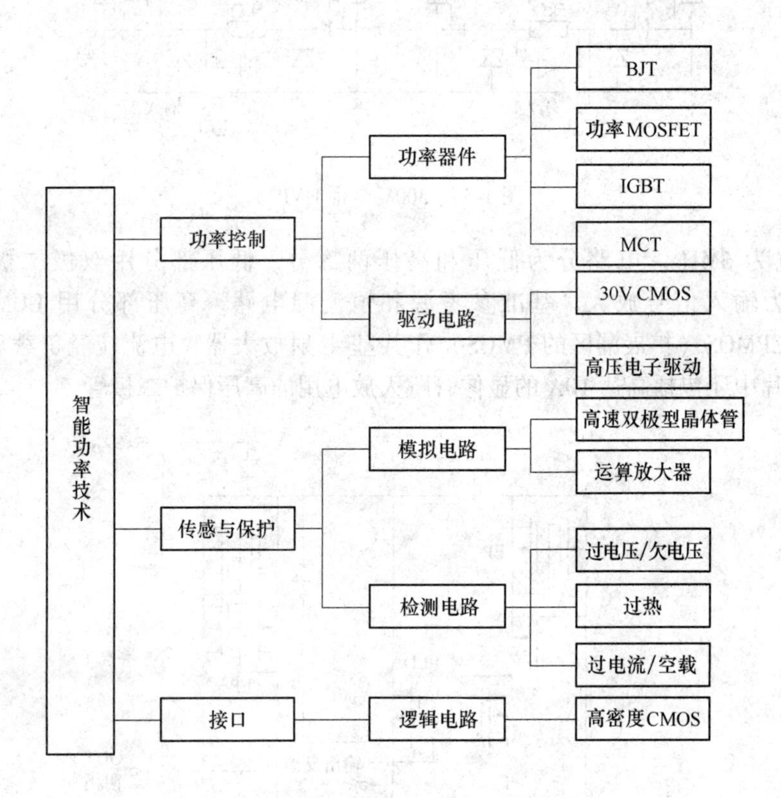

图 1-58 智能功率技术概况

功率控制由功率器件及驱动电路来执行，它具有处理高压、大电流或二者兼备的能力。驱动电路必须设计在高达 30V 电压下工作，能给功率器件栅极提供足够的电压。此外，对推拉输出方式，驱动电路必须能够实现向高压的电平转换。功率调节可由多种功率器件完成，其中 MOS 栅极器件日益受到重视。

智能功率技术通常具有某种形式的传感技术以及保护集成电路，并在本机反馈。除了检测过电流、过电压、过热，有时还进行空载和欠电压的检测。欠电压检测是用来保证功率器件足够的偏压，以防止启动期间过大的功耗。电流检测是以从功率器件上划分少量单胞并将其电流馈送给控制电路的方式进行的。集成电路的保护是通过高频双极型晶体管的反馈环路实现的。反馈环路的响应时间，对良好的关断至关重要，原因是在故障发生过程中，系统电流以极高的速率上升。所以智能功率集成电路的这一部分需要集成高性能的模拟电路。

智能功率集成电路的接口功能由逻辑电路实现，它进行编码和译码操作。芯片不仅必须响应来自微处理器的信号，还必须能够发出有关工作状态的信息，例如过热关闭以及空载或短路信息等与负载监控有关的信息，这就需要在智能功率集成电路中集成高密度的CMOS电路，由于电压变动很大，芯片工作温度很高，CMOS电路的设计应避免擎住效应。

1.8.6.2　智能功率模块(IPM)

IPM是IGBT智能化功率模块。它将IGBT芯片、驱动电路、保护电路和钳位电路等封装在一个模块内，不但便于使用而且大大有利于装置的小型化、高性能和高频化。

IPM的结构框图如图1-59所示，是由两个IGBT组成的桥路，发射极和集电极之间并有续流二极管。IGBT为双发射极机构，其中小发射极是专为检测电流而设的。流过它的电流为集电极电流的1/1000~1/20000。取样电阻R上的电压作为电流信号。该信号分别引入过电流和短路保护环节，从而精确可靠地保护IGBT芯片。另外，由于IPM模块结构使其内部布线短且合理，故线路杂散电感可忽略，即使对较大的di/dt，也能将栅极电压有效抑制在开启电压以内，避免其误导通，而无需栅-射极间的反向偏置。

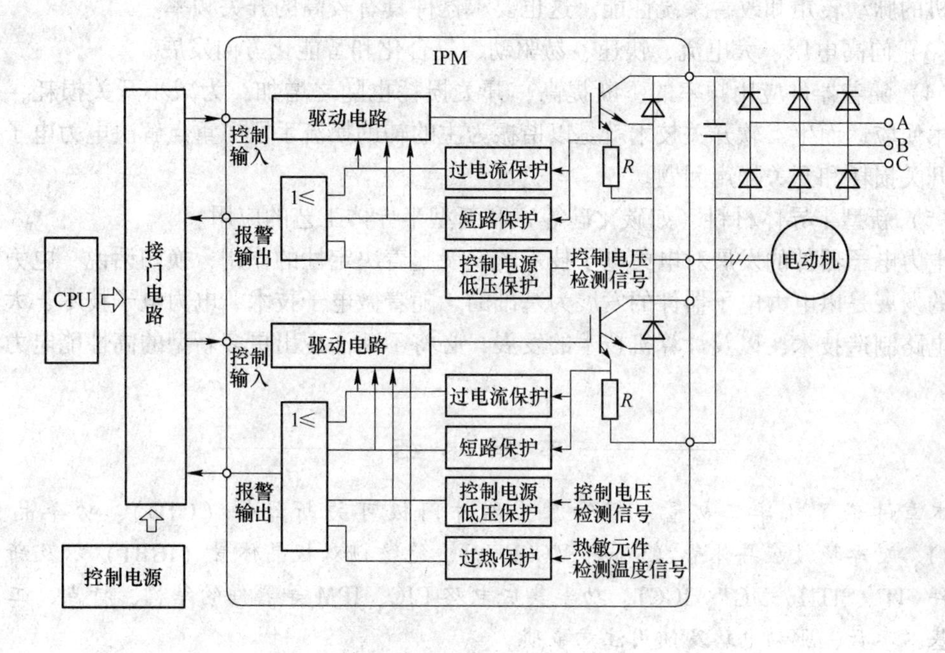

图1-59　IPM结构框图

IPM设有过流和短路保护、欠电压保护，当工作不正常时，通过驱动电路封锁IGBT的栅极信号同时发出报警信号；过热保护是通过设置在IPM基础上的热敏器件检测IGBT芯片温度，当温度超过额定值时，通过驱动电路封锁栅极信号并报警。控制系统和IPM的接口一般采用光耦合器隔离，为了防止干扰产生的误动作，模块还设有干扰滤波器。

IPM的容量主要由模块中的IGBT决定，目前，IPM的电流容量可达到10~600A，电压有600V和1200V，能控制100W到100kW的电动机。IPM的发展方向是大容量、多功能及高频化。

1.9 电力电子器件今后的发展方向

早期的电力电子器件主要追求高电压、大电流，也就是大功率器件，以适应大功率场合需要。

今后的发展将主要在以下几个方面：

（1）由半控型器件向全控型器件转移。由于全控型器件组成装置后的综合性能明显优于半控型器件，同时，在全控型器件生产成本降低以后，由于组成装置的成本也会有很大降低，因此，无论在电性能方面，还是价格方面，都将显示出优势，使器件使用逐渐由半控型器件转向全控型器件。

（2）向高频快速方向发展。第一，有些用电设备要求变流装置输出高频，如快速压缩机、储能飞轮、机床主轴、研磨机等的调速和高频感应加热以及超声波发生装置等，都需要高频输出，一般可达几兆赫至几十兆赫。这就要求开关频率大大提高；第二，有些装置虽然要求输出频率不高，如变频调速装置等设备，但要求内部高频，一般内部调制频率可达几十千赫到几百千赫。装置内部高频有利于改善输出波形，降低电机的运行噪声，减小电机的脉动转矩和改善系统性能。这也要求器件具有较高的开关频率。

（3）向高电压、大电流、快速、易驱动、复合化和智能化方向发展。

（4）随着器件应用频率的不断提高，开关损耗也随之增加，为减小开关损耗，软开关技术便应运而生，软开关技术就是以谐振为主的辅助换流手段，重点解决电力电子电路中的开关损耗和开关噪声问题。

（5）新型半导体材料（如碳化硅等）和新型半导体工艺的应用。

电力电子器件的发展对电力电子技术的发展起着决定性的作用，换句话说，电力电子技术的发展是以电力电子器件的发展为基础的。随着微电子技术、电力电子技术、大规模集成电路制造技术，以及计算机技术的发展，必将不断涌现出更多新型的高性能电力电子器件。

本章小结

本章讨论了功率二极管、闸管派生器件门极可关断器件（GTO）、功率晶体管（GTR）、功率场效应晶体管（Power MOSFET）、绝缘栅双极晶体管（IGBT）以及新型功率器件SIT、SITH、MCT、IGCT、功率集成电路PIC、IPM等器件的结构、特点、工作原理、基本参数、驱动电路及使用注意事项。

闸管派有很多派生器件，这些器件各有特点，在不同的场合得到了广泛的应用。作为一种传统器件，目前在大功率场合仍在大量使用，但在中小功率场合已逐步被新一代全控型器件替代。GTR是年代前广泛使用的全控型电力电子器件，其特性和控制方法与小功率的晶体管一样。由于存在二次击穿现象，安全工作区相对较小，逐步被Power MOSFET、IGBT等新一代全控型器件取代。Power MOSFET一般多为N沟道增强型，具有逆向导电特性，属于场控型器件。Power MOSFET的工作频率可以达到500MHz以上，其静态输入阻抗极高，但由于存在输入结电容，在高频工作时，驱动控制电路必须能够提供足够的充放电电流。IGBT是一种比较新型的复合型器件，兼具Power MOSFET和GTR的优点。由于其具有驱动控制功率小、导通电阻小的特点，在新一代电力电子装置中得到了广泛应用。

习题与思考题

1. 试说明功率二极管为何在正向电流较大时导通压降仍然很低，且在稳态导通时其管压降不随电流的大小而变化。
2. 使晶闸管导通的条件是什么？
3. 维持晶闸管导通的条件是什么？怎样才能使晶闸管由导通变为关断？
4. 什么是晶闸管的关断时间？为什么刚关断的晶闸管不能立即加正向电压？
5. 图1-60中波形的阴影部分为晶闸管中的电流波形，其最大值为 I_m，计算各波形电流平均值、有效值与波形系数。若设 I_m 为200A，在考虑安全裕量时，选择下列规格额定电流为多大的晶闸管？

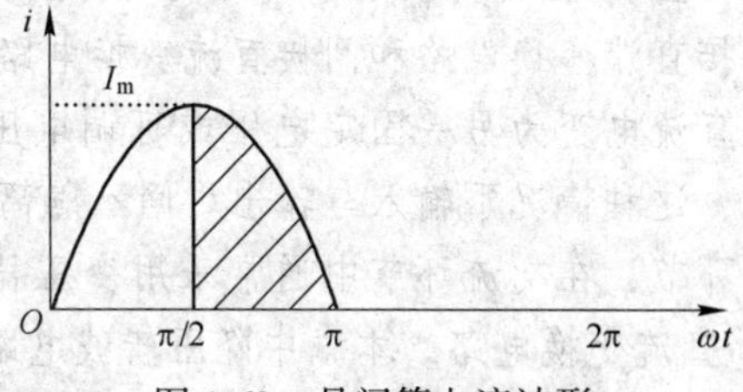

图1-60　晶闸管电流波形

6. 分析GTO的关断过程。
7. 与半控型器件相比，全控型器件在性能和使用上有哪些优缺点？
8. 说明为什么GTR有二次击穿现象，而Power MSOFET没有？
9. 什么是IGBT的擎住效应？
10. 试比较晶闸管、MCT和SITH在性能上的差别。

直流-直流变换电路

本章摘要

直流-直流变换电路的功能是将直流电变为另一固定电压或可调电压的直流电，包括直接直流变换电路和间接直流变换电路。直接直流变换电路也称为斩波电路，它的功能是将直流电变为另一固定电压或可调电压的直流电，一般是指直接将直流电变为另一直流电，这种情况下输入与输出之间不隔离。间接直流变换电路是在直流变换电路中增加了交流环节，在交流环节中通常采用变压器实现输入输出间的隔离，因此也称为带隔离的直流-直流变换电路。本章中降压斩波电路、升压斩波电路、升降压复合斩波电路、Sepic 斩波电路、Zeta 斩波电路和复合型 DC-DC 斩波电路属于直接直流变换电路，带隔离的直流-直流变换电路所讲内容属于间接直流变换电路。

2.1 降压斩波电路

降压斩波电路也称为 Buck 电路，降压斩波电路的输出电压 U_o 低于输入电压 U_d。降压斩波电路原理如图 2-1 所示，该电路使用 GTR 作为全控器件开关 VT，电感和电容构成低通滤波器，二极管 VD 提供续流通道。

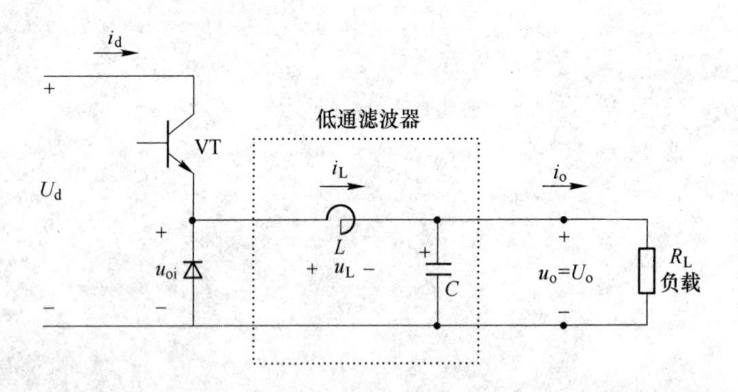

图 2-1 降压斩波电路原理图

在 VT 导通期间，u_{oi} 等于直流输入电压 U_d，二极管 VD 反偏，输入电源经电感与电容和负载形成回路，提供能量给电感和负载，同时给电容充电，电感电流增大，等效电路如图 2-2a 所示。当 VT 关断时，电感的自感电势使二极管导通，电感中储存的能量经二极管续流给负载，电感电流减小，等效电路如图 2-2b 所示。

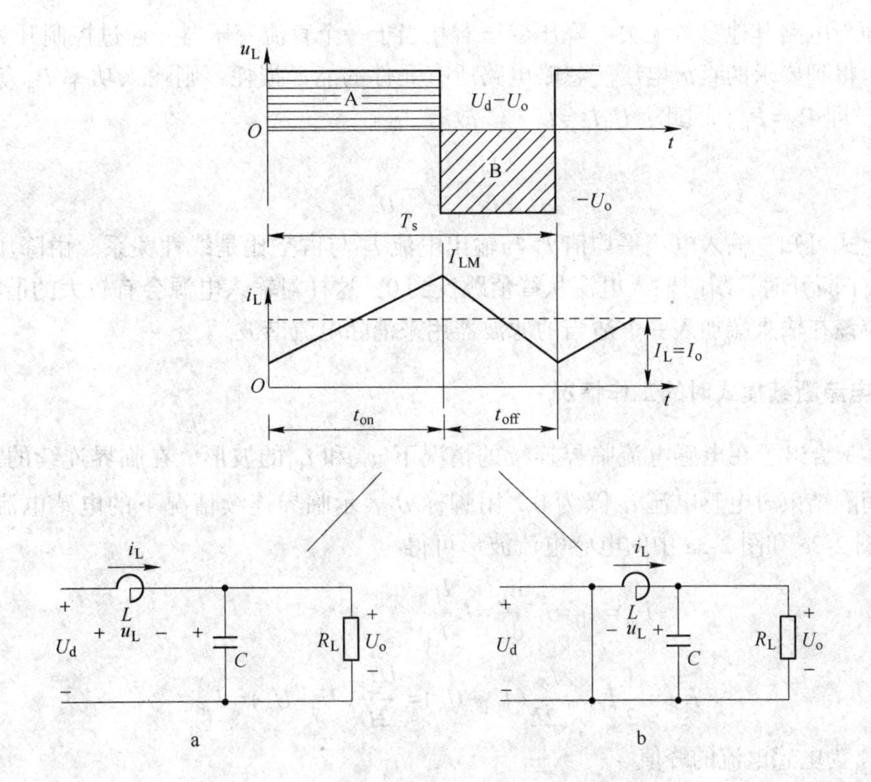

图 2-2 降压斩波电路等效原理图

a—VT 导通时的等效电路；b—VT 关断时的等效电路

如果输出端的滤波电容足够大，则输出的电压值近似保持不变，即 $u_o=U_o$。在稳态情况下，因为电容电流平均值为 0，所以电感电流平均值等于输出电流平均值 I_o。在不同负载情况下，斩波电路可能工作在电流连续模式或电流断续模式下。

2.1.1 电流连续模式时的工作情况

图 2-2 给出了电流连续模式的工作波形和 VT 导通和断开时的等效电路。在 VT 导通期间 t_{on}，输入电源经电感流过电流，二极管反偏。这导致在电感端有一个正向电压 $u_L=U_d-U_o$，等效电路如图 2-2a 所示。这个电压引起电感电流 i_L 的线性增加；当 VT 关断时，由于电感中储存电能，产生感应电势，使二极管导通，i_L 经二极管续流，$u_L=-U_o$，电感电流下降，等效电路如图 2-2b 所示。

在稳态情况下，波形是周期性变化的，电感电压在一个周期内的积分为 0，即

$$\int_0^{T_s} u_L \mathrm{d}t = \int_0^{t_{on}} (U_d - U_o)\mathrm{d}t + \int_{t_{on}}^{T_s} (-U_o)\mathrm{d}t = 0 \tag{2-1}$$

由图 2-2 和式 2-1 可知，A 部分的面积与 B 部分的面积一定相等，因此得

$$(U_d-U_o)t_{on}=U_o(T_s-t_{on}) \quad 即 \quad \frac{U_o}{U_d}=\frac{t_{on}}{T_s}=D \tag{2-2}$$

式中 D——占空比。

因此，在电流连续模式中，当输入电压不变时，输出电压平均值 U_o 随占空比而线性

改变，而与电路其他参数无关。降压变压器相当于一个直流变压器，通过控制开关的占空比，可以得到要求的直流电压。忽略电路所有元件的能量损耗，则输入功率 P_d 等于输出功率 P_o，即 $P_d=P_o$。因此，$U_dI_d=U_oI_o$。故有

$$\frac{I_o}{I_d}=\frac{U_d}{U_o}=\frac{1}{D} \tag{2-3}$$

由上式可知，输入电流平均值 I_d 与输出电流 I_o 与占空比是线性关系。由降压电路可知，当 VT 断开时，瞬时输入电流从峰值跳变到 0，这样对输入电源会有较大的谐波存在，因此，应该在输入端加入一个适当的滤波器用来消除电流谐波。

2.1.2 电流断续模式时的工作情况

图 2-3 给出了在电感电流临界连续的情况下 u_L 和 i_L 的波形。在临界连续的情况下，在断开间隔结束时电感电流 i_L 降为 0。用脚标 B 表示临界连续情况下的电感电流平均值 I_{LB}，由图 2-2a 和图 2-3a 中的电感电流波形可得

$$U_d-U_o=u_L=L\frac{di_L}{dt}=L\frac{I_{LM}}{t_{on}}$$

$$I_{LB}=\frac{1}{2}I_{LM}=\frac{t_{on}}{2L}(U_d-U_o)=\frac{DT_s}{2L}(U_d-U_o)=I_{oB} \tag{2-4}$$

式中，I_{LM} 为电感电流的峰值。

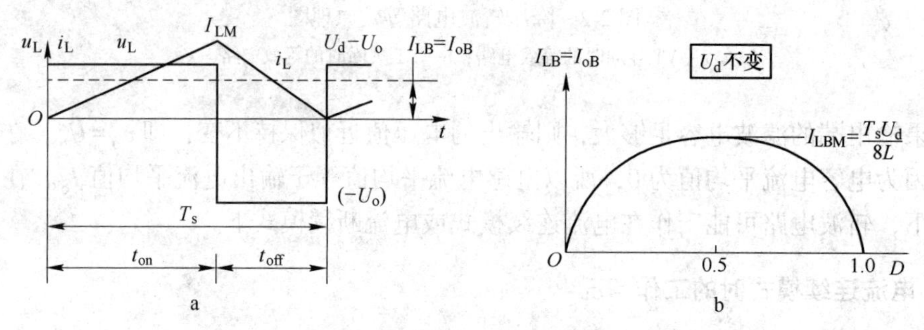

图 2-3 降压斩波电路临界连续模式下的情况

a—电感电压和电感电流波形；b—保持 U_d 不变时 I_{LB} 与 D 的关系曲线

因此，在所给的条件下，如果输出电流平均值 I_o 比式 2-4 所给的 I_{oB} 小，则工作在电流断续模式下。

在电流临界连续的情况下，$U_o=DU_d$，由式 2-4 可得，电感电流平均值为

$$I_{LB}=\frac{T_sU_d}{2L}D(1-D) \tag{2-5}$$

式中，I_{LB} 为电感电流临界连续情况下电感电流平均值。

图 2-3b 给出了在 U_d 保持不变时临界连续的情况下，电感电流平均值与占空比 D 的关系曲线。由式 2-5 和图 2-3b 可知，保持 U_d 和其他参数不变，I_{LB} 是占空比 D 的函数。在 $D=0.5$ 时，为保证工作在电流连续模式所需要的电感电流最大，即

$$I_{LBM}=\frac{T_sU_d}{8L} \tag{2-6}$$

由式 2-5 和式 2-6 可得

$$I_{LB}=4I_{LBM}D(1-D) \tag{2-7}$$

假设初始时电路运行在电流临界连续情况下，如图 2-3a 所示，如果保持了 T_s，L，U_d 和 D 等参数不变，当输出负载功率减小（即负载阻抗上升），则电感电流平均值下降，小于 I_{LB}，电感电流断续。

图 2-4 给出了电感电流断续的波形。在图中的 $\Delta_2 T_s$ 时间段，电感电流为 0，负载阻抗的能量仅由滤波电容器单独提供。

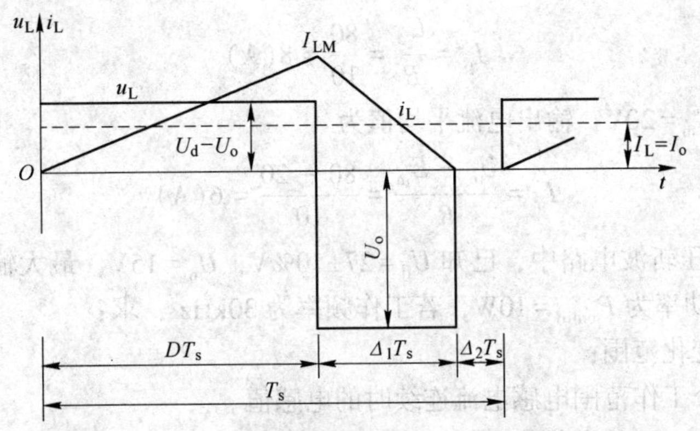

图 2-4 降压斩波电路在断续模式电感电压和电流波形

在该期间中，电感电压 U_L 为 0。电感电压在一个周期内的积分等于 0，从而有

$$(U_d-U_o)DT_s+(-U_o)\Delta_1 T_s=0 \tag{2-8}$$

所以

$$\frac{U_o}{U_d}=\frac{D}{D+\Delta_1} \tag{2-9}$$

式中，$D+\Delta_1<1$。从图 2-4 可得

$$I_{LM}=\frac{U_o}{L}\Delta_1 T_s \tag{2-10}$$

因此

$$I_o=I_{LM}\frac{D+\Delta_1}{2} \tag{2-11}$$

由式 2-9 和式 2-10 有

$$I_o=\frac{U_o T_s}{2L}(D+\Delta_1)\Delta_1=\frac{U_d T_s}{2L}D\Delta_1=4I_{LBM}D\Delta_1 \tag{2-12}$$

所以

$$\Delta_1=\frac{I_o}{4I_{LBM}D} \tag{2-13}$$

由式 2-9 和式 2-13 有

$$\frac{U_o}{U_d}=\frac{D^2}{D^2+\frac{1}{4}\left(\frac{I_o}{I_{LBM}}\right)} \tag{2-14}$$

例 2-1 在图 2-1 所示的降压斩波电路中，已知 $U_d=200A$，$R=10\Omega$，L 值极大，$T_s=50\mu s$，$t_{on}=20\mu s$，计算输出电压平均值 U_o，输出电流平均值 I_o。若存在负载 $E_m=20V$，求输出电流平均值 I_o。

解：由于 L 值极大，故负载电流连续，于是输出电压平均值为

$$U_o=\frac{t_{on}}{T_s}U_d=\frac{20\times 200}{50}=80(\mathrm{V})$$

输出电流平均值为

$$I_o=\frac{U_o}{R}=\frac{80}{10}=8(\mathrm{A})$$

若存在负载 $E_m=20V$，输出电流平均值为

$$I_o=\frac{U_o-E_m}{R}=\frac{80-20}{10}=6(\mathrm{A})$$

例 2-2 在降压斩波电路中，已知 $U_d=27\pm10\%V$，$U_o=15V$，最大输出功率为 $P_{omax}=120W$，最小输出功率为 $P_{omin}=10W$，若工作频率为 30kHz，求：

（1）占空比变化范围；

（2）保证整个工作范围电感电流连续时的电感值。

解：（1）输入电压的变化值为

$$U_{dmax}=27\times(1+10\%)=29.7(\mathrm{V})$$
$$U_{dmin}=27\times(1-10\%)=24.3(\mathrm{V})$$

占空比变化范围为

$$D=\frac{U_o}{U_d}=\frac{15}{24.3\sim29.7}=0.505\sim0.617$$

（2）因为 $I_L=I_o$，当负载最小，占空比最小时，所需要的电感越大，当 U_o 不变时，由式 2-5 得

$$L=\frac{T_sU_d}{2I_{LB}}D(1-D)=\frac{T_sU_o}{2I_{LB}}(1-D)=\frac{T_sU_o}{2I_o}(1-D)=\frac{U_o}{2I_of}(1-D)$$

$$=\frac{U_o^2}{2P_{omin}f}(1-D_{min})=\frac{15^2}{2\times10\times30\times10^3}\times(1-0.505)=0.186(\mathrm{mH})$$

2.2 升压斩波电路

升压斩波电路也称为 Boost 电路。升压斩波电路的输出电压总是高于输入电压。升压斩波电路的一个典型应用是用作单项功率因数校正（Power Factor Corrector，PDC）电路。升压斩波电路原理如图 2-5 所示，电路中的电容 C 起滤波作用，二极管 VD 提供续流通道。

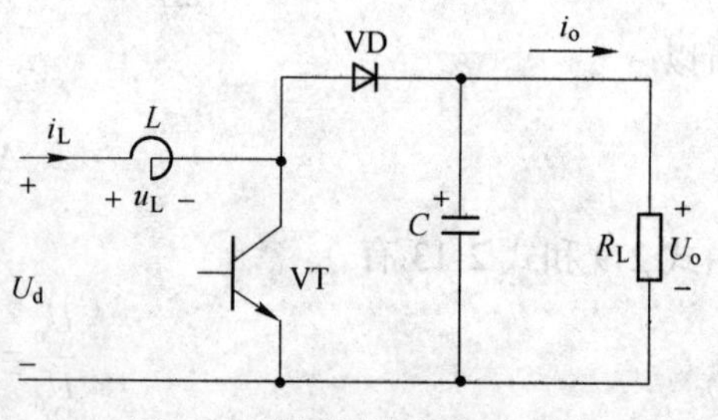

图 2-5 升压斩波电路原理图

电路的工作过程是：当 VT 导通时，输入电

源的电流流过电感和 VT，二极管反向偏置，输入与输出隔离，电感电流增大，负载电流由电容器上储存的能量提供，升压斩波电路 VT 导通时的等效电路如图 2-6a 所示。当 VT 断开时，电感的感应电势使二极管导通，电感电流 i_L 通过二极管和负载构成回路，由输入电源向负载提供能量，电感电流减小，升压斩波电路 VT 断开时的等效电路如图 2-6b 所示。在下面的稳态分析中，输出端的滤波电容器被假定为足够大，以确保输出电压保持恒定，即 $u_o = U_o$。

2.2.1 电流连续模式时的工作情况

如图 2-6 所示为电感电流连续模式下的稳态波形。在稳态时，电感电压在一个周期内的积分是 0，即

$$U_d t_{on} + (U_d - U_o) t_{off} = 0 \tag{2-15}$$

上式的两边除以 T_s，整理后得

$$\frac{U_o}{U_d} = \frac{T_s}{t_{off}} = \frac{1}{1-D} \tag{2-16}$$

假设电路没有损耗，则 $P_d = P_o$，故

$$U_d I_d = U_o I_o$$

$$\frac{I_o}{I_d} = 1-D \tag{2-17}$$

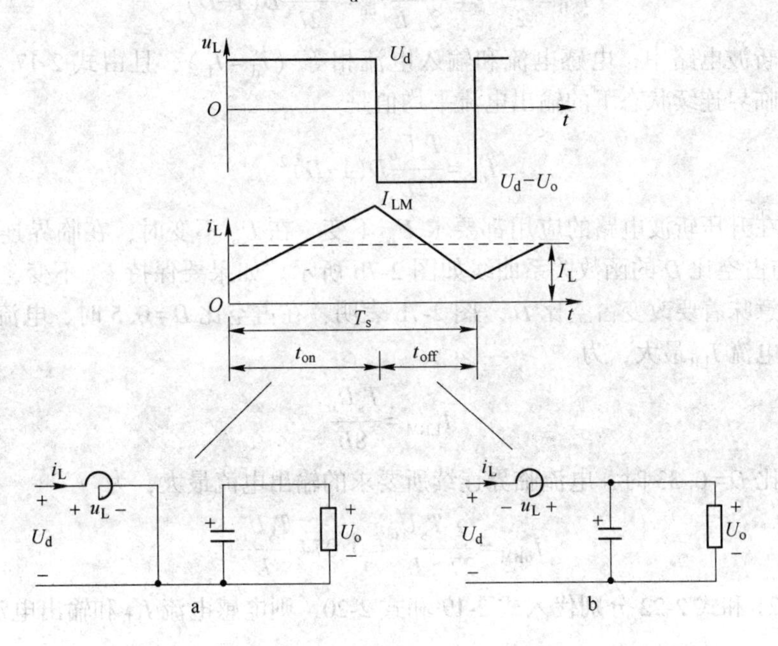

图 2-6 升压斩波电路等效原理图
a—VT 导通时的等效电路；b—VT 关断时的等效电路

2.2.2 电流断续模式时的工作情况

图 2-7a 给出了在电感电流临界连续的情况下 u_L 和 i_L 的波形。由定义可知，在临界连

续的情况下，在断开间隔结束时电感电流 i_L 降为0。

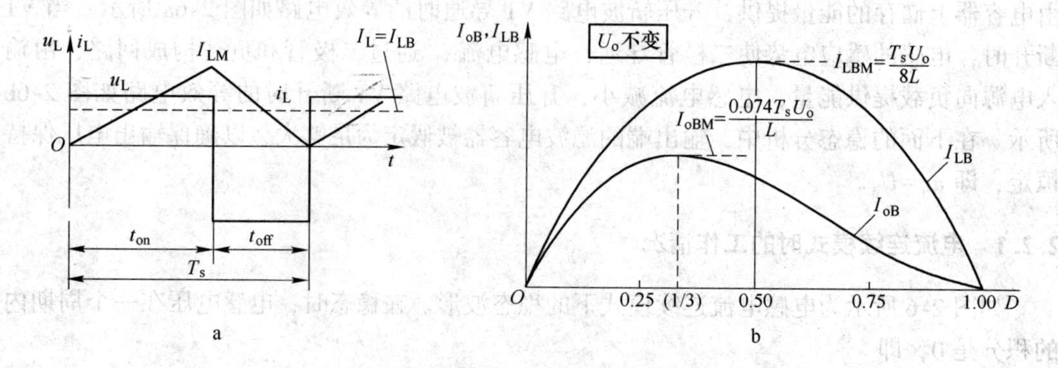

图 2-7 升压斩波电路临界连续模式下的情况

a—电感电压和电感电流波形；b—保持 U_d 不变时 I_{LB}、I_{oB} 与 D 的关系曲线

由图 2-6a 和图 2-7a 中的电感电流波形可得

$$U_d = u_L = L\frac{di_L}{dt} = L\frac{I_{LM}}{t_{on}} \tag{2-18}$$

在临界情况下的电感电流平均值为

$$I_{LB} = \frac{1}{2}I_{LM} = \frac{1}{2}\frac{U_d}{L}t_{on} = \frac{T_sU_o}{2L}D(1-D) \tag{2-19}$$

在升压斩波电路中，电感电流和输入电流相等（$I_d = I_L$），且由式 2-17 和式 2-19 可得，在电流临界连续状态下的输出电流平均值是

$$I_{oB} = \frac{T_sU_o}{2L}D(1-D)^2 \tag{2-20}$$

大多数在升压斩波电路的应用都要求 U_o 不变。在 U_o 不变时，在临界连续情况下输出电流 I_{oB}与占空比 D 的函数关系曲线如图 2-7b 所示。如果要保持 U_o 不变，当输入电压变化时，则意味着要改变占空比 D。图 2-7b 表明：在占空比 D=0.5 时，电流临界连续所要求的电感电流 I_{LB}最大，为

$$I_{LBM} = \frac{T_sU_o}{8L} \tag{2-21}$$

在占空比 D=0.33 时，电流临界连续所要求的输出电流最大，为

$$I_{oBM} = \frac{2}{27}\frac{T_sU_o}{L} = 0.074\frac{T_sU_o}{L} \tag{2-22}$$

将式 2-21 和式 2-22 分别代入式 2-19 和式 2-20，则电感电流 I_{LB}和输出电流 I_{oB}分别可以表示为

$$I_{LB} = 4(1-D)I_{LBM} \tag{2-23}$$

$$I_{oB} = \frac{27}{4}D(1-D)^2I_{oBM} \tag{2-24}$$

图 2-7b 表明：对于给定的占空比 D，当输出电压 U_o 不变时，若负载电流平均值低于 I_{oB}（同时，电感电流平均值也会低于 I_{LB}），则斩波电路工作在电流断续模式。

假设当输出负载功率减少时，U_d 和 D 保持不变（尽管在实际中，为保持 U_o 不变，必须改变 D）。图 2-8 所示为假定 U_d 和 D 不变的情况下临界连续和断续模式的工作波形。在图 2-8 中，当 P_o（$=P_d$）降低时，由于 U_d 保持不变，所以导致 I_L（$=I_d$）降低，进入电流断续模式。由于图 2-8 中的 U_d 和 D 保持不变，所以 I_{LM} 在两种模式下是相同的，只有 U_o 升高，则 U_d-U_o 更小，I_L 才可能降低。

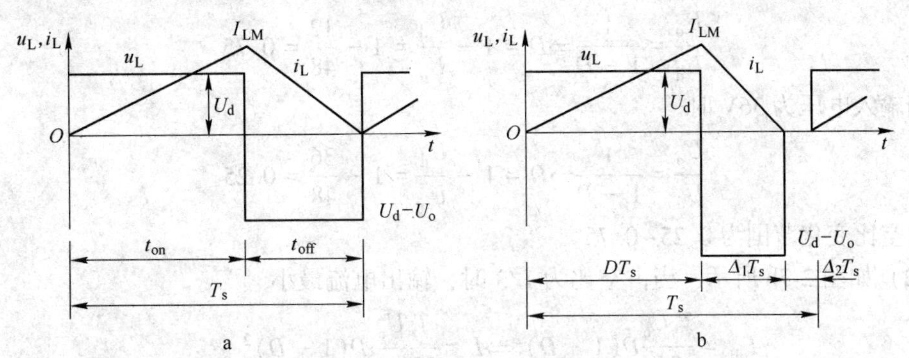

图 2-8 升压斩波电路工作波形

a—在电流连续和断续的临界状态；b—在电流断续模式下

电感电压在一个周期内的积分等于 0，有

$$U_d DT_s+(U_d-U_o)\Delta_1 T_s=0 \tag{2-25}$$

得出

$$\frac{U_o}{U_d}=\frac{\Delta_1+D}{\Delta_1} \tag{2-26}$$

$$\frac{I_o}{I_d}=\frac{\Delta_1}{\Delta_1+D} \tag{2-27}$$

在图 2-8b 中，输入电流平均值（也等于电感电流平均值）为

$$I_d=\frac{U_d}{2L}DT_s(D+\Delta_1) \tag{2-28}$$

将式 2-28 代入式 2-27 中得

$$I_o=\left(\frac{T_s U_d}{2L}\right)D\Delta_1 \tag{2-29}$$

在大多数应用中，U_o 保持不变，U_d 改变时会导致 D 的改变，所以占空比 D 与负载电流在不同$\frac{U_o}{U_d}$时的函数关系是非常有用的。由式 2-22、式 2-26 和式 2-29 可得

$$D=\left[\frac{4}{27}\frac{U_o}{U_d}\left(\frac{U_o}{U_d}-1\right)\frac{I_o}{I_{oBM}}\right]^{\frac{1}{2}} \tag{2-30}$$

例 2-3 在升压电路中，输入电压变化范围为 12~36V，$U_o=48$V 固定不变，最大输出功率为 $P_{omax}=120$W，最小输出功率为 $P_{omin}=48$W，开关频率为 50kHz，输出端电容足够大，求：

（1）占空比变化范围；

（2）保证整个工作范围工作在电流连续时的最小电感值；

（3）保证整个工作范围工作在断续范围的最大电感值；

（4）在 $L=50\mu H$ 时，$P_o=96W$，$D=0.5$，整个工作范围工作电流是否连续，电感电流是否连续。

解：（1）当输入电压为12V时

$$\frac{U_o}{U_d}=\frac{1}{1-D}\Rightarrow D=1-\frac{U_d}{U_o}=1-\frac{12}{48}=0.75$$

当输入电压为36V时

$$\frac{U_o}{U_d}=\frac{1}{1-D}\Rightarrow D=1-\frac{U_d}{U_o}=1-\frac{36}{48}=0.25$$

占空比变化范围为0.25~0.75。

（2）如图2-7b所示，当占空比为1/3时，输出电流最小

$$I_{oB}=\frac{T_sU_o}{2L}D(1-D)^2\Rightarrow L=\frac{T_sU_o^2}{2P_{omin}}D(1-D)^2$$

$$=\frac{48^2}{50000\times2\times48}\times\frac{1}{3}\times\left(1-\frac{1}{3}\right)^2=71(\mu H)$$

所以为保证工作电流在连续范围，需要 $L>71\mu H$。

（3）如图2-7b所示，当占空比为0.75时，输出电流最小

$$I_{oB}=\frac{T_sU_o}{2L}D(1-D)^2\Rightarrow L=\frac{T_sU_o^2}{2P_{omax}}D(1-D)^2$$

$$=\frac{48^2}{50000\times2\times120}\times0.75\times(1-0.75)^2=9(\mu H)$$

所以为保证工作电流在断流范围，需要 $L<9\mu H$。

（4）输出电流为

$$I_o=\frac{P_o}{U_o}=2(A)$$

$$I_{oB}=\frac{T_sU_o}{2L}D(1-D)^2=\frac{48\times0.5\times(1-0.5)^2}{50000\times2\times50\times10^{-6}}=1.2(A)$$

$I_o>I_{oB}$，故整个工作范围内输出电流连续。

$$I_{LB}=\frac{T_sU_o}{2L}D(1-D)=\frac{48\times0.5\times(1-0.5)}{50000\times2\times50\times10^{-6}}=2.4(A)$$

$$I_L=I_D=I_o\frac{1}{1-D}=2\times\frac{1}{1-0.5}=4(A)$$

$I_L>I_{LB}$，故整个工作范围内电感电流连续。

2.3　升降压复合斩波电路

升降压复合斩波电路如图2-9所示，该电路可以得到高于或低于输入电压的输出电压。

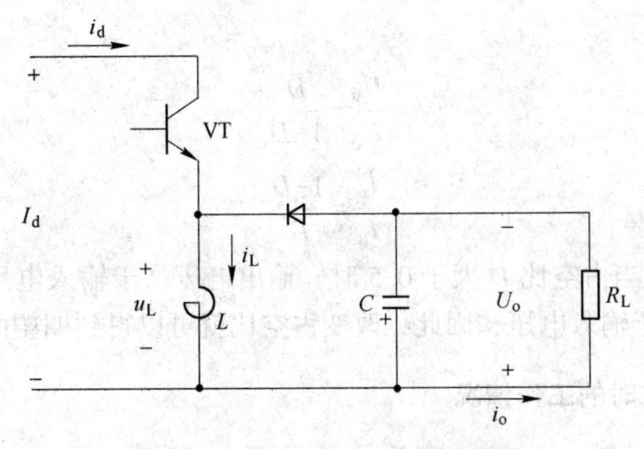

图 2-9　升降压复合斩波电路原理图

当 VT 导通时，输入端经 VT 和电感构成电流通道，提供能量给电感，二极管反向偏置，电感电流增大，负载电流由电容器上存储的能量提供，VT 导通时的等效电路如图 2-10a 所示。当 VT 断开时，电感中的自感电势使二极管导通，存储在电感中的能量经二极管传递给电容和输出负载。电感电流减小，VT 断开时的等效电路如图 2-10b 所示，电路输出电压是负的。在稳态分析中，假定输出电容很大，则输出电压不变，$u_o = U_o$。当该电路工作于占空比控制的工作方式时，也有电流连续和电流断续两种工作模式。

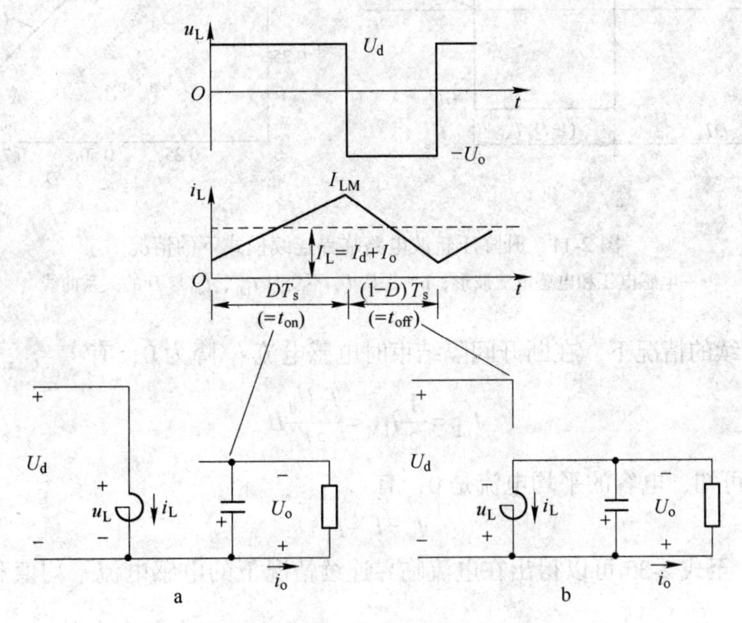

图 2-10　升降压斩波电路等效原理图

a—VT 导通时的等效电路；b—VT 关断时的等效电路

2.3.1　电流连续模式时的工作情况

图 2-10 给出了在电流连续模式下电感电流的波形。电感电压在一个周期内的积分为 0，因此有

$$U_d DT_s + (-U_o)(1-D)T_s = 0 \tag{2-31}$$

得出

$$\frac{U_o}{U_d}=\frac{D}{1-D} \tag{2-32}$$

$$\frac{I_o}{I_d}=\frac{1-D}{D} \tag{2-33}$$

由式2-32可知，当占空比D大于0.5时，输出电压高于输入电压；当占空比D小于0.5时，输出电压低于输入电压，因此，改变占空比就可以得到期望的输出电压值。

2.3.2 电流断续模式时的工作情况

图2-11a给出了在电感电流临界连续的情况下u_L和i_L的波形。

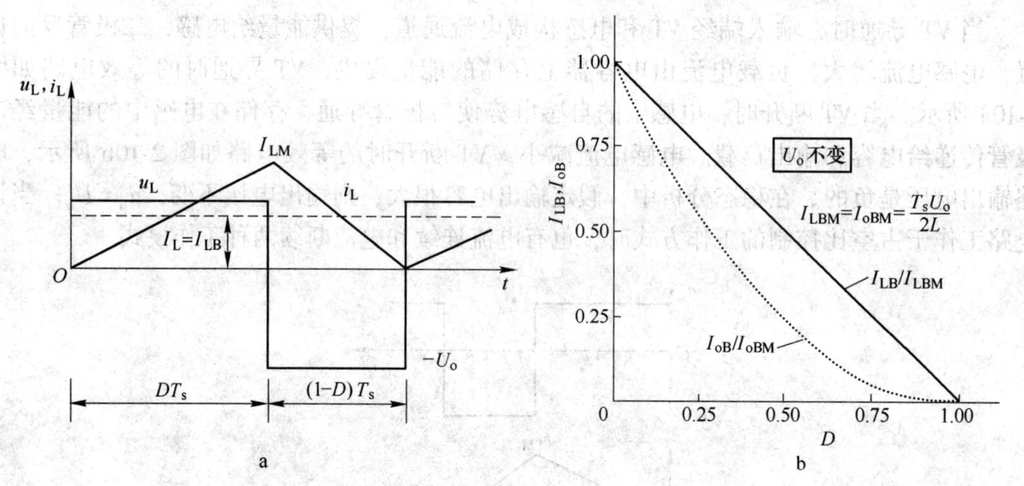

图2-11 升降压斩波电路临界连续模式下的情况

a—电感电压和电感电流波形；b—保持U_o不变时I_{LB}、I_{oB}与D的关系曲线

在临界连续的情况下，在断开间隔结束时电感电流i_L降为0，有

$$I_{LB}=\frac{1}{2}I_{LM}=\frac{T_sU_d}{2L}D \tag{2-34}$$

由图2-9可知，电容的平均电流是0，有

$$I_o=I_L-I_d \tag{2-35}$$

由式2-32至式2-35可以得出在电流临界连续情况下的电感电流平均值和输出电流平均值，即

$$I_{LB}=\frac{T_sU_o}{2L}(1-D) \tag{2-36}$$

$$I_{oB}=\frac{T_sU_o}{2L}(1-D)^2 \tag{2-37}$$

升降压斩波电路应用的大多数场合都要求输出电压U_o不变。也就是说，当输入电压U_d变化时，通过改变占空比D使输入电压U_o保持不变。由式2-36和式2-37可以得出，在占空比$D=0$时，I_{LB}和I_{oB}达到最大值，即

$$I_{\mathrm{LBM}}=\frac{T_{\mathrm{s}}U_{\mathrm{o}}}{2L} \tag{2-38}$$

$$I_{\mathrm{oBM}}=\frac{T_{\mathrm{s}}U_{\mathrm{o}}}{2L} \tag{2-39}$$

由式 2-36 至式 2-39 可得

$$I_{\mathrm{LB}}=I_{\mathrm{LBM}}(1-D) \tag{2-40}$$

$$I_{\mathrm{oB}}=I_{\mathrm{oBM}}(1-D)^2 \tag{2-41}$$

图 2-11b 给出了当输出电压 U_{o} 不变时，I_{LB} 和 I_{oB} 与占空比 D 之间的函数关系曲线。该图表明，对于给定的占空比，当输出电压不变时，若负载电流平均值低于 I_{oB}，则电路工作在电感电流断续模式。

图 2-12 给出了电感电流 i_{L} 断续模式时电感电压和电流的波形。

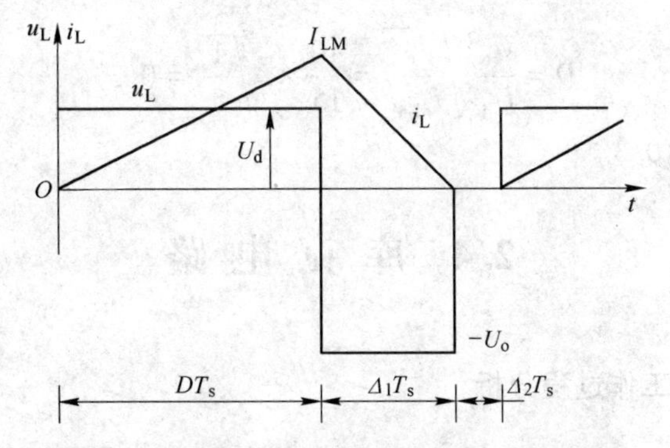

图 2-12　升降压斩波电路在断续模式工作的波形

电感电压在一个周期内的积分等于 0，则有

$$U_{\mathrm{d}}DT_{\mathrm{s}}+(-U_{\mathrm{o}})\Delta_1T_{\mathrm{s}}=0 \tag{2-42}$$

得出

$$\frac{U_{\mathrm{o}}}{U_{\mathrm{d}}}=\frac{D}{\Delta_1} \tag{2-43}$$

由前面的推导和图 2-12 得

$$\frac{I_{\mathrm{o}}}{I_{\mathrm{d}}}=\frac{\Delta_1}{D} \tag{2-44}$$

$$I_{\mathrm{L}}=\frac{U_{\mathrm{d}}}{2L}DT_{\mathrm{s}}(D+\Delta_1) \tag{2-45}$$

由式 2-45 可得在 U_{o} 不变时占空比 D 与输出负载电流在不同电压变换率 $U_{\mathrm{o}}/U_{\mathrm{d}}$ 时的函数关系，即

$$D=\frac{U_{\mathrm{o}}}{U_{\mathrm{d}}}\sqrt{\frac{I_{\mathrm{o}}}{I_{\mathrm{oBM}}}} \tag{2-46}$$

例 2-4　升降压复合斩波电路中，工作频率为 20kHz，$L=0.05\mathrm{mH}$，输出电容 C 足够大，$U_{\mathrm{d}}=15\mathrm{V}$，$U_{\mathrm{o}}=10\mathrm{V}$，输出功率为 $P_{\mathrm{o}}=10\mathrm{W}$，求占空比。

解：由题意知：

$$I_o = \frac{P_o}{U_o} = \frac{10\text{W}}{10\text{V}} = 1(\text{A})$$

若工作于电流连续模式，则

$$\frac{D}{1-D} = \frac{U_d}{U_o} = \frac{10}{15} \Rightarrow D = 0.4$$

可得 $D=0.4$ 时电流临界连续的负载电流

$$I_{oB} = \frac{T_s U_o}{2L}(1-D)^2 = \frac{0.05 \times 10^{-3} \times 10}{2 \times 0.05 \times 10^{-3}}(1-0.4)^2 = 1.8(\text{A})$$

因输出电流 $I_o < I_{oB}$，所以电路工作于电流断续模式。则由式（2-39）和式（2-46）可得，

$$I_{oBM} = \frac{T_s U_o}{2L} = \frac{0.05 \times 10^{-3} \times 10}{2 \times 0.05 \times 10^{-3}} = 5(\text{A})$$

$$D = \frac{U_o}{U_d}\sqrt{\frac{I_o}{I_{oBM}}} = \frac{10}{15} \times \sqrt{\frac{1}{5}} = 0.3$$

所以占空比为 $D=0.3$。

2.4　库 克 电 路

2.4.1　库克电路稳态工作过程分析

库克电路（Cuk Converter）是另一种 DC-DC 升降压变换电路，以 MOSFET 作为主开关元件的电路结构如图 2-13 所示。

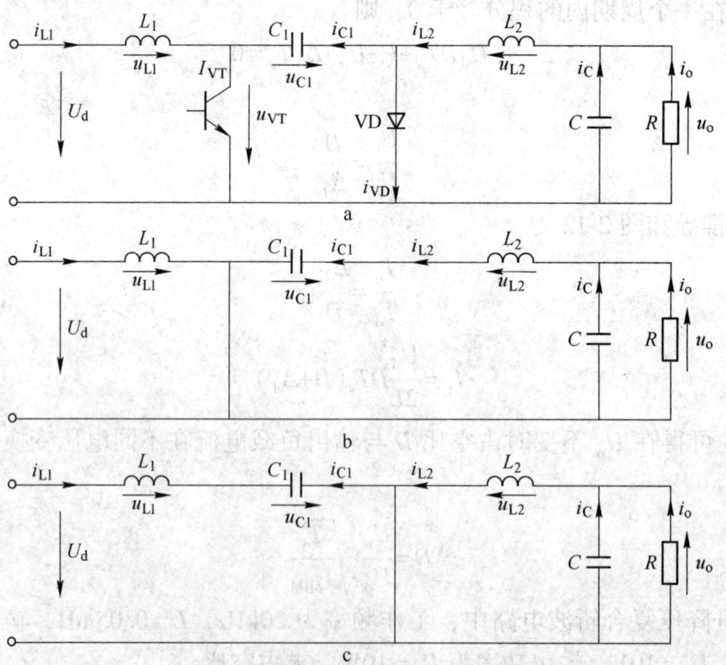

图 2-13　Cuk 电路基本结构及其工作时的等效电路

a—Cuk 电路基本结构；b—VT 导通时的等效电路；c—VT 关断时的等效电路

电路的工作状态是，VT 开通时 L_1 充电储能，当 VT 关断时电感向电容 C_1 充电，形成 C_1 上电压极性左正右负；同时，VT 开通时 C_1 向电容 C 充电并向负载 R 放电形成下正上负的电压极性，同时对 L_2 充电，由于 C_1 上的电压作用，二极管 VD 关断，形成图2-13b 所示的等效电路。VT 关断时，电感 L_1 向电容 C_1 转移能量，电感 L_2 续流导致 VD 开通，L_2 向电容 C 充电并向负载 R 放电，形成图 2-13c 所示的等效电路。与前面的分析类似，下面的分析基于电路理想条件假定。

假定开关工作频率为 f，对应的周期为 T，开关接通的占空比为 D，$t_0=0$。

当 $t_0 \leqslant t \leqslant t_1 = DT$ 时，VT 控制脉冲 $u_{GS}>0$，MOS 管处于导通状态，结合前面的粗略分析，此时 VD 承受反向电压关断，电路拓扑图如图 2-13b 所示，有

$$U_d = L_1 \frac{di_{L1}}{dt} \tag{2-47}$$

$$u_{VT} \approx 0 \tag{2-48}$$

$$i_{VT} = i_{L1} + i_{L2} \tag{2-49}$$

依据理想条件，假定 U_d 为恒定值，则电流线性变化，有

$$\Delta I_{L1} = \frac{U_d}{L_1} t_1 = \frac{U_d}{L_1} DT \tag{2-50}$$

同理，对于电感 L_2 有

$$u_{C1} - u_o = L_2 \frac{di_{L2}}{dt} \tag{2-51}$$

考虑到 $u_{C1} \approx U_{C1}$、$u_o \approx U_o$ 均可视为恒定值，则电流线性变化，有

$$\Delta I_{L2} = \frac{U_{C1} - U_o}{L_2} t_1 = \frac{U_{C1} - U_o}{L_2} DT \tag{2-52}$$

由于 $i_C = i_{L2} - i_o \approx i_{L2} + \frac{U_o}{R}$，因此，电容 C 上的电流波形斜率与 i_{L2} 相同。

当 $t_1 \leqslant t \leqslant t_2 = T$ 时，VT 控制脉冲 $u_{GS}=0$，MOS 管处于关断状态，由于电感 L_2 上电流的续流作用，二极管 VD 导通，电路拓扑图如图 2-13c 所示，与前面分析类似。

对于电感 L_1 有

$$U_d - U_{C1} = L_1 \frac{\Delta I'_{L1}}{t_2 - t_1} \tag{2-53}$$

$$\Delta I'_{L1} = \frac{(U_d - U_{C1})(t_2 - t_1)}{L_1} = \frac{(U_d - U_{C1})(1-D)}{L_1} T \tag{2-54}$$

对于电感 L_2 有

$$-U_o = L_2 \frac{\Delta I'_{L2}}{t_2 - t_1} \tag{2-55}$$

$$\Delta I'_{L2} = -\frac{U_o(t_2 - t_1)}{L_2} = -\frac{U_o(1-D)}{L_2} T \tag{2-56}$$

同时，$u_{VT} = U_{C1}$，$i_{VT} = 0$，$i_C = i_{L2} - i_o \approx i_{L2} - \frac{U_o}{R}$，电容 C 上的电流波形斜率与 i_{L2} 相同。依据

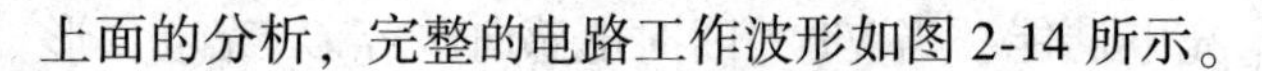
上面的分析，完整的电路工作波形如图 2-14 所示。

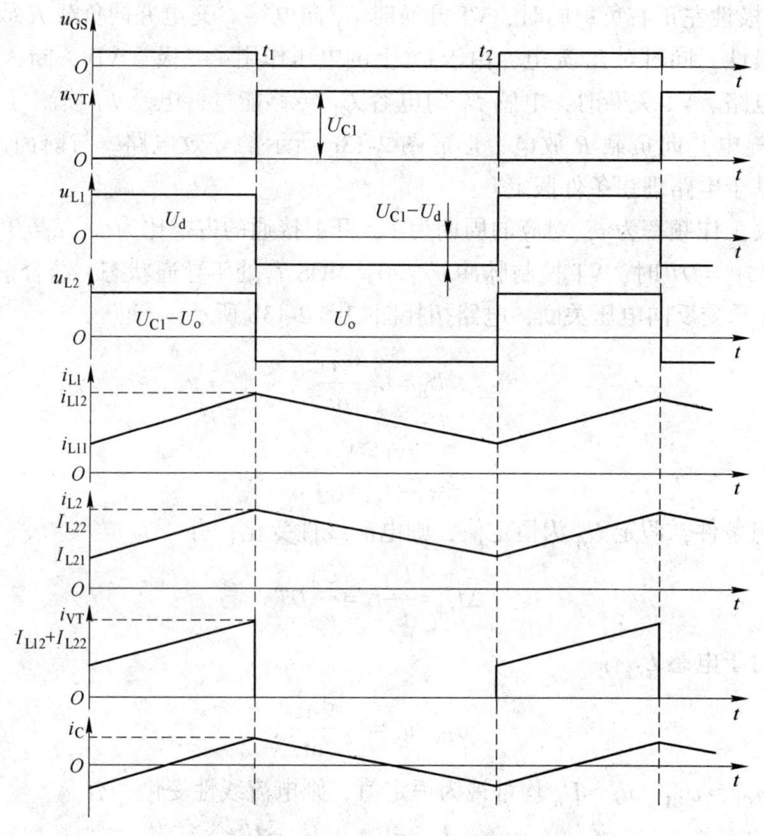

图 2-14 Cuk 电路工作波形

2.4.2 库克电路基本输入输出关系

由于稳态工作时电感伏秒平衡，由式 2-53~式 2-56 可以得到：

$$\frac{U_d}{L_1}DT+\frac{(U_d-U_{C1})(1-D)}{L_1}T=0 \tag{2-57}$$

$$\frac{U_{C1}-U_o}{L_2}DT-\frac{U_o(1-D)}{L_2}T=0 \tag{2-58}$$

由式 2-57、式 2-58 可得

$$U_o=\frac{D}{1-D}U_d \tag{2-59}$$

$$U_{C1}=\frac{1}{D}U_o=\frac{1}{1-D}U_d \tag{2-60}$$

忽略电路工作产生的损耗，输入输出能量守恒，则有

$$U_dI_{in}=U_oI_o \tag{2-61}$$

电路输入输出电流关系为

$$I_{in}=\frac{D}{1-D}I_o \tag{2-62}$$

如图 2-14 所示，MOS 管电流峰值为

$$I_{\mathrm{VTM}}=I_{\mathrm{L12}}+I_{\mathrm{L22}}=\left(\frac{D}{1-D}I_{\mathrm{o}}+\frac{1}{2}\Delta I_1\right)+\left(I_{\mathrm{o}}+\frac{1}{2}\Delta I_2\right) \tag{2-63}$$

则

$$I_{\mathrm{VTM}}=\frac{1}{1-D}I_{\mathrm{o}}+\frac{1}{2}(\Delta I_1+\Delta I_2) \tag{2-64}$$

由于稳态工作时，电感伏秒平衡，L_1、L_2 电感电流脉动峰峰值为

$$\Delta I_{\mathrm{L1}}=\frac{U_{\mathrm{d}}t_1}{L_1}=\frac{U_{\mathrm{d}}D}{fL_1} \tag{2-65}$$

$$\Delta I_{\mathrm{L2}}=\frac{U_{\mathrm{o}}(t_2-t_1)}{L_2}=\frac{1-D}{fL_2}\times\frac{DU_{\mathrm{d}}}{1-D}=\frac{DU_{\mathrm{d}}}{fL_2} \tag{2-66}$$

当 VT 导通时，$i_{\mathrm{C1}}=i_{\mathrm{L2}}$ 且 L_2 电感电流平均值为 I_{o}，因此 C_1 上电压纹波峰峰值为

$$\Delta U_{\mathrm{C1}}\approx\frac{I_{\mathrm{o}}t_1}{C_1}=\frac{I_{\mathrm{o}}D}{fC_1} \tag{2-67}$$

根据图 2-13，有 $i_{\mathrm{L2}}=i_{\mathrm{C}}+i_{\mathrm{o}}$，由于输出电压 u_{o} 的电流脉动很小，则有 $\Delta i_{\mathrm{L2}}\approx\Delta i_{\mathrm{C}}$；考虑到稳态工作时，一个周期内电容充放电平衡，在$\frac{T}{2}$时间内有

$$\Delta Q=\frac{\Delta I_{\mathrm{C}}}{4}\times\frac{T}{2}=\frac{\Delta I_{\mathrm{L2}}}{4}\times\frac{T}{2} \tag{2-68}$$

与 BUCK 电路的分析类似，电容电压纹波峰峰值为：

$$\Delta U_{\mathrm{C}}=\frac{\Delta Q}{C}=\frac{\Delta I_{\mathrm{L2}}}{8fC}=\frac{U_{\mathrm{d}}D}{8f^2L_2C} \tag{2-69}$$

2.5 Sepic 斩波电路和 Zeta 斩波电路

图 2-15 分别给出了 Sepic 斩波电路和 Zeta 斩波电路的原理图。

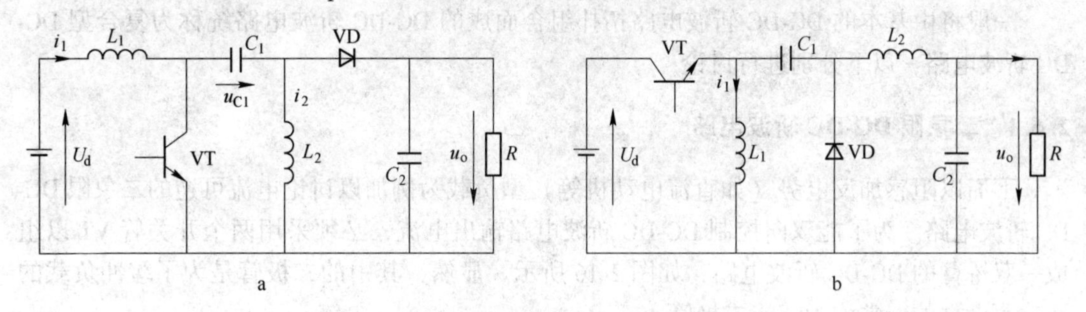

图 2-15 Sepic 斩波电路和 Zeta 斩波电路原理图
a—Sepic 斩波电路；b—Zeta 斩波电路

Sepic 斩波电路的基本工作原理是：当 VT 处于通态时，U_{d}-L_1-VT 回路和 C_1-VT-L_2 回路同时导通，L_1 和 L_2 储能。VT 处于断态时，U_{d}-L_1-C_1-VD-负载（C_2 和 R）回路及 L_2-VD-负载回路同时导通。此阶段 U_{d} 和 L_1 既向负载供电，同时也向 C_1 充电，C_1 储存

的能量在 VT 处于通态时向 L_2 转移。

Sepic 斩波电路的输入输出关系由下式给出

$$U_o = \frac{t_{on}}{t_{off}} U_d = \frac{t_{on}}{T - t_{on}} U_d = \frac{\alpha}{1-\alpha} U_d \tag{2-70}$$

Zeta 斩波电路的基本工作原理是：在 VT 处于通态期间，电源 U_d 经开关 VT 向电感 L_1 储能。同时，U_d 和 C_1 共同经 L_2 向负载供电。待 VT 关断后，L_1 经 VD 向 C_1 充电，其储存的能量转移至 C_1。同时 L_2 的电流则经 VD 续流。Zeta 斩波电路的输入输出关系为

$$U_o = \frac{\alpha}{1-\alpha} U_d \tag{2-71}$$

上述两种电路相比，具有相同的输入输出关系。Sepic 电路中，电源电流连续但负载电流断续，有利于输入滤波；反之，Zeta 电路的电源电流断续而负载电流连续。

2.6 复合型 DC-DC 斩波电路

以上讨论的 DC-DC 斩波电路实际上只是一些基本的 DC-DC 斩波电路。如果将 DC-DC 斩波电路的输出电压（纵坐标）、输出电流（横坐标）构成坐标系，那么上述各类基本的 DC-DC 斩波电路由于各自的输出只能工作在输出电压、电流坐标系的第一象限，因此可称为单象限 DC-DC 斩波电路。这类单象限 DC-DC 斩波电路的共同特征就是各自的输出电压、电流不可逆，即 DC-DC 斩波电路的能量不可逆。然而，在实际应用时能量可逆的 DC-DC 斩波电路在驱动诸如阻感加反电势型一类的负载（如电动机）时是必不可少的。当 DC-DC 斩波电路的输出电流或输出电压可逆时，由于斩波电路可在两象限运行，因此称这类 DC-DC 斩波电路为两象限 DC-DC 斩波电路；当 DC-DC 斩波电路的输出电流、输出电压均可逆时，由于斩波电路可在四象限运行，因此称这类 DC-DC 斩波电路为四象限 DC-DC 斩波电路。实际上，无论是两象限 DC-DC 斩波电路，还是四象限 DC-DC 斩波电路，它们的拓扑结构均可以由基本的单象限 DC-DC 斩波电路拓扑组合而成。另外，当单象限 DC-DC 斩波电路需要扩大容量时，也可以由单象限 DC-DC 斩波电路拓扑组合而成。

一般将由基本的 DC-DC 斩波电路拓扑组合而成的 DC-DC 斩波电路统称为复合型 DC-DC 斩波电路，以下分别进行讨论。

2.6.1 二象限 DC-DC 斩波电路

下面以阻感加反电势（如直流电动机等）型负载为例加以讨论电流可逆的二象限 DC-DC 斩波电路。为了能双向控制 DC-DC 斩波电路输出电流，必须采用两个开关管 VT 以组成一双桥臂的 DC-DC 斩波电路，如图 2-16 所示。显然，其中的二极管是为了缓冲负载的无功而设立的，常称为续流二极管。

电流可逆型二象限 DC-DC 斩波电路上、下桥臂的开关管 VT 一般采用互补调制驱动模式（上桥臂通时下桥臂断、下桥臂通时上桥臂断）。针对图 2-16a 所示电路，VT_1、VT_2 采用互补调制驱动模式时的具体换流过程分析如下：

（1）输出电流 $i_o>0$ 且 VT_1 导通过程。直流侧电源通过 VT_1 向负载供电，输出电压 $u_o=u_i$，此时输出电流 i_o 增加，负载电感和负载电动势储能也增加。由于 $i_o>0$ 且 $u_o>0$，

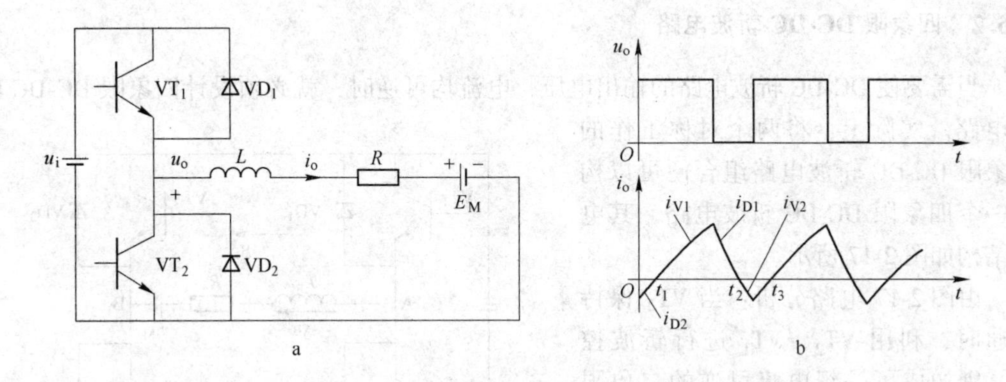

图 2-16 电流可逆型二象限 DC-DC 斩波电路换流及相关波形

因此电路工作在第一象限。

（2）输出电流 $i_o>0$ 且 VT_1 关断过程。由于电感电流不能突变，因此 VD_2 导通续流，输出电压 $u_o=0$，此时尽管采用了双极型驱动模式而使 VT_2 有驱动信号，但因 VT_2 承受反压（VD_2 导通）而不能导通，因此输出电流减小，负载电感储能和负载电动势储能也减小。由于 $i_o>0$ 且 $u_o=0$，因此电路工作在第一象限。若发生电流断续，即 $i_o=0$，此时 $u_o=E_M$，因此电路仍工作在第一象限。

（3）输出电流 $i_o<0$ 且 VT_2 导通过程。负载电动势通过 VT_2 向负载电阻和电感供电，输出电压 $u_o=0$，此时输出电流 i_o 反向增加，负载电感储能也增加。由于 $i_o<0$ 且 $u_o=0$，因此电路工作在第二象限。

（4）输出电流 $i_o<0$ 且 VT_2 关断过程。由于电感电流不能突变，因此 VD_1 导通续流，输出电压 $u_o=u_i$，此时尽管采用了互补驱动模式而使 VT_1 有驱动信号，但因 VT_1 承受反压（VD_1 导通）而不能导通，因此输出电流减小，负载电感储能和负载电动势储能也减小。由于 $i_o<0$ 且 $u_o=0$，因此电路工作在第三象限。若发生电流断续，即 $i_o=0$，此时 $u_o=E_M$，因此电路则工作在第一象限。

综上分析可知：当电流正向换流时（$i_o>0$），或 VT_1 导通，或 VD_2 导通，斩波电路工作在第一象限，此时的斩波电路换流电路实际上是一个 Buck 斩波电路，并且斩波电路向负载提供能量，换流期间的电压、电流波形如图 2-16b 中 $t_1\sim t_2$ 段所示。而当电流反向换流时（$i_o<0$），或 VT_2 导通，或 VD_1 导通，斩波电路工作在第二象限，此时的斩波电路换流电路实际上是一个 Boost 斩波电路，并且负载向斩波电路回馈能量，换流期间的电压、电流波形如图 2-16b 中 $t_2\sim t_3$ 段所示。当电流断续时（$i_o=0$），斩波电路的输出电压 $u_o=E_M$，电路则工作在第一象限。

显然，图 2-16a 所示的电流可逆型二象限 DC-DC 斩波电路实际上由一个 Buck 斩波电路和一个 Boost 斩波电路组合而成，并交替工作，斩波电路的输出电压极性不变，而电流极性可变，即能量可双向传输，并且调节斩波占空比就可以控制斩波电路的输出平均电压。值得注意的是：为了防止图 2-16a 所示斩波电路上、下桥臂的直通短路，上、下桥臂的 VT 驱动信号中须加入“先关断后导通”的开关死区。另外，图中所示的电流可逆型二象限 DC-DC 斩波电路其负载必须为感性负载，否则，斩波电路只能工作在第一象限。

2.6.2　四象限 DC-DC 斩波电路

当需要使 DC-DC 斩波电路的输出电压、电流均可逆时，就必须设计四象限 DC-DC 斩波电路。实际上，将两个对称工作的二象限 DC-DC 斩波电路组合便可以构成一个四象限 DC-DC 斩波电路，其电路结构如图 2-17 所示。

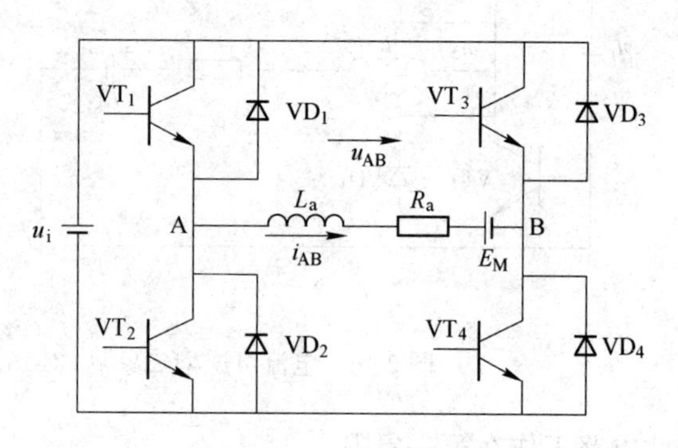

图 2-17　四象限 DC-DC 斩波电路

由图 2-17 电路分析：当 VT_4 保持导通时，利用 VT_2、VT_1 进行斩波控制，则构成了一组电流可逆的二象限 DC-DC 斩波电路，此时 $u_{AB} \geqslant 0$，斩波电路运行在一、二象限；当 VT_2 保持导通时，利用 VT_3、VT_4 进行斩波控制，则构成了另一组电流可逆的二象限 DC-DC 斩波电路，此时 $u_{AB} \leqslant 0$，斩波电路运行在三、四象限。显然，四象限 DC-DC 斩波电路是典型的桥式可逆电路，具有电流可逆和电压可逆的特点。

2.6.3　多相多重 DC-DC 斩波电路

以上所讨论的二、四象限 DC-DC 斩波电路实际上是为了扩大 DC-DC 斩波电路的运行象限而由基本 DC-DC 斩波电路组合而成，因此，二、四象限 DC-DC 斩波电路实质上属于复合型 DC-DC 斩波电路。那么在实际的基本 DC-DC 斩波电路运用中，如果单台的 DC-DC 斩波电路容量不足时，是否可以考虑将基本 DC-DC 斩波电路并联以构成另一类复合型 DC-DC 斩波电路呢？实际上，将数个基本 DC-DC 斩波电路并联，不仅可以扩大斩波电路容量，而且通过适当的斩波控制还可以提高并联 DC-DC 斩波电路输出的等效开关频率，以降低斩波电路的输出谐波。

图 2-18a 表示出三个 Buck 斩波电路并联的复合型 DC-DC 斩波电路。如果将三个 Buck

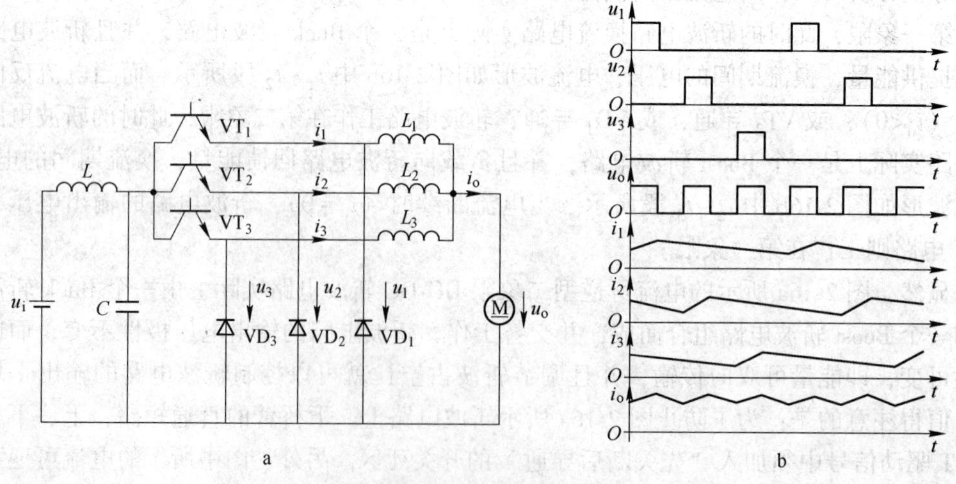

图 2-18　三相三重 DC-DC 斩波电路及相关波形

斩波电路的 VT 驱动信号在时间上分别相差 1/3 开关周期，即采用移相斩波控制，那么这种三个 Buck 斩波电路并联的复合型 DC-DC 斩波电路输出的等效开关频率将是单个 Buck 斩波电路开关频率的三倍，从而有效地降低了斩波电路的输出电流谐波。其单个斩波电路的驱动信号及相关电流波形如图 2-18b 所示。另外，由于输出等效开关频率的提高，在一定的输出谐波指标条件下，可有效地减少输出滤波器的体积，降低斩波电路的损耗。值得一提的是，这种采用移相斩波控制复合型 DC-DC 斩波电路，虽然提高了输出等效开关频率，但由于其单个的开关频率不变，因而斩波电路的开关损耗并不因此而增加。

以上讨论的采用移相并联控制的复合型 DC-DC 斩波电路成为多相多重 DC-DC 斩波电路。所谓的“相”是指斩波电路输入侧（电源端）的各移相斩波控制的支路相数，而所谓的“重”则是指斩波电路输出侧（负载端）的各移相斩波控制的支路重叠数。图 2-18a 所示的复合型 DC-DC 斩波电路是一个三相三重 DC-DC 斩波电路。针对图 2-18a 所示的三相三重 DC-DC 斩波电路，若其输入侧不变（共用一个直流电源），而输出侧分别驱动三个独立的负载时，则称这种复合型 DC-DC 斩波电路为三相一重 DC-DC 斩波电路，此时在一个开关周期内，复合型 DC-DC 斩波电路的输入电流脉动三次，而输出电流脉动一次。另外，针对图 2-18a 所示的三相三重 DC-DC 斩波电路，若其输出侧不变（驱动一个负载），而输入侧分别采用三个独立的直流电源，则称这种复合型 DC-DC 斩波电路为一相三重 DC-DC 斩波电路，此时在一个开关周期内，复合型 DC-DC 斩波电路的输入电流脉动一次，而输出电流脉动三次。显然可根据斩波电路输入、输出电流在一个开关周期的脉动次数，就可以确定多相多重 DC-DC 斩波电路的“相”数和“重”数。例如对于多个同样 DC-DC 斩波电路并联且采用移相控制的多相多重 DC-DC 斩波电路，若在一个开关周期内其输入电流脉动 m 次而输出电流脉动 n 次，则可称其为 m 相 n 重 DC-DC 斩波电路。

对于一个 m 相 m 重 DC-DC 斩波电路，每个斩波电路单元的占空比均为 D，并且每个斩波电路单元 VT 的驱动信号错开 $1/m$ 的开关周期时间，则每个斩波电路单元的输出电压的平均值均相等且等于 m 相 m 重 DC-DC 斩波电路的输出平均电压，而每个斩波电路单元的平均输出电流则为输出负载平均电流的 $1/m$。

另外，多相多重 DC-DC 斩波电路中的斩波电路单元具有互为备用的功能，当一个斩波电路单元故障时，其余的斩波电路单元仍可以正常工作，显然，多相多重 DC-DC 斩波电路在扩大斩波电路容量和改善输入、输出波形的同时提高了斩波电路供电的可靠性。

以上讨论的多相多重 DC-DC 斩波电路实际上是一种斩波电路的电流扩容方式。当然，还可以将多个基本的 DC-DC 斩波电路串联，并通过类似的移相控制，从而在实现斩波电路电压扩容的同时有效地改善复合型 DC-DC 斩波电路的电压波形，但是这种斩波电路串联复合的电压扩容方式无法使斩波电路单元互为备用，因而不能提高斩波电路供电的可靠性。

2.7 带隔离的直流-直流变换电路

前面介绍的直流斩波电路的输入输出存在直接电连接，然而许多应用场合要求输入和输出实现电隔离，这可在直流斩波电路中加入变压器实现。常用的电路有正激电路、反激电路、半桥和全桥式降压电路、推挽电路、全波整流和全桥整流等。

2.7.1 正激电路

如图 2-19 所示，正激电路是将降压斩波电路隔断开来产生的。

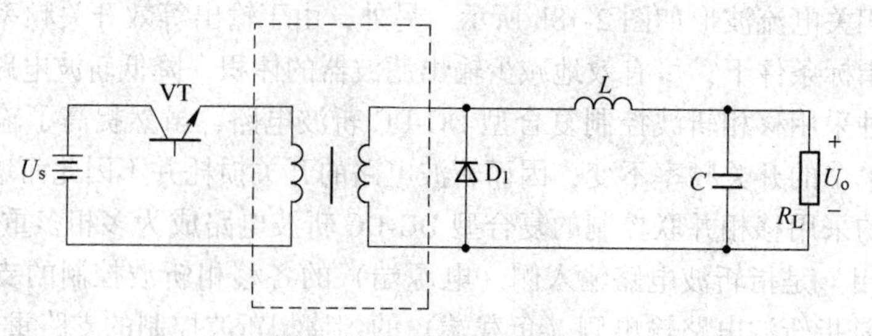

图 2-19 正激电路原理图

由于图 2-19 中变压器原边通过单向脉动电流，因此变压器铁芯极易饱和，为此，主电路中还须考虑变压器铁芯磁场防饱和措施，即应如何使变压器铁芯磁场周期性地复位。另外，此时开关器件位置可稍作变动，使其发射极与电源 U_s 相连，便于设计控制电路。

铁芯磁场复位方案很多，常见的有磁场能量消耗法（图 2-20a）、磁场能量转移法（图 2-20b）等。

图 2-20a 中开关管 VT 导通时，$U_2=\dfrac{N_2}{N_1}U_s$，N_1、N_2 分别为原、副边绕组匝数，电源能量经变压器传递到负载侧。VT 截止时变压器原边电流经 D_3、DW 续流，磁场能量主要消耗在稳压管 DW 上。VT 承受的最高电压为 U_s+U_{DW}，U_{DW} 为稳压管 DW 的稳压值。

图 2-20b 中，VT 导通时，电源能量经变压器传递到负载侧。VT 截止时，由于电感电流不能突变，线圈 N_1 会产生下正上负的感应电势 e_1。同时线圈 N_3 也会产生感应电势 $e_3=\dfrac{N_3}{N_1}e_1$，当 $e_3=U_s$ 时，D_3 导通。磁场储能转移到电源 U_s 中，此时 VT 上承受的最高电压为：

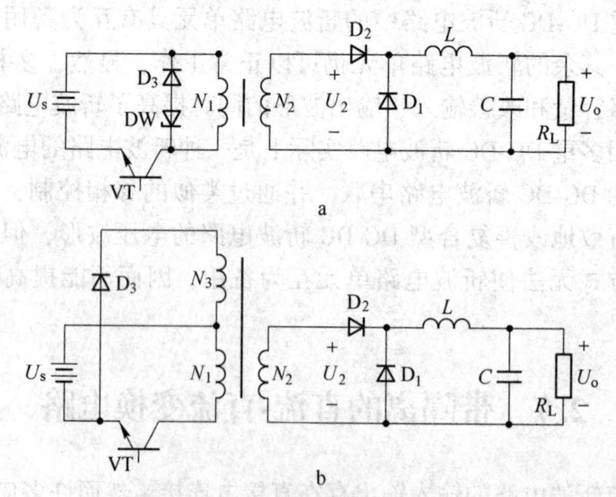

图 2-20 正激电路铁芯复位方案

a—磁场能量消耗法复位方案；b—磁场能量转移法复位方案

$$U_s+\frac{N_1}{N_3}U_s=\left(\frac{N_3+N_1}{N_3}\right)U_s \tag{2-72}$$

由于正激电路可看作是具有隔离变压器的降压斩波电路，因而具有降压斩波电路的一些特性。如电压变换比 $M=\frac{U_o}{U_s}=\frac{N_2}{N_1}\delta$，与导通比 δ 成正比等。

2.7.2 反激电路

反激电路如图 2-21a 所示。与升降压斩波电路相比较可知，反激电路用变压器代替了升降压斩波电路中的储能电感。因此，这里的变压器除了起输入电隔离作用外，还起储能电感的作用。电路工作原理是：开关管 VT 导通时，由于 D_1 承受反向电压，变压器副边相当于开路，此时变压器原边相当于一个电感。电源 U_s 向变压器原边输出能量，并以磁场形式贮存起来。当 VT 截止时，线圈中磁场储能不能突变，将会在变压器副边产生下正上负的感应电势，该感应电势使 D_1 承受正向电压而导通，从而磁场储能转移到负载上。

考虑滤波电感及续流二极管的实用反激电路如图 2-21b 所示。反激电路简单，无需磁场复位电路，在小功率场合应用广泛。缺点是磁芯磁场直流成分大，为防止磁芯饱和，磁芯磁路气隙较大，磁芯体积相对较大。

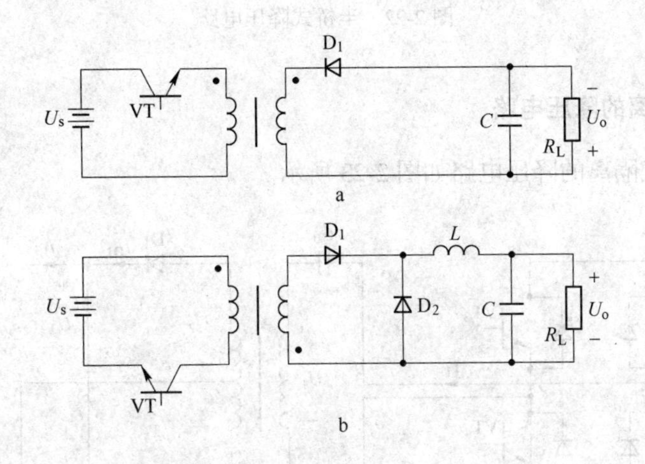

图 2-21 反激电路

a—电路原理图；b—输出 LC 滤波的实用电路

2.7.3 半桥式隔离的降压电路

在正激、反激电路中变压器原边通过的是单向脉动电流，为防止变压器磁场饱和，需加上必要的磁场复位电路或要求磁路上留有一定的气隙，因而磁性材料未得到充分利用；另外，主开关器件承受的电压高于电源电压，故对器件耐压要求较高。半桥式和全桥式隔离的 DC-DC 电路则可以克服这些缺点。这里仅讨论在降压电路中插入桥式变压器隔离的 DC-DC 电路。

半桥式隔离的降压电路如图 2-22 所示。电路工作原理为：设滤波电容 C_1、C_2 上电压近似直流，且均为$\frac{U_s}{2}$，当 T_1 关断，T_2 导通时，电源及电容 C_2 上储能经变压器传递到副边。同时电源经变压器、T_2 向 C_1 充电，C_1 储能增加。反之，T_1 开通，T_2 关断时，电源及 C_1 上储能经变压器传递到副边，此时电源经 T_1、变压器向 C_2 充电，C_2 储能增加。变压器副边电压经 D_3 及 D_4 整流、LC 滤波后即得直流输出电压。通过交替控制 T_1、T_2 开通与关断，并控制其导通比，即可控制输出电压的大小。

图 2-22 中 D_1、D_2 的作用是当 VT 截止时为流过变压器原边漏感及线路电感的电流提供续流通路，以防 VT 截止时因电感电流变化太快导致感应电压过高而损坏。

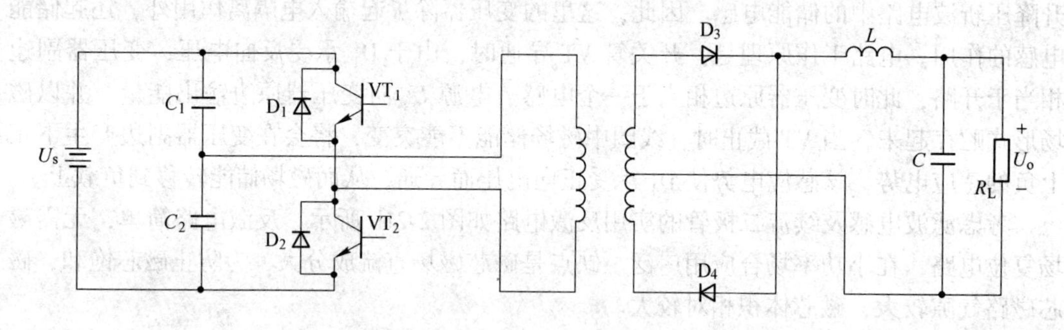

图 2-22　半桥式降压电路

2.7.4　全桥式隔离的降压电路

常见的全桥式隔离的降压电路如图 2-23 所示。

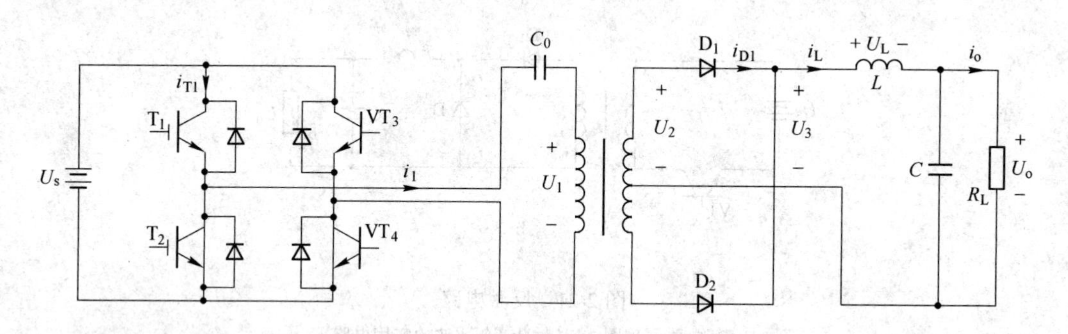

图 2-23　全桥式降压电路

电路工作原理是：将 T_1、T_4 作为一组，T_2、T_3 作为另一组，交替控制两组开关导通与关断，即可利用变压器将电源能量传递到副边。变压器副边电压经 D_1 及 D_2 整流、LC 滤波后即得直流输出电压。控制开关的导通比即可控制输出电压的大小。

电容 C 的作用是防止变压器流过直流电流分量而设置的。由于正负半波控制脉冲宽度难以做到绝对相同，同时开关元器件特性很难完全一致，从而电路工作时流过变压器原边的电流正负半波难以完全对称，因此，加上 C_0 以防止铁芯磁场饱和。通常 C_0 上电压很小。

设电路元器件是理想的，不计 C_0 上压降，并设 U_o 近似直流，则在电感电流 i_L 连续时，容易导出电路稳态时主要波形（如图 2-24 所示）。图中 U_{G14}、U_{G23} 分别为 T_1、T_4、T_2、T_3 开关控制信号。

主要数量关系如下：

设变压器原副边匝数比为 n，开关器件导通比为 $\delta=\frac{T_{on}}{T_s}$，则由图可知输出直流电压为：

$$U_o=\delta\frac{U_s}{n} \qquad (2-73)$$

电压变换比为：

$$M=\frac{U_o}{U_s}=\frac{\delta}{n} \qquad (2-74)$$

输出电流平均值为：

$$I_o=\frac{U_o}{R_L}=\frac{\delta\times U_s}{nR_L} \qquad (2-75)$$

电感电流纹波峰峰值为：

$$\Delta i_L=\frac{\delta(1-\delta)U_sT_s}{2nL} \qquad (2-76)$$

设 I_o 近似纯直流，电容电压波纹为：

$$\Delta U_o=\frac{(1-\delta)\delta U_sT_s^{\ 2}}{8nLC} \qquad (2-77)$$

电感电流不连续时全桥式降压电路的工作情况可类似分析，不再赘述。

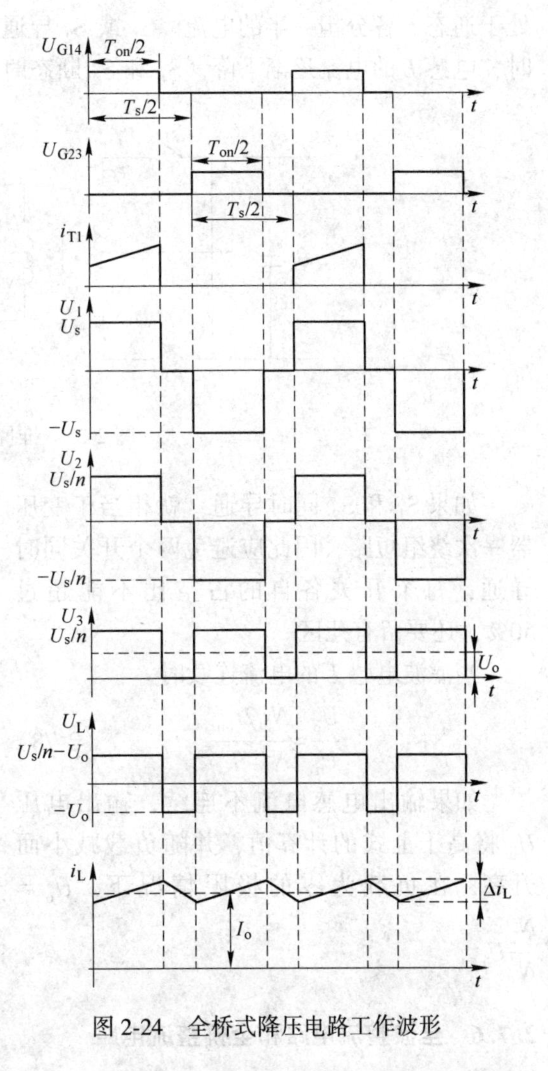

图 2-24 全桥式降压电路工作波形

正激、反激电路简单，变压器原边均流过单向脉动电流，为防止变压器磁芯饱和，VT 导通比限于 0.5 以内，电源电压的利用率不高，适用于小功率变换装置。正激电路输出的最大功率由负载决定。反激电路传递的最大能量受到变压器原边电感的限制，因此副边意外短路等故障造成的损害将较轻，很适合于要求高压输出的小功率变换装置。

半桥、全桥式降压电路与降压电路工作原理相似，电路较正激、反激电路复杂，以全桥式降压电路使用开关器件最多。半桥式、全桥式降压电路中变压器原边流过交流电流，变压器可充分利用。半桥式降压电路常用于中、小功率变换装置，全桥式降压电路常用于大、中功率变换装置。

2.7.5 推挽电路

推挽电路的原理如图 2-25 所示。其工作波形如图 2-26 所示，推挽电路中两个开关 S_1 和 S_2 交替导通，在绕组 N_1 和 N_1' 两端分别形成相位相反的交流电压。S_1 导通时，二极管 VD_1 处于通态，S_2 导通时，二极管 VD_2 处于通态，当两个开关都关断时，VD_1 和 VD_2 都处于通态，各分担一半的电流。S_1 或 S_2 导通时电感 L 的电流逐渐上升，两个开关都关断时，电感 L 的电流逐渐下降。S_1 和 S_2 断态时承受的峰值电压均为两倍 U_i。

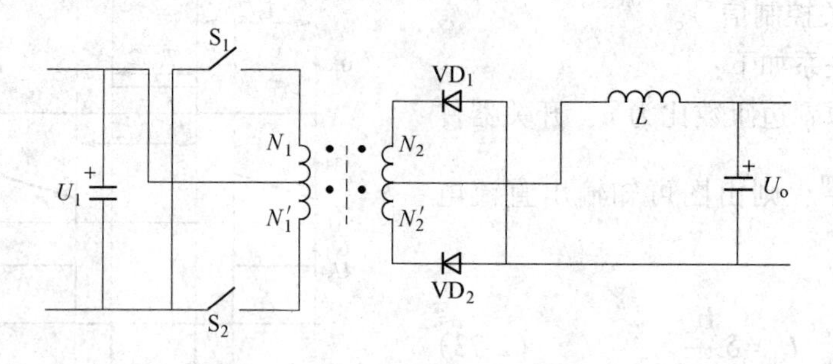

图 2-25　推挽电路原理图

如果 S_1 和 S_2 同时导通，就相当于变压器一次绕组短路，因此应避免两个开关同时导通，每个开关各自的占空比不能超过50%，还要留有死区。

当滤波电感 L 的电流连续时

$$\frac{U_o}{U_i}=\frac{N_2}{N_1}\frac{2t_{on}}{T} \tag{2-78}$$

如果输出电感电流不连续，输出电压 U_o 将高于上式的计算值，并随负载减小而升高，在负载为零的极限情况下，$U_o=\frac{N_2}{N_1}U_i$。

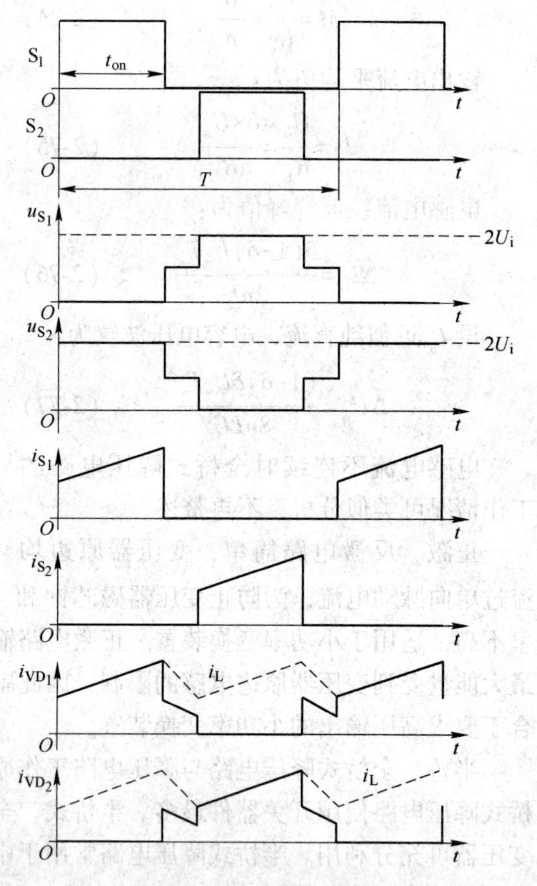

图 2-26　推挽电路工作波形

2.7.6　全波整流电路和全桥整流电路

双端电路中常用的整流电路形式为全波整流电路和全桥整流电路，其原理图如图2-27所示。

全波整流电路的优点是任意时刻电感 L 的电流都只流过一个二极管，因此电流回路中只有一个二极降压管，损耗小一些，而且整流电路中只需要两个二极管，元件数较少。其缺点是二极管断态时承受的反压是二倍的交流电压幅值，对器件耐压要求较高，而且变压器二次绕组有中心抽头，给制造带来麻烦。

全桥整流电路的优点是二极管在断态承受的电压仅为交流电压幅值，而且变压器的绕组结构较为简单。但其缺点是回路中任意时刻电感 L 的电流总要相继流过两个二极管，电流回路中存在两个二极管降压，损耗较大，而且电路中需要四个二极管，元件数较多。

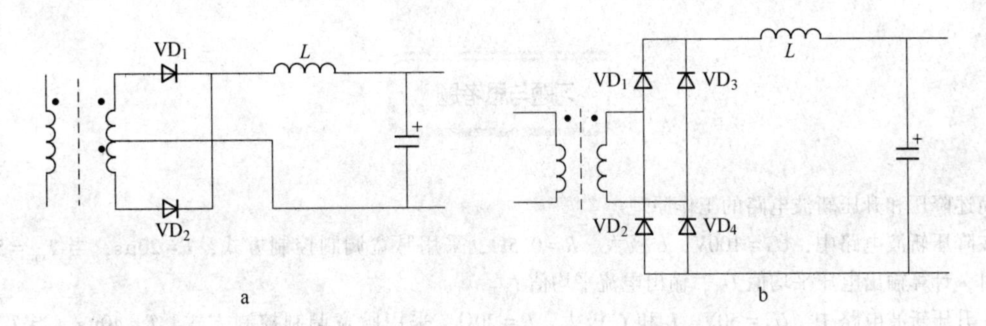

图 2-27 全波整流电路和全桥整流电路原理图

a—全波整流电路；b—全桥整流电路

工作中，每个二极管流过的电流平均值是电感 L 的电流平均值的 1/2，这在两种电路中都是一样的。根据两种电路各自不同的特点，通常在输出电压较低的情况下（<100V）采用全波整流电路比较合适，而在高压输出的情况下，应采用全桥整流电路。

当电路的输出电压非常低时，即使采用全波整流电路，仍然受到整流二极管压降的限制而使效率难以提高，这时可以采用同步整流电路，如图 2-28 所示。

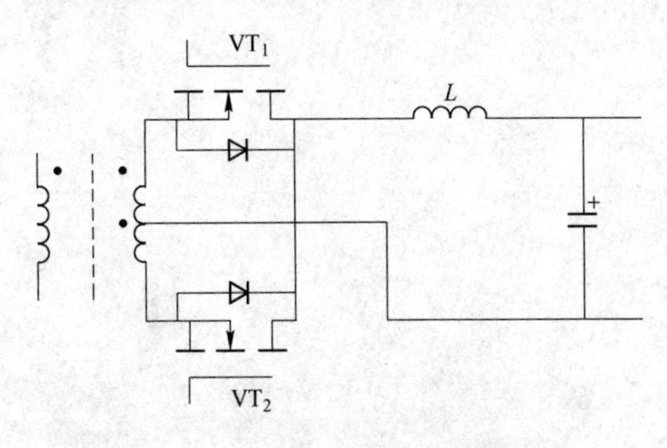

图 2-28 同步整流电路原理图

由于低电压的 MOSFET 具有非常小的导通电阻（几毫欧），因此可以极大地降低整流电路的导通损耗，从而达到很高的效率。但这种电路的缺点是需要对 VT_1 和 VT_2 的通与断进行控制，并与变压器同步，增加了控制电路的复杂性。

本 章 小 结

本章介绍了升降压斩波电路、复合型斩波电路、Cuk 电路、Sepic 和 Zeta 电路、带隔离的 DC-DC 变流电路的拓扑结构和工作原理等。

直流-直流变换电路分为非隔离式变换电路和变压器隔离型变换电路两大类。在非隔离式变换电路中，Buck 电路是一种降压变换电路，而 Boost 是一种升压变换电路。Buck-Boost 电路和 Cuk 电路具有升降压变换能力，但输出电压为反极性。Sepic 电路和 Zeta 电路输出为正极性且具备升降压变化能力。隔离式直流-直流变换电路分为两种类型，一类是磁路单向工作电路，如正激变换电路和反激变换电路；另一类是磁路双向工作的电路，包括半桥式隔离变换电路、全桥式隔离变换电路和推挽式隔离变换电路。

习题与思考题

1. 简述降压和升压斩波电路的工作原理。
2. 在降压斩波电路中，$U_d=100V$，L 极大，$R=0.5\Omega$，采用脉宽调制控制方式，$T=20\mu s$，当 $T_{on}=5\mu s$ 时，计算输出电压平均值 U_o、输出电流平均值 I_o。
3. 在升压斩波电路中，$U_d=50V$，L 和 C 极大，$R=20\Omega$，采用脉宽调制控制方式，$T=40\mu s$，当 $T_{on}=25\mu s$ 时，计算输出电压平均值 U_o、输出电流平均值 I_o。
4. 分析在 Cuk 电路中储能元件（电容、电感）的作用。
5. 试绘制 Sepic 斩波电路和 Zeta 斩波电路的原理图，并推导其输入输出关系。
6. 多相多重斩波电路有何优点？
7. 两象限和四象限 DC-DC 电路有何区别，驱动直流电动机正、反转运行应采用何种电路？
8. 试说明隔离型 DC-DC 电路出现的意义？
9. 分析全桥整流电路和全波整流电路中二极管承受的最大电压、最大电流和平均电流。
10. 为什么正激电路需要磁场复位电路，复位电路为何通常放在变压器原边？

3 交流-直流变换电路(含有源逆变电路)

本章摘要

将交流电能变为直流电能称为整流，其作用是将功率从电源传向负载。凡是能将交流电能转换为直流电能的电路统称为整流电路（Rectifier），简称为 AC-DC 电路。

整流电路是出现最早的电力电子电路，自 20 世纪 20 年代至今，经历了以下几种演变：旋转式变流机组（交流电动机-直流发电机组）、静止式离子整流器和静止式半导体整流器。整流电路是电力电子电路中最基本的一种电路，它的电路形式多种多样，各具特色，应用十分广泛。

整流电路有多种分类方法。例如，按电路的控制特点可分为由二极管组成的不可控整流电路、由半控型器件晶闸管组成的相控整流电路和由全控型器件组成的 PWM 整流电路等；按交流电源输入相数可分为单相整流电路、三相整流电路和多相整流电路；按电路结构，可分为半波整流电路（零式整流电路）和全波整流电路（桥式整流电路）；若按电路的工作象限，可分为一象限、二象限和四象限工作电路。

由晶闸管组成的相控整流电路是电力电子电路中应用历史最长、技术最成熟的整流电路。由全控型器件组成的 PWM 整流电路则是近几十年发展起来的半导体变流电路，由于其性能优良，而越来越受到工程领域的重视，应用前景非常广阔。

本章首先讨论最基本、最常用的几种可控整流电路，分析和研究其工作原理、基本数量关系、负载性质对整流电路的影响，以及变压器漏感对整流电路的影响。在上述分析讨论的基础上，对整流电路的谐波和功率因数进行分析。本章还介绍了大功率整流电路和相位控制电路的驱动控制。

3.1 不可控整流电路

3.1.1 单相不可控整流电路

利用电力二极管的单相导电性可以十分简单地实现交流-直流电力变换。由于二极管整流电路输出的直流电压仅由交流输入电压的大小决定，故称为不可控整流电路。

在生产实际中，有些负载基本上属于纯电阻或电阻性负载，如电阻加热炉、电解槽和电镀装置等。电阻负载的特点是电压与电流成正比，波形相同，相位相同。

单相不可控整流电路的交流侧接单相电源。图 3-1a 为最简单的单相半波不可控整流电路，带电阻性负载。该电路采用一只二极管 VD_1 作为整流器件，电源变压器原边电压瞬时值为 u_1，副边电压瞬时值为 u_2，其对应的工作波形如图 3-1b 所示。当 u_2 处于正半周时，二极管 VD_1 导通，负载电压 $u_d=u_2$；当 u_2 处于负半周时，VD_1 承受反压而截止，$u_d=0$。负载电流 i_d 波形与负载电压 u_d 波形相似，相位相同，但幅值不同。表 3-1 为单相半波不可控整流电路带电阻性负载时各区间工作情况。

表 3-1　单相半波不可控整流电路带电阻性负载时各区间工作情况

ωt	$0\sim\pi$	$\pi\sim2\pi$	$2\pi\sim3\pi$
二极管导通情况	VD_1 导通	VD_1 截止	VD_1 导通
负载电压 u_d	u_2	0	u_2
负载电流 i_d	u_2/R	0	u_2/R
二极管端电压 u_{VD1}	0	u_2	0
负载电压平均值 U_d	$\frac{1}{2\pi}\int_0^{\pi}\sqrt{2}U_2\sin\omega t\mathrm{d}(\omega t)=0.45U_2$		

注：U_2 为电源变压器副边电压有效值。

图 3-2a 为单相半波不可控整流电路，带阻感性负载（无续流二极管），其对应的工作波形如图 3-2b 所示。当 u_2 处于正半周时，二极管 VD_1 导通，负载电压 $u_d=u_2$，由于电感 L 有阻止电流变化的作用，在电感 L 两端产生极性为上正下负的感应电势 e_L；在 u_2 从正峰值点逐渐下降并过零变负时，电感中的电流将随之减小。由于电感 L 有阻止电流变化的作用，在电感 L 两端产生相反方向的感应电势 e_L，极性为下正上负。此电压与电源电压 u_2 叠加，使得二极管 VD_1 在 u_2 处于负半周后，仍然承受一段时间的正向电压而继续导通，从而将电源电压通过二极管 VD_1 加到负载两端，因此负载两端电压 u_d 会出现负值。

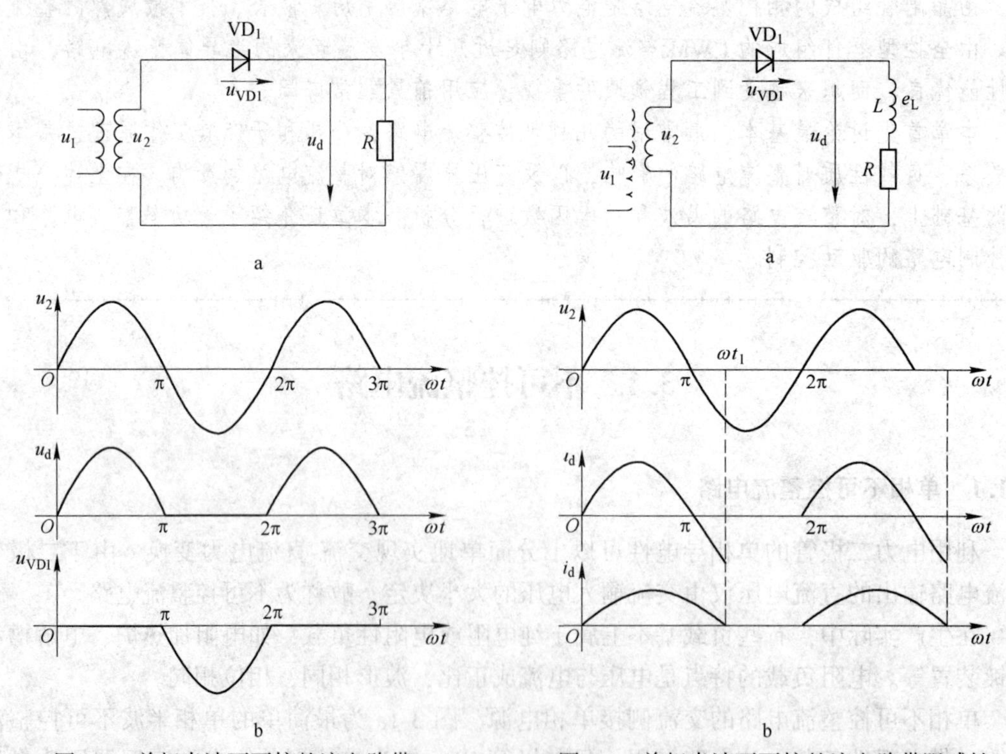

图 3-1　单相半波不可控整流电路带电阻性负载的电路和波形

图 3-2　单相半波不可控整流电路带阻感性负载（无续流二极管）的电路和波形

负载电压 u_d 和负载电流 i_d 的波形如图 3-2b 所示。表 3-2 为单相半波不可控整流电路带阻感性负载（无续流二极管）时各区间的工作情况。

表 3-2 单相半波不可控整流电路带阻感性负载（无续流二极管）**时各区间的工作情况**

ωt	$0\sim\pi$	$\pi\sim\omega t_1$	$\omega t_1\sim 2\pi$
二极管导通情况	VD_1 导通	VD_1 导通	VD_1 截止
负载电压 u_d	u_2	u_2	0
负载电流 i_d	有	有	0
二极管端电压 u_{VD1}	0	0	u_2

在 u_2 过零变负后，由于电感 L 的续流作用，负载两端电压 u_d 出现负值。为避免这种现象发生，应在负载两端反并联一只二极管 VD_2，为负载电流提供续流通路，并切断电源与负载之间的电流通路。如图 3-3a 所示。在电源电压 u_2 为正时，续流二极管 VD_2 因承受反压而处于关断状态；而电源电压 u_2 过零变负时，在电感 L 两端产生极性为下正上负的感应电势 e_L，使 VD_2 因承受正压而导通，将负载短路，输出电压 u_d 近似等于零。因此输出电压 u_d 的波形与带电阻性负载时的负载电压 u_d 波形相同。若负载中的电感量极大，则负载电流 i_d 连续，且近似为一条水平直线，负载电流 i_d 由 i_{VD1} 和 i_{VD2} 两部分组成，如图 3-3b 所示。表 3-3 为单相半波不可控整流电路带大电感负载（有续流二极管）时各区间工作情况。

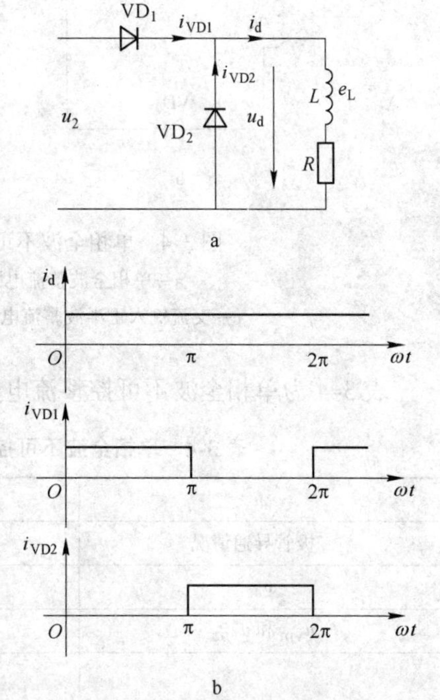

图 3-3 单相半波不可控整流电路带大电感负载(有续流二极管)的电路和波形

从图 3-1 中的负载电压 u_d 波形可以看出，半波整流时，负载电压仅为交流电源的正半周电压，造成交流电源利用率偏低，输出电压脉动大，因此实际应用较少。若能使交流电源的负半周电压也得到利用，即获得如图 3-4a 所示的负载电压波形，则负载电压平均值 U_d 可提高一倍，电源利用率大大提高。为此可采用图 3-4b 中的单相全波整流电路，其在交流电源的正、负半周工作情况如图 3-4c 和 d 所示。

表 3-3 单相半波不可控整流电路带大电感负载（有续流二极管）**时各区间工作情况**

ωt	$0\sim\pi$	$\pi\sim 2\pi$
二极管导通情况	VD_1 导通，VD_2 截止	VD_1 截止，VD_2 导通
负载电压 u_d	u_2	0
负载电流 i_d	水平直线	
整流二极管电流 i_{VD1}	矩形波	0
续流二极管电流 i_{VD2}	0	矩形波
整流二极管端电压 u_{VD1}	0	u_2
续流二极管端电压 u_{VD2}	$-u_2$	0

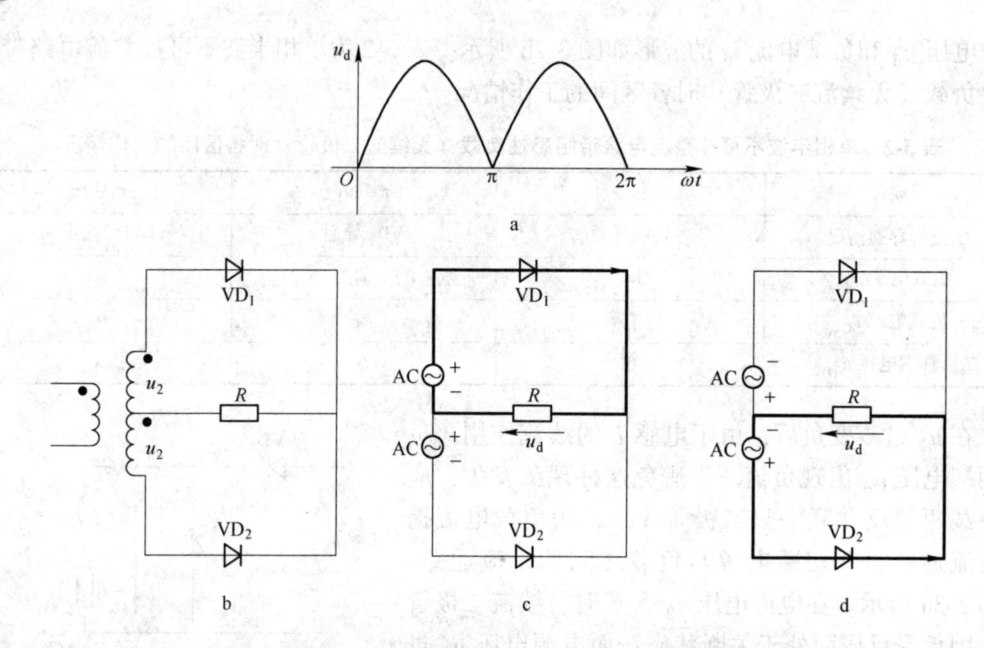

图 3-4　单相全波不可控整流电路带电阻性负载的电路和波形

a—单相全波整流电路负载电压波形；b—单相全波整流电路；
c—交流输入正半波整流电路工作图；d—交流输入负半波整流电路工作图

表 3-4 为单相全波不可控整流电路带电阻性负载时各区间工作情况。

表 3-4　单相全波不可控整流电路带电阻性负载时各区间工作情况

ωt	$0\sim\pi$	$\pi\sim2\pi$
二极管导通情况	VD_1 导通，VD_2 截止	VD_2 导通，VD_1 截止
u_d	u_2	$-u_2$
u_{VD1} 和 u_{VD2}	$u_{VD1}=0$，$u_{VD2}=-2u_2$	$u_{VD1}=2u_2$，$u_{VD2}=0$
U_d	$\frac{1}{\pi}\int_0^{\pi}\sqrt{2}U_2\sin\omega t\mathrm{d}(\omega t)=0.9U_2$	

从图 3-4b 可以看出，单相全波整流电路必须要有一个带中心抽头的变压器，且二极管承受的最高电压为 $2\sqrt{2}U_2$，对二极管的耐压要求较高。为了获得全波整流电路的负载电压波形，并克服全波整流电路的缺点，可采用单相桥式整流电路，如图 3-5a 所示。在单相输入的 AC-DC 整流电路中，单相桥式整流电路应用极为广泛。

表 3-5 为单相桥式整流电路带电阻性负载时各区间工作情况。

通过对单相半波整流电路、单相全波整流电路和单相桥式整流电路的分析可知，在单相半波整流电路中，交流电源中的电流是单方向的，其中含有较大的直流分量，电源变压器存在直流磁化现象。为了使变压器铁芯不饱和，需相应增大铁芯的截面面积，从而导致设备容量增加，这是单相半波整流电路应用较少的主要原因之一。而在单相全波整流电路和单相桥式整流电路中，电源电流是双向流动的，既使得交流电源得到了充分的利用，也不存在电源变压器直流磁化现象，能有效克服单相半波整流电路的缺点。

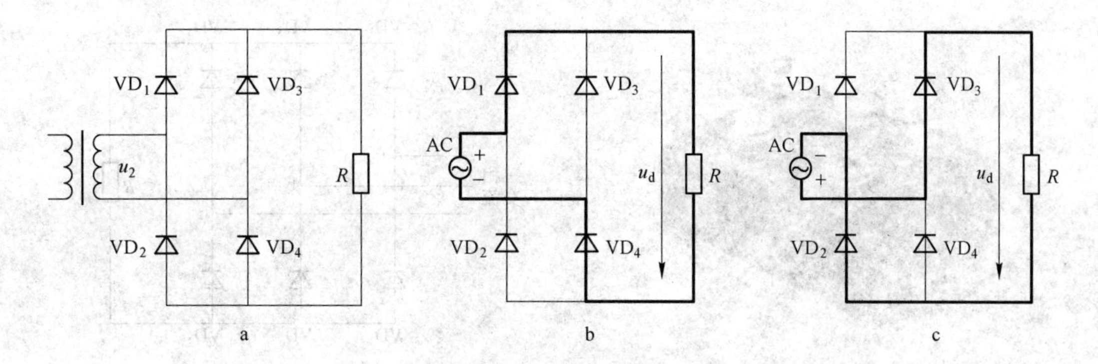

图 3-5 单相桥式整流电路
a—单相桥式整流电路；b—交流输入正半周整流电路工作图；
c—交流输入负半周整流电路工作图

表 3-5 单相桥式整流电路带电阻性负载时各区间工作情况

ωt	$0 \sim \pi$	$\pi \sim 2\pi$
二极管导通情况	VD_1 和 VD_4 导通、VD_2 和 VD_3 截止	VD_2 和 VD_3 导通、VD_1 和 VD_4 截止
u_d	u_2	$-u_2$
u_{VD}	$u_{VD1,4}=0$，$u_{VD2,3}=-u_2$	$u_{VD2,3}=0$，$u_{VD1,4}=u_2$
U_d	$\frac{1}{\pi}\int_0^{\pi}\sqrt{2}U_2\sin\omega t\mathrm{d}(\omega t) = 0.9U_2$	

3.1.2 三相不可控整流电路

单相交流整流电路所能提供的输出功率通常较小，一般在 2.5kW 以下，若要求电源提供更大的直流输出功率，就需要利用三相交流电源和三相整流电路，其中最常见、应用最普遍的是三相桥式整流电路。

由于三相桥式整流电路多用于中、大功率场合，因此很少采用单个二极管进行组合，而多采用三相整流模块，如图 3-6a 所示。三相桥式整流电路内部结构如图 3-6b 所示，其中阴极连接在一起的三只二极管（VD_1、VD_3、VD_5）组成共阴极组，阳极连接在一起的三只二极管（VD_4、VD_6、VD_2）组成共阳极组。

三相桥式整流电路工作时，共阴极组的三只二极管中，阳极交流电压最高的那只二极管优先导通，使另外两只二极管承受反压而处于关断状态；同理，共阳极组的三只二极管中，阴极交流电压最低的那只二极管优先导通，使另外两只二极管承受反压而处于关断状态。即任意时刻，共阳极组和共阴极组中各有一只二极管处于导通状态，其工作波形如图 3-6c 所示。

在负载电压 u_d 波形 Ⅰ 段中，a 相电压最高，而 b 相电压负值最大，因此 VD_1 和 VD_6 导通，$u_d=u_a-u_b=u_{ab}$；在 ωt_1 时刻，由于 u_c 比 u_b 更负，因此共阳极组 VD_2 导通，而 VD_6 承受反压关断，$u_d=u_a-u_c=u_{ac}$；在 ωt_2 时刻，由于 $u_b>u_a$，因此共阴极组 VD_3 导通，而 VD_1 承受反压关断，$u_d=u_b-u_c=u_{bc}$，以此类推。由此不难看出，输出负载电压 u_d 为线电压中最大的一个，其波形为线电压 u_{21}的包络线。输出负载电压 u_d 一个周期脉动 6 次，

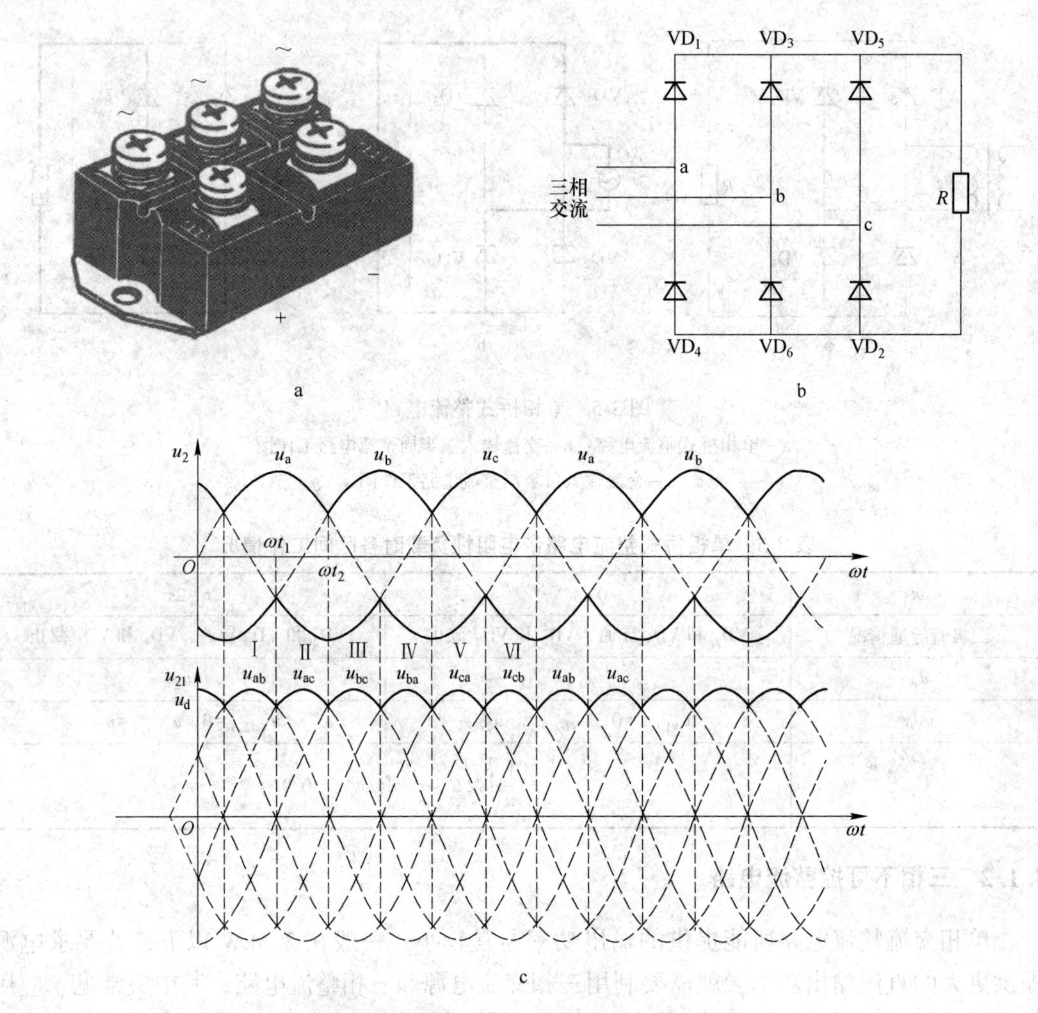

图 3-6 三相桥式不可控整流电路和负载电压波形

a—整流模块；b—电路；c—电压波形

每次脉动的波形相同，故三相桥式整流电路也被称为 6 脉波整流电路。这种电路的输出负载电压波形比单相桥式整流电路的输出负载电压波形更平滑，因而更容易滤波。

将负载电压 u_d 波形中的一个周期分成 6 段，每段各 60°，在每段中导通的二极管及输出整流电压的情况如表 3-6 所示。

表 3-6 三相桥式整流电路各区间工作情况

时 段	Ⅰ	Ⅱ	Ⅲ	Ⅳ	Ⅴ	Ⅵ
共阴极组中导通的二极管	VD_1	VD_1	VD_3	VD_3	VD_5	VD_5
共阳极组中导通的二极管	VD_6	VD_2	VD_2	VD_4	VD_4	VD_6
整流输出电压 u_d	u_{ab}	u_{ac}	u_{bc}	u_{ba}	u_{ca}	u_{cb}
整流电压平均值 U_d	$\frac{1}{\pi/3}\int_{\frac{\pi}{3}}^{\frac{2}{3}\pi}\sqrt{2}U_{21}\sin\omega t\mathrm{d}(\omega t) = 1.35U_{21} = 2.34U_2$					

由表 3-6 可知，6 只二极管的导通顺序为 $VD_1 \rightarrow VD_2 \rightarrow VD_3 \rightarrow VD_4 \rightarrow VD_5 \rightarrow VD_6 \rightarrow VD_1$，相位依次相差 60°，这也正是 $VD_1 \sim VD_6$ 命名的原因。共阴极组 VD_1、VD_3、VD_5 依次导通 120°，共阳极组 VD_4、VD_6、VD_2 也依次导通 120°。而同一相上、下两个桥臂的两只二极管 VD_1 与 VD_4、VD_3 与 VD_6、VD_5 与 VD_2，导通相位则互差 180°。对于变压器二次绕组，每相绕组的电流均为双向电流，且正、反向电流的有效值和平均值相等。

在单相桥式电路中，每只二极管只承受交流电源相电压的峰值，而在三相桥式整流电路中，每只二极管都要承受交流电源线电压的峰值，因此三相整流电路中的二极管需要更高的耐压值。

3.2　单相可控整流电路

若将不可控整流电路中的整流二极管换成晶闸管或 GTR 等全控型器件，则不可控整流电路就变成可控整流电路。其中以晶闸管为整流器件的相控整流电路是经典的可控整流电路。该整流电路具有多种形式，其负载有电阻性负载、阻感性负载和反电势负载等。负载的性质不同，晶闸管整流电路的工作情况也不一样，但它们都基于同一个工作原理——移相控制技术。

3.2.1　单相半波可控整流电路

本节介绍几种典型的单相可控整流电路，包括其工作原理、定量计算等，并重点讲述不同负载对电路工作的影响。

3.2.1.1　单相半波可控整流电路带电阻性负载

图 3-7 为单相半波可控整流电路（Single Phase Half Wave Controlled Rectifier）的原理电路图及带电阻性负载时的工作波形。图 3-7a 中，变压器 T 起变换电压和隔离作用，其一次电压和二次电压瞬时值分别用 u_1 和 u_2 表示，有效值分别用 U_1 和 U_2 表示，其中 U_2 的大小根据需要的直流输出电压 u_d 的平均值 U_d 确定。

在实际生产中，很多负载都呈现电阻特性，如电阻加热炉、电解槽和电镀装置等，这些负载统称为电阻性负载。电阻性负载的特点是电压与电流成正比，两者的波形形状相同，相位一致。

在分析整流电路的工作原理时，通常认为电力电子开关器件（如晶闸管）是理想器件，即开关器件导通时其压降等于零，开关器件阻断时其漏电流等于零。如果不需要专门研究开关器件的开通和关断过程，一般可以认为开关器件的开通和关断都是瞬间完成的。

在图 3-7 中，晶闸管 VT 处于断态时，电源电压 u_2 全部施加于 VT 两端，电路中没有电流，负载电阻两端电压为零。如在电源正半周，VT 承受正向阳极电压期间的 $\omega t = \alpha$ 时刻，给 VT 门极加触发脉冲 U_G，如图 3-7c 所示，则 VT 从正向阻断状态转为开通状态，将电源电压 u_2 全部加在负载上。忽略晶闸管的通态电压，则直流输出电压瞬时值 u_d 与 u_2 相等。至 $\omega t = \pi$ 即 u_2 降为零时，电路中电流 i_d 亦降至零，VT 关断。在电源电压负半周时，VT 反向阻断，且承受全部电源电压。图 3-7d、e 分别给出了输出负载电压 u_d 和晶闸管两端电压 u_{VT} 的波形。u_{VT} 电压的正方向为从阳极指向阴极，与电流 i_d 的方向相同。负载电流 i_d 的波形与负载电压 u_d 的波形相同。改变触发时刻，u_d 和 i_d 的波形亦随之改变。

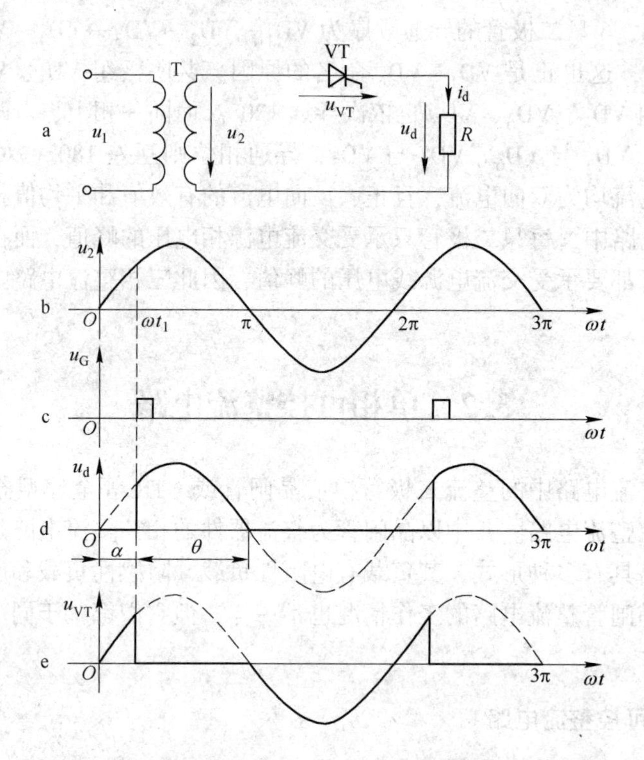

图 3-7 单相半波可控整流电路带电阻性负载的电路和波形

输出负载电压 u_d 为极性不变但瞬时值变化的脉动直流，其波形只在 u_2 正半周内出现，故称半波整流。输出负载电压 u_d 在一个电源周期中只脉动一次，故该电路为单脉波整流电路。

从晶闸管开始承受正向阳极电压起，到施加触发脉冲止的电角度称为触发延迟角，用 α 表示，也称为触发角或控制角。晶闸管在一个电源周期中处于通态的电角度称为导通角，用 θ 表示，$\theta=\pi-\alpha$。

$\alpha=0$ 时，整流输出电压平均值最大，用 U_{d0} 表示，$U_d=U_{d0}$。随着 α 增大，U_d 减小，当 $\alpha=\pi$ 时，$U_d=0$。该电路中晶闸管 VT 的 α 角移相范围为 180°。可见，调节 α 角即可控制 U_d 的大小。这种通过控制触发脉冲的相位来控制直流输出电压大小的方式称为相位控制方式，简称相控方式。

基本数量关系为：

(1) 直流输出电压平均值：

$$U_d=\frac{1}{2\pi}\int_{\alpha}^{\pi}\sqrt{2}U_2\sin\omega t\mathrm{d}(\omega t)=\frac{\sqrt{2}U_2}{2\pi}(1+\cos\alpha)=0.45U_2\frac{1+\cos\alpha}{2} \tag{3-1}$$

式 3-1 表明，U_d 与 α 的关系是非线性的。

(2) 直流输出电流平均值：

$$I_d=\frac{1}{2\pi}\int_{\alpha}^{\pi}\frac{\sqrt{2}U_2}{R}\sin\omega t\mathrm{d}(\omega t)=\frac{\sqrt{2}U_2}{2\pi R}(1+\cos\alpha)=0.45\frac{U_2}{R}\frac{1+\cos\alpha}{2}=\frac{U_d}{R} \tag{3-2}$$

(3) 负载电压有效值：

$$U = \sqrt{\frac{1}{2\pi}\int_{\alpha}^{\pi}(\sqrt{2}U_2\sin\omega t)^2\mathrm{d}(\omega t)} = U_2\sqrt{\frac{1}{4\pi}\sin 2\alpha + \frac{\pi - \alpha}{2\pi}} \tag{3-3}$$

(4) 负载电流有效值：

$$I = \frac{U}{R} = \frac{U_2}{R}\sqrt{\frac{1}{4\pi}\sin 2\alpha + \frac{\pi - \alpha}{2\pi}} \tag{3-4}$$

(5) 晶闸管电流平均值：

$$I_{\mathrm{dVT}} = I_{\mathrm{d}} = \frac{U_{\mathrm{d}}}{R} = 0.45\frac{U_2}{R}\frac{1 + \cos\alpha}{2} \tag{3-5}$$

(6) 晶闸管及变压器二次侧电流有效值：

$$I_{\mathrm{VT}} = I_2 = I = \frac{U_2}{R}\sqrt{\frac{1}{4\pi}\sin 2\alpha + \frac{\pi - \alpha}{2\pi}} \tag{3-6}$$

(7) 整流电路功率因数：

整流电路功率因数是变压器二次侧有功功率与视在功率的比值。

$$\cos\varphi = \frac{P}{S} = \frac{UI}{U_2 I_2} = \frac{UI}{U_2 I} = \sqrt{\frac{1}{4\pi}\sin 2\alpha + \frac{\pi - \alpha}{2\pi}} \tag{3-7}$$

(8) 晶闸管承受的最大正、反向电压：

$$U_{\mathrm{TM}} = \sqrt{2}U_2 \tag{3-8}$$

晶闸管承受的最大正、反向电压是变压器二次侧电压的峰值。

3.2.1.2 单相半波可控整流电路带阻感性负载

实际生产中,最为常见的负载既有电阻,又有电感。当负载中感抗 ωL 与电阻 R 相比不能忽略时,称为阻感性负载;若 $\omega L \gg R$,则负载主要呈现为电感,称为电感性负载,或大电感负载,例如像直流电动机的励磁绕组这样的负载。

阻感性负载的特点是电感对电流的变化有抗拒作用。当流过电感元件的电流变化时，在其两端将产生感应电动势 $L\frac{\mathrm{d}i}{\mathrm{d}t}$，它的极性是阻碍电流变化的。当电流增加时，它的感应电势方向与电流方向相反，阻碍电流增加；当电流减小时，它的感应电势方向与电流方向相同，阻碍电流减小。从而使得流过电感的电流不能发生突变，这是阻感性负载的特点，也是理解整流电路带阻感性负载时工作过程的关键因素之一。

图 3-8 为单相半波可控整流电路带阻感性负载时的电路和工作波形。

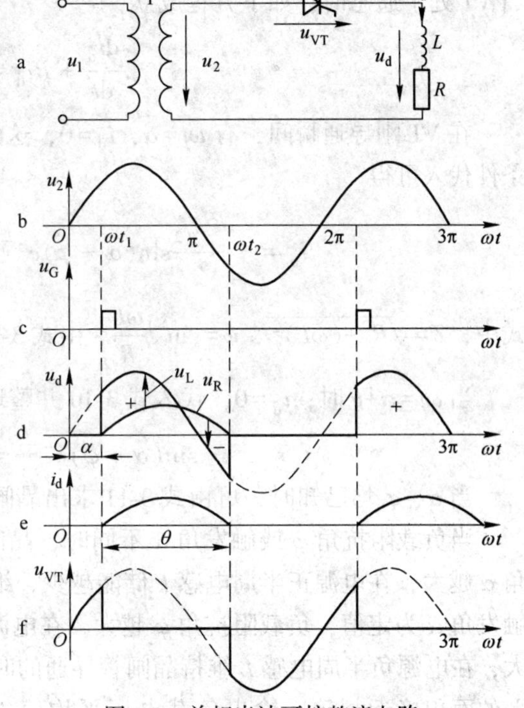

图 3-8 单相半波可控整流电路带阻感性负载的电路和工作波形

当晶闸管 VT 处于断态时，电源电压 u_2

全部施加于 VT 两端，$u_{VT}=u_2$，电路中没有电流，$i_d=0$，负载电阻两端电压为零，$u_d=0$。

在电源正半周 ωt_1 时刻，即触发角 α 处，触发 VT 使其导通，将电源电压 u_2 加于负载两端，$u_d=u_2$。由于电感 L 的存在，i_d 不能突变，i_d 从 0 开始增加，如图 3-8e 所示。此时，交流电源在供给负载电阻能量的同时，还要给电感提供磁场能量。

在 u_2 由正变负的过零点处，i_d 已经处于减小的过程中，但尚未降到零，因此 VT 仍处于通态。电感 L 中储存的能量逐渐释放，i_d 逐渐减小，一部分能量消耗在负载电阻中，还有一部分通过变压器回馈到电网中。在 ωt_2 时刻，电感能量释放完毕，i_d 降至零，VT 关断并立即承受反压。VT 两端电压波形见图 3-8f。

从图 3-8d 所示的 u_d 波形可以看出，由于电感的存在延迟了 VT 的关断时刻，u_d 波形出现负的部分，与带电阻负载时相比，输出负载电压平均值 U_d 下降。

电力电子电路中的电力电子器件通常只工作于开关状态。而电路中的其他元器件如电感 L、电容 C、电阻 R、电源 E 等均为线性元件。若将电力电子器件看作理想开关，即通态时认为开关闭合，阻抗为零；断态时认为开关断开，阻抗无穷大，则电力电子电路的工作过程就是分段线性化的工作过程，如图 3-9 所示。电力电子器件与其他线性元器件的每种状态组合都对应一种线性电路拓扑，电力电子器件通断状态变化时，电路拓扑亦发生改变。这样，在分析电力电子电路时，可通过将器件理想化，把电路简化为分段线性电路，分段进行计算分析。

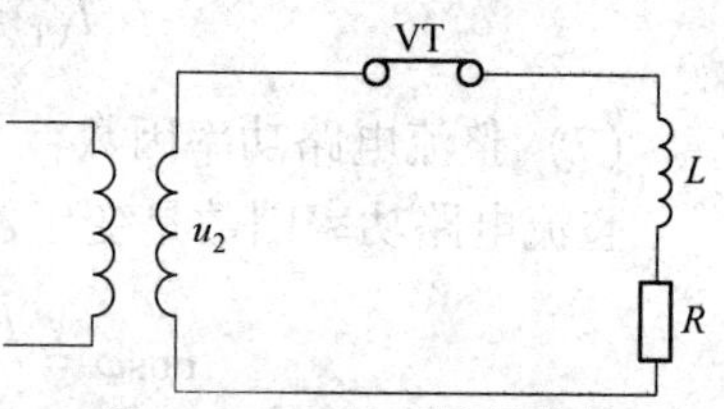

图 3-9　VT 处于导通状态

以晶闸管单相半波可控整流电路带阻感性负载为例。此电路中只有一只晶闸管 VT。当 VT 处于通态时，如下方程成立：

$$L\frac{\mathrm{d}i_d}{\mathrm{d}t}+Ri_d=\sqrt{2}U_2\sin\omega t \tag{3-9}$$

在 VT 刚导通瞬间，有 $\omega t=\alpha$，$i_d=0$，这是式 3-9 的初始条件。求解式 3-9，并将初始条件代入可得

$$i_d=-\frac{\sqrt{2}U_2}{Z}\sin(\alpha-\varphi)e^{-\frac{R}{\omega L}(\omega t-\alpha)}+\frac{\sqrt{2}U_2}{Z}\sin(\omega t-\varphi) \tag{3-10}$$

式中，$Z=\sqrt{R^2+(\omega L)^2}$，$\varphi=\tan^{-1}\frac{\omega L}{R}$。由式 3-10 可得出图 3-8e 所示的 i_d 波形。

当 $\omega t=\alpha+\theta$ 时，$i_d=0$，代入式 3-10 并整理得

$$\sin(\alpha-\varphi)e^{-\frac{\theta}{\tan\varphi}}=\sin(\alpha+\theta-\varphi) \tag{3-11}$$

当 α、φ 均已知时，可由式 3-11 求出晶闸管的导通角 θ。

当负载阻抗角 φ 或触发角 α 不同时，晶闸管的导通角 θ 也不同。若 φ 为定值，触发角 α 越大，在电源正半周电感 L 储能越少，维持导电的能力就越弱，导通角 θ 也越小。若触发角 α 为定值，负载阻抗角 φ 越大，在电源正半周电感 L 储能越多，θ 也越大。且 φ 越大，在电源负半周电感 L 维持晶闸管导通的时间就越接近电源正半周的导通时间，正负波形的面积接近相等，输出负载电压平均值 U_d 接近于零，输出的直流平均电流也接近于零。

3.2.1.3 单相半波可控整流电路带阻感性负载加续流二极管

为解决上述矛盾，通常在整流电路的负载两端并联一只二极管，称为续流二极管，用 VD_R 表示，如图 3-10a 所示。图 3-10b~g 是该电路的典型工作波形。

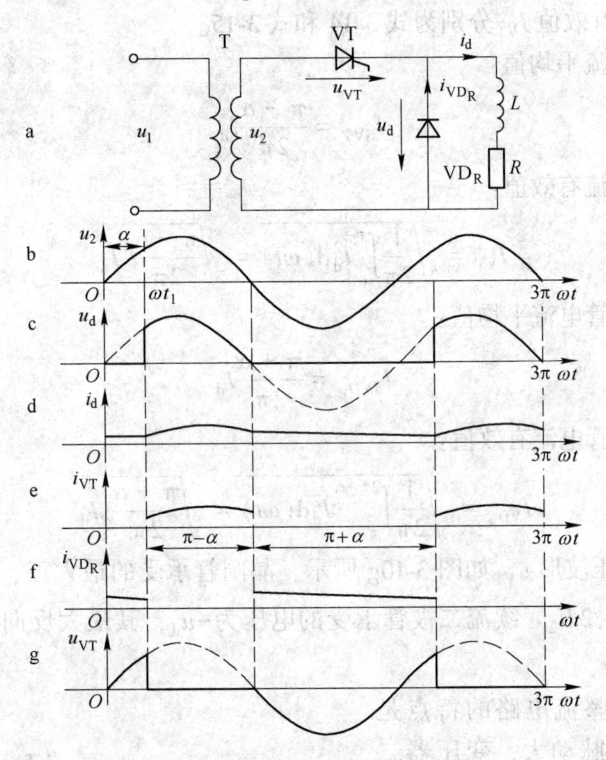

图 3-10 单相半波可控整流电路带阻感性负载（有续流二极管）的电路和波形

与没有续流二极管 VD_R 时的情况相比，u_2 正半周时 u_d 波形是一样的。当 u_2 过零变负时，VD_R 导通，u_2 通过 VD_R 向 VT 施加反压使其关断。电感 L 中储存的能量通过续流二极管 VD_R 续流，保证了负载电流 i_d 连续，此过程通常称为续流。如果忽略二极管的通态电压，则在 VD_R 续流过程中，输出负载电压 u_d 为零，u_d 波形中不再出现负的部分。u_d 波形如图 3-10c 所示，这与电阻负载时基本相同。

基本数量关系为：

（1）直流输出电压平均值：

$$U_d = \frac{1}{2\pi}\int_{\alpha}^{\pi}\sqrt{2}U_2\sin\omega t\mathrm{d}(\omega t) = \frac{\sqrt{2}U_2}{2\pi}(1+\cos\alpha) = 0.45U_2\frac{1+\cos\alpha}{2} \tag{3-12}$$

触发角 $\alpha=0°$时，输出电压平均值最大，$U_d=0.45U_2$，触发角 $\alpha=180°$时，输出电压为零，因此移相范围是 0°~180°。

（2）直流输出电流平均值：

$$I_d = \frac{U_d}{R} \tag{3-13}$$

但与电阻负载时相比，i_d 的波形是不一样的。若 L 足够大，$\omega L \gg R$，在 VT 关断期间，VD_R 可持续导通，使 i_d 连续，且 i_d 波形接近一条水平线，如图 3-10d 所示。

在一个周期内，$\omega t=\alpha\sim\pi$ 期间，VT 导通，导通角为 $\pi-\alpha$，i_d 流过 VT，晶闸管电流 i_{VT} 的波形如图 3-10e 所示，其余时间 i_d 流过 VD_R，续流二极管电流 i_{VD_R} 波形如图 3-10f 所示，VD_R 的导通角为 $\pi+\alpha$。若近似认为 i_d 波形为一条水平线，恒为 I_d，则流过晶闸管的电流平均值 I_{dVT} 和有效值 I_{VT} 分别为式 3-14 和式 3-15。

（3）晶闸管电流平均值：

$$I_{dVT}=\frac{\pi-\alpha}{2\pi}I_d \tag{3-14}$$

（4）晶闸管电流有效值：

$$I_{VT}=\sqrt{\frac{1}{2\pi}\int_{\alpha}^{\pi}I_d^2\mathrm{d}(\omega t)}=\sqrt{\frac{\pi-\alpha}{2\pi}}\,I_d \tag{3-15}$$

（5）续流二极管电流平均值：

$$I_{dVD_R}=\frac{\pi+\alpha}{2\pi}I_d \tag{3-16}$$

（6）续流二极管电流有效值：

$$I_{VD_R}=\sqrt{\frac{1}{2\pi}\int_{\pi}^{2\pi+\alpha}I_d^2\mathrm{d}(\omega t)}=\sqrt{\frac{\pi+\alpha}{2\pi}}\,I_d \tag{3-17}$$

晶闸管两端电压波形 u_{VT} 如图 3-10g 所示，晶闸管承受的最大正、反向电压均为电源电压 u_2 的峰值，即 $\sqrt{2}U_2$。续流二极管承受的电压为 $-u_d$，其最大反向电压也是电源电压 u_2 的峰值 $\sqrt{2}U_2$。

单相半波可控整流电路的特点是电路简单，但输出脉动大，变压器二次侧电流中含有直流分量，造成变压器铁芯直流磁化。为使变压器铁芯不饱和，需增大铁芯截面面积，从而增大了设备的容量，实际应用中很少见到这种电路。

例 3-1　具有续流二极管的单相半波可控整流电路，带阻感负载，电阻为 5Ω，电感无穷大，电源电压的有效值为 220V，直流平均电流为 10A（见图 3-11），试计算晶闸管和续流二极管的电流平均值和有效值，并根据晶闸管承受电压来选择晶闸管（考虑 2 倍安全裕量）。

解： $I_d=\frac{U_d}{R}=0.45\frac{U_2}{R}\frac{1+\cos\alpha}{2}$

$I_d=10\text{A}$；$R=5\Omega$；$U_2=220\text{V}$

$\Rightarrow\alpha=\pi/2$

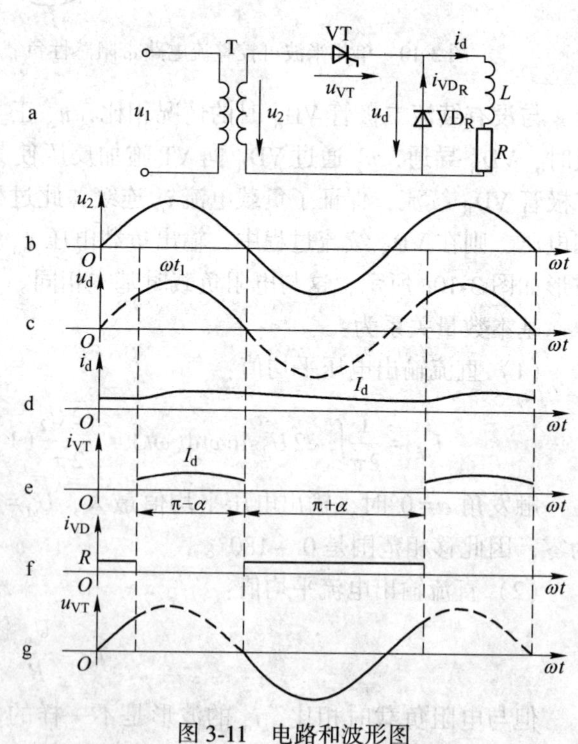

图 3-11　电路和波形图

晶闸管电流平均值：

$$I_{dVT} = \frac{\pi - \alpha}{2\pi} I_d = \frac{\pi - \pi/2}{2\pi} \times 10 = 2.5(A)$$

晶闸管电流有效值：

$$I_{VT} = \sqrt{\frac{\pi - \alpha}{2\pi}} I_d = \sqrt{\frac{\pi - \pi/2}{2\pi}} \times 10 = 5(A)$$

续流二极管电流平均值：

$$I_{dVDR} = \frac{\pi + \alpha}{2\pi} I_d = \frac{\pi + \pi/2}{2\pi} \times 10 = 7.5(A)$$

续流二极管电流有效值：

$$I_{VDR} = \sqrt{\frac{\pi + \alpha}{2\pi}} I_d = \sqrt{\frac{\pi + \pi/2}{2\pi}} \times 10 = 8.66(A)$$

晶闸管承受的最大电压为 $\sqrt{2}U_2$ = 311V，考虑 2 倍安全裕量，选 800V（5，10，20，30，50，80，100，200，300，400，500，600，800，1000）。

3.2.2 单相桥式全控整流电路

在分析晶闸管可控整流电路时，为便于分析，认为晶闸管为理想开关元件，即晶闸管导通时管压降为零，关断时漏电流为零，且认为晶闸管的导通与关断都是瞬时完成的。

3.2.2.1 单相桥式全控整流电路带电阻性负载

将单相半波整流电路中的二极管换成晶闸管，即组成单相半波相控整流电路，但该电路输出脉动大，且易造成电源变压器铁芯直流磁化，实际上很少采用。

将单相桥式不可控整流电路中的二极管换成晶闸管，即构成单相桥式相控整流电路，如图 3-12a 所示。VT_1 ~ VT_4 组成单相可控整流桥路，由整流变压器 T 供电，u_1 为变压器一次侧电压，变压器二次侧出线分别连接在桥式整流电路桥臂的中点 a、b 端上，变压器二次侧电压 $u_2 = \sqrt{2}U_2\sin\omega t$，$R$ 为

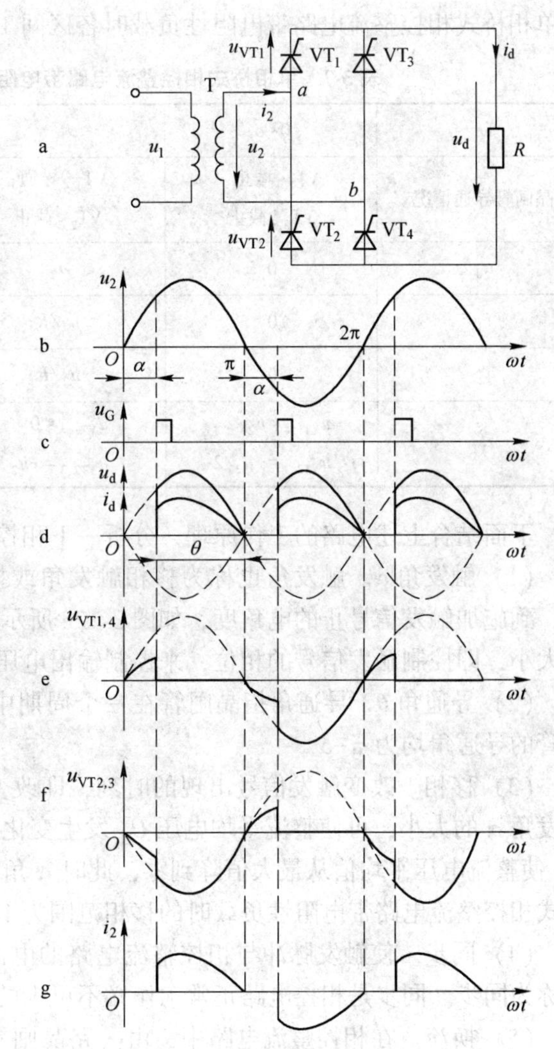

图 3-12 单相桥式可控整流电路带电阻性负载的电路和波形

负载电阻。

在 u_2 的正半周，a 点电位高于 b 点电位，若四只晶闸管均不导通，则负载电流 i_d 为零，负载电压 u_d 也为零。假设各晶闸管的漏电阻相等，则 VT_1 和 VT_4 各分担 $u_2/2$ 的正向电压，VT_2 和 VT_3 各分担 $u_2/2$ 的反向电压。在 $\omega t=\alpha$ 时刻，给 VT_1 和 VT_4 施加触发脉冲 u_G，此时 VT_1 和 VT_4 承受正压而导通，$u_d=u_2$，VT_2 和 VT_3 承受 u_2 的反向电压，$i_d=u_2/R$；当 u_2 过零时，流经晶闸管的电流也降到零，VT_1 和 VT_4 关断。在 $\omega t=\pi\sim(\pi+\alpha)$ 这段时间内，VT_2 和 VT_3 尚无触发脉冲，处于截止状态，VT_2 和 VT_3 各分担 $u_2/2$ 的正向电压，VT_1 和 VT_4 各分担 $u_2/2$ 的反向电压，$u_d=0$。

在 u_2 的负半周，在 $\omega t=\pi+\alpha$ 时刻给 VT_2 和 VT_3 施加触发脉冲，VT_2 和 VT_3 导通，$u_d=-u_2=|u_2|$；VT_1 和 VT_4 承受 u_2 的反向电压。在 $\omega t=2\pi$ 时刻，u_2 再次过零时，VT_2 和 VT_3 关断。在 $\omega t=2\pi\sim(2\pi+\alpha)$ 这段时间内，VT_1 和 VT_4 尚无触发脉冲，处于截止状态，VT_1 和 VT_4 各分担 $u_2/2$ 的正向电压，VT_2 和 VT_3 各分担 $u_2/2$ 的反向电压，$u_d=0$。表 3-7 为单相桥式相控整流电路带电阻性负载时各区间工作情况。

表 3-7　单相桥式相控整流电路带电阻性负载时各区间工作情况

ωt	$0\sim\alpha$	$\alpha\sim\pi$	$\pi\sim(\pi+\alpha)$	$(\pi+\alpha)\sim2\pi$
晶闸管导通情况	$VT_{1,4}$截止， $VT_{2,3}$截止	$VT_{1,4}$导通， $VT_{2,3}$截止	$VT_{1,4}$截止， $VT_{2,3}$截止	$VT_{1,4}$截止， $VT_{2,3}$导通
u_d	0	u_2	0	$-u_2$
i_d	0	u_2/R	0	$-u_2/R$
i_2	0	u_2/R	0	u_2/R
u_{VT}	$u_{VT1,4}=u_2/2$ $u_{VT2,3}=-u_2/2$	$u_{VT1,4}=0$ $u_{VT2,3}=-u_2$	$u_{VT1,4}=u_2/2$ $u_{VT2,3}=-u_2/2$	$u_{VT1,4}=u_2$ $u_{VT2,3}=0$

下面结合上述电路的工作原理，分析一下相控整流电路的几个重要概念。

（1）触发角 α。触发角也称为移相触发角或控制角，指从晶闸管开始承受正向电压起，到施加触发信号止的电角度，如图 3-12c 所示。晶闸管整流电路是通过控制触发角 α 的大小，即控制触发信号的相位，来控制输出电压的大小，故称为相控电路。

（2）导通角 θ。导通角指晶闸管在一个周期中处于通态的电角度，图 3-12 中四只晶闸管的导通角均为 $\pi-\alpha$。

（3）移相。改变触发信号出现的时刻，即改变触发角 α 的大小称为移相。通过改变触发角 α 的大小，可使整流平均电压 U_d 发生变化的控制方式称为移相控制。改变触发角 α，使整流电压平均值从最大值降到零，此时 α 角对应的变化范围称为移相范围。如单相桥式相控整流电路带电阻性负载时的移相范围为 180°。

（4）同步。使触发脉冲与相控整流电路的电源电压之间，保持频率和相位的协调关系称为同步。同步是相控电路正常工作必不可少的条件。

（5）换流。在相控整流电路中，由一路晶闸管导通变换为另一路晶闸管导通的过程称为换流，也称换相。

基本数量关系为：

（1）直流输出电压平均值：

$$U_d = \frac{1}{\pi}\int_{\alpha}^{\pi}\sqrt{2}U_2\sin\omega t\mathrm{d}(\omega t) = \frac{2\sqrt{2}U_2}{\pi}\times\frac{1+\cos\alpha}{2} = 0.9U_2\frac{1+\cos\alpha}{2} \tag{3-18}$$

触发角 $\alpha=0°$时，输出电压平均值最大，$U_d=0.9U_2$，触发角 $\alpha=180°$时，输出电压为零，因此移相范围是 0°~180°。

（2）直流输出电流平均值：

$$I_d = \frac{U_d}{R} = 0.9\frac{U_2}{R}\times\frac{1+\cos\alpha}{2} \tag{3-19}$$

（3）负载电压有效值：

$$U = \sqrt{\frac{1}{\pi}\int_{\alpha}^{\pi}(\sqrt{2}U_2\sin\omega t)^2\mathrm{d}(\omega t)} = U_2\sqrt{\frac{1}{2\pi}\sin2\alpha + \frac{\pi-\alpha}{\pi}} \tag{3-20}$$

（4）负载电流有效值及变压器二次侧电流有效值：

$$I = I_2 = \frac{U}{R} = \frac{U_2}{R}\sqrt{\frac{1}{2\pi}\sin2\alpha + \frac{\pi-\alpha}{\pi}} \tag{3-21}$$

（5）晶闸管电流平均值：

$$I_{dVT} = \frac{I_d}{2} = 0.45\frac{U_2}{R}\times\frac{1+\cos\alpha}{2} \tag{3-22}$$

（6）晶闸管电流有效值：

$$I_{VT} = \sqrt{\frac{1}{2\pi}\int_{\alpha}^{\pi}\left(\frac{\sqrt{2}U_2\sin\omega t}{R}\right)^2\mathrm{d}(\omega t)} = \frac{U_2}{R}\sqrt{\frac{1}{4\pi}\sin2\alpha + \frac{\pi-\alpha}{2\pi}} = \frac{1}{\sqrt{2}}I \tag{3-23}$$

（7）整流电路功率因数：

$$\cos\varphi = \frac{P}{S} = \frac{UI}{U_2I_2} = \frac{UI}{U_2I} = \sqrt{\frac{1}{2\pi}\sin2\alpha + \frac{\pi-\alpha}{\pi}} \tag{3-24}$$

整流电路功率因数是变压器二次侧有功功率与视在功率的比值。

（8）晶闸管承受的最大反向电压：

$$U_{TM} = \sqrt{2}U_2 \tag{3-25}$$

晶闸管承受的最大反向电压是变压器二次侧电压的峰值；4 只晶闸管全部阻断时，晶闸管承受的最大正向电压是$\frac{\sqrt{2}U_2}{2}$。

3.2.2.2 单相桥式全控整流电路带阻感性负载

当负载为阻感性负载时，通过前面分析单相半波不可控整流电路带阻感性负载的工作状态可知，由于电感有阻止电流变化的作用，电流变化时，电感 L 两端产生的感应电势 e_L 与电源电压 u_2 叠加，使得在交流输入电压 u_2 过零变负后，晶闸管仍然在一段时间内承受正压而导通，这会造成负载电压 u_d 出现负值。

为便于分析，假设负载电感很大，即 $\omega L \gg R$，并且电路已处于稳态，则负载电流 i_d 连续，且整流电流波形近似为一水平线。

带阻感性负载的单相桥式全控整流电路和波形如图 3-13 所示。

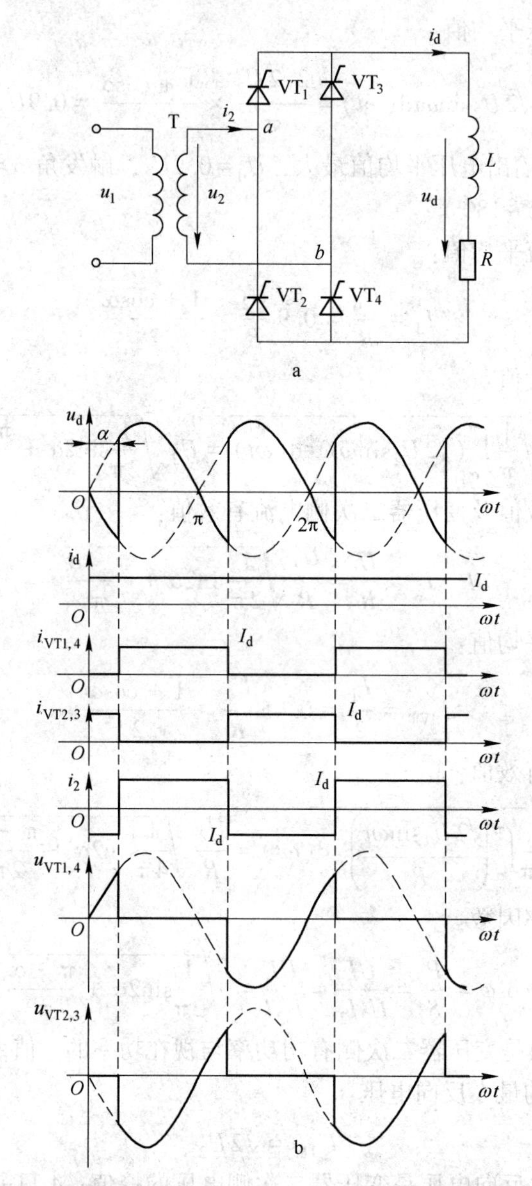

图 3-13　带阻感性负载的单相桥式全控整流电路和波形

在 u_2 过零变负时，由于电感 L 的作用，晶闸管 VT_1 和 VT_4 中仍流过电流 i_d 而不关断；至 $\omega t=\pi+\alpha$ 时刻，给 VT_2 和 VT_3 施加触发信号，因 VT_2 和 VT_3 此时已承受正电压，则 VT_2 和 VT_3 导通，u_2 通过 VT_3 和 VT_2 分别向 VT_1 和 VT_4 施加反压，使 VT_1 和 VT_4 关断。流过 VT_1 和 VT_4 的电流迅速转移到 VT_2 和 VT_3 上，实现换流。表 3-8 为单相桥式全控整流电路带大电感性负载时各区间的工作情况。

由于电感很大，流过晶闸管的电流近似为定值 I_d，每只晶闸管连续导通 180°，即导通角 $\theta=180°$。通过晶闸管 VT_1 和 VT_4 两端的电压波形可以看出，晶闸管可能承受的最大正、反向电压均为$\sqrt{2}U_2$，这是因为大电感负载时，负载电流连续，不存在四只晶闸管都不导通的情况。

表 3-8 单相桥式全控整流电路带大电感性负载时各区间工作情况

ωt	$0\sim\alpha$	$\alpha\sim\pi$	$\pi\sim(\pi+\alpha)$	$(\pi+\alpha)\sim 2\pi$
晶闸管导通情况	VT_1、VT_4 截止，VT_2、VT_3 导通	VT_1、VT_4 导通，VT_2、VT_3 截止	VT_1、VT_4 导通，VT_2、VT_3 截止	VT_1、VT_4 截止，VT_2、VT_3 导通
u_d	$-u_2$	u_2	u_2	$-u_2$
i_d	I_d			
i_2	$-I_d$	$+I_d$	$+I_d$	$-I_d$
u_{VT}	$u_{VT1}=u_{VT4}=u_2$ $u_{VT2}=u_{VT3}=0$	$u_{VT1}=u_{VT4}=0$ $u_{VT2}=u_{VT3}=-u_2$	$u_{VT1}=u_{VT4}=0$ $u_{VT2}=u_{VT3}=-u_2$	$u_{VT1}=u_{VT4}=u_2$ $u_{VT2}=u_{VT3}=0$
i_{VT}	$i_{VT1}=i_{VT4}=0$ $i_{VT2}=i_{VT3}=I_d$	$i_{VT1}=i_{VT4}=I_d$ $i_{VT2}=i_{VT3}=0$	$i_{VT1}=i_{VT4}=I_d$ $i_{VT2}=i_{VT3}=0$	$i_{VT1}=i_{VT4}=0$ $i_{VT2}=i_{VT3}=I_d$

基本数量关系为：

(1) 输出电压平均值：

$$U_d=\frac{1}{\pi}\int_{\alpha}^{\pi+\alpha}\sqrt{2}U_2\sin\omega t\mathrm{d}(\omega t)=\frac{2\sqrt{2}}{\pi}U_2\cos\alpha=0.9U_2\cos\alpha \tag{3-26}$$

触发角 $\alpha=0°$时，输出电压平均值最大，$U_d=0.9U_2$，触发角 $\alpha=90°$时，输出电压波形正负面积相等，平均值为零；因此移相范围是 0°~90°。

(2) 输出电流平均值：

$$I_d=\frac{U_d}{R} \tag{3-27}$$

(3) 晶闸管电流平均值：

两只晶闸管轮流导电，流过每只晶闸管的平均电流 I_{dVT} 等于输出负载电流 I_d 的一半，即

$$I_{dVT}=\frac{1}{2}I_d \tag{3-28}$$

(4) 晶闸管电流有效值：

$$I_{VT}=\sqrt{\frac{1}{2\pi}\int_{\alpha}^{\pi+\alpha}I_d^2\mathrm{d}(\omega t)}=\frac{1}{\sqrt{2}}I_d \tag{3-29}$$

(5) 晶闸管的通态平均电流：

不考虑安全裕量时，晶闸管的通态平均电流为：

$$I_{T(AV)}=\frac{1}{1.57}I_{VT} \tag{3-30}$$

(6) 变压器二次侧电流 I_2 的波形是对称的正负矩形波，其有效值为：

$$I_2=\sqrt{2}I_{VT}=I_d \tag{3-31}$$

(7) 晶闸管承受的最大正、反向电压：

$$U_{TM}=\sqrt{2}U_2 \tag{3-32}$$

例 3-2 单相全控桥式整流电路（见图 3-14），接大电感负载，$U_2=220V$，负载电阻

$R=4\Omega$。(1) $\alpha=60°$时，画出晶闸管中的电流波形，求其平均值和有效值。(2) 当负载两端接有续流二极管时，试求输出电压、电流的平均值，流过晶闸管和续流二极管中电流的平均值、有效值，画出波形。

解：(1)

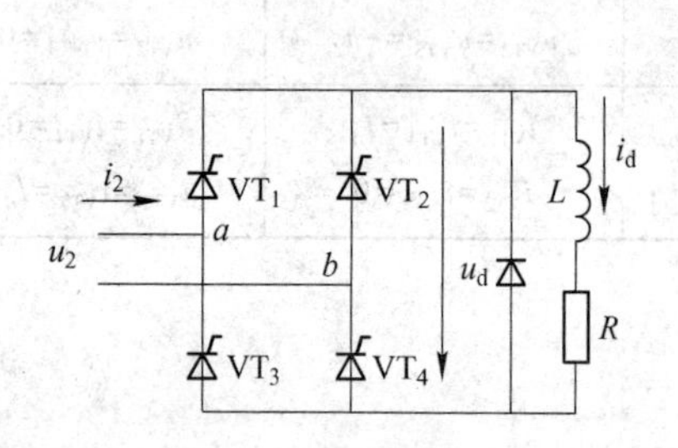

图 3-14 电路图

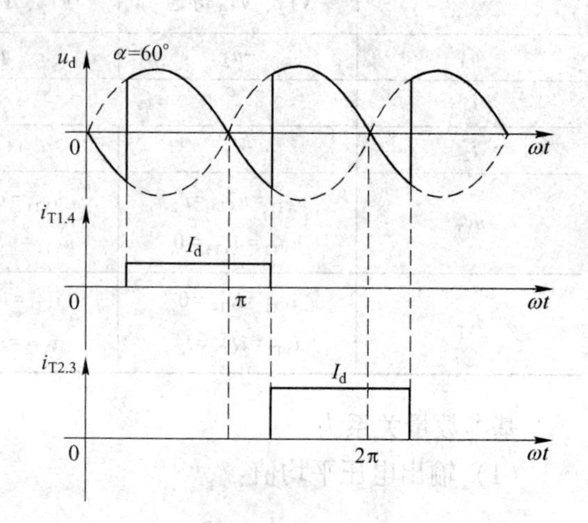

图 3-15 波形图

输出电压平均值：

$$U_d = 0.9U_2\cos\alpha = 0.9 \times 220 \times \cos60° = 99(\mathrm{V})$$

输出负载电流平均值：

$$I_d = U_d/R = 99/4 = 24.8(\mathrm{A})$$

晶闸管中电流平均值：

$$I_{dT} = I_d/2 = 12.4(\mathrm{A})$$

晶闸管中电流有效值：

$$I_T = \frac{I_d}{\sqrt{2}} = 17.54(\mathrm{A})$$

(2)

接续流二极管的输出电压平均值：

$$\begin{aligned} U_d &= 0.9U_2(1+\cos\alpha)/2 \\ &= 0.9 \times 220 \times (1+\cos60°)/2 \\ &= 148.5\mathrm{V} \end{aligned}$$

输出负载电流平均值：

$$I_d = U_d/R = 37.125(\mathrm{A})$$

晶闸管中电流平均值和有效值

$$I_{dT} = 120°/360° I_d = 12.4(\mathrm{A})$$

$$I_T = \sqrt{\frac{\theta_T}{2\pi}} I_d = \sqrt{\frac{120°}{360°}} \times 37.125 = 21.4(\mathrm{A})$$

续流二极管中电流平均值和有效值：

$$I_{dDR} = (60° + 60°) I_d/360° = 12.4(\mathrm{A})$$

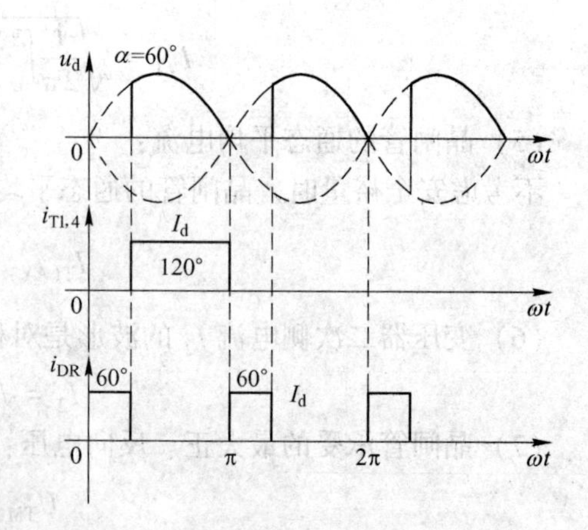

图 3-16 波形图

$$I_{DR}=\sqrt{\frac{\theta_{DR}}{2\pi}}I_d=\sqrt{\frac{2\times60^\circ}{360^\circ}}\times37.125=21.4(\mathrm{A})$$

3.2.3 单相全波可控整流电路

单相全波可控整流电路（Single Phase Full Wave Controlled Rectifier）也是一种实用的单相可控整流电路，又称为单相双半波可控整流电路。单相全波可控整流电路带电阻性负载时的电路如图 3-17a 所示。

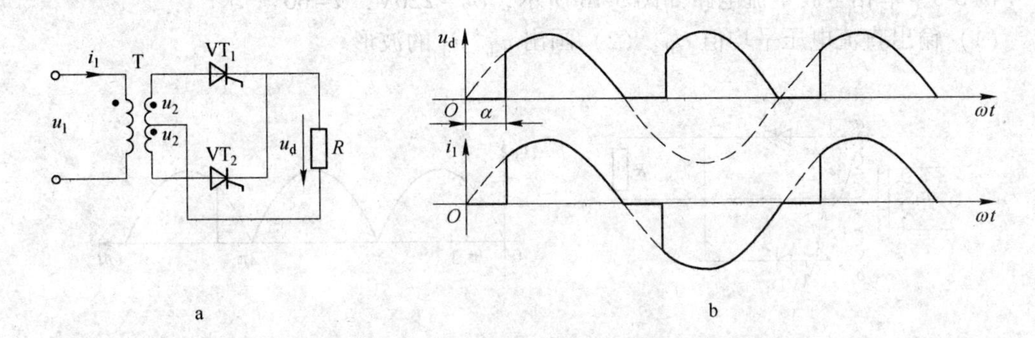

图 3-17 带电阻性负载的单相全波可控整流电路和波形

在图 3-17 中，变压器 T 带中心抽头，在 u_2 正半周，VT_1 工作，变压器二次绕组的上半部分流过负载电流 i_d；在 u_2 负半周，VT_2 工作，变压器二次绕组的下半部分流过反方向的电流，形成负载电流 i_d，如图 3-17b 所示。由波形可知，单相全波可控整流电路的 u_d 波形与单相桥式全控整流电路和变压器一次绕组的电流波形一样，变压器不存在直流磁化问题。当负载为其他类型负载时，也具有相同的特点。表 3-9 为单相全波可控整流电路带电阻性负载时各区间工作情况。因此，单相全波可控整流电路与单相桥式全控整流电路从直流输出端或者从交流输入端看都是基本一致的。两者的区别在于：

（1）单相全波可控整流电路中变压器的二次绕组带中心抽头，结构较复杂，绕组及铁芯对铜、铁等材料的消耗比单相桥式全控整流电路多。单相全波可控整流电路中变压器

表 3-9 单相全波可控整流电路带电阻性负载时各区间工作情况

ωt	$0\sim\alpha$	$\alpha\sim\pi$	$\pi\sim(\pi+\alpha)$	$(\pi+\alpha)\sim2\pi$
晶闸管导通情况	VT_1 截止，VT_2 截止	VT_1 导通，VT_2 截止	VT_1 截止，VT_2 截止	VT_1 截止，VT_2 导通
u_d	0	u_2	0	$-u_2$
i_d	0	u_2/R	0	$-u_2/R$
i_2	0	u_2/R	0	$-u_2/R$
u_{VT}	$u_{VT1}=u_2$ $u_{VT2}=-u_2$	$u_{VT1}=0$ $u_{VT2}=-2u_2$	$u_{VT1}=u_2$ $u_{VT2}=-u_2$	$u_{VT1}=2u_2$ $u_{VT2}=0$
i_{VT}	$i_{VT1}=0$ $i_{VT2}=0$	$i_{VT1}=u_2/R$ $i_{VT2}=0$	$i_{VT1}=0$ $i_{VT2}=0$	$i_{VT1}=0$ $i_{VT2}=-u_2/R$

的二次绕组整个周期只有半个周期导电，利用率比单相桥式全控整流电路低一半。

（2）单相全波可控整流电路中只用两只晶闸管，比单相桥式全控整流电路少用两只晶闸管，相应地，门极驱动电路也少两个。但是在单相全波可控整流电路中，晶闸管承受的最大电压为 $2\sqrt{2}U_2$，是单相桥式全控整流电路的两倍。

（3）单相全波可控整流电路中，导电回路只含一只晶闸管，比单相桥式全控整流电路少一只，因而管压降也少一个。

因此，单相全波可控整流电路适合于在低输出电压的场合应用。

例 3-3 单相全波整流电路如图 3-18 所示，$U_2=220\text{V}$，$\alpha=60°$。求

（1）输出直流电压平均值 U_d。（2）画出 u_d、i_d 的波形。

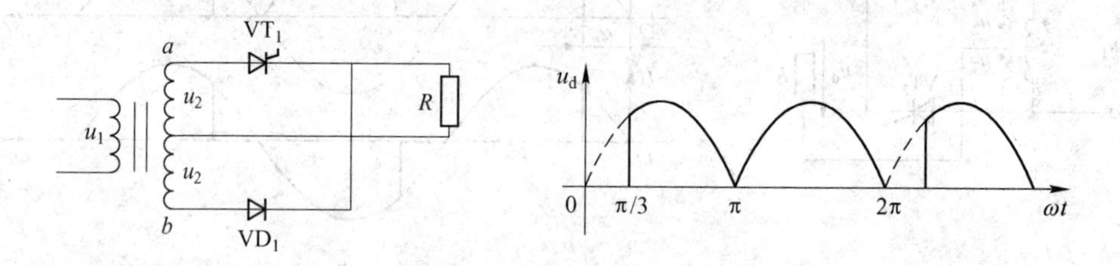

图 3-18　电路和波形图

解：（1）当电压为正半周时，即 a 为正，b 为负时，VT_1 承受正向电压。有触发脉冲即可导通，VD_2 处于关断状态，当电源电压过零时 VT_1 关断。当电源电压过零变负时，a 为负，b 为正，VT_1 关断，VD_1 导通。当电源电压再次过零变正时，VD_1 关断。

（2）输出平均值 U_d。

$$U_d=\frac{1}{2\pi}\int_{\frac{\pi}{3}}^{\pi}\sqrt{2}U_2\sin\omega t\mathrm{d}(\omega t)+\frac{1}{2\pi}\int_{0}^{\pi}\sqrt{2}U_2\sin\omega t\mathrm{d}(\omega t)$$

$$=0.45U_2\frac{1+\cos\alpha}{2}+0.45U_2=0.45U_2\left(\frac{1+\cos60°}{2}+1\right)$$

$$=0.45U_2\times1.75=0.45\times220\times1.75=173.25\text{V}$$

3.2.4　单相桥式半控整流电路

在晶闸管单相桥式全控整流电路中，每个导电回路中有两只晶闸管同时导通，实际上为了对每个导电回路进行控制，只需一只晶闸管就可以了，另一只晶闸管可以用二极管代替，从而简化触发控制电路。这样的电路称为单相桥式半控整流电路，如图 3-19a 所示。

3.2.4.1　单相桥式半控整流电路带阻感性负载

在图 3-19a 中，把原来的晶闸管 VT_2、VT_4 换成二极管 VD_2、VD_4。当负载为电阻时，晶闸管单相桥式半控整流电路与单相桥式全控整流电路工作过程和波形完全一致。下面仅讨论单相桥式半控整流电路带阻感性负载时的工作情况。

如图 3-19b 所示，在 u_2 电压正半周，触发角为 α 时触发 VT_1，VT_1 和 VD_4 导通。当 u_2 过零变负时，因电感的作用使电流连续，VT_1 会继续导通，但此时 a 点电位低于 b 点电位，使得 VD_2 正偏导通，而 VD_4 反偏截止，电流从 VD_4 转移至 VD_2。负载电流 i_d 不再流经变压器二次绕组，而是经由 VT_1 和 VD_2 续流。这种在电源电压过零点时刻换流的现象

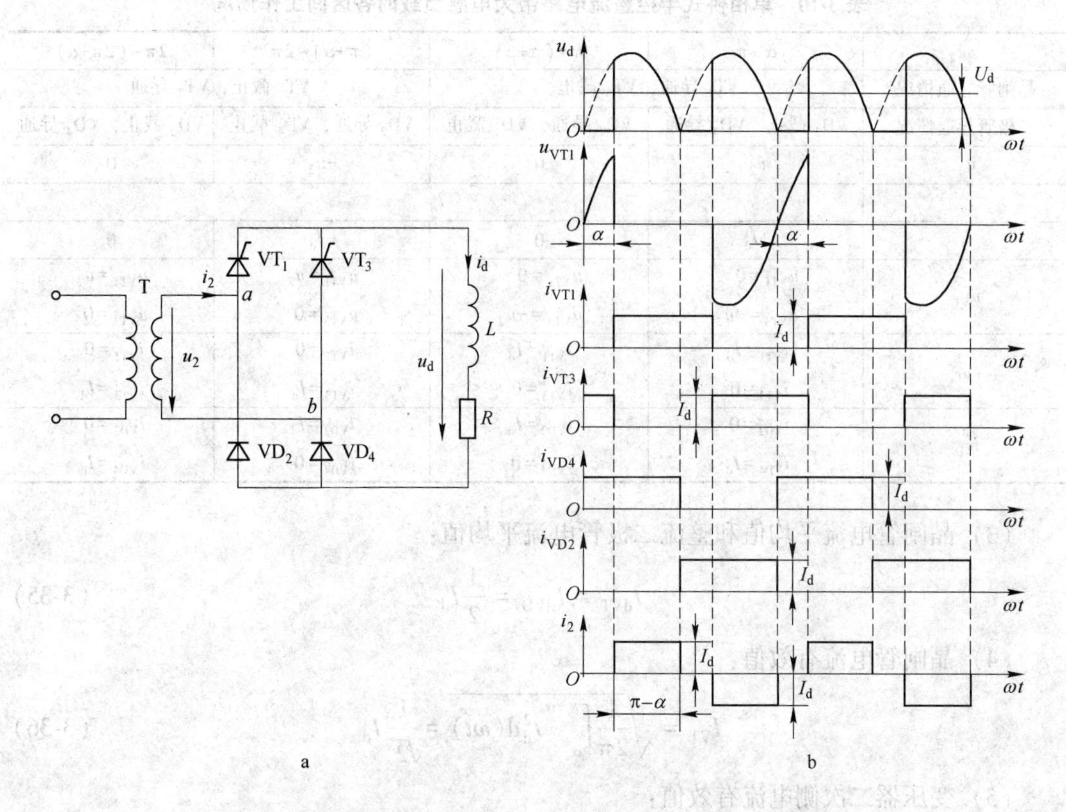

图 3-19 单相桥式半控整流电路带大电感负载的电路和波形

被称为自然续流。此时整流桥输出电压为 VT_1 和 VD_2 的正向压降，接近于零，所以整流输出电压 u_d 没有负半波。

在 u_2 电压负半周，具有与正半周相似的特性，触发角为 α 时触发 VT_3，VT_3 和 VD_2 导通。u_2 过零变正时，负载电流 i_d 从 VD_2 转移至 VD_4，实现自然续流。

综上所述，单相桥式半控整流电路带大电感负载时的工作特点是：晶闸管在触发时刻换流，二极管在电源电压过零时换流；由于自然续流时同一侧的晶闸管和二极管导通，将负载短路，整流输出电压为零，故单相桥式半控整流电路带大电感负载时整流输出电压的波形与单相桥式全控整流电路带电阻性负载时相同，移相范围为 0°~180°，流过晶闸管和二极管的电流都是宽度为 π 的方波，交流侧电流为正、负对称的交变方波，半个周期的导通角小于 π。

表 3-10 为单相桥式半控整流电路带大电感负载时，各区间的工作情况。

基本数量关系为：

（1）直流输出电压平均值：

$$U_d = \frac{1}{\pi}\int_{\alpha}^{\pi}\sqrt{2}U_2\sin\omega t\mathrm{d}(\omega t) = \frac{2\sqrt{2}U_2}{\pi}\times\frac{1+\cos\alpha}{2} = 0.9U_2\frac{1+\cos\alpha}{2} \tag{3-33}$$

（2）直流输出电流平均值：

$$I_d = \frac{U_d}{R} = 0.9\frac{U_2}{R}\times\frac{1+\cos\alpha}{2} \tag{3-34}$$

表3-10 单相桥式半控整流电路带大电感负载时各区间工作情况

ωt	$\alpha\sim\pi$	$\pi\sim(\pi+\alpha)$	$(\pi+\alpha)\sim2\pi$	$2\pi\sim(2\pi+\alpha)$
晶闸管导通情况	VT_1 导通，VT_3 截止		VT_1 截止，VT_3 导通	
二极管导通情况	VD_2 截止，VD_4 导通	VD_2 导通，VD_4 截止	VD_2 导通，VD_4 截止	VD_2 截止，VD_4 导通
u_d	u_2	0	$-u_2$	0
i_d	I_d			
i_2	$+I_d$	0	$-I_d$	0
u_{VT}	$u_{VT1}=0$ $u_{VT3}=-u_2$	$u_{VT1}=0$ $u_{VT3}=-u_2$	$u_{VT1}=u_2$ $u_{VT3}=0$	$u_{VT1}=u_2$ $u_{VT3}=0$
i_{VT}	$i_{VT1}=I_d$ $i_{VT3}=0$	$i_{VT1}=I_d$ $i_{VT3}=0$	$i_{VT1}=0$ $i_{VT3}=I_d$	$i_{VT1}=0$ $i_{VT3}=I_d$
i_{VD}	$i_{VD2}=0$ $i_{VD4}=I_d$	$i_{VD2}=I_d$ $i_{VD4}=0$	$i_{VD2}=I_d$ $i_{VD4}=0$	$i_{VD2}=0$ $i_{VD4}=I_d$

（3）晶闸管电流平均值和整流二极管电流平均值：

$$I_{dVT}=I_{dVD}=\frac{1}{2}I_d \tag{3-35}$$

（4）晶闸管电流有效值：

$$I_{VT}=\sqrt{\frac{1}{2\pi}\int_{\alpha}^{\pi+\alpha}I_d^2\mathrm{d}(\omega t)}=\frac{1}{\sqrt{2}}I_d \tag{3-36}$$

（5）变压器二次侧电流有效值：

$$I_2=\sqrt{\frac{1}{\pi}\int_{\alpha}^{\pi}I_d^2\mathrm{d}(\omega t)}=\sqrt{\frac{\pi-\alpha}{\pi}}\,I_d \tag{3-37}$$

3.2.4.2 单相桥式半控整流电路带阻感性负载加续流二极管

晶闸管单相桥式半控整流电路带大电感负载时，虽然本身具有自然续流能力，但在实际运行时，当 α 角突然增大至180°或触发脉冲丢失时，会发生一只晶闸管持续导通，而两只二极管轮流导通的情况，即半周期 u_d 为正弦波形，另外半周期 u_d 为零，其平均值保持恒定，α 角失去控制作用，称之为失控。为了避免失控，带电感性负载的单相桥式半控整流电路需另加续流二极管，如图3-20a所示。

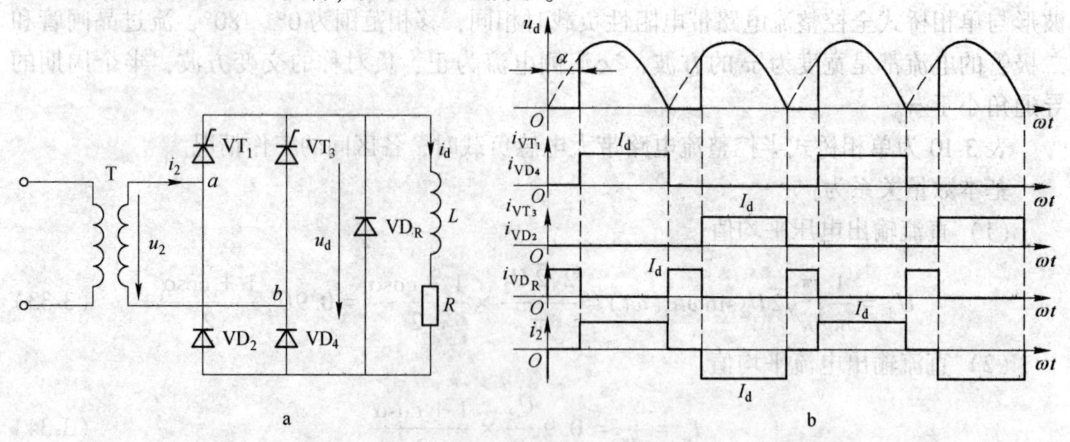

图3-20 单相桥式半控整流电路带大电感负载并联续流二极管的电路和波形

有了续流二极管 VD_R，当电源电压 u_2 过零时，负载电流 i_d 直接经 VD_R 完成续流，使桥路直流输出端只有 1V 左右的压降，迫使晶闸管与二极管串联电路中的电流减小到维持电流以下，使晶闸管关断，避免了晶闸管因续流而持续导通的失控现象。

表 3-11 为单相桥式半控整流电路带大电感负载时（有续流二极管）各区间工作情况。

表 3-11 单相桥式半控整流电路带大电感负载时（有续流二极管）各区间工作情况

ωt	$\alpha \sim \pi$	$\pi \sim (\pi+\alpha)$	$(\pi+\alpha) \sim 2\pi$	$2\pi \sim (2\pi+\alpha)$
晶闸管导通情况	VT_1 导通，VT_3 截止	VT_1 截止，VT_3 截止	VT_1 截止，VT_3 导通	VT_1 截止，VT_3 截止
二极管导通情况	VD_2 截止，VD_4 导通，VD_R 截止	VD_2 截止，VD_4 截止，VD_R 导通	VD_2 导通，VD_4 截止，VD_R 截止	VD_2 截止，VD_4 截止，VD_R 导通
u_d	u_2	0	$-u_2$	0
i_d	I_d			
i_2	I_d	0	$-I_d$	0

基本数量关系为：

（1）直流输出电压平均值：

$$U_d \frac{1}{\pi}\int_{\alpha}^{\pi}\sqrt{2}U_2\sin\omega t\mathrm{d}(\omega t) = \frac{2\sqrt{2}U_2}{\pi} \times \frac{1+\cos\alpha}{2} = 0.9U_2\frac{1+\cos\alpha}{2} \tag{3-38}$$

（2）直流输出电流平均值：

$$I_d = \frac{U_d}{R} = 0.9\frac{U_2}{R} \times \frac{1+\cos\alpha}{2} \tag{3-39}$$

（3）晶闸管和整流二极管电流平均值：

$$I_{dVT} = I_{dVD} = \frac{1}{2\pi}\int_{\alpha}^{\pi} I_d \mathrm{d}(\omega t) = \frac{\pi-\alpha}{2\pi}I_d \tag{3-40}$$

（4）晶闸管和整流二极管电流有效值：

$$I_{VT} = I_{VD} = \sqrt{\frac{1}{2\pi}\int_{\alpha}^{\pi} I_d^2 \mathrm{d}(\omega t)} = \sqrt{\frac{\pi-\alpha}{2\pi}}\ I_d \tag{3-41}$$

（5）续流二极管电流平均值：

$$I_{dVD_R} = \frac{2}{2\pi}\int_{0}^{\alpha} I_d \mathrm{d}(\omega t) = \frac{2\alpha}{2\pi}I_d = \frac{\alpha}{\pi}I_d \tag{3-42}$$

（6）续流二极管电流有效值：

$$I_{VD_R} = \sqrt{\frac{2}{2\pi}\int_{0}^{\alpha} I_d^2 \mathrm{d}(\omega t)} = \sqrt{\frac{\alpha}{\pi}}\ I_d \tag{3-43}$$

（7）变压器二次侧电流有效值：

$$I_2 = \sqrt{\frac{1}{\pi}\int_{\alpha}^{\pi} I_d^2 \mathrm{d}(\omega t)} = \sqrt{\frac{\pi-\alpha}{\pi}}\ I_d = \sqrt{2}I_{VT} \tag{3-44}$$

单相桥式半控整流电路（有续流二极管）除了以上的接法以外，还有另一种接法，即保留左侧的晶闸管 VT_1 和 VT_2，将右侧的晶闸管 VT_3 和 VT_4 换成二极管 VD_3 和 VD_4，靠二极管 VD_3 和 VD_4 实现续流，这样可以省去续流二极管 VD_R，其电路和工作波形如图 3-21 所示。

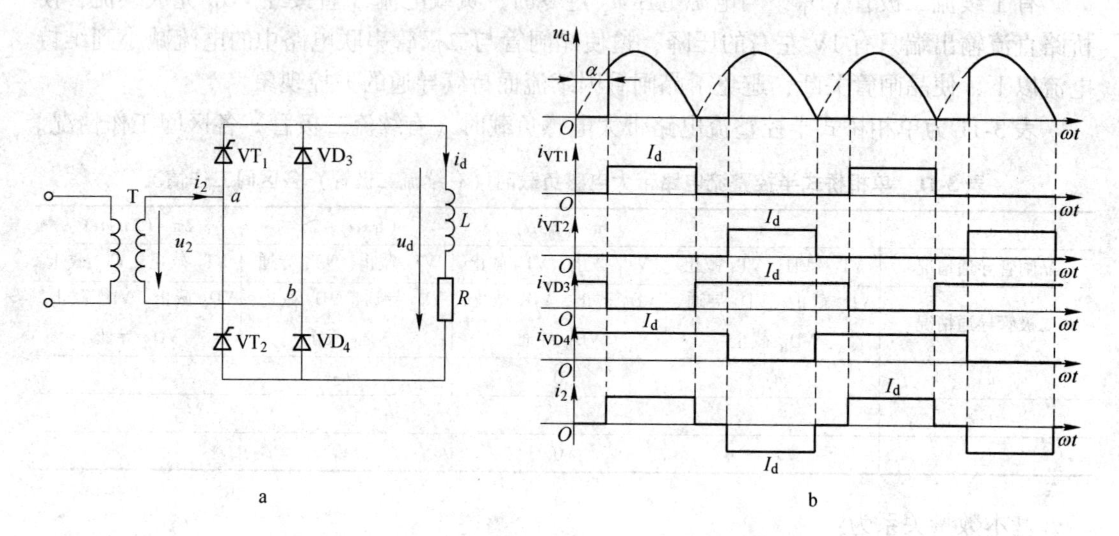

图 3-21 单相桥式半控整流另一种接法的电路和波形

图 3-20a 所示的单相桥式半控整流电路（有续流二极管）中，两只晶闸管为共阴极连接，门极触发信号可以有共同的参考点；而图 3-21a 所示的单相桥式半控整流电路中，两只晶闸管阴极电位不同，给它们提供门极触发信号的触发电路需要进行隔离。

基本数量关系为：

（1）直流输出电压平均值：

$$U_d = \frac{1}{\pi}\int_\alpha^\pi \sqrt{2}U_2\sin\omega t\mathrm{d}(\omega t) = \frac{2\sqrt{2}U_2}{\pi} \times \frac{1+\cos\alpha}{2} = 0.9U_2\frac{1+\cos\alpha}{2} \tag{3-45}$$

（2）直流输出电流平均值：

$$I_d = \frac{U_d}{R} = 0.9\frac{U_2}{R} \times \frac{1+\cos\alpha}{2} \tag{3-46}$$

（3）晶闸管电流平均值：

$$I_{dVT} = \frac{1}{2\pi}\int_\alpha^\pi I_d\mathrm{d}(\omega t) = \frac{\pi-\alpha}{2\pi}I_d \tag{3-47}$$

（4）晶闸管电流有效值：

$$I_{VT} = \sqrt{\frac{1}{2\pi}\int_\alpha^\pi I_d^2\mathrm{d}(\omega t)} = \sqrt{\frac{\pi-\alpha}{2\pi}}\,I_d \tag{3-48}$$

（5）整流二极管电流平均值：

$$I_{dVD} = \frac{1}{2\pi}\int_0^{\pi+\alpha} I_d\mathrm{d}(\omega t) = \frac{\pi+\alpha}{2\pi}I_d \tag{3-49}$$

（6）整流二极管电流有效值：

$$I_{VD} = \sqrt{\frac{1}{2\pi}\int_0^{\pi+\alpha} I_d^2\mathrm{d}(\omega t)} = \sqrt{\frac{\pi+\alpha}{2\pi}}\,I_d \tag{3-50}$$

（7）变压器二次侧电流有效值：

$$I_2 = \sqrt{\frac{1}{\pi}\int_{\alpha}^{\pi} I_d^2 \mathrm{d}(\omega t)} = \sqrt{\frac{\pi - \alpha}{\pi}}\, I_d = \sqrt{2} I_{VT} \tag{3-51}$$

例 3-4 单相半控桥式整流电路（带续流二极管），阻感负载，$R=5\Omega$，$U_2=220V$，$\alpha=60°$。求流过晶闸管、整流二极管和续流二极管的电流平均值与有效值。

解：(1) 整流电压平均值：

$$U_d = 0.9U_2 \frac{1+\cos\alpha}{2} = 0.9 \times 220 \times \frac{1+\cos 60°}{2} = 148.5(\mathrm{V})$$

(2) 负载电流平均值：

$$I_d = \frac{U_d}{R} = \frac{148.5}{5} = 29.7(\mathrm{A})$$

(3) 晶闸管和整流二极管每周期的导电角：

$$\theta_T = 180° - \alpha = 180° - 60° = 120°$$

$$\theta_{DR} = 360° - 2\theta_T = 360° - 2 \times 120° = 120° = 2\alpha = 120°$$

(4) 晶闸管和整流二极管的电流平均值：

$$I_{dT} = I_{dD} = \frac{\theta_T}{2\pi} I_d = \frac{120°}{360°} \times 29.7 = 9.9(\mathrm{A})$$

(5) 晶闸管和整流二极管的电流有效值：

$$I_T = I_D = \sqrt{\frac{\theta_T}{2\pi}} I_d = \sqrt{\frac{120°}{360°}} \times 29.7 = 17.15(\mathrm{A})$$

(6) 续流二极管的电流平均值：

$$I_{dDR} = \frac{\theta_{DR}}{2\pi} I_d = \frac{120°}{360°} \times 29.7 = 9.9(\mathrm{A})$$

(7) 续流二极管的电流有效值：

$$I_{DR} = \sqrt{\frac{\theta_{DR}}{2\pi}} I_d = \sqrt{\frac{120°}{360°}} \times 29.7 = 17.15(\mathrm{A})$$

例 3-5 单相半控桥式整流电路，电阻负载，$R=25\Omega$，要求 $U_d=0\sim250V$，计算晶闸管实际承受的最大电压与最大电流（α 角留有 20°裕量）。

解：

$$U_d = 0.9U_2 \frac{1+\cos\alpha}{2} = 0.9U_2 \frac{1+\cos 20°}{2} = 250(\mathrm{V})$$

$$\Rightarrow U_2 = 286.4(\mathrm{V})$$

$$\Rightarrow \text{峰值电压 } U_m = \sqrt{2} U_2 = 405(\mathrm{V})$$

晶闸管承受的最大正向电压为$\sqrt{2}U_2$，最大反向电压为$\sqrt{2}U_2$，405V。

晶闸管承受的最大电流 $I_m = \sqrt{2}U_2/R = 405/25 = 16.2(\mathrm{A})$。

3.3 三相半波可控整流电路

单相可控整流电路元件少，线路简单，但其输出电压的脉动较大，同时由于单相供电，引起三相电网不平衡，故仅适用于小容量设备。当设备容量较大，要求输出电压脉动较小时，则多采用三相可控整流电路。三相可控整流电路有三相半波可控整流电路、三相桥式可控整流电路等多种形式。其中三相半波可控电路是多相整流电路的基础，而三相桥式可控整流电路可以看做是三相半波可控电路不同形式的组合。根据晶闸管的接法不同，三相半波可控整流电路又可分为三相半波共阴极组电路和三相半波共阳极组电路。

3.3.1　三相半波共阴极组可控整流电路带电阻性负载

三相半波共阴极组可控整流电路如图3-22a所示。为得到零线，变压器二次侧要接成星形，而一次侧接成三角形，为3次谐波电流提供通路，减少3次谐波对电网的影响。三只晶闸管的阴极连接在一起，阳极分别接 a、b、c 三相电源，这种接法称为共阴极接法。

以晶闸管共阴极端作为输出电压的正端，变压器二次侧的零线作为输出电压的负端，规定负载电压的正方向为从三只晶闸管的共阴极端指向变压器二次侧的零线，负载电流的正方向与负载电压的正方向相同。

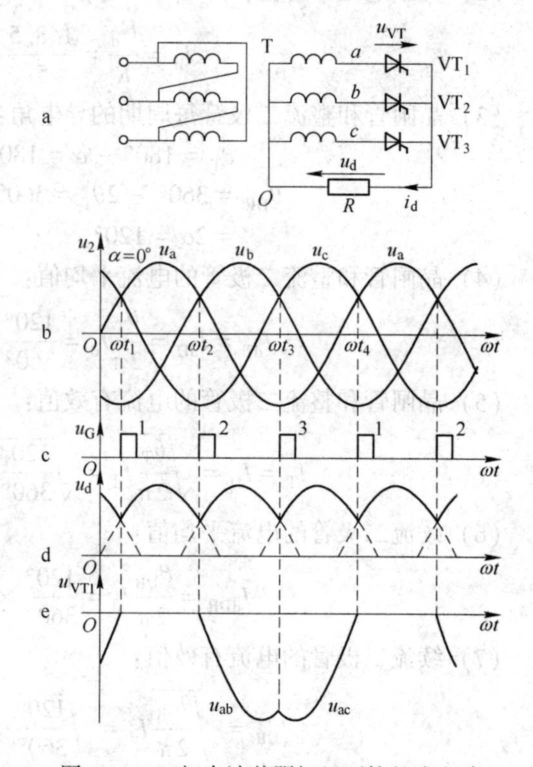

图3-22　三相半波共阴极组可控整流电路带电阻性负载 $\alpha=0°$ 时的电路和工作波形

若将电路中的晶闸管 $VT_1 \sim VT_3$ 换成二极管 $VD_1 \sim VD_3$，该电路即成为三相半波不可控整流电路。下面分析其工作过程。当三只二极管接成共阴极组联结时，则相电压最大的一相所对应的二极管导通，并使另两相的二极管承受反压而关断，输出整流电压即为该相的相电压。在一个周期中，在 $\omega t_1 \sim \omega t_2$ 期间，VD_1 导通，$u_d=u_a$；$\omega t_2 \sim \omega t_3$ 期间，VD_2 导通，$u_d=u_b$；$\omega t_3 \sim \omega t_4$ 期间，VD_3 导通，$u_d=u_c$。一个周期内，VD_1、VD_2、VD_3 轮流导通，每只二极管各导通120°。u_d 波形为三相电压正半波的包络线。

在相电压的交点 ωt_1、ωt_2、ωt_3、ωt_4 处，电流从一只二极管转移到另一只二极管。因此将二极管的换相时刻定义为三相可控整流电路的自然换相点。对三相半波可控整流电路而言，自然换相点是各相晶闸管能触发导通的最早时刻，也就是二极管的自然换相点，将其作为计算各晶闸管触发角 α 的起始点，即 $\alpha=0°$。这与单相整流电路自然换相点的定义不同，单相相控整流电路的自然换相点是变压器二次电压的过零点，而三相相控整流电路的自然换相点是三个相电压的交点。

图3-22b为变压器二次侧三相电压波形，图3-22c为触发脉冲波形，各个触发脉冲应依次间隔120°，使每只晶闸管的触发角度都相同。图3-22d为 $\alpha=0°$ 时，负载两端的电压

波形。图 3-22e 为晶闸管 VT_1 两端电压 u_{VT1} 的波形，它由 3 段组成，第 1 段是 VT_1 导通期间，电压为晶闸管的导通管压降，$u_{VT1}\approx 0$；第 2 段是 VT_2 导通期间 a、b 两相之间的线电压，$u_{VT1}=u_a-u_b=u_{ab}$；第 3 段是 VT_3 导通期间 a、c 两相之间的线电压，$u_{VT1}=u_a-u_c=u_{ac}$。其他两只晶闸管的电压波形形状均与其相同，其相位依次滞后 120°。

增大 α 值，将脉冲后移，整流电路的工作波形会相应地发生变化。图 3-23a 为 $\alpha=30°$ 时的波形。在 ωt_1 时刻以后，$u_b>u_a$，此时 VT_2 开始承受正压，但由于没有触发脉冲而不导通，VT_1 此时仍然承受正压导通。直到 VT_2 的触发脉冲出现，VT_2 导通，输出 b 相电压，同时将 b 相电压引到 VT_1 的阴极，使 VT_1 承受反压而关断。从输出电压和电流的波形来看，晶闸管的导通角仍为 120°，但这时负载电流处于连续和断续的临界点。与 $\alpha=0°$ 时相比，晶闸管承受的电压 u_{VT1} 中出现了正的部分。

若 $\alpha>30°$，则当正在导通的晶闸管对应的相电压过零变负时，该相晶闸管即关断。而此时下一相晶闸管虽已承受正压，但因无触发脉冲而尚未导通，负载电压和电流均为零，直到下一相晶闸管的触发脉冲出现为止。这会导致负载电流断续，晶闸管的导通角小于 120°。图 3-23b 为 $\alpha=60°$时的波形，此时晶闸管导通角为 90°，小于电流连续时的 120°。

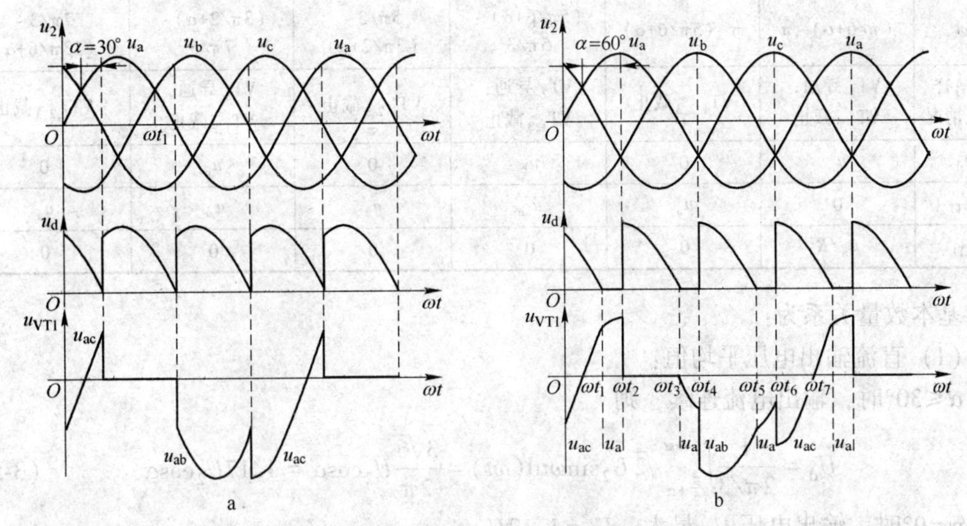

图 3-23　三相半波共阴极组可控整流电路带电阻性负载 $\alpha=30°$ 和 $\alpha=60°$ 时的工作波形

由于电流断续，晶闸管承受电压情况较为复杂，一个周期内晶闸管 VT_1 两端电压波形 u_{VT1} 共分为 7 段。

$0\sim\omega t_1$ 段，VT_1 截止，VT_3 导通，则 $u_{VT1}=u_{ac}$；

$\omega t_1\sim\omega t_2$ 段，c 相电压过零变负，VT_3 截止，VT_1 承受 a 相正向电压，但由于没有触发信号不导通，则 $u_{VT1}=u_a$；

$\omega t_2\sim\omega t_3$ 段，VT_1 触发导通，则 $u_{VT1}=0$；

$\omega t_3\sim\omega t_4$ 段，a 相电压过零变负，VT_1 截止，VT_2 承受 b 相正向电压，但由于没有触发信号不导通，则 $u_{VT1}=u_a$；

$\omega t_4\sim\omega t_5$ 段，VT_2 触发导通，则 $u_{VT1}=u_{ab}$；

$\omega t_5\sim\omega t_6$ 段，b 相电压过零变负，VT_2 截止，VT_3 承受 c 相正向电压，但由于没有触发信号不导通，则 $u_{VT1}=u_a$；

$\omega t_6 \sim \omega t_7$ 段，VT_3 触发导通，则 $u_{VT1}=u_{ac}$。

输出整流电压 u_d 的脉动频率是电源频率的三倍。

若 α 继续增大，整流电压 u_d 将越来越小，当 $\alpha=150°$ 时，输出整流电压 u_d 为零。

需要注意的是：在图 3-22 和图 3-23 中，$\omega t=0$ 是 a 相电压从负半周到正半周的过零点，当触发角 $\alpha=0°$ 时，$\omega t=\pi/6$。

表 3-12 和表 3-13 为三相半波共阴极组可控整流电路带电阻性负载时，各区间工作情况。

表 3-12　三相半波共阴极组可控整流电路带电阻性负载时各区间工作情况（$\alpha\leqslant30°$）

ωt	$(\pi/6+\alpha)\sim(5\pi/6+\alpha)$	$(5\pi/6+\alpha)\sim(3\pi/2+\alpha)$	$(3\pi/2+\alpha)\sim(13\pi/6+\alpha)$
晶闸管导通情况	VT_1 导通，$VT_{2,3}$ 截止	VT_2 导通，$VT_{1,3}$ 截止	VT_3 导通，$VT_{1,2}$ 截止
u_d	u_a	u_b	u_c
u_{VT1}	0	u_{ab}	u_{ac}
i_{VT1}	u_a/R	0	0

表 3-13　三相半波共阴极组可控整流电路带电阻性负载时各区间工作情况（$\alpha>30°$）

ωt	$(\pi/6+\alpha)\sim\pi$	$\pi\sim(5\pi/6+\alpha)$	$(5\pi/6+\alpha)\sim 5\pi/3$	$5\pi/3\sim(3\pi/2+\alpha)$	$(3\pi/2+\alpha)\sim 7\pi/3$	$7\pi/3\sim(13\pi/6+\alpha)$
晶闸管导通情况	VT_1 导通，$VT_{2,3}$ 截止	$VT_{1,2,3}$ 截止	VT_2 导通，$VT_{1,3}$ 截止	$VT_{1,2,3}$ 截止	VT_3 导通，$VT_{1,2}$ 截止	$VT_{1,2,3}$ 截止
u_d	u_a	0	u_b	0	u_c	0
u_{VT1}	0	u_a	u_{ab}	u_a	u_{ac}	u_a
i_{VT1}	u_a/R	0	0	0	0	0

基本数量关系为：

（1）直流输出电压平均值：

$\alpha\leqslant30°$ 时，输出电流连续，则

$$U_d=\frac{1}{2\pi/3}\int_{\frac{\pi}{6}+\alpha}^{\frac{5\pi}{6}+\alpha}\sqrt{2}U_2\sin\omega t\,d(\omega t)=\frac{3\sqrt{6}}{2\pi}U_2\cos\alpha=1.17U_2\cos\alpha \tag{3-52}$$

$\alpha=0°$ 时，输出电压 U_d 最大，$U_d=1.17U_2$。

$\alpha>30°$ 时，输出电流断续，则

$$\begin{aligned}U_d&=\frac{1}{2\pi/3}\int_{\frac{\pi}{6}+\alpha}^{\pi}\sqrt{2}U_2\sin\omega t\,d(\omega t)\\&=\frac{3\sqrt{2}U_2}{2\pi}\left[1+\cos\left(\frac{\pi}{6}+\alpha\right)\right]\\&=0.675U_2\left[1+\cos\left(\frac{\pi}{6}+\alpha\right)\right]\end{aligned} \tag{3-53}$$

$\alpha=150°$ 时，输出电压为零。因此，三相半波可控整流电路带电阻性负载时，触发角 α 的移相范围是 150°。

（2）直流输出电流平均值：

$$I_d=\frac{U_d}{R} \tag{3-54}$$

（3）晶闸管电流平均值：

$$I_{\mathrm{dVT}}=\frac{1}{3}I_{\mathrm{d}} \tag{3-55}$$

（4）晶闸管电流有效值：

$\alpha \leqslant 30°$时

$$I_{\mathrm{VT}}=\sqrt{\frac{1}{2\pi}\int_{\frac{\pi}{6}+\alpha}^{\frac{5\pi}{6}+\alpha}\left(\frac{\sqrt{2}U_2\sin\omega t}{R}\right)^2\mathrm{d}(\omega t)}=\frac{U_2}{R}\sqrt{\frac{1}{2\pi}\left(\frac{2\pi}{3}+\frac{\sqrt{3}}{2}\cos2\alpha\right)} \tag{3-56}$$

$\alpha>30°$时

$$I_{\mathrm{VT}}=\sqrt{\frac{1}{2\pi}\int_{\frac{\pi}{6}+\alpha}^{\pi}\left(\frac{\sqrt{2}U_2\sin\omega t}{R}\right)^2\mathrm{d}(\omega t)}=\frac{U_2}{R}\sqrt{\frac{1}{2\pi}\left(\frac{5\pi}{6}-\alpha+\frac{\sqrt{3}}{4}\cos2\alpha+\frac{1}{4}\sin2\alpha\right)} \tag{3-57}$$

（5）晶闸管承受的最大正、反向电压 U_{TM}：

晶闸管承受的最大正向电压是变压器二次相电压的峰值，$U_{\mathrm{FM}}=\sqrt{2}U_2$；晶闸管承受的最大反向电压是变压器二次线电压的峰值，$U_{\mathrm{RM}}=\sqrt{2}\sqrt{3}U_2=\sqrt{6}U_2=2.45U_2$。在选择晶闸管的额定电压时，应根据晶闸管实际承受的最大反向电压进行计算，$U_{\mathrm{TM}}=\sqrt{6}U_2=2.45U_2$。

3.3.2　三相半波共阴极组可控整流电路带阻感性负载

图 3-24a 为三相半波共阴极组可控整流电路带阻感性负载电路。为了便于分析，假设电感极大，且电路已工作于稳态，因此负载电流 i_{d} 的波形基本是平直的。$\alpha \leqslant 30°$时，负载电压 u_{d} 波形与电阻负载时相同；而 $\alpha>30°$时，当某相电压过零变负时，由于电感的续流作用，电流不会降到零，因此该相晶闸管仍然导通，直到下一相晶闸管触发脉冲出现才能够换流。

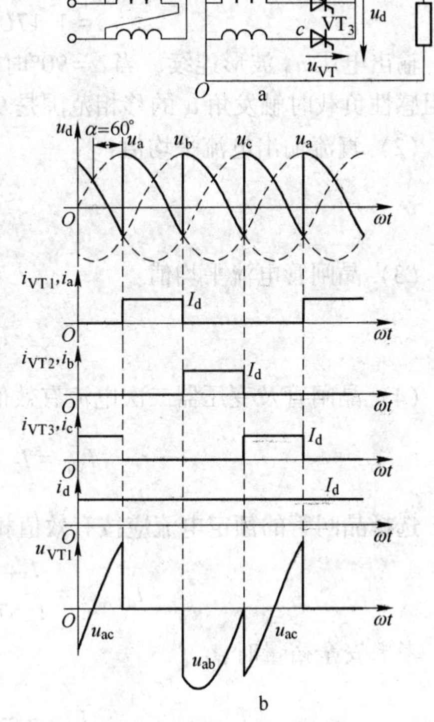

图 3-24　三相半波共阴极组可控整流电路，带阻感性负载 $\alpha=60°$时的电路和工作波形

如图 3-24b 所示。$\mathrm{VT_2}$ 导通时，$\mathrm{VT_1}$ 承受反压而关断。同理当 $\mathrm{VT_3}$ 导通时，$\mathrm{VT_2}$ 承受反压而关断。在电感的续流作用下，负载电压波形中会出现负的部分。随着 α 的增大，负载电压波形中负的部分将增加。当 $\alpha=90°$时，负载电压 u_{d} 波形中正、负面积相等，负载电压平均值 U_{d} 为零。

表 3-14 为三相半波共阴极组可控整流电路带阻感性负载时各区间工作情况。

表 3-14　三相半波共阴极组可控整流电路带阻感性负载时各区间工作情况

ωt	$(\pi/6+\alpha)\sim(5\pi/6+\alpha)$	$(5\pi/6+\alpha)\sim(3\pi/2+\alpha)$	$(3\pi/2+\alpha)\sim(13\pi/6+\alpha)$
晶闸管导通情况	VT_1 导通，$VT_{2,3}$截止	VT_2 导通，$VT_{1,3}$截止	VT_3 导通，$VT_{1,2}$截止
u_d	u_a	u_b	u_c
u_{VT1}	0	u_{ab}	u_{ac}
U_d	$\frac{1}{2\pi/3}\int_{\frac{\pi}{6}+\alpha}^{\frac{5\pi}{6}+\alpha}\sqrt{2}U_2\sin\omega t\mathrm{d}(\omega t) = 1.17U_2\cos\alpha$		
i_d	近似为水平直线，$I_d=U_d/R$		
晶闸管电流的有效值 I_{VT}	$\frac{1}{\sqrt{3}}I_d=0.577I_d$		

基本数量关系为：

（1）直流输出电压平均值：

$$U_d = \frac{1}{2\pi/3}\int_{\frac{\pi}{6}+\alpha}^{\frac{5\pi}{6}+\alpha}\sqrt{2}U_2\sin\omega t\mathrm{d}(\omega t) = 1.17U_2\cos\alpha \tag{3-58}$$

输出电压 u_d 波形连续，当 $\alpha=90°$时，输出电压为零。因此，三相半波可控整流电路，带阻感性负载时触发角 α 的移相范围是 90°。

（2）直流输出电流平均值：

$$I_d = \frac{U_d}{R} \tag{3-59}$$

（3）晶闸管电流平均值：

$$I_{dVT} = \frac{1}{3}I_d \tag{3-60}$$

（4）晶闸管及变压器二次电流有效值：

$$I_{VT} = I_2 = \frac{1}{\sqrt{3}}I_d = 0.577I_d \tag{3-61}$$

选择晶闸管的额定电流应按有效值相等的原则选取，不考虑安全裕量时，

$$I_{T(AV)} = \frac{I_{VT}}{1.57} = \frac{0.577}{1.57}I_d = 0.368I_d \tag{3-62}$$

考虑安全裕量时，

$$I_{T(AV)} = (1.5\sim2)\frac{I_{VT}}{1.57} \tag{3-63}$$

（5）晶闸管承受的最大正、反向电压 U_{TM}。

晶闸管承受的最大正、反向电压是变压器二次线电压的峰值，$U_{TM}=U_{FM}=U_{RM}=\sqrt{2}\sqrt{3}U_2=\sqrt{6}U_2=2.45U_2$。选择晶闸管的额定电压时，还要考虑 2～3 倍的安全裕量，即 $U_{Tn}\geqslant(2\sim3)U_{TM}$。

三相半波可控整流电路的主要缺点是变压器二次电流中含有直流分量，使变压器存在直流磁化现象，因此实际应用比较少。

由式3-58可知，U_d/U_2 与 α 成余弦关系，如图3-25所示。纯电阻负载时，U_d/U_2 与 α 的关系如曲线1所示；纯电感负载时，U_d/U_2 与 α 的关系如曲线2所示；如果负载中的电感 L 不是很大，则当 $\alpha>30°$ 后，与电感量足够大的情况相比，u_d 中负的部分可能减少，使整流电压平均值 U_d 略为增加，U_d/U_2 与 α 的关系将介于纯电阻负载和纯电感负载之间，如曲线3所示。

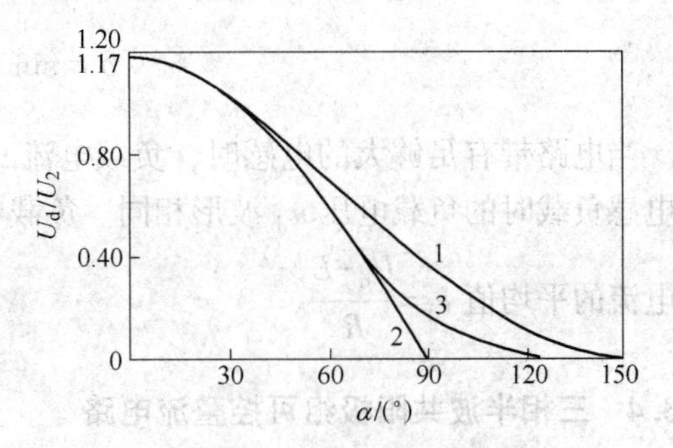

图3-25　三相半波可控整流电路 U_d/U_2 与 α 的关系

1—电阻负载；2—电感负载；3—阻感性负载

3.3.3　三相半波共阴极组可控整流电路带反电动势负载

当负载为蓄电池或直流电动机的电枢时，负载可看成是一个直流电压源，对于整流电路而言，它们就是反电动势负载。

图3-26为三相半波共阴极组可控整流电路带反电动势电阻负载的电路和工作波形。设反电动势为 E，在交流电源与反电动势负载的串联电路中，只有在 $u_2>E$ 时晶闸管才开始真正承受正电压，才有触发导通的可能。晶闸管触发导通之后，$u_d=u_2$，$i_d=\dfrac{u_d-E}{R}$。当 $\omega t>\omega t_1$ 时，由于 $u_a<E$，VT_1 承受反压而关断，此时 VT_2 尚未导通，$i_d=0$，$u_d=E$ 而不是零。由此可见，晶闸管触发导通后，与电阻负载时相比，晶闸管提前电角度 δ 停止导电，δ 称为停止导电角。不难看出，在 α 角相同时，带反电动势电阻负载的电路，整流输出电压平均值比带电阻性负载时大。

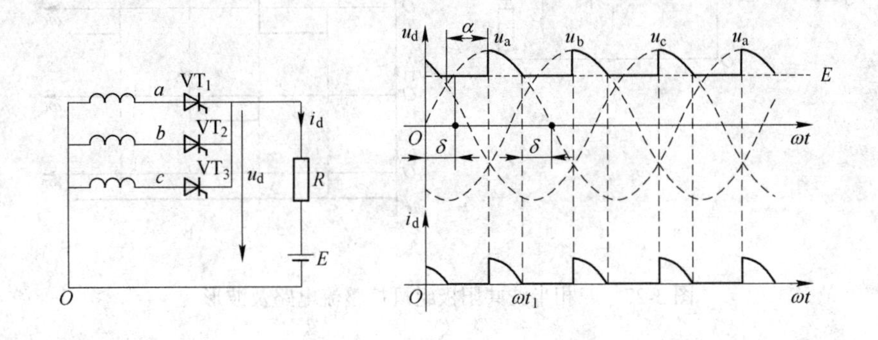

图3-26　三相半波共阴极组可控整流电路带反电动势电阻负载时的电路和工作波形

若在 $\omega t<\delta$ 时触发晶闸管 VT_1，由于此时 $u_a<E$，VT_1 承受反压不能导通。为了使晶闸管能可靠导通，触发脉冲要有足够的宽度，保证当 $\omega t=\delta$ 时刻晶闸管开始承受正电压时，触发脉冲仍然存在。这样，相当于触发时刻被推迟到 δ 角，并有

$$\delta = \sin^{-1}\frac{E}{\sqrt{2}U_2} \tag{3-64}$$

当电路带有足够大的电感时，负载电流 i_d 连续，负载电压 u_d 波形连续，与该电路带大电感负载时的负载电压 u_d 波形相同。负载电流 i_d 仍近似为水平直线，其幅值为整流输出电流的平均值 $I_d=\dfrac{U_d-E}{R}$。

3.3.4　三相半波共阳极组可控整流电路

相对于三相半波共阴极组可控整流电路，还有一种三相半波共阳极组可控整流电路，它将三只晶闸管的阳极连在一起，其阴极分别接变压器的三相绕组，如图 3-27a 所示。

与共阴极电路不同的是，由于电路采用共阳极接法，各晶闸管只能在相电压为负时触发导通，换流总是从阴极电位较高的相换到阴极电位较低的相。自然换相点为三相电源相电压负半波的交点。三相半波共阳极组可控整流电路，仍然以晶闸管共阳极端作为输出电压的正端，变压器二次侧的零线作为输出电压的负端，仍然规定负载电压的正方向为从三只晶闸管的共阳极端指向变压器二次侧的零线，负载电流的正方向与负载电压的正方向相同。因此，三相半波共阳极组可控整流电路负载电压 u_d 为负值，实际负载电流 i_d 亦为负值。三相半波共阳极组可控整流电路，三只晶闸管的阴极电位不同，因此触发电路之间没有共地点，三个触发器必须相互隔离。

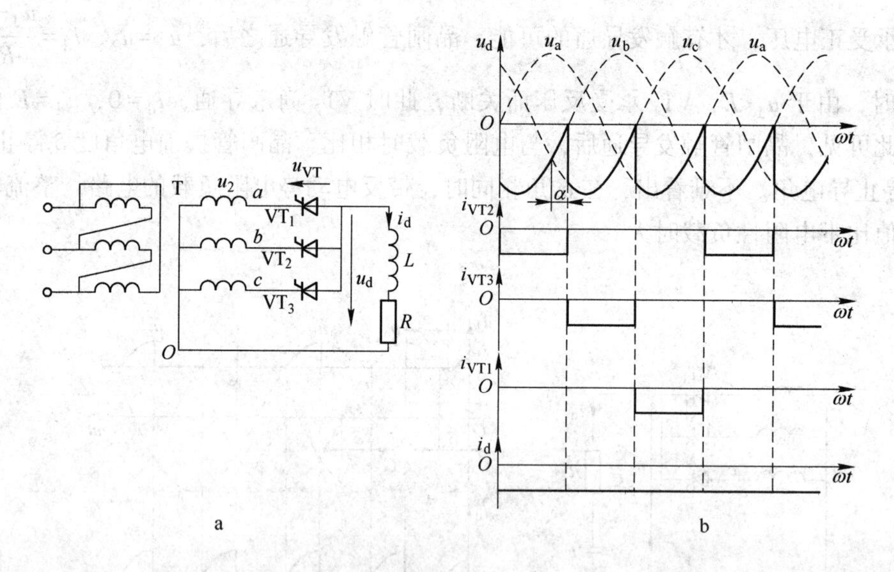

图 3-27　三相半波共阳极组可控整流电路及波形

三相半波可控整流电路晶闸管元件少，只需三套触发装置分别给三只晶闸管提供触发脉冲信号，控制比较容易，但缺点也很明显：

(1) 变压器每相绕组只有 1/3 周期流过电流，变压器利用率低。

(2) 变压器二次侧的电流为单方向，易造成变压器铁芯直流磁化。而且在三铁芯变压器中，三相直流励磁方向相同，磁通互相抵制，在铁芯中无法形成通路，只能从空气隙或外壳中通过，产生较大的漏磁通，引起附加损耗。若不采用整流变压器，而是将三相半波可控整流电路直接接入电网，则其直流分量会流入电网，除了引起电网的额外损耗，还会增大零线电流，必须相应加大零线的截面面积。因此三相半波可控整流电路一般用于中、小容量设备。

例 3-6 三相半波整流电路向大电感性负载供电（见图 3-28），已知 $U_2=220\text{V}$，$R=11.7\Omega$。计算 $\alpha=60°$时负载电流 I_d、晶闸管电流 I_T、变压器副边电流 i_2 的平均值和有效值。改为电阻负载，重复上述计算。

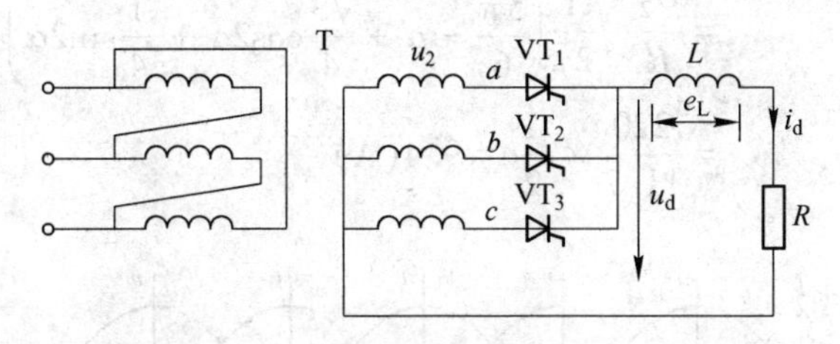

图 3-28 三相半波整流电路

（1）对于大电感负载

$$U_d = 1.17U_2\cos\alpha = 128.7(\text{V}),\qquad I_d = \frac{U_d}{R} = \frac{128.7}{11.7} = 11(\text{A})$$

$$I_{dT} = \frac{I_d}{3} = 3.67(\text{A}),\qquad I_{dT} = \frac{I_d}{3} = 3.67(\text{A})$$

$$I_{d2} = \frac{\frac{2}{3}I_d + \frac{1}{3}I_d}{3} = 3.67(\text{A}),\qquad I_T = I_2 = \frac{I_d}{\sqrt{3}} = 6.35(\text{A})$$

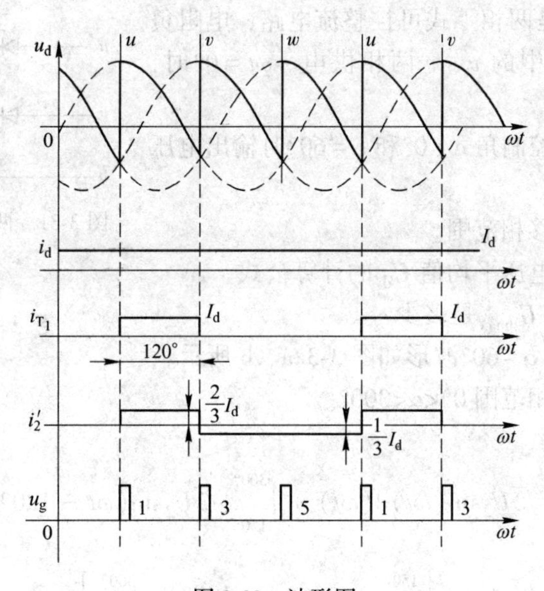

图 3-29 波形图

(2) 对于电阻负载

$$U_d = 0.675U_2[1+\cos(\alpha+\pi/6)] = 148.5(V)$$

$$I_d = \frac{U_d}{R} = \frac{148.5}{11.7} = 12.7(A), \qquad I_{dT} = I_{d2} = \frac{I_d}{3} = 4.23(A)$$

$$I_{VT} = I_2 = \sqrt{\frac{1}{2\pi}\int_{\frac{\pi}{6}+\alpha}^{\pi}\left(\frac{\sqrt{2}U_2\sin\omega t}{R}\right)^2 d(\omega t)}$$

$$= \frac{U_2}{R}\sqrt{\frac{1}{2\pi}\left(\frac{5\pi}{6} - \alpha + \frac{\sqrt{3}}{4}\cos 2\alpha + \frac{1}{4}\sin 2\alpha\right)}$$

$$= \frac{220}{11.7} \times \frac{1}{2} = 9.4(A)$$

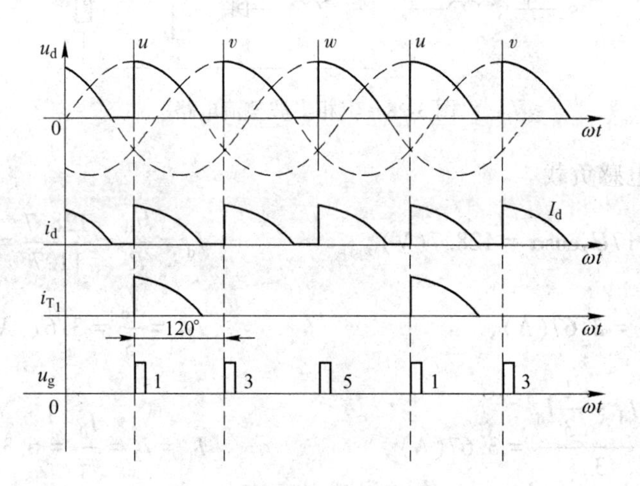

图 3-30　波形图

例 3-7　图 3-31 是两相零式可控整流电路，电阻负载，由三相交流电源中的 u、v 两相供电。$\omega t = 0°$ 时，$\alpha = 0°$。

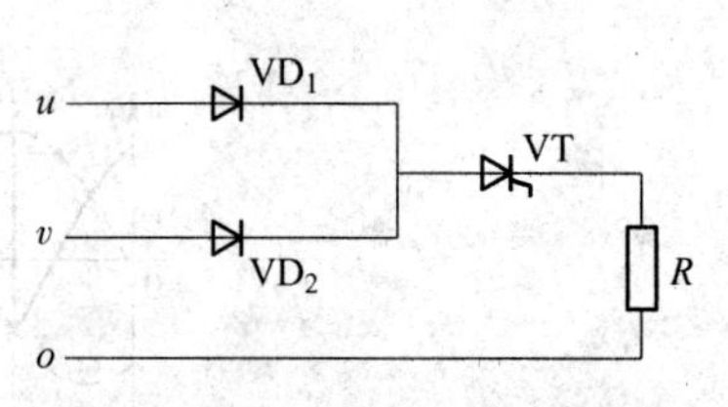

图 3-31　两相零式可控整流电路

(1) 画出晶闸管控制角 $\alpha = 0°$ 和 $\alpha = 60°$ 时输出电压 u_d 的波形。

(2) 求晶闸管的移相范围。

(3) 推导出输出电压平均值 U_d 的计算公式。

(4) U_d 的最大值 U_{dmax} 是多少？

解：(1) $\alpha = 0°$ 和 $\alpha = 60°$ 波形如图 3-32a、b 所示。

(2) 晶闸管的移相范围 $0° < \alpha < 300°$。

(3) $0° < \alpha < 150°$ 时

$$U_d = \frac{1}{2\pi}\left[\int_{\alpha}^{150°}\sqrt{2}U_2\sin(\omega t)d(\omega t) + \int_{150°}^{300°}\sqrt{2}U_2\sin(\omega t - 120°)d(\omega t)\right]$$

$$= \frac{\sqrt{2}U_2}{2\pi}\left[-\cos(\omega t)\Big|_{\alpha}^{150°} - \cos(\omega t - 120°)\Big|_{150°}^{300°}\right]$$

$$=\frac{\sqrt{2}U_2}{2\pi}(1+\sqrt{3}+\cos\alpha)$$

当 150°<α<300°时

$$U_d=\frac{1}{2\pi}\left[\int_{\alpha}^{300^\circ}\sqrt{2}U_2\sin(\omega t-120^\circ)\,d(\omega t)\right]$$

$$=\frac{\sqrt{2}U_2}{2\pi}\left[-\cos(\omega t-120^\circ)\Big|_{\alpha}^{300^\circ}\right]$$

$$=\frac{\sqrt{2}U_2}{2\pi}\left[1+\cos(\alpha-120^\circ)\right]$$

（4）当 $\alpha=0°$时

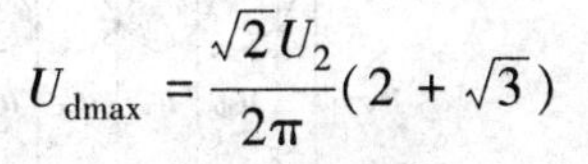

$$U_{dmax}=\frac{\sqrt{2}U_2}{2\pi}(2+\sqrt{3})$$

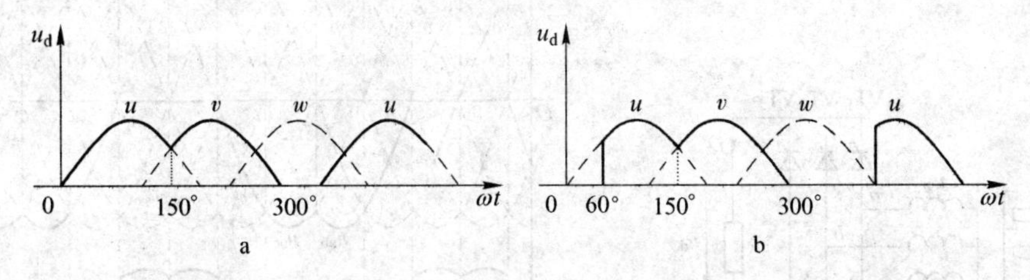

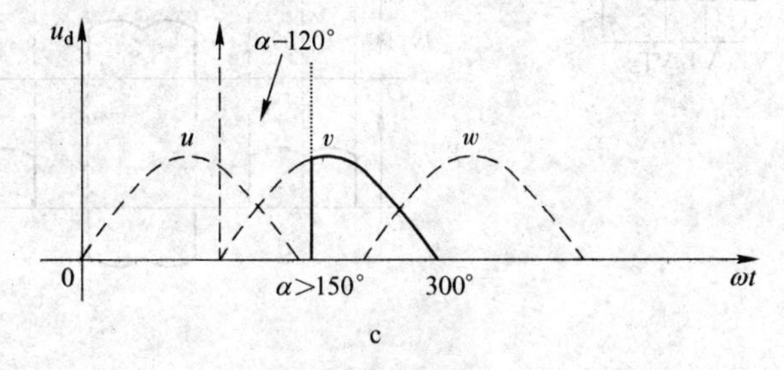

图 3-32　波形图

a—$\alpha=0°$；b—$\alpha=60°$；c—$\alpha>150°$

3.4　三相桥式全控整流电路

在三相半波共阴极组可控整流电路中，每相绕组中流过的电流均为正向，而三相半波共阳极组可控整流电路中，每相绕组流过的电流均为反向。为了克服直流磁化现象，可将三相半波共阴极组可控整流电路和三相半波共阳极组可控整流电路串联，如图 3-33a 所示。

如果这两组电路对称、负载也对称，触发角 α 相同，则它们输出电流的平均值 I_{d1} 和 I_{d2} 应该相等，因此在变压器绕组中一个周期内流过的正、反向电流的平均值相等，直流磁势相互抵消，无直流磁化现象，且能提高变压器的利用率。由于此时零线中流过的电流为零，因此可以去掉零线，也不会影响电路的工作；再将两个负载合并，即可得到如图

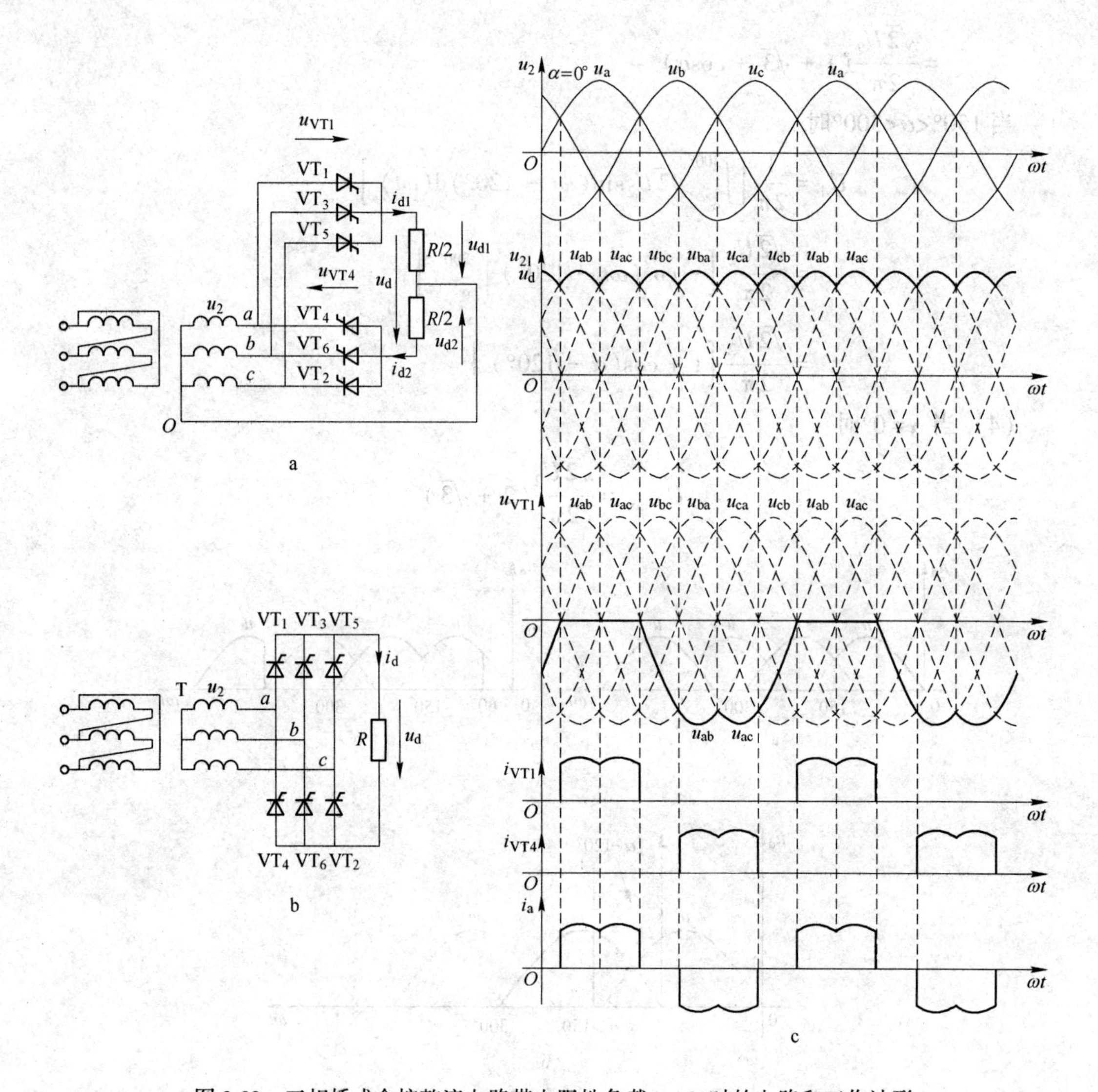

图 3-33　三相桥式全控整流电路带电阻性负载 $\alpha=0°$时的电路和工作波形

3-33b 所示的三相桥式全控整流电路。因为习惯上希望六只晶闸管按 1—2—3—4—5—6 的顺序依次触发导通，因此，将晶闸管按图 3-33b 中的顺序编号，即共阴极组接 a、b、c 三相电源的三只晶闸管分别命名为 VT_1、VT_3、VT_5；共阳极组接 a、b、c 三相电源的三只晶闸管分别命名为 VT_4、VT_6、VT_2。对于共阴极组的三只晶闸管，总是阳极电压更高的那只优先导通，输出正电压 U_{d1}；对于共阳极组的三只晶闸管，总是阴极电压更低的那只优先导通，输出负电压 U_{d2}；负载上得到的整流电压为共阴极组输出电压减去共阳极组输出电压，即 $u_d=u_{d1}-u_{d2}$，相应的输出电压平均值为 $U_d=U_{d1}-U_{d2}=U_{d1}+|U_{d2}|=2U_{d1}$。

3.4.1　三相桥式全控整流电路带电阻性负载

触发角 α 的起点仍然是从自然换相点开始计算，注意电源电压正、负方向均有自然换相点。同三相桥式不可控整流电路相同，三相桥式全控整流电路的输出电压为 $u_d = u_{d1} - u_{d2}$，等于变压器二次线电压 u_{21}。将流过 VT_1 的电流波形顺延 180°即可获得流过 VT_4 的电流波形，与同一桥臂的两只晶闸管导通角相差 180°相对应；而每相绕组的电流波形为该相共阴极和共阳极晶闸管电流波形的叠加，如 i_a 的电流波形为 i_{VT1} 和 i_{VT4}（反向）的叠加。

触发角 $\alpha = 30°$时，晶闸管起始导通时刻向后推迟了 30°，导致输出电压 u_d 的平均值降低，且晶闸管开始承受一部分正向电压，工作波形如图 3-34a 所示。图 3-34b 为 $\alpha = 60°$时的工作波形。随着触发角 α 向后推移，输出整流电压 u_d 的平均值继续降低，并且可以看到 $\alpha = 60°$是三相桥式全控整流电路带电阻性负载时，负载电压 u_d 波形连续与断续的临界点。

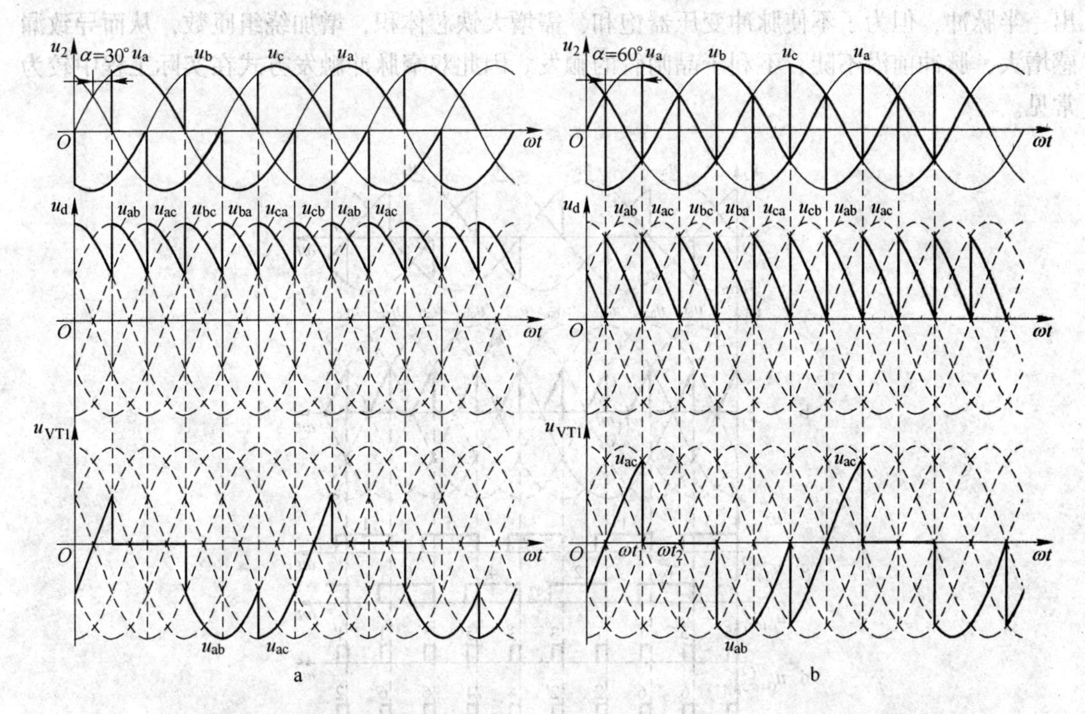

图 3-34　三相桥式全控整流电路带电阻性负载 $\alpha = 30°$ 和 $\alpha = 60°$时的工作波形

三相桥式全控整流电路带电阻性负载 $\alpha \leqslant 60°$时的各区间工作情况如表 3-15 所示。

表 3-15　三相桥式全控整流电路带电阻性负载时各区间工作情况（$\alpha \leqslant 60°$）

ωt	$(\pi/6+\alpha)$ ~ $(\pi/2+\alpha)$	$(\pi/2+\alpha)$ ~ $(5\pi/6+\alpha)$	$(5\pi/6+\alpha)$ ~ $(7\pi/6+\alpha)$	$(7\pi/6+\alpha)$ ~ $(3\pi/2+\alpha)$	$(3\pi/2+\alpha)$ ~ $(11\pi/6+\alpha)$	$(11\pi/6+\alpha)$ ~ $(13\pi/6+\alpha)$
晶闸管导通情况	VT_1、VT_6 导通 其他截止	VT_1、VT_2 导通 其他截止	VT_2、VT_3 导通 其他截止	VT_3、VT_4 导通 其他截止	VT_4、VT_5 导通 其他截止	VT_5、VT_6 导通 其他截止
u_d	u_{ab}	u_{ac}	u_{bc}	u_{ba}	u_{ca}	u_{cb}
u_{VT1}	0	0	u_{ab}	u_{ab}	u_{ac}	u_{ac}

三相桥式全控整流电路带电阻性负载时，当 $\alpha > 60°$以后，u_d 波形就不再连续。图 3-35a是 $\alpha = 90°$时电阻负载情况下的工作波形。若 α 继续增大到 120°时，$U_d = 0$，因此三相

桥式全控整流电路带电阻负载时的移相范围为120°。

图3-35b中，在ωt_1时刻，u_{ab}过零，则VT_1和VT_6由导通转为关断。到ωt_2时刻，应给VT_2触发脉冲，若VT_1此时无触发脉冲，则VT_1不能导通，VT_2也会因为没有电流流过而无法导通。为保证桥式电路的上、下桥臂各有一只晶闸管同时导通，触发时可采用两种方法：一种是宽脉冲触发（触发脉冲宽度大于60°而小于120°，一般取80°~100°），如图3-35c所示；另一种是双窄脉冲触发，即用两个相距60°的窄脉冲代替宽脉冲，给一只晶闸管加触发信号。在u_d的6个时间段，给应导通的上、下桥臂两只晶闸管都提供触发脉冲，而不管其原来是否导通，所以每隔60°就需要同时提供两个触发脉冲。实际提供脉冲的顺序为：(1、2)—(2、3)—(3、4)—(4、5)—(5、6)—(6、1)，如图3-35d所示。

双脉冲触发电路较复杂，但要求的触发电路输出功率小；宽脉冲触发电路虽可以少输出一半脉冲，但为了不使脉冲变压器饱和，需增大铁芯体积，增加绕组匝数，从而导致漏感增大，脉冲前沿不陡，不利于晶闸管的触发。因此双窄脉冲触发方式在实际工程中较为常见。

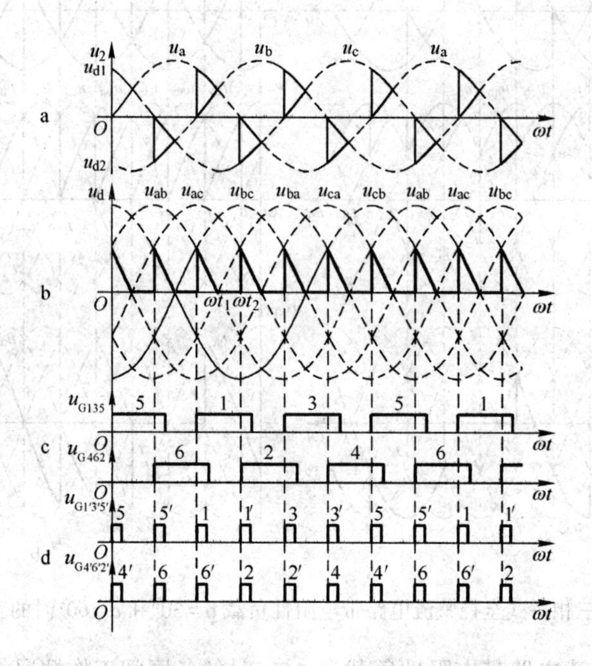

图3-35　三相桥式全控整流电路带电阻性负载$\alpha=90°$时的负载电压波形和触发脉冲波形

a—负载相电压波形；b—负载线电压波形；c—宽脉冲触发波形；d—双窄脉冲触发波形

基本数量关系为：

(1) 直流输出电压平均值：

$\alpha=60°$是输出电压波形连续和断续的分界点。

$\alpha\leqslant60°$时

$$U_d=\frac{1}{\pi/3}\int_{\frac{\pi}{3}+\alpha}^{\frac{2\pi}{3}+\alpha}\sqrt{2}U_{2l}\sin\omega t\,d(\omega t)=1.35U_{2l}\cos\alpha=2.34U_2\cos\alpha \tag{3-65}$$

$\alpha>60°$时，u_d波形不再连续

$$U_{\mathrm{d}} = \frac{3}{\pi}\int_{\frac{\pi}{3}+\alpha}^{\pi}\sqrt{6}U_2\sin\omega t\mathrm{d}(\omega t) = 2.34U_2\left[1+\cos\left(\frac{\pi}{3}+\alpha\right)\right] \tag{3-66}$$

$\alpha=0°$时，$U_{\mathrm{d}}=U_{\mathrm{do}}=2.34U_2$；$\alpha=120°$时，$U_{\mathrm{d}}=0$，输出电压为零。因此，三相桥式全控整流电路带电阻性负载时，触发角 α 的移相范围是 120°。

（2）直流输出电流平均值：

$$I_{\mathrm{d}} = \frac{U_{\mathrm{d}}}{R} \tag{3-67}$$

（3）晶闸管电流平均值：

$$I_{\mathrm{dVT}} = \frac{1}{3}I_{\mathrm{d}} \tag{3-68}$$

（4）晶闸管电流有效值：

$\alpha\leqslant60°$时

$$I_{\mathrm{VT}} = \sqrt{\frac{2}{2\pi}\int_{\frac{\pi}{3}+\alpha}^{\frac{2\pi}{3}+\alpha}\left(\frac{\sqrt{6}U_2\sin\omega t}{R}\right)^2\mathrm{d}(\omega t)} = \frac{U_2}{R}\sqrt{\frac{1}{\pi}\left(\pi+\frac{3\sqrt{3}}{2}\cos2\alpha\right)} \tag{3-69}$$

$\alpha>60°$时

$$I_{\mathrm{VT}} = \sqrt{\frac{2}{2\pi}\int_{\frac{\pi}{3}+\alpha}^{\pi}\left(\frac{\sqrt{6}U_2\sin\omega t}{R}\right)^2\mathrm{d}(\omega t)} = \frac{U_2}{R}\sqrt{\frac{1}{\pi}\left(2\pi-3\alpha+\frac{3\sqrt{3}}{4}\cos2\alpha-\frac{3}{4}\sin2\alpha\right)} \tag{3-70}$$

三相桥式全控整流电路带电阻性负载时，无论触发角 α 多大，电流是否连续，晶闸管电流有效值与负载电流有效值之间都存在以下关系

$$I_{\mathrm{VT}} = \frac{1}{\sqrt{3}}I$$

选择晶闸管的额定电流应按有效值相等的原则选取，考虑安全裕量时

$$I_{\mathrm{T(AV)}} = (1.5\sim2)\frac{I_{\mathrm{VT}}}{1.57} \tag{3-71}$$

（5）变压器二次电流有效值：

$$I_2 = \sqrt{2}I_{\mathrm{VT}} \tag{3-72}$$

（6）晶闸管承受的最大正、反向电压 U_{TM}：

三相桥式全控整流电路带电阻性负载时，晶闸管承受的最大反向电压为变压器二次线电压峰值，即

$$U_{\mathrm{RM}} = \sqrt{6}U_2 = 2.45U_2 \tag{3-73}$$

而晶闸管可能承受的最大正向电压则要根据负载电流是否连续进行分析。以晶闸管 VT_1 为例，在 VT_1 导通之前，VT_5 和 VT_6 导通，负载电压 $u_{\mathrm{d}}=u_{\mathrm{cb}}$，$VT_1$ 承受的电压为 u_{ac}，在图 3-34b 中 ωt_1 时刻（$\alpha=60°$时的触发时刻），u_{cb}过零，若 $\alpha>60°$，则此时 VT_1 没有触发脉冲不导通，即所有晶闸管均不导通，在 $\omega t_1\sim\omega t_2$ 段，u_{ac}电压最高，则 VT_1 与 VT_2 共同承担 u_{ac}，$u_{\mathrm{VT1}}=u_{\mathrm{VT2}}=u_{\mathrm{ac}}/2$，直到 VT_1 和 VT_6 被触发导通。因此三相桥式相控整流电路

电阻负载时晶闸管 VT_1 可能承受的最大正向电压就出现在 ωt_1 时刻，即 $U_{FM}=\sqrt{2}\times\sqrt{3}U_2\sin\frac{\pi}{3}=\frac{3\sqrt{2}}{2}U_2$。

在选择晶闸管的额定电压时，应根据晶闸管实际承受的最大反向电压进行计算，即 $U_{TM}=\sqrt{6}U_2=2.45U_2$。若再考虑 2～3 倍的安全裕量，则晶闸管的额定电压 $U_{Tn}\geqslant(2\sim3)U_{TM}=(2\sim3)\sqrt{6}U_2$。

3.4.2　三相桥式全控整流电路带阻感性负载

三相桥式全控整流电路带阻感性负载，当 $\alpha\leqslant60°$ 时，u_d 波形连续，工作情况与三相桥式全控整流电路带电阻性负载时十分相似，各晶闸管的通断情况、输出整流电压 u_d 波形、晶闸管承受的电压波形等都一样。由于电感的作用，负载电流 i_d 波形变得平直，当电感足够大时，负载电流 i_d 的波形可近似为一条水平线。

而当 $\alpha>60°$ 时，电感性负载时的工作情况与电阻负载时不同，电阻性负载时 u_d 波形不会出现负半波，而电感性负载时，由于电感的续流作用，u_d 波形会出现负半波。

图 3-36 为三相桥式全控整流电路带阻感性负载 $\alpha=90°$ 时的电路和工作波形。在 $\alpha=90°$ 时，u_d 波形上下对称，平均值为零。因此带阻感性负载时，三相桥式全控整流电路的移相范围为 90°。由于大电感负载电流连续，晶闸管承受的最大正、反向电压均为变压器二次线电压峰值，即 $U_{TM}=U_{FM}=U_{RM}=\sqrt{6}U_2=2.45U_2$。

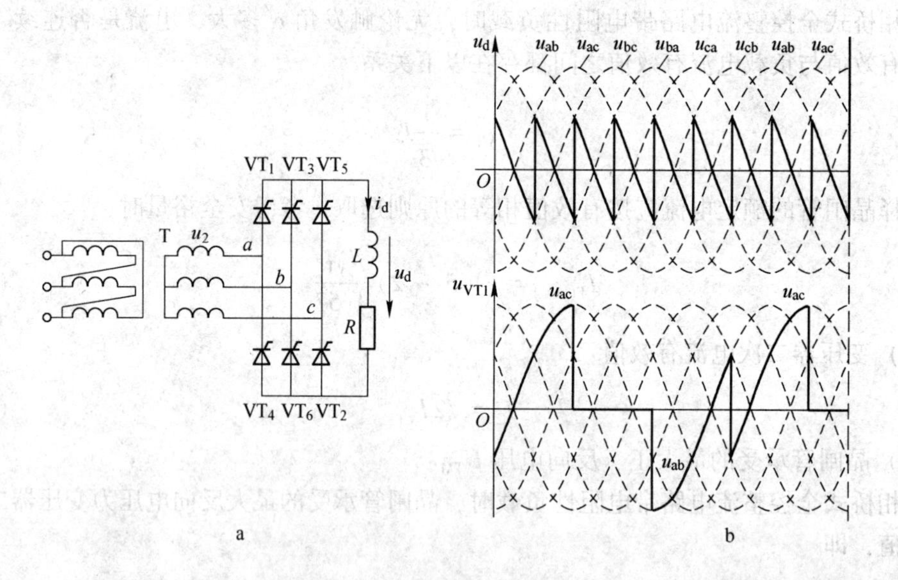

图 3-36　三相桥式全控整流电路带阻感性负载 $\alpha=90°$ 时的电路和工作波形

a—原理电路图；b—波形图

三相桥式全控整流电路可等效为两个三相半波可控整流电路的串联，采用相同的触发角 α，三相桥式全控整流电路的整流输出平均电压 U_d 是三相半波可控整流电路的两倍，带阻感性负载时，由于负载电流连续，$U_d=U_{d1}-U_{d2}=2U_{d1}=2.34U_2\cos\alpha$。因为在三相半波可控整流电路和三相桥式全控整流电路中，晶闸管承受的最大正、反向电压均为变压器二次线电压峰值，因此在输出整流电压相同的情况下，三相桥式全控整流电路中晶闸管的电压额定值可比三相半波整流电路晶闸管的电压额定值低一半。

基本数量关系为：

（1）直流输出电压平均值：

$$U_{\mathrm{d}} = \frac{1}{\pi/3}\int_{\frac{\pi}{3}+\alpha}^{\frac{2\pi}{3}+\alpha} \sqrt{2}U_{2l}\sin\omega t\mathrm{d}(\omega t) = 1.35U_{2l}\cos\alpha = 2.34U_2\cos\alpha \tag{3-74}$$

$\alpha=0°$时，$U_{\mathrm{d}}=U_{\mathrm{do}}=2.34U_2$；$\alpha=90°$时，$U_{\mathrm{d}}=0$，输出电压为零。因此，三相桥式全控整流电路带阻感性负载时，触发角 α 的移相范围是 90°。

（2）直流输出电流平均值：

$$I_{\mathrm{d}} = \frac{U_{\mathrm{d}}}{R} \tag{3-75}$$

（3）晶闸管电流平均值：

$$I_{\mathrm{dVT}} = \frac{1}{3}I_{\mathrm{d}} \tag{3-76}$$

（4）晶闸管电流有效值：

$$I_{\mathrm{VT}} = \frac{1}{\sqrt{3}}I_{\mathrm{d}} = 0.577I_{\mathrm{d}} \tag{3-77}$$

选择晶闸管的额定电流应按有效值相等的原则选取，不考虑安全裕量时，

$$I_{\mathrm{T(AV)}} = \frac{I_{\mathrm{VT}}}{1.57} = \frac{0.577}{1.57}I_{\mathrm{d}} = 0.368I_{\mathrm{d}} \tag{3-78}$$

考虑安全裕量时，

$$I_{\mathrm{T(AV)}} = (1.5 \sim 2)\frac{I_{\mathrm{VT}}}{1.57} \tag{3-79}$$

（5）变压器二次电流有效值：

$$I_2 = \sqrt{2}I_{\mathrm{VT}} = \sqrt{\frac{2}{3}}I_{\mathrm{d}} = 0.816I_{\mathrm{d}} \tag{3-80}$$

（6）晶闸管承受的最大正、反向电压 U_{TM}：

三相桥式全控整流电路带阻感性负载时，晶闸管承受的最大反向电压为变压器二次线电压峰值，即

$$U_{\mathrm{TM}} = \sqrt{6}U_2 = 2.45U_2 \tag{3-81}$$

三相桥式全控整流电路带阻感性负载具有如下特点：

（1）任何时候只有共阴极组和共阳极组各有一只元件同时导通时，才能形成电流通路。

（2）共阴极组晶闸管 VT_1、VT_3、VT_5，按相序依次触发导通，相位互差 120°，a、b、c 三相换流在共阴极组内完成；共阳极组 VT_2、VT_4、VT_6，按相序依次触发导通，相位互差 120°，a、b、c 三相换流在共阳极组内完成；同一相的晶闸管相位相差 180°。每个晶闸

管的导通角都是120°。

(3) 输出电压 u_d 由六段线电压组成，依次为 u_{ab}、u_{ac}、u_{bc}、u_{ba}、u_{ca}、u_{cb}，输出线电压波形每周期脉动六次，脉动频率为6f，$f=50Hz$，$6f=6\times50=300Hz$。

(4) 三相桥式全控整流电路晶闸管两端的电压波形与三相半波整流电路相同，只与晶闸管导通情况有关，它由三段组成：一段为零（忽略导通时的压降），一段为本相与后一相的线电压，另一段为本相与前一相的线电压。晶闸管承受最大正、反向电压的关系也相同。

(5) 变压器二次绕组流过正、负两个方向的电流，消除了变压器的直流磁化，提高了变压器的利用率。

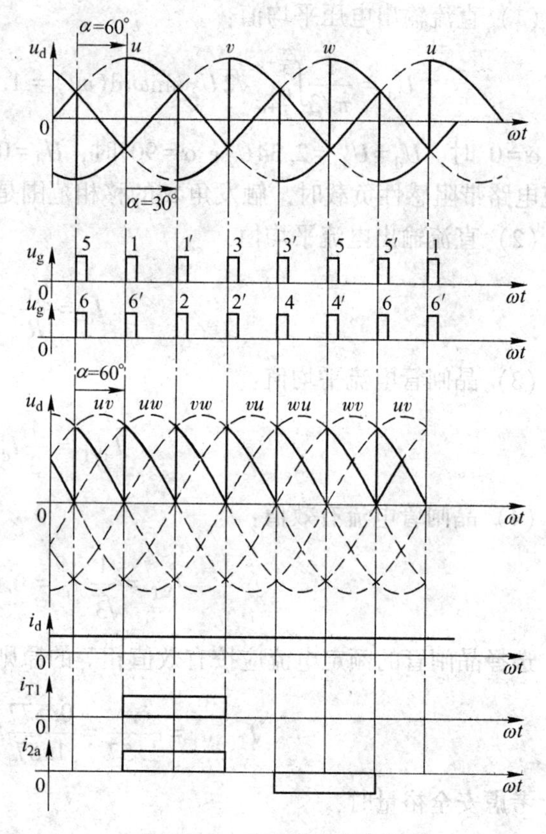

图3-37　三相桥式全控整流

例3-8　三相桥式全控整流电路，大电感性负载（见图3-37)，变压器副边线电压 $U_{21}=380V$，负载电阻 $R_\Sigma=11.7\Omega$，控制角 $\alpha=60°$。计算输出电压平均值 U_d，负载电流平均值 I_d、晶闸管电流 I_{dT}、I_T，变压器副边电流 i_2 的有效值 I_2。

解： $U_{21}=380V \Rightarrow U_2=220V$

$$U_d=2.34U_2\cos\alpha$$
$$=2.34\times220\times\cos60°$$
$$=257.4V$$

$$I_d=\frac{U_d}{R}=\frac{257.4}{11.7}=22A$$

$$I_{dT}=\frac{I_d}{3}=7.33A$$

$$I_T=\frac{I_d}{\sqrt{3}}=12.7A \quad I_{d2}=0$$

$$I_2=\sqrt{\frac{2}{3}}I_d=0.816I_d=0.816\times22=17.95A$$

3.5 三相桥式半控整流电路

3.5.1 三相桥式半控整流电路带电阻性负载

在不要求可逆运行的电力拖动系统中，可采用比三相桥式全控整流电路更简单经济的三相桥式半控整流电路，如图 3-38a 所示。它由共阴极接法的三相半波可控整流电路与共阳极接法的三相半波不可控整流电路串联而成，因此这种电路兼有可控与不可控两者的特性。共阳极组的三个整流二极管总是在自然换流点换流，使电流换到阴极电位更低的一相中去；而共阴极组的三个晶闸管则要在触发后才能换到阳极电位更高的那一相中去。输出整流电压的波形是两组整流电压波形之和。改变共阴极组晶闸管的控制角 α，可获得 $0\sim2.34U_2$ 的直流可调电压 U_d。

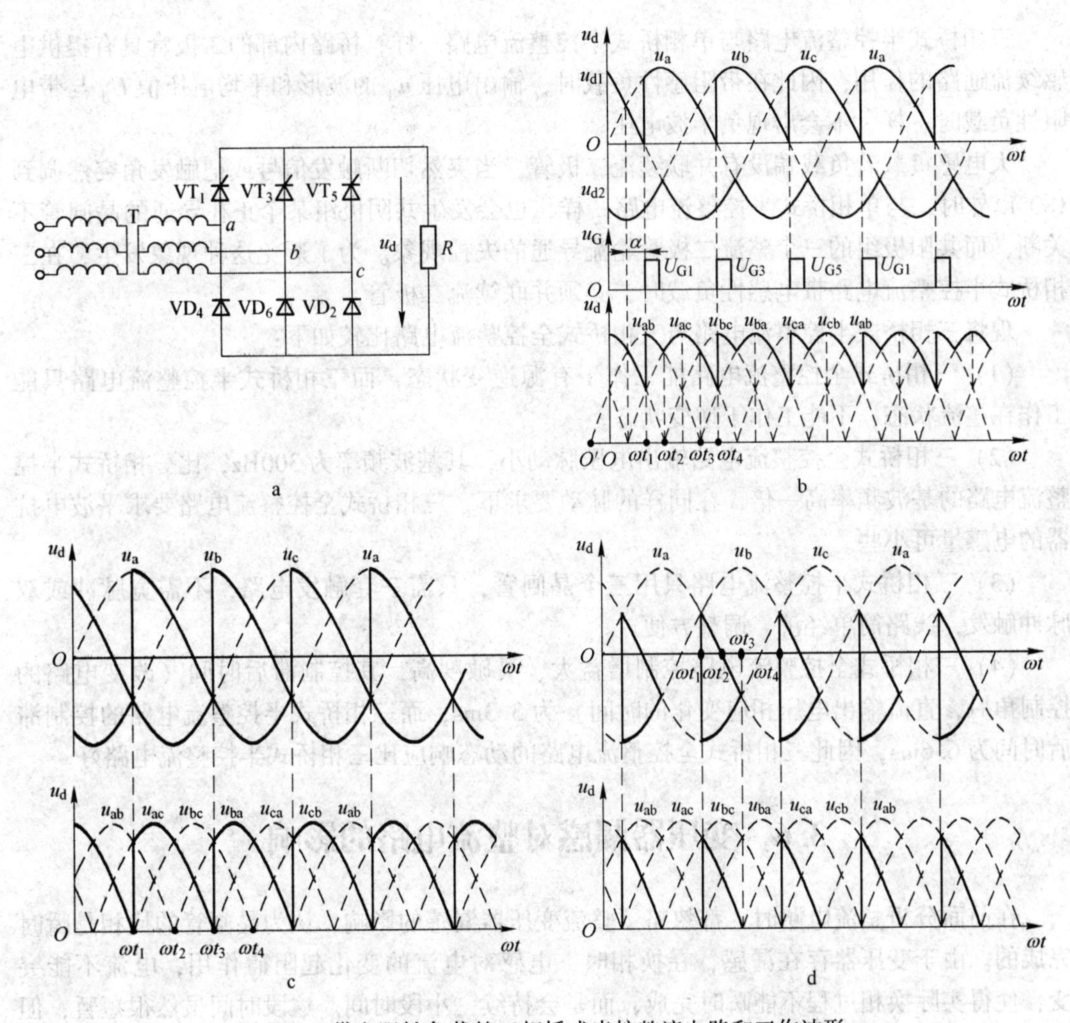

图 3-38 带电阻性负载的三相桥式半控整流电路和工作波形

a—原理电路图；b—$\alpha=30°$；c—$\alpha=60°$；d—$\alpha=120°$

当触发角 $\alpha=0°$时，触发脉冲在自然换相点出现，共阴极组输出最大电压，共阳极组始终输出最大电压，$U_d=U_{d1}-U_{d2}=2.34U_2$，输出电压波形与三相桥式全控电路 $\alpha=0°$时一样。

当触发角 $\alpha\leqslant60°$时，如图 3-38b 所示，ωt_1 时刻触发 VT_1 晶闸管导通，VT_1 与 VD_6 共同构成电流通路，输出整流电压 u_{ab}。ωt_2 时刻共阳极组二极管在自然换相点换流，VD_2 导通，VD_6 关断，VT_1 与 VD_2 共同构成电流通路，输出整流电压 u_{ac}。ωt_4 时刻触发 VT_3

晶闸管导通，VT_3 与 VD_2 共同构成电流通路，输出整流电压 u_{bc}。依次类推，一个周期内，在电阻负载上得到三个波头缺角、三个波头完整的脉动电压波形。

当触发角 $\alpha=60°$时，如图 3-38c 所示，u_d 波形只剩下三个波头，输出电压波形临界连续。

当触发角 $\alpha>60°$时，如图 3-38d 所示，u_d 波形出现断续。

3.5.2 三相桥式半控整流电路带阻感性负载

三相桥式半控整流电路与单相桥式半控整流电路一样，桥路内部的二极管具有提供电感续流通路的作用，因此在带阻感性负载时，输出电压 u_d 的波形和平均电压值 U_d 与带电阻性负载时一样，不会出现负半波电压。

大电感负载若负载端没有并联续流二极管，当突然切断触发信号或把触发角突然调到180°以外时，与单相桥式半控整流电路一样，也会发生共阴极组某个正在导通的晶闸管不关断，而共阳极组的三个整流二极管轮流导通的失控现象。为了避免这种现象发生，在三相桥式半控整流电路带电感性负载时，必须并联续流二极管。

现将三相桥式半控整流电路与三相桥式全控整流电路比较如下：

（1）三相桥式全控整流电路能工作于有源逆变状态，而三相桥式半控整流电路只能工作在整流状态，不能工作于逆变状态。

（2）三相桥式全控整流电路输出电压脉动小，其基波频率为300Hz，比三相桥式半控整流电路的基波频率高一倍，在同样的脉动要求下，三相桥式全控整流电路要求平波电抗器的电感量可小些。

（3）三相桥式半控整流电路只用三个晶闸管，只需三套触发电路，不需宽脉冲或双脉冲触发，线路简单经济，调整方便。

（4）三相桥式全控整流电路控制增益大、灵敏度高，其控制滞后时间（改变电路的控制角后，直流输出电压相应变化的时间）为3.3ms，而三相桥式半控整流电路的控制滞后时间为6.6ms，因此三相桥式全控整流电路的动态响应比三相桥式半控整流电路好。

3.6 变压器漏感对整流电路的影响

在前面分析整流电路时，都忽略了整流变压器漏感的影响，认为晶闸管的换相是瞬时完成的。由于变压器存在漏感，在换相时，电感对电流的变化起阻碍作用，电流不能突变，使得实际换相过程不能瞬时完成，而是会持续一小段时间。这段时间虽然很短暂，但是对电路的工作状态、输出电压和输出电流等都会产生比较大的影响。

3.6.1 换流期间的电压电流波形

整流变压器漏感可用一个集中的电感 L_B 表示，并将其折算到变压器二次侧。下面以三相半波可控整流电路为例，来分析变压器漏感对换相的影响。图 3-39 为考虑变压器漏感时，三相半波可控整流电路换流时的等效电路和换相波形。假设负载电感 L 很大，则负载电流 i_d 为水平直线。该电路在电源电压一个周期内共换流三次。因为三相电路完全对称，每次换流过程完全相似，所以这里只分析从 a 相的 VT_1 换流到 b 相的 VT_2 的过程。

在从 a 相换流到 b 相之前，VT_1 导通，换流时触发 VT_2。在从 VT_1 换流至 VT_2 的过程中，因 a、b 两相均有漏感，故 i_a、i_b 均不能突变，VT_1 不能立即关断，VT_2 也不能立即完全导通，VT_1 和 VT_2 同时处于导通状态，相当于将 a、b 两相短路，两相之间的电压瞬时值是 u_b-u_a，此电压在两相回路中产生一个假想的短路环流电流 i_k，如图 3-39a 中虚线所示（实际上每相晶闸管都是单向导电的，相当于在原有的电流上叠加一个 i_k，i_k 与换相前每只晶闸管初始电流之和是换相过程中流过晶闸管的实际电流）。由于两相都有电感 L_B，所以 b 相电流 $i_b=i_k$ 是从零逐渐增大的，而 a 相电流 $i_a=I_d-i_k$ 是从负载电流 I_d 逐渐减小的。当 $i_b=i_k$ 增大到等于 I_d 时，$i_a=I_d-i_k=0$，VT_1 关断，换相过程结束。换相过程持续的时间用电角度 γ 表示，称为换相重叠角。

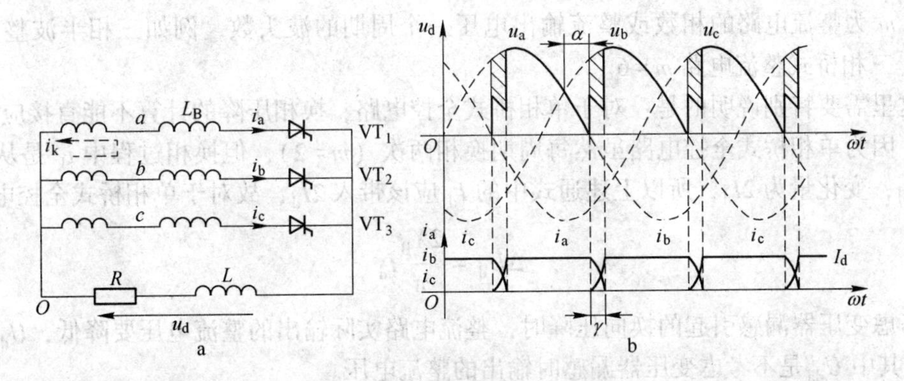

图 3-39 考虑变压器漏感时，三相半波可控整流电路带大电感负载时换相波形
a—等效电路；b—换相波形

换相过程中，负载电压瞬时值可由以下公式推导出来：

$$u_d = u_a + L_B\frac{di_k}{dt} = u_b - L_B\frac{di_k}{dt} \tag{3-82}$$

$$L_B\frac{di_k}{dt} = \frac{u_b - u_a}{2} \tag{3-83}$$

$$u_d = u_a + \frac{u_b - u_a}{2} = \frac{u_a + u_b}{2} = -\frac{u_c}{2} \tag{3-84}$$

3.6.2 换相压降 ΔU_d 的计算

换相过程中，整流输出电压 u_d 为同时导通的两只晶闸管所对应的两个相电压瞬时值之和的一半。与不考虑变压器漏感时相比，每次换相时 u_d 的波形出现一个明显的缺口，少了图 3-39b 中阴影标示出的面积，导致 u_d 平均值降低。减少的这块面积是由于电路换相引起的，称为换相压降，用 ΔU_d 来表示。换相压降相当于阴影部分面积的平均值，其值等于阴影面积除以一个周期内一只晶闸管的最大导通时间。

以三相半波可控整流电路为例，推导出换相压降 ΔU_d 为

$$\Delta U_d = \frac{1}{2\pi/3}\int_{\frac{5\pi}{6}+\alpha}^{\frac{5\pi}{6}+\alpha+\gamma}(u_b - u_d)\,d(\omega t) = \frac{3}{2\pi}\int_{\frac{5\pi}{6}+\alpha}^{\frac{5\pi}{6}+\alpha+\gamma}\left[u_b - \left(u_b - L_B\frac{di_k}{dt}\right)\right]d(\omega t)$$

$$=\frac{3}{2\pi}\int_{\frac{5\pi}{6}+\alpha}^{\frac{5\pi}{6}+\alpha+\gamma}L_B\frac{di_k}{dt}d(\omega t)=\frac{3}{2\pi}\int_0^{I_d}\omega L_B di_k=\frac{3}{2\pi}X_B I_d \tag{3-85}$$

其中

$$X_B=\omega L_B=\frac{U_2}{I_2}\times\frac{U_k\%}{100}$$

相当于漏感为 L_B 的变压器每相折算到二次侧的漏抗，它可根据变压器的铭牌数据求出。

推广到其他整流电路，可得换相压降 ΔU_d 的通用公式，对于 m 相电路

$$\Delta U_d=\frac{m}{2\pi}X_B I_d \tag{3-86}$$

式中，m 为整流电路的相数或整流输出电压一个周期的波头数，例如三相半波整流电路 $m=3$，三相桥式整流电路 $m=6$。

这里需要特别说明的是：对于单相桥式全控电路，换相压降的计算不能直接应用上述通式，因为单相桥式全控电路虽然每周期换相两次（$m=2$），但换相过程中 i_k 是从 $-I_d$ 增加到 I_d，变化量为 $2I_d$，所以上述通式中的 I_d 应该带入 $2I_d$，故对于单相桥式全控电路有：

$$\Delta U_d=\frac{2X_B}{\pi}I_d \tag{3-87}$$

考虑变压器漏感引起的换向压降时，整流电路实际输出的整流电压要降低，$U_d=U_{da}-\Delta U_d$，其中 U_{da} 是不考虑变压器漏感时输出的整流电压。

3.6.3　换相重叠角 γ 的计算

由式 3-83 可得：

$$\frac{di_k}{dt}=\frac{u_b-u_a}{2L_B}=\frac{\sqrt{6}U_2\sin\left(\omega t-\frac{5\pi}{6}\right)}{2L_B} \tag{3-88}$$

对上式两边积分，可得：

$$\cos\alpha-\cos(\alpha+\gamma)=\frac{X_B I_d}{\sqrt{2}U_2\sin(\pi/m)} \tag{3-89}$$

显然，当 α 一定时，如果 X_B、I_d 增大，则 γ 增大，换流时间加长，因此大电流负载时更要考虑换相重叠角的影响。当 X_B、I_d 一定时，换相重叠角 γ 随着 α 角的增大而减小。将式 3-89 变换后，可直接按下式求得换相重叠角：

$$\gamma=\cos^{-1}\left[\cos\alpha-\frac{X_B I_d}{\sqrt{2}U_2\sin(\pi/m)}\right]-\alpha \tag{3-90}$$

式中，m 为每个周期的换相次数，例如单相双半波电路 $m=2$，三相半波电路 $m=3$。

需要特别说明的是：对于单相桥式全控整流电路，通用公式 3-89 不适用。因为单相桥式全控整流电路换流时，电流从 $-I_d$ 变为 $+I_d$，变化量为 $2I_d$，因此

$$\cos\alpha-\cos(\alpha+\gamma)=\frac{2X_B I_d}{\sqrt{2}U_2} \tag{3-91}$$

同理，对于三相桥式全控整流电路，相当于相电压为$\sqrt{3}U_2$、$m=6$的六脉波整流电路，因此，在利用通用公式3-89计算三相桥式全控整流电路的γ角时，应该用$\sqrt{3}U_2$代替原来的U_2，因此

$$\cos\alpha-\cos(\alpha+\gamma)=\frac{X_B I_d}{\sqrt{2}(\sqrt{3}U_2)\sin(\pi/m)}=\frac{2X_B I_d}{\sqrt{6}U_2} \tag{3-92}$$

表3-16列出了几种常见的可控整流电路换相压降和换相重叠角的计算公式。

表3-16 各种整流电路换相压降和换相重叠角的计算

电路形式	单相全波	单相全控桥	三相半波	三相全控桥	m脉波整流电路
ΔU_d	$\frac{X_B}{\pi}I_d$	$\frac{2X_B}{\pi}I_d$	$\frac{3X_B}{2\pi}I_d$	$\frac{3X_B}{\pi}I_d$	$\frac{mX_B}{2\pi}I_d$
$\cos\alpha-\cos(\alpha+\gamma)$	$\frac{X_B I_d}{\sqrt{2}U_2}$	$\frac{2X_B I_d}{\sqrt{2}U_2}$	$\frac{2X_B I_d}{\sqrt{6}U_2}$	$\frac{2X_B I_d}{\sqrt{6}U_2}$	$\frac{X_B I_d}{\sqrt{2}U_2\sin(\pi/m)}$

由表3-16可知，γ与I_d和X_B的值成正比，这是因为换相重叠角γ的产生是由于换相期间变压器漏感储存了电磁能量而引起的，I_d和X_B越大，变压器储存的能量越大，释放的时间越长，γ越大。当$\alpha\leqslant 90°$时，α越大，γ越小，这是因为α越大，发生换相的两相之间电压差越大，两相重叠导电时di_k/dt越大，能量释放得越快。

变压器漏感L_B的存在可以限制短路电流，使得电流变化比较平缓，对限制电流变化率di/dt有利。但由于漏感的存在，使得换相期间两相电源相当于短路，若整流装置容量很大，则换相瞬间会使输出电压脉动量增大，电网电压出现缺口，造成电网波形畸变，成为干扰源，影响整流装置本身和电网上其他设备的正常运行；会使du/dt加大，威胁设备和装置的运行安全；会使功率因数降低，影响电网的运行效率。

例3-9 三相桥式不可控整流电路，阻感性负载，$R=5\Omega$，$L=\infty$，$U_2=220V$，$X_B=0.3\Omega$，求U_d、I_d、I_{VD}、I_2和γ的值，并画出u_d、i_{VD1}和i_{2a}的波形。

解：三相桥式不可控整流电路相当于三相桥式可控整流电路$\alpha=0°$时的情况。

$$\begin{cases}U_d=2.34U_2\cos\alpha-\Delta U_d\\ \Delta U_d=3X_B I_d/\pi\\ I_d=U_d/R\end{cases}$$

解方程组得

$$U_d=2.34U_2\cos\alpha/[1+3X_B/(\pi R)]=486.9V$$
$$I_d=U_d/R=97.38A$$

又因为

$$\cos\alpha-\cos(\alpha+\gamma)=\frac{2X_B I_d}{\sqrt{6}U_2}$$

可求得

$$\cos(\alpha+\gamma)=\cos\gamma=0.892$$

则换相重叠角

$$\gamma=26.93°$$

二极管电流和变压器二次侧电流的有效值分别为

$$I_{VD}=\sqrt{\frac{1}{3}}I_d=56.2A$$

$$I_2 = \sqrt{\frac{2}{3}} I_d = 79.51\text{A}$$

由下式可求得换相重叠角内的输出电压

$$u_d = u_a - \frac{u_b + u_c}{2} = \frac{u_a - u_b}{2} + \frac{u_a - u_c}{2} = \frac{u_{ab} + u_{ac}}{2} \tag{3-93}$$

进而可以画出 u_d 的波形。u_d、i_{VD1} 和 i_{2a} 的波形如图 3-40 所示。

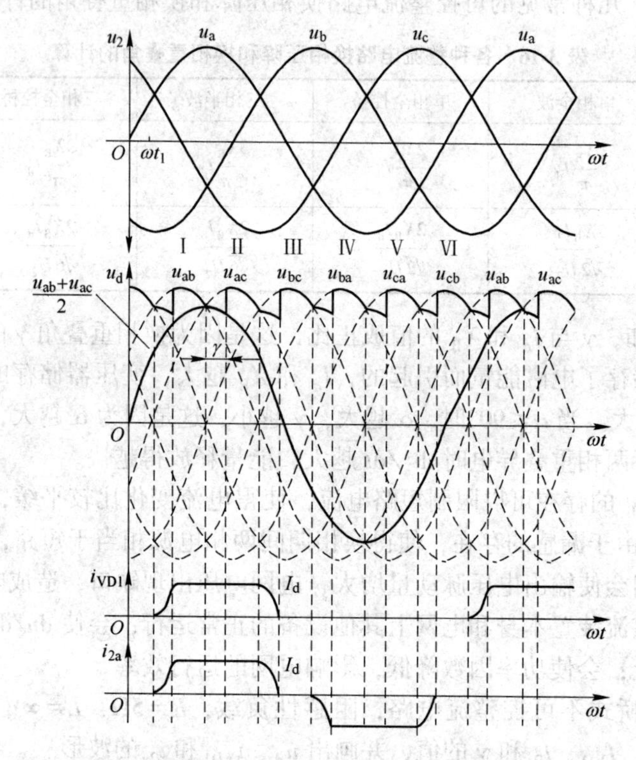

图 3-40 三相桥式不可控整流电路阻感性负载考虑变压器漏感时的波形

例 3-10 三相全控桥，反电动势阻感负载，$E = 200\text{V}$，$R = 1\Omega$，$L = \infty$，$U_2 = 220\text{V}$，$\alpha = 60°$，当（1）$L_B = 0\text{mH}$ 和（2）$L_B = 1\text{mH}$ 的情况下分别求 U_d，I_d 的值，后者还应求 γ，并分别作出 u_d 与 i_T 的波形。

解：（1）$L_B = 0\text{mH}$ 时

$$U_d = 2.34U_2\cos\alpha = 2.34 \times 220 \times \cos60° = 257.4\text{V}$$

$$I_d = \frac{U_d - E}{R} = \frac{257.4 - 200}{1} = 57.4\text{A}$$

（2）$L_B \neq 0$，$L_B = 1\text{mH}$ 时

$$U_d = 2.34U_2\cos\alpha - \frac{mX_B}{2\pi}I_d$$

$$= 2.34 \times 220 \times \cos60° - \frac{6 \times 314 \times 0.001}{2\pi} \times I_d$$

$$= 257.4 - 0.3I_d$$

$$U_d = E + RI_d = 200 + 1 \times I_d$$

$$\Rightarrow U_d = 244.2\text{V}$$

$$I_d = 44.63\text{A}$$

$$\gamma = \cos^{-1}\left[\cos\alpha - \frac{2X_B}{\sqrt{6}U_2}I_d\right] - \alpha$$

$$= \cos^{-1}\left[\cos60° - \frac{2 \times 314 \times 0.001}{\sqrt{6} \times 220} \times 44.15\right] - 60°$$

$$= 3.35°$$

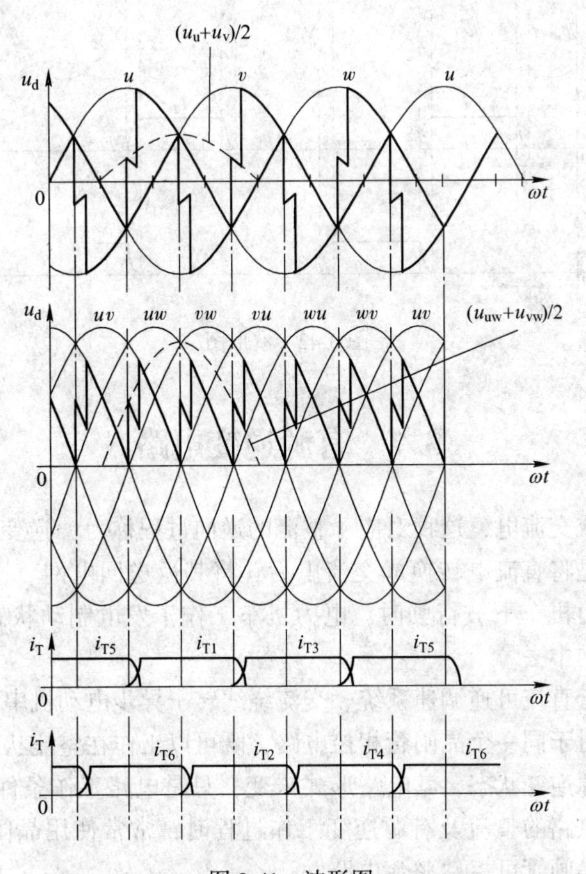

图 3-41 波形图

例 3-11 三相半波可控整流电路，反电动势阻感负载，$R = 1\Omega$，$L = \infty$，$U_2 = 100\text{V}$，$E = 50\text{V}$，$L_B = 1\text{mH}$。当 $\alpha = 30°$ 时，求 U_d、I_d 与 γ，并画出电压 u_d，i_{VT1} 和 i_{VT2} 的波形。

$$\begin{cases} U_d = 1.17U_2\cos\alpha - \Delta U_d \\ \Delta U_d = 3X_B I_d / 2\pi \\ I_d = (U_d - E)/R \end{cases} \Rightarrow \begin{cases} U_d = 94.63\text{V} \\ \Delta U_d = 6.7\text{V} \\ I_d = 44.63\text{A} \end{cases}$$

$$\cos\alpha - \cos(\alpha + \gamma) = 2I_d X_B / \sqrt{6}U_2$$

$$\cos(30° + \gamma) = 0.752$$

$$\gamma = 41.28° - 30° = 11.28°$$

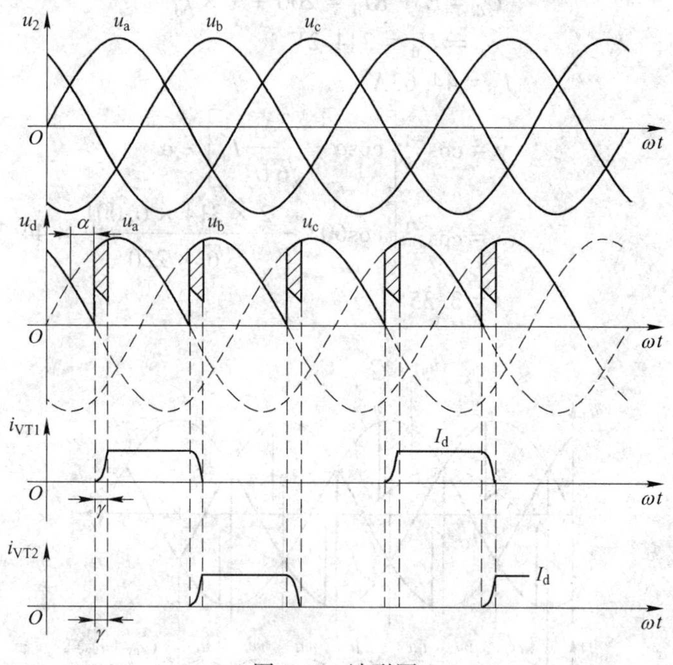

图 3-42　波形图

3.7　有源逆变电路

将直流电转换成交流电，这种对应于整流的逆向过程称为“逆变”。

有源逆变指的是将直流电转换成交流电后，将其返送回电网。这里的“源”指的就是电网。例如当电力机车下坡行驶时，电力机车工作于发电制动状态，将位能转变为电能，反送到交流电网中去。

有源逆变常用于直流可逆调速系统、交流绕线转子异步电动机串级调速系统以及高压直流输电系统等。对于同一个晶闸管相控电路，既可以工作在整流状态，在满足一定条件时又可以工作于有源逆变状态，其电路形式未变，只是电路工作条件发生了转变，因此，在讨论晶闸管可控电路的整流及有源逆变工作过程时，常常使用晶闸管“变流电路”这个名称，而不再称晶闸管可控“整流电路”。

3.7.1　逆变的概念

图 3-43 为两个直流电源相连的几种情况。

图 3-43a 中 $E_1>E_2$，电流从 E_1 流向 E_2，并有

$$I=\frac{E_1-E_2}{R}$$

E_1 发出功率 $P_1=E_1I$，E_2 接受功率 $P_2=E_2I$，电阻消耗的功率为 $P_R=(E_1-E_2)I$。

图 3-43b 中 $E_2>E_1$，电流反向，此时 E_1 接受功率，E_2 发出功率。

可见当两个电动势同极性并接时，电流总是从电动势高的位置流向电动势低的位置。

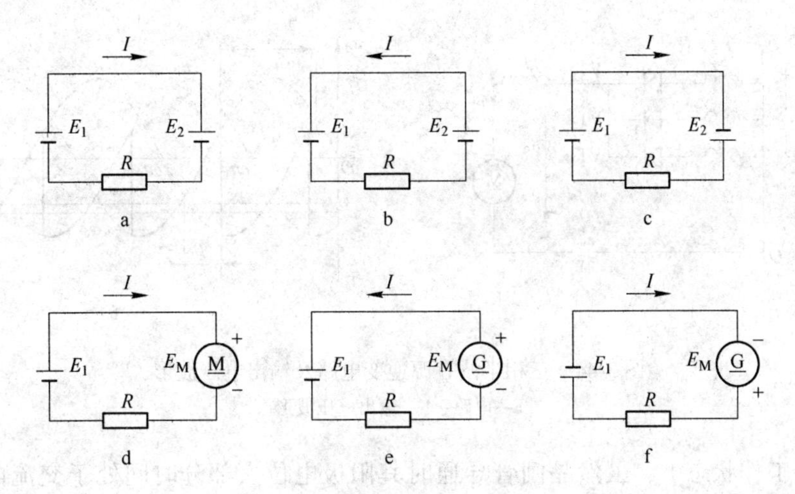

图 3-43 两个直流电源相连时电能的传递情况

由于回路电阻很小，即使很小的电压差也能产生很大的电流，在两个电动势间交换很大的功率。

图 3-43c 中 E_1 和 E_2 顺向串联，则

$$I=\frac{E_1+E_2}{R}$$

此时 E_1 和 E_2 都输出功率，电阻消耗的功率为 $P_R=(E_1+E_2)I$。如果 R 仅为回路电阻，由于其电阻值很小，则电流 I 将很大，为两个电源间的短路电流，实际运行中应避免这种情况发生。

图 3-43d 中，用直流电机 M 的电枢替代电源 E_2，E_M 为直流电机的反电动势，由 E_1 为直流电机提供电枢电源，M 工作在电动状态。若直流电机工作在制动状态，且 $E_M>E_1$，则电流 I 反向，直流电机作为发电机运行，如图 3-43e 所示。

在前面介绍的相控整流电路中，直流电源 E_1 是通过晶闸管对交流电源整流得来的，而晶闸管的单向导电性决定了电流 I 的方向不能改变，若想使直流电机轴上的机械能转变为电能并向电网回馈，则只能通过改变直流电机的电枢电压极性来实现，如图 3-43f 所示。此时若 E_1 的极性不改变，则形成图 3-43c 所示的短路状况，故 E_1 的极性也需要对调。当 $E_M>E_1$ 时，即可实现电能回馈。

3.7.2 三相半波有源逆变电路

图 3-44a 为三相半波可控整流电路给直流电机供电的原理图。其中整流电压正方向如图中箭头所示，规定直流电机工作于电动状态时的反电动势 E_M 的极性为上正下负。直流电机 M 发电回馈制动时，由于晶闸管的单向导电性，I_d 方向不变，欲改变电能的输送方向，只能改变 E_M 的极性，变成下正上负，如图 3-44a 所示。

为了防止两个电压顺向串联，U_d 的极性也必须反过来，即 U_d 应为负值，且 $|E_M|>|U_d|$，才能将电能从直流侧传送到交流侧，实现逆变。此时电能的传送方向与整流时相反，直流电机 M 输出电功率，电网通过变流器吸收电功率。U_d 的大小可通过改变触发角 α 来进行调节，逆变状态时 U_d 为负值，$\pi/2<\alpha\leqslant\pi$。

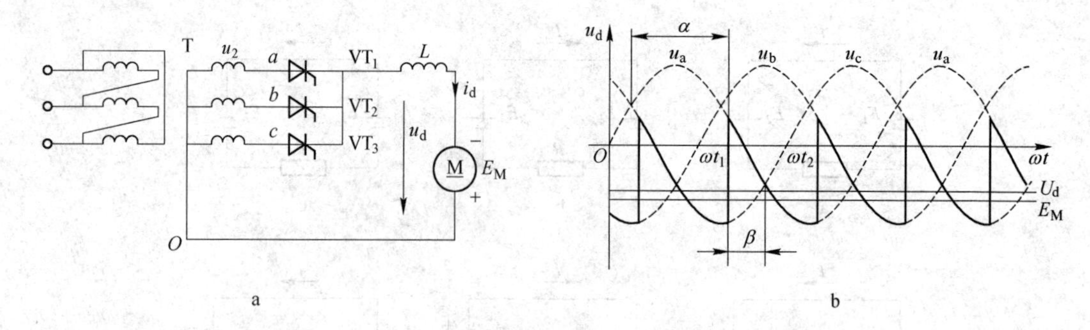

图 3-44 三相半波有源逆变电路及输出电压波形

a—电路；b—输出电压波形

在逆变工作状态下，虽然晶闸管导通时其阳极电位大部分时间处于交流电压的负半波，但由于外接直流电动势 E_M 的存在，晶闸管仍能承受正向电压而导通。

通常为分析方便，把 $\alpha>\pi/2$ 的触发角用 $\beta=\pi-\alpha$ 表示，称为逆变角。α 与 β 存在如下关系：$\alpha+\beta=\pi$。逆变角 β 和触发角 α 的计量方向相反，触发角 α 是以自然换相点作为计量起始点，由此向右方计量；而逆变角 β 是以 $\alpha=\pi$（$\beta=0$）作为计量起始点，由此向左方计量。

如图 3-44b 所示，在 ωt_1 之前 VT_3 导通，$u_d=u_c$，到 ωt_1 时刻（触发角 α），给 VT_1 加触发脉冲，$u_a>u_c$，则 VT_1 导通，VT_3 承受反压关断，$u_d=u_a$。同理，到 ωt_2 时刻，给 VT_2 加触发脉冲，$u_b>u_a$，则 VT_2 导通，VT_1 承受反压关断，$u_d=u_b$。依此类推，即可得到三相半波有源逆变电路的输出电压波形。表 3-17 为三相半波有源逆变电路各区间的工作情况。

表 3-17 三相半波有源逆变电路各区间工作情况

ωt	$(\pi/6+\alpha)\sim(5\pi/6+\alpha)$	$(5\pi/6+\alpha)\sim(3\pi/2+\alpha)$	$(3\pi/2+\alpha)\sim(13\pi/6+\alpha)$
晶闸管导通情况	VT_1 导通，VT_2、VT_3 截止	VT_2 导通，VT_1、VT_3 截止	VT_3 导通，VT_1、VT_2 截止
u_d	u_a	u_b	u_c
U_d	$1.17U_2\cos\alpha=-1.17U_2\cos\beta$		
i_d	近似为水平直线，$I_d=(U_d-E_M)/R$，其中 U_d 和 E_M 均为负值		

3.7.3 实现有源逆变的条件

晶闸管变流电路工作在逆变状态必须满足两个条件：

（1）要有一个外加的直流电动势，其极性和晶闸管的导通方向一致，其绝对值 $|E_M|$ 大于变流器输出直流平均电压的幅值 $|U_d|$；

（2）晶闸管的触发角 $\alpha>\pi/2$，使得 U_d 为负值。

半控桥式整流电路或带续流二极管的整流电路，因其输出整流电压 u_d 不能出现负值（最小值为零），也不允许直流侧出现负极性的电动势，故不能实现有源逆变。因此要实现有源逆变，只能采用全控型变流电路。

3.7.4　三相桥式有源逆变电路

整流电路带反电动势加阻感负载时，整流输出电压与控制角之间存在着余弦函数关系：

$$U_d = U_{do}\cos\alpha$$

对于同一个晶闸管变流装置来说，逆变和整流的区别仅仅是触发角 α 不同，在带大电感性负载的情况下，当 $0\leqslant\alpha<\pi/2$ 时，电路工作在整流状态；而 $\pi/2<\alpha\leqslant\pi$ 时，电路工作在逆变状态。为实现逆变，需要有一个反向的直流电动势 E_M，而在上式中因 α 大于 $\pi/2$，U_d 已经自动变为负值，完全满足逆变的条件，因而可沿用整流的办法来处理逆变时有关波形与参数计算等各项问题。三相桥式全控电路工作于有源逆变状态，不同逆变角时的输出电压波形如图 3-45 所示。

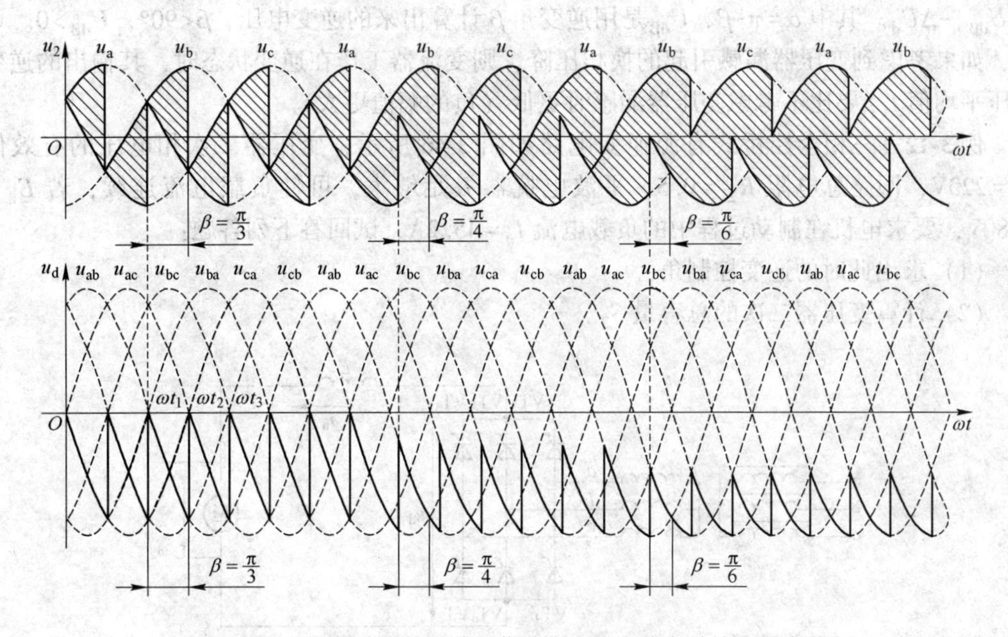

图 3-45　三相桥式全控电路工作于有源逆变状态时的电压波形

关于有源逆变状态时各电量的计算归纳如下：

逆变电压平均值为：

$$U_d = 2.34U_2\cos\alpha = -2.34U_2\cos\beta = -1.35U_{2l}\cos\beta \tag{3-94}$$

通常在逆变工作时，用 $U_{d\beta}=2.34U_2\cos\beta$，$\beta<90°$ 表示三相全控桥式变流器输出的逆变电压。相对应的，也可以用 $U_{d\alpha}=2.34U_2\cos\alpha$，$\alpha\leqslant90°$ 表示三相全控桥式变流器输出的整流电压。

在逆变状态时，U_d 和 E_M 的极性都与整流状态时相反，均为负值。

输出直流电流的平均值亦可用整流的公式求得：

$$I_d = \frac{U_d - E_M}{R_\Sigma} = \frac{|E_M| - |U_d|}{R_\Sigma} \tag{3-95}$$

每只晶闸管连续导通 $2\pi/3$，故流过晶闸管的电流有效值（忽略直流电流 i_d 的脉动）为：

$$I_{VT} = \frac{1}{\sqrt{3}} I_d = 0.577 I_d \tag{3-96}$$

从交流电源送到直流侧负载的有功功率为：

$$P_d = R_\Sigma I_d^2 + E_M I_d \tag{3-97}$$

当逆变工作时，由于 E_M 为负值，故 P_d 为负值，表示功率由直流电源输送回交流电网。

在三相桥式电路中，每个周期内流经变压器二次绕组的电流导通角为 4π/3，是每只晶闸管导通角 2π/3 的两倍，因此变压器二次线电流的有效值为

$$I_2 = \sqrt{2} I_{VT} = \sqrt{\frac{2}{3}} I_d = 0.816 I_d \tag{3-98}$$

考虑变压器漏感引起的换相压降时，变流电路实际输出的逆变电压为 $U_d = U_{d\alpha} - \Delta U_d = -|U_{d\beta}| - \Delta U_d$。其中 $\alpha = \pi - \beta$，$U_{d\beta}$ 是用逆变角 β 计算出来的逆变电压，$\beta < 90°$，$U_{d\beta} > 0$。可见，如果考虑到变压器漏感引起的换相压降，则变流器工作在逆变状态时，其输出的逆变电压平均值 U_d 要比不考虑变压器漏感时更低（负的幅值更大）。

例 3-12 三相全控桥式有源逆变电路如图 3-46 所示，变压器二次相电压的有效值 $U_2 = 220V$，回路总电阻 $R_\Sigma = 0.5$，平波电抗器 L 足够大，可使负载电流连续，若 $E_d = -280V$，要求电机在制动过程中的负载电流 $I_d = 45.2A$，试回答下列各题：

(1) 求出此时的逆变控制角；

(2) 计算变压器二次的总容量 S_2。

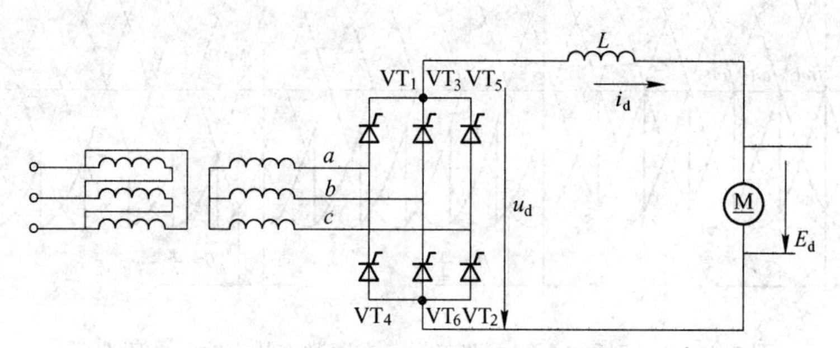

图 3-46 三相全控桥式有源逆变电路

解：(1) $U_d = I_d R_\Sigma - E_d = 45.2 \times 0.5 - 280 = -257.4(\text{V})$

$$\cos\beta = \frac{U_d}{-2.34 U_2} = 0.5$$

$$\beta = 60°$$

(2) $I_2 = \sqrt{\frac{2}{3}} I_d = \sqrt{\frac{2}{3}} \times 45.2 \approx 36.9(\text{A})$

$$S_2 = 3U_2 I_2 = 3 \times 220 \times 36.9 = 24354(\text{V} \cdot \text{A})$$

$$= 24.35(\text{kV} \cdot \text{A})$$

例 3-13 单相全控桥式变流电路如图 3-47 所示，工作于有源逆变状态。$\beta = 60°$，$U_2 = 220V$，$E_d = -150V$，$R = 1\Omega$，L 足够大，负载电流 $I_d = 50A$，可使负载电流连续。试按要求完成下列各项：

（1）画出输出电压 U_d 的波形；（2）画出晶闸管 VT_2 的电流波形 i_{VT2}；（3）计算晶闸管 VT_2 电流的有效值 I_{VT2}。

$$I_{VT2} = \frac{1}{\sqrt{2}} I_d = \frac{1}{\sqrt{2}} \times 50 \approx 36.1(\mathrm{A})$$

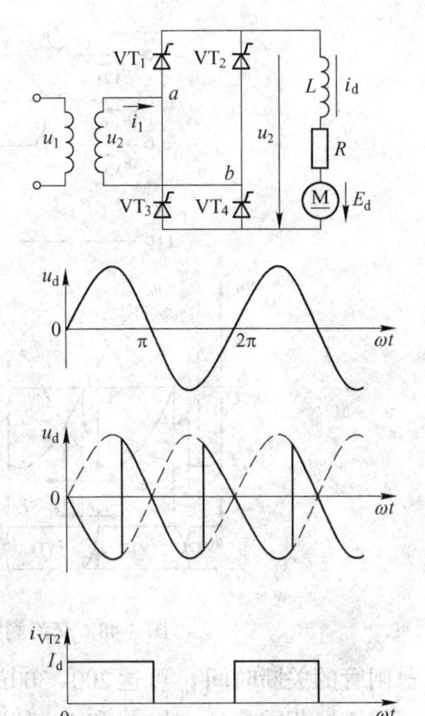

图 3-47 电路和波形图

3.7.5 有源逆变失败的原因与最小逆变角的限制

逆变运行时，一旦发生换相失败，外接的直流电源就会通过晶闸管电路形成短路，或者使变流器的输出平均电压和直流电动势变成顺向串联，由于逆变电路的内阻很小，就会形成很大的短路电流，这种情况称为逆变失败，或称为逆变颠覆。

3.7.5.1 逆变失败的原因

造成逆变失败的原因很多，主要有下列几种情况：

（1）触发电路工作不可靠，不能适时、准确地给各晶闸管分配脉冲，如脉冲丢失、脉冲延迟等，致使晶闸管不能正常换相，使交流电源电压与直流电动势顺向串联，形成短路。

（2）晶闸管发生故障，在应该阻断期间器件失去阻断能力，或在应该导通期间器件不能导通，造成逆变失败。

（3）在逆变工作时，交流电源发生缺相或突然消失，由于直流电动势 E_M 的存在，晶闸管仍可导通，此时变流器的交流侧由于失去了同直流电动势极性相反的交流电压，因此直流电动势将通过晶闸管造成电路短路。

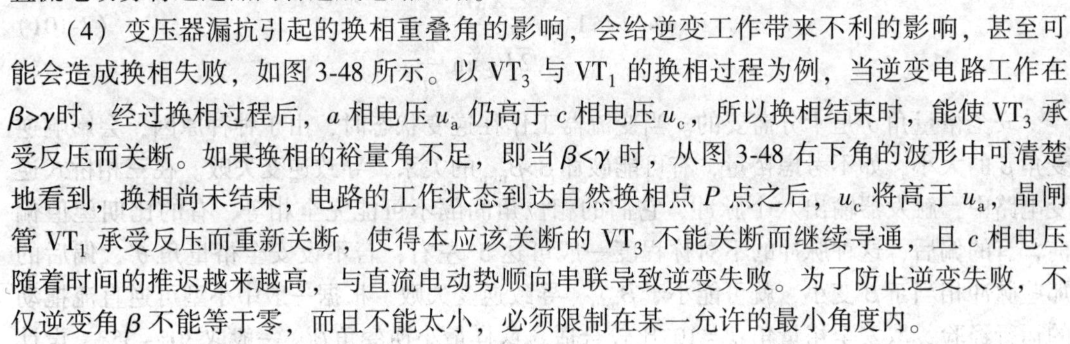

（4）变压器漏抗引起的换相重叠角的影响，会给逆变工作带来不利的影响，甚至可能会造成换相失败，如图 3-48 所示。以 VT_3 与 VT_1 的换相过程为例，当逆变电路工作在 $\beta>\gamma$ 时，经过换相过程后，a 相电压 u_a 仍高于 c 相电压 u_c，所以换相结束时，能使 VT_3 承受反压而关断。如果换相的裕量角不足，即当 $\beta<\gamma$ 时，从图 3-48 右下角的波形中可清楚地看到，换相尚未结束，电路的工作状态到达自然换相点 P 点之后，u_c 将高于 u_a，晶闸管 VT_1 承受反压而重新关断，使得本应该关断的 VT_3 不能关断而继续导通，且 c 相电压随着时间的推迟越来越高，与直流电动势顺向串联导致逆变失败。为了防止逆变失败，不仅逆变角 β 不能等于零，而且不能太小，必须限制在某一允许的最小角度内。

3.7.5.2 确定最小逆变角 β_{min} 的依据

逆变时允许采用的最小逆变角 β_{min} 为

$$\beta_{min} = \delta + \gamma + \theta' \tag{3-99}$$

式中 δ——晶闸管的关断时间 t_q 折合的电角度；

γ——换相重叠角；

θ'——安全裕量角。

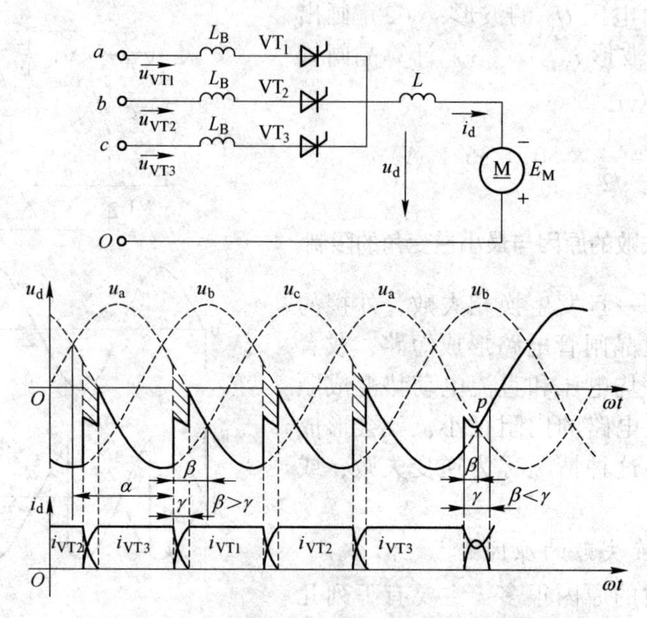

图 3-48　交流侧电抗对逆变换相过程的影响

晶闸管的关断时间 t_q 可达 200~300μs，折算成电角度 δ 大约为 4°~5°。从前面的分析中已经知道换相重叠角 γ 与 I_d 和 X_B 有关，它随直流平均电流和换相电抗的增加而增大，当电路参数确定后，换相重叠角 γ 也就确定了。

设计变流器时，换相重叠角 γ 的值可查阅有关手册，也可根据表 3-16 计算，即

$$\cos\alpha - \cos(\alpha + \gamma) = \frac{X_B I_d}{\sqrt{2} U_2 \sin\frac{\pi}{m}} \tag{3-100}$$

逆变工作时 $\alpha = \pi - \beta$，并假定 $\beta = \gamma$，上式可改写成

$$\cos\gamma = 1 - \frac{X_B I_d}{\sqrt{2} U_2 \sin\frac{\pi}{m}} \tag{3-101}$$

安全裕量角 θ' 是十分需要的。当变流器工作在逆变状态时，由于种种原因，会影响逆变角 β 的大小，如不考虑裕量，有可能破坏 $\beta > \beta_{min}$ 的关系，导致逆变失败。在三相桥式逆变电路中，触发器输出六个脉冲，它们的相位角间隔不可能完全相等，有的比期望值偏前，有的偏后，这种脉冲的不对称程度一般可达 5°左右，若不设安全裕量角 θ'，偏后的那些脉冲相当于 β 变小，就可能小于 β_{min}，导致逆变失败。根据一般中小型可逆直流拖动的运行经验，取安全裕量角 $\theta' = 10°$ 比较合适。这样最小逆变角 β_{min} 一般取 30°~35°。设计逆变电路时，必须保证 $\beta \geq \beta_{min}$，因此常在触发电路中附加一个保护环节，保证触发脉冲不进入小于 β_{min} 的区域内。

3.8　晶闸管的相控触发电路与同步问题

本章讲述的晶闸管可控整流电路是通过改变触发角的大小，即控制触发脉冲起始相位

来控制输出电压的大小，故称为相控电路。为保证相控电路的正常工作，应按触发角 α 的大小，在正确的时刻向电路中的晶闸管施加有效的触发脉冲，这就是本节要讲述的相控电路的驱动控制，相应的驱动电路习惯上称为触发电路。

在第 1 章讲述晶闸管的驱动电路时已经简单介绍了触发电路应满足的要求，但所讲述的内容是孤立的，未与晶闸管所处的主电路相结合，而将触发电路与主电路进行正确的连接正是本节要讲述的主要内容。

一般的小功率变流器较多采用单结晶体管触发电路，而大、中功率的变流器，对触发电路的精度要求较高，对输出的触发功率要求较大，故广泛应用晶体管触发电路和集成触发电路，其中以同步信号为锯齿波的触发电路应用最多。此外还有同步信号为正弦波的触发电路，但限于篇幅，这里不作介绍。

3.8.1　单结晶体管移相触发电路

单结晶体管触发电路具有简单、可靠、触发脉冲前沿陡、抗干扰能力强，以及温度补偿性能好等优点，在单相晶闸管变流电路和要求不高的三相半波晶闸管变流装置中有很多的应用。

3.8.1.1　单结晶体管

A　单结晶体管的结构

单结晶体管的结构如图 3-49a 所示，单结晶体管是一种特殊的半导体器件，它是在一块高电阻率的 N 型硅片上引出两个基极 B_1 和 B_2，B_1 为第一基极，B_2 为第二基极。两个基极之间的电阻就是硅片本身的电阻，一般为 2~12kΩ。在两个基极之间靠近 B_1 的地方用合金法或扩展法掺入 P 型杂质并引出电极，称为发射极 E。单结晶体管有三个电极，只有一个 PN 结，又因为单结晶体管有两个基极，所以又称为双基极二极管。常用的国产单结晶体管型号主要有 BT31、BT33、BT35 等。

单结晶体管的等效电路如图 3-49b 所示，两个基极之间的电阻 $R_{bb}=R_{b1}+R_{b2}$。在正常工作时，电阻 R_{b1} 是随发射极电流大小变化的，相当于一个可变电阻。PN 结可等效为二极管 VD，正向导通压降通常为 0.7V。单结晶体管的图形符号如图 3-49c 所示。

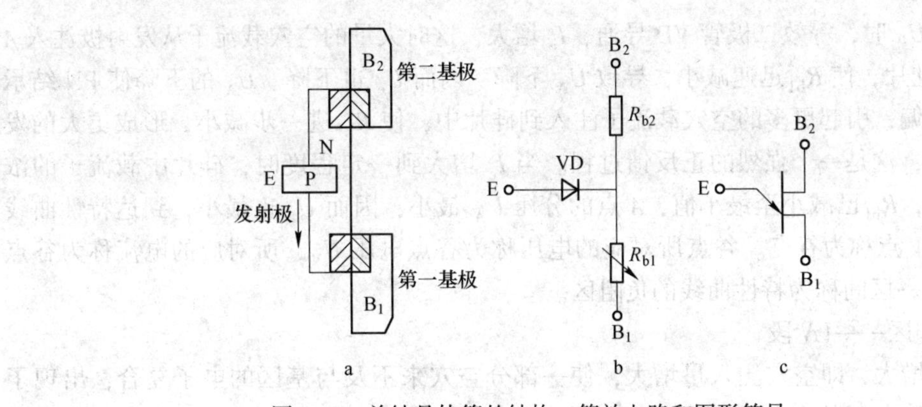

图 3-49　单结晶体管的结构、等效电路和图形符号

B　单结晶体管的伏安特性及主要参数

当在单结晶体管的两个基极 B_1 和 B_2 之间加某一固定直流电压 U_{bb} 时，发射极电流 I_e

与发射极正向电压 U_e 之间的关系曲线称为单结晶体管的伏安特性 $I_e=f(U_e)$。实验电路及伏安特性如图 3-50 所示。下面分析它的伏安特性曲线。

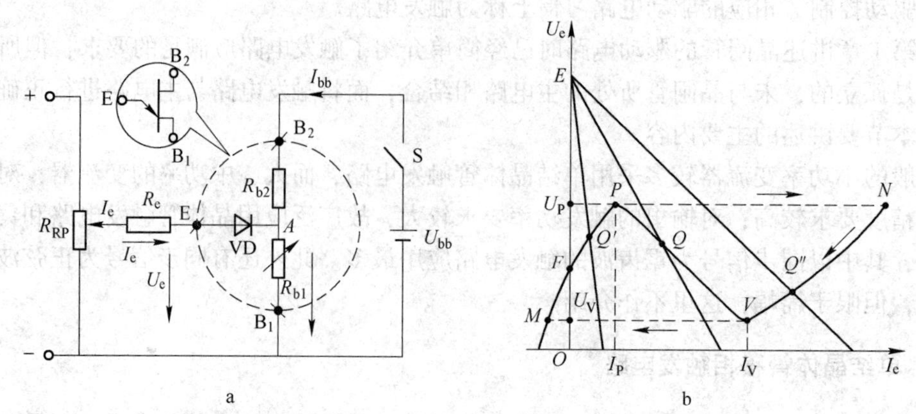

图 3-50 实验电路（a）及单结晶体管的伏安特性（b）

a 截止区——*MP* 段

当开关 S 闭合时，电压 U_{bb} 通过单结晶体管等效电路中的 R_{b1} 和 R_{b2} 分压，其内部 *A* 点电位 U_A 可表示为

$$U_A = \frac{R_{b1}}{R_{b1} + R_{b2}} U_{bb} = \eta U_{bb} \tag{3-102}$$

式中，η 为分压比，是单结晶体管的主要参数，一般为 0.3~0.9。

当 U_e 从零逐渐增加但 $U_e<U_A$ 时，单结晶体管的 PN 结反向偏置，只有很小的反向漏电流。当 U_e 增加到与 U_A 相等时，$I_e=0$，即图 3-50b 所示特性曲线与纵坐标的交点 *F* 处。进一步增加 U_e，PN 结开始正偏，出现正向漏电流，直到当发射极电位 U_e 增加到高出 ηU_{bb} 一个 PN 结正向压降 U_D（即 $U_e=U_P=\eta U_{bb}+U_D$）时，等效二极管 VD 导通，此时单结晶体管由截止状态进入到导通状态，该转折点称为峰点 *P*。*P* 点所对应的电压称为峰点电压 U_P，所对应的电流称为峰点电流 I_P。

b 负阻区——*PV* 段

当 $U_e>U_P$ 时，等效二极管 VD 导通，I_e 增大，这时大量的空穴载流子从发射极注入 *A* 点到 B_1 的硅片，使 R_{b1} 迅速减小，导致 U_A 下降，因而 U_e 也下降。U_A 的下降使 PN 结承受更大的正偏，引起更多的空穴载流子注入到硅片中，使 R_{b1} 进一步减小，形成更大的发射极电流 I_e，这是一个强烈的正反馈过程。当 I_e 增大到一定程度时，硅片中载流子的浓度趋于饱和，R_{b1} 已减小至最小值，*A* 点的分压 U_A 最小，因而 U_e 也最小，到达特性曲线上的 *V* 点，*V* 点称为谷点。谷点所对应的电压称为谷点电压 U_V，所对应的电流称为谷点电流 I_V。这一区间称为特性曲线的负阻区。

c 饱和区——*VN* 段

I_e 继续增大，即空穴注入量增大，使一部分空穴来不及与基区的电子复合，出现了空穴剩余，使 *P* 区的空穴继续注入 *N* 区遇到阻力，相当于 R_{b1} 变大，这时 U_e 将随 I_e 的增加而缓慢增加，单结晶体管又恢复了正阻特性，这个区域称为饱和区。负阻区到饱和区的转折点就是谷点 *V*。谷点电压是单结晶体管维持导通的最小发射极电压，$U_e<U_V$ 时单结晶

体管将重新截止。

改变 U_{bb}，器件等效电路中的 U_A 和特性曲线中 $U_P=\eta U_{bb}+U_D$ 也随之改变，从而可获得一族单结晶体管伏安特性曲线。

单结晶体管的主要参数有基极间电阻 R_{bb}、分压比 η、峰点电压 U_P、峰点电流 I_P、谷点电压 U_V、谷点电流 I_V 及耗散功率等。

3.8.1.2 单结晶体管触发电路

利用单结晶体管的负阻特性和电容的充放电，可以组成单结晶体管张弛振荡电路。单结晶体管张弛振荡电路和相应的波形图如图 3-51 所示。

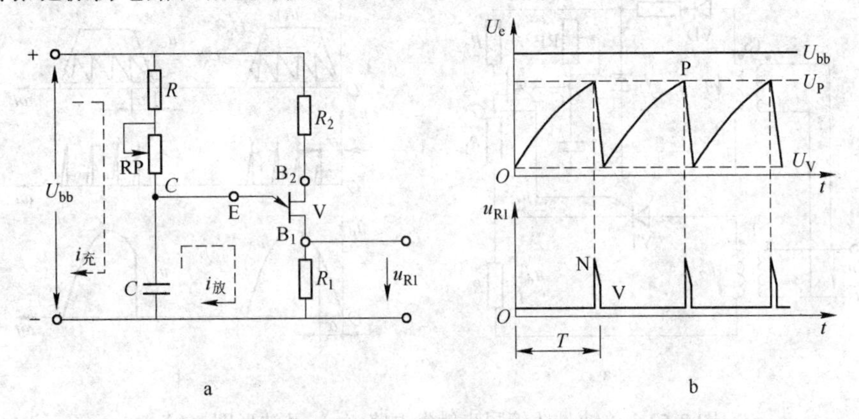

图 3-51 单结晶体管张弛振荡电路（a）及波形图（b）

设电容器初始没有电压，电路接通以后，单结晶体管是截止的，电源经电阻 R、电位器 RP 对电容 C 进行充电，电容电压从零起按指数规律上升；当电容两端电压达到单结晶体管的峰点电压 U_P 时，单结晶体管导通，电容开始放电，由于放电回路的电阻很小，因此放电很快，放电电流在电阻 R_1 上产生一个尖脉冲。电容电压因电容放电而迅速降低，当电容电压降到谷点电压 U_V 以下时，单结晶体管截止，接着电源又重新对电容进行充电。如此周而复始，在电容 C 两端会产生一个个锯齿波，在电阻 R_1 两端将产生一个个尖脉冲波，如图 3-51b 所示。

单结晶体管张弛振荡电路输出的尖脉冲可以用来触发晶闸管，但不能直接用做触发电路。要想使晶闸管在电路中按给定的控制角触发导通，输出预定的电压和电流，还必须解决触发脉冲与主电路的同步问题。

图 3-52a 所示为单结晶体管同步触发电路，它是由同步电路和脉冲移相与形成电路两部分组成的。

A 同步电路

触发信号和电源电压在频率和相位上的相互协调关系称为同步。例如，在单相半波可控整流电路中，触发脉冲应出现在电源电压正半周范围内，而且每个周期的 α 角均相同，确保电路输出波形不变，输出电压稳定。

同步电路由同步变压器 TS、整流二极管 VD、电阻 R_3 及稳压管 V_1 组成。同步变压器一次侧与晶闸管整流电路接在同一电源上。交流电压经同步变压器降压、单相半波整流，再经过稳压管稳压削波，形成一个梯形波电压，作为单结晶体管触发电路的供电电压。每个梯形波正好对应电源电压的半个周期，梯形波电压的零点与晶闸管阳极电压过零点一

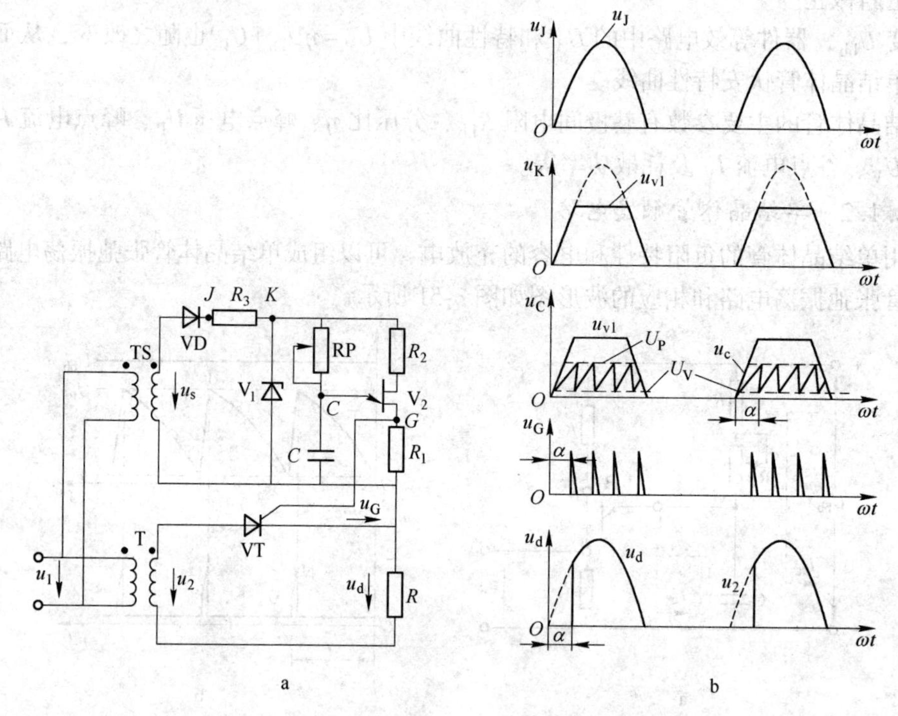

图 3-52　单结晶体管同步触发电路（a）及波形图（b）

致，从而实现触发电路与整流主电路的同步。

B　脉冲移相与形成电路

a　电路组成

脉冲移相与形成电路实际上就是上述的单结晶体管张弛振荡电路。脉冲移相电路由电位器 RP 和电容 C 组成。脉冲形成电路由单结晶体管 V_2、温度补偿电阻 R_2 和输出电阻 R_1 组成。

改变张弛振荡电路中电位器 RP 的阻值，就可以改变对电容 C 的充电时间常数，例如：RP↑→τ_C↑→出现第一个脉冲的时间后移→α↑→U_d↓。

b　波形分析

电路中电容 C 两端电压 u_C 的波形在 U_P 与 U_V 之间振荡变化，形成一系列的锯齿波。电容 C 每半个周期在电源电压过零点处开始充电。当电容 C 两端电压 u_C 上升到单结晶体管峰点电压 U_P 时，单结晶体管导通，电容 C 通过单结晶体管迅速向输出电阻 R_1 放电，在 R_1 两端得到很窄的尖脉冲。电容 C 的容量和充电电位器 RP 的阻值大小决定了电容 C 两端的电压从零上升到单结晶体管峰点电压 U_P 的时间，即触发电路向晶闸管主电路输出触发尖脉冲的时刻。改变电位器 RP 的阻值，即可改变首次出现尖脉冲的时刻，即改变晶闸管的触发时刻。需要注意的是，单结晶体管触发电路无法实现在电源电压过零点，即 $\alpha=0°$时送出触发脉冲。

c　触发电路各元件的选择

触发电路各元件的选择为：

（1）充电电阻 RP 的选择。改变充电电阻 RP 的大小，就可以改变张弛振荡电路的频率，但是频率的调节有一定的范围，如果充电电阻 RP 选择不当，将使单结晶体管自激振荡电路无法形成振荡。

充电电阻 RP 的取值范围为：

$$\frac{U - U_V}{I_V} < RP < \frac{U - U_P}{I_P} \tag{3-103}$$

式中 U——触发电路电源电压；

U_V——单结晶体管的谷点电压；

I_V——单结晶体管的谷点电流；

U_P——单结晶体管的峰点电压；

I_P——单结晶体管的峰点电流。

（2）电阻 R_2 的选择。电阻 R_2 用来补偿温度对单结晶体管内部 A 点电位 U_J 的影响，通常取 200~600Ω。

（3）输出电阻 R_1 的选择。输出电阻 R_1 的大小将影响输出脉冲的宽度与幅值，如果 R_1 太小，则放电太快，脉冲太窄，不易触发晶闸管；如果 R_1 太大，则在单结晶体管未导通时，电流 I_e 在 R_1 上的压降较大，可能造成晶闸管误导通，通常取 50~100Ω。

（4）电容 C 的选择。电容 C 的大小将影响脉冲的宽窄，通常取 0.1~1μF。

从上面分析可见，单结晶体管触发电路只能产生窄脉冲。对于电感较大的负载，由于晶闸管在触发导通时阳极电流上升较慢，在阳极电流还未达到晶闸管的擎住电流时，触发脉冲已经消失，使晶闸管在触发导通后又重新关断。所以单结晶体管触发电路通常不宜用来触发电感性负载整流电路，一般只用于触发带电阻性负载的小功率晶闸管整流电路。

3.8.2 同步信号为锯齿波的触发电路

同步信号为锯齿波的触发电路由于采用锯齿波同步电压，所以不受电网电压波动的影响，电路的抗干扰能力强，在 200A 以下的晶闸管变流电路中得到了广泛应用。锯齿波触发电路主要由脉冲形成与放大、锯齿波形成和脉冲移相、同步环节、双窄脉冲形成、强触发等环节组成，如图 3-53 所示。

3.8.2.1 脉冲形成与放大环节

脉冲形成环节由 V_4、V_5 构成；放大环节由 V_7、V_8 组成。控制电压 u_{C0} 与另两个电压信号合成后加在 V_4 的基极上，脉冲变压器 TP 的一次绕组接在 V_8 的集电极电路中，由 TP 的二次绕组输出触发脉冲。

当 $u_{b4}=0$ 时，V_4 截止，集电极电压为+15V。+15V 电源经 R_{11} 向 V_5、经 R_{10} 向 V_6 提供足够大的基极电流，使 V_5、V_6 饱和导通。则 V_5 集电极电压接近-15V，V_5 基极电压也接近-15V。V_7、V_8 处于截止状态，无脉冲输出。另外，+15V 电源→R_9→V_5 的发射极→-15V 对电容 C_3 充电，电容 C_3 充满电后，其两端电压接近 30V，极性为左正右负。

当 $u_{b4} \approx 0.7$V 时，V_4 饱和导通。A 点电位从 15V 突降到 1V，由于电容 C_3 两端电压不能突变，所以 V_5 基极电位也突降到-30V，使 V_5 发射极反偏置，V_5 立即截止。它的集电极电压由-15V 迅速上升到钳位电压+2.1V（VD_6、V_7、V_8 三个 PN 结正向导通压降之和），使得 V_7、V_8 饱和导通，输出触发脉冲。同时电容 C_3 经由+15V→R_{11}→C_3→VD_4→

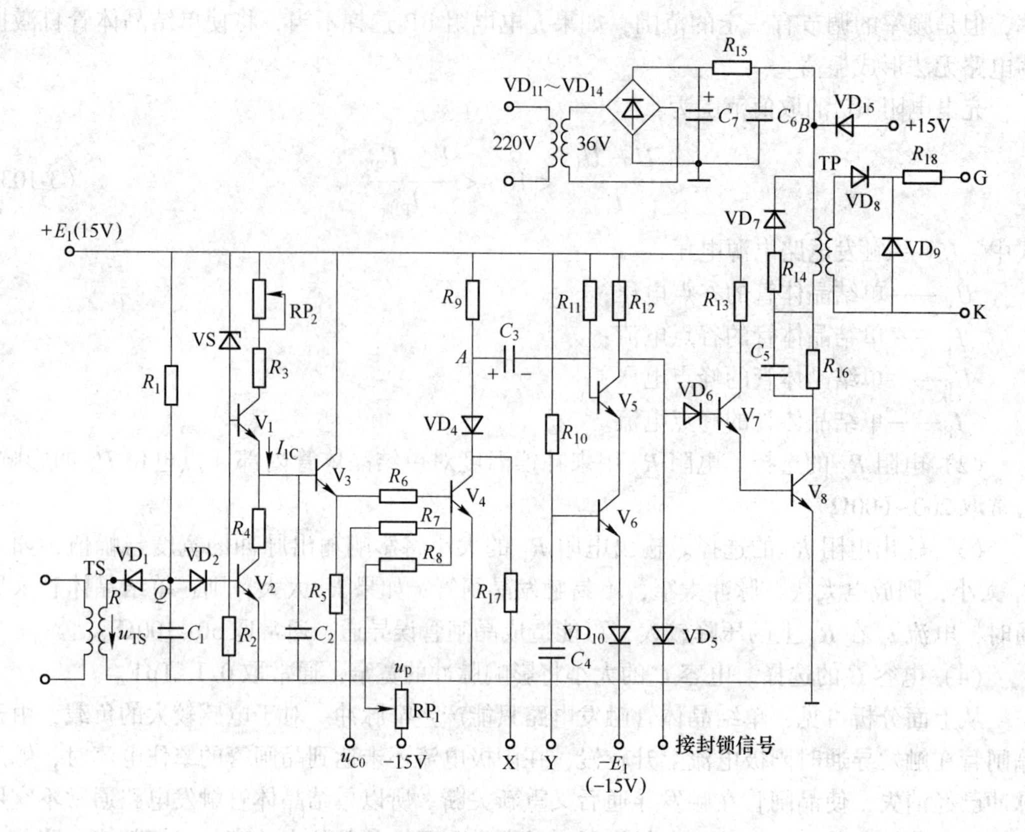

图 3-53 同步信号为锯齿波的触发电路

V_4 放电并反向充电，使 V_5 基极电位逐渐上升。直到 $u_{b5}>-15V$ 时，V_5 又重新饱和导通。这时 V_5 集电极电压又立即降到接近-15V，使 V_7、V_8 截止，输出脉冲终止。可见，脉冲前沿由 V_4 的导通时刻确定，V_5（或 V_6）截止的持续时间即为脉冲宽度，所以脉冲宽度与充放电时间常数 R_{11} 和 C_3 的乘积有关。

3.8.2.2 锯齿波形成和脉冲移相环节

图 3-53 中，锯齿波电压的形成采用了恒流源电路方案，由 V_1、V_2、V_3 和 C_2 等元件组成，其中 V_1、VS、RP_2 和 R_3 为一恒流源电路。

（1）当 V_2 截止时，恒流源电流 I_{1C} 对电容 C_2 充电，所以 C_2 两端的电压 u_{C2} 为

$$u_{C2}=\frac{1}{C_2}\int I_{1C}\,\mathrm{d}t=\frac{1}{C_2}I_{1C}t$$

u_{C2} 按线性规律增长，也就是 u_{b3} 线性增长。调节电位器 RP_2，可改变 C_2 的恒定充电电流 I_{1C}，即可改变 u_{C2} 的斜率。

（2）当 V_2 饱和导通时，因 R_4 很小，所以 C_2 经 R_4、V_2 迅速放电，使得 u_{b3} 的电位迅速降到 0V 附近。当 V_2 周期性地导通和关断时，u_{b3} 便形成一个锯齿波，同样 u_{e3} 也是一个锯齿波，如图 3-54 所示。V_3 是一个射极跟随器，它的作用是减小控制回路电流对锯齿波电压 u_{b3} 的影响。

（3）V_4 的基极电位由锯齿波电压 u_{e3}、控制电压 u_{C0} 和直流偏置电压 u_p 三者叠加决定，它们分别通过电阻 R_6、R_7 和 R_8 与 V_4 的基极连接。根据叠加原理，设 u_h 为锯齿波

电压 u_{e3} 单独作用于 V_4 基极时的电压，其值为：

$$u_h = \frac{R_7 /\!/ R_8}{R_6 + (R_7 /\!/ R_8)} u_{e3}$$

所以 u_h 仍为锯齿波，但斜率比 u_{e3} 低。

同理，直流偏置电压 u_p 单独作用于 V_4 基极时的电压 u_p' 为：

$$u_p' = \frac{R_6 /\!/ R_7}{R_8 + (R_6 /\!/ R_7)} u_p$$

所以 u_p' 仍为一条与 u_p 平行的直线，但绝对值比 u_p 小。

控制电压 u_{C0} 单独作用在 V_4 基极时的电压 u_{C0}' 为：

$$u_{C0}' = \frac{R_6 /\!/ R_8}{R_7 + (R_6 /\!/ R_8)} u_{C0}$$

所以 u_{C0}' 仍为一条与 u_{C0} 平行的直线，但绝对值比 u_{C0} 小。

当 $u_{C0}=0$，u_p 为负值时，V_4 的基极电压波形由 u_h+u_p' 确定。当 u_{C0} 为正值时，V_4 的基极电压波形由 $u_h+u_p'+u_{C0}'$ 确定。当 V_4 的基极电压等于 0.7V 后，V_4 饱和导通，之后 u_{b4} 一直被钳位在 0.7V。所以实际波形如图 3-54 所示。图中 M 点是 V_4 由截止到导通的转折点，也就是脉冲的前沿。由前面的分析可知，V_4 基极电压等于 0.7V 到达 M 点时，触发电路就输出脉冲。

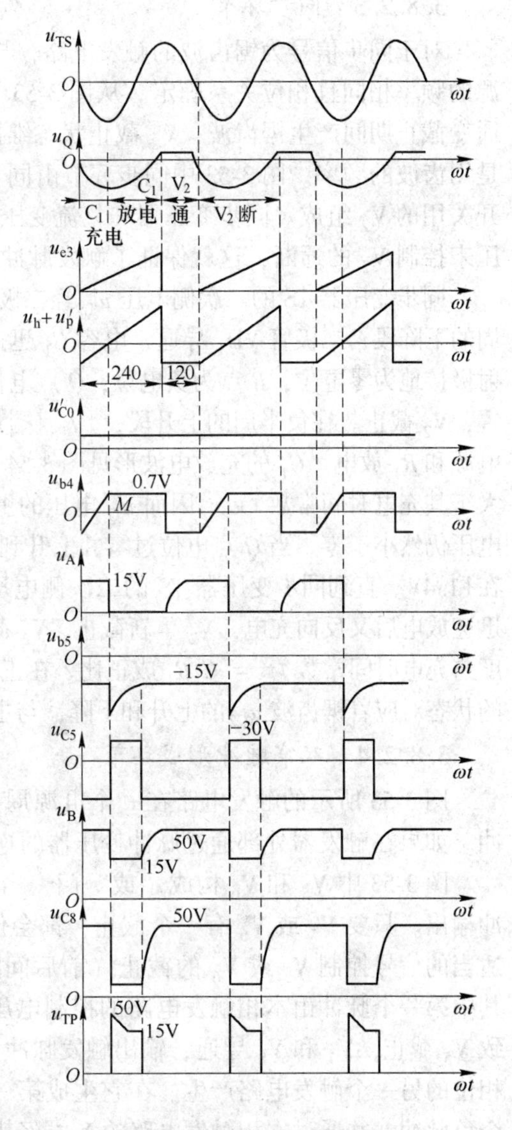

图 3-54　同步信号为锯齿波的触发电路的工作波形

当直流偏置电压 u_p 为某固定负值时，改变控制电压 u_{C0} 便可以改变 M 点的坐标，即改变了触发脉冲产生的时刻，从而实现脉冲移相。可见加直流偏置电压 u_p 只是为了确定控制电压 $u_{C0}=0$ 时触发脉冲的初始相位。以三相全控桥式电路为例，当负载为阻感性负载且电流连续时，脉冲初始相位应该定在 $\alpha=90°$；如果是可逆系统，需要在整流和逆变状态下工作，要求脉冲的移相范围理论上为 180°（由于考虑 α_{min} 和 β_{min}，实际一般为 120°），由于锯齿波波形两端的非线性，因而要求锯齿波的宽度大于 180°，一般要达到 240°，此时，首先令 $u_{C0}=0$，调节直流偏置电压 u_p 的大小，使产生脉冲的 M 点位于锯齿波 240°的中央（120°处），即对应于 $\alpha=90°$ 的位置。然后通过改变控制电压 u_{C0} 的大小进行脉冲移相，如果 u_{C0} 为正值，V_4 的合成基极电压增加，M 点就向前移，控制角 $\alpha<90°$，晶闸管电路处于整流工作状态；如 u_{C0} 为负值，V_4 的合成基极电压降低，M 点就向后移，控制角 $\alpha>90°$，晶闸管电路处于逆变工作状态。

3.8.2.3　同步环节

对于同步信号为锯齿波的触发电路，与主电路同步是指要求锯齿波的频率与主电路电源的频率相同且相位关系确定。从图 3-53 可知，锯齿波是由开关管 V_2 控制的，V_2 由导通变截止期间产生锯齿波，V_2 截止状态维持的时间就是锯齿波的宽度，V_2 的开关频率就是锯齿波的频率。图 3-53 中同步环节由同步变压器 TS、VD_1、VD_2、C_1、R_1 和作为同步开关用的 V_2 组成。同步变压器和整流变压器接在同一电源上，用同步变压器的二次侧电压来控制 V_2 的通断，这就保证了触发脉冲与主电路电源同步。

同步变压器 TS 的二次侧电压 u_{TS}经二极管 VD_1 加在 V_2 的基极上。在 u_{TS}电压波形负半周的下降段，二极管 VD_1 导通，电容 C_1 迅速反向充电，充电时间常数 $\tau_{充}$很小。因 V_2 的发射极接地为零电位，R 点为负电位，Q 点电位与 R 点相近，故在这一阶段 V_2 基极为反向偏置，V_2 截止。在负半周的上升段，$|u_{TS}|<|u_{C1}|$，二极管 VD_1 反偏截止，电容 C_1 通过+15V 电源和 R_1 放电。C_1 的充放电波形见图 3-54 中的 u_Q 波形，因其放电时间常数 $\tau_{放} = C_1R_1$ 远大于其充电时间常数 $\tau_{充}$，因而 u_Q 电压的上升速度比 u_{TS}电压慢，u_{TS}电压上升到零时，u_Q 电压仍然小于零。当 Q 点电位过零并上升到 $u_Q=+1.4V$ 时，V_2 才能导通，Q 点电位被钳位在+1.4V。直到同步变压器 TS 的二次侧电压 u_{TS}的下一个负半周到来，VD_1 重新导通，C_1 迅速放电后又反向充电，V_2 重新截止。V_2 截止的时间就是锯齿波的上升阶段，锯齿波的宽度与充电时间常数 $\tau_{放} = C_1R_1$ 成正比。在正弦同步电压 u_{TS}的一个周期内，V_2 由截止到导通的状态对应着锯齿波 u_{C2}的上升和下降，与主电路的电源频率和相位完全同步。

3.8.2.4　双窄脉冲形成环节

图 3-53 所示的触发电路在一个电源周期内可输出两个间隔 60°的脉冲，称为内双脉冲。如果在触发器外部通过脉冲变压器的连接得到双脉冲，则称为外双脉冲。

图 3-53 中 V_5 和 V_6 构成“或”门。当 V_5 和 V_6 都导通时，V_7 和 V_8 都截止，没有脉冲输出。只要 V_5 或 V_6 有一个截止，都会使 V_7 和 V_8 导通，输出触发脉冲。所以只要用适当的信号控制 V_5 或 V_6 的截止（前后间隔 60°相位），就可以产生符合要求的双脉冲。其中第一个脉冲由本相触发电路的控制电压 u_{C0}在控制角 α 时刻使 V_4 由截止变导通，导致 V_5 截止，V_7 和 V_8 导通，输出触发脉冲。间隔 60°后的第二个脉冲则是由滞后本相 60°相位的另一个触发电路产生。在它生成第一个脉冲的时刻，从该触发电路的 X 端引出一个负脉冲，并通过本相触发电路的 Y 端经耦合电容 C_4 引至 V_6 的基极，使 V_6 截止，使本相触发电路输出滞后 60°的第二个触发脉冲。其中 VD_4 和 R_{17}的作用主要是防止双脉冲信号相互干扰。

在三相桥式全控整流电路中，要求晶闸管的触发导通顺序为 $VT_1 \rightarrow VT_2 \rightarrow VT_3 \rightarrow VT_4 \rightarrow VT_5 \rightarrow VT_6$，彼此间隔 60°。三相桥式全控整流电路需要 6 个完全相同的触发电路 CF，每个触发电路都必须能够提供双脉冲触发信号。通常将第一个触发脉冲称为主脉冲，将间隔 60°的第二个触发脉冲称为辅脉冲。由图 3-53 触发电路原理图可知，X 端和 Y 端是沟通间隔 60°的前后两个触发电路 CF_i 和 CF_{i+1}的信号端子，X 端是辅脉冲输出端，Y 端是辅脉冲输入端。则三相桥式全控整流电路的双脉冲触发信号可按图 3-55 接线得到，6 个触发器的连接顺序是：1Y—2X、2Y—3X、3Y—4X、4Y—5X、5Y—6X、6Y—1X。

3.8.2.5　脉冲封锁

二极管 VD_5 的阴极接零电位或负电位时，将使 V_7 和 V_8 截止，从而封锁脉冲输出。

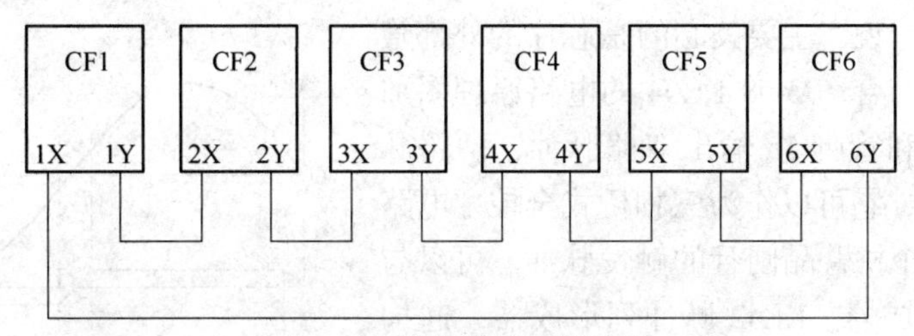

图 3-55 触发器的连接顺序

VD_5 用来防止接地端与-15V 电源之间经 V_5、V_6 和 VD_{10}形成短路。

3.8.2.6 强触发环节

如图 3-53 所示，强触发环节中的 36V 交流电压经整流、滤波后得到 50V 直流电压，经 R_{15}对 C_6 充电。V_8 没有导通时，B 点电位为 50V，二极管 VD_{15}反偏。当 V_8 导通时，C_6 经脉冲变压器 TP 一次侧线圈和 R_{16}、V_8 迅速放电，形成强触发脉冲尖峰。由于 R_{16}阻值很小，电容 C_6 迅速放电，B 点电位迅速下降，当 B 点电位下降到 14.3V 时，VD_{15}导通，B 点电位被 15V 电源钳位在 14.3V，形成脉冲平台。R_{16}和 C_5 组成加速电路，用来提高触发脉冲前沿陡度。R_{14}和 VD_7 构成脉冲变压器一次侧的续流通路。强触发可以缩短晶闸管的开通时间，有利于改善串、并联电路中各个晶闸管元件的均压和均流，提高触发可靠性。

3.8.3 集成触发电路

集成触发器的使用使触发电路更加小型化，结构更加标准统一，大大简化了触发电路的生产、调试及维修。目前国内生产的集成触发器有 KJ 系列和 KC 系列，国外生产的有 TCA 系列。下面简要介绍由 KC 系列的 KC04 移相触发器和 KC41C 六路双脉冲形成器所组成的三相桥式全控集成触发器。

3.8.3.1 KC04 移相触发器

KC04 移相触发器的主要技术指标如下：电源电压±15V DC；允许波动±5%；电源正电流≤15mA；负电流≤8mA；移相范围≥170°；脉冲宽度 400μs~2ms；脉冲幅值≥13V；最大输出能力 100mA；正负半周脉冲不均衡≤3°；环境温度为：-10~70℃。

KC04 移相触发器的内部线路与分立元件组成的锯齿波触发电路相似，也是由锯齿波形成、移相控制、脉冲形成及整形放大、脉冲输出等基本环节组成。KC04 移相触发器的管脚分布如图 3-56 所示，各管脚的波形如图 3-57 所示。

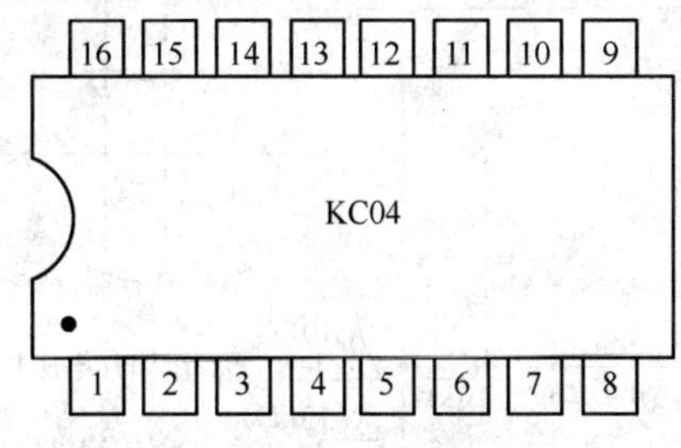

图 3-56 KC04 移相触发器的管脚分布

对于使用者来说，主要关心的是芯片的外部管脚的功能，下面结合图 3-58 KC04 的电路原理图加以说明。管脚 1 和管脚 15 输出双路脉冲，两路脉冲相位互差 180°，它可以作为三相桥式全控主电路同一相上、下两个桥臂晶闸管的触发脉冲。可以与 KC41C 双脉冲形成器、KC42 脉冲列形成器一起构成六路双窄脉冲触发器。管脚 16 接+15V 电源，管脚 7 接地，管脚 5 经电阻接−15V 电源。

由管脚 8 输入同步电压 u_s。在管脚 3 与管脚 4 之间外接电容形成锯齿波，可通过调节管脚 3 外接的电位器 RP_1 改变锯齿波的斜率。管脚 9 为锯齿波、直流偏置电压 $-u_p$ 和移相控制直流电压 u_{C0} 的综合比较输入端。管脚 11 与管脚 12 之间可外接电阻、电容调节脉冲宽度。管脚 13 可提供脉冲列调制。管脚 14 为脉冲封锁控制。

KC04 移相触发器主要用于单相或三相桥式全控整流装置。KC 系列中还有 KC01、KC09 等。KC01 主要用于单相和三相桥式半控整流电路的移相触发，可获得 60° 的宽脉冲。KC09 是 KC04 的改进型，两者可以互换，适用于单相及三相桥式

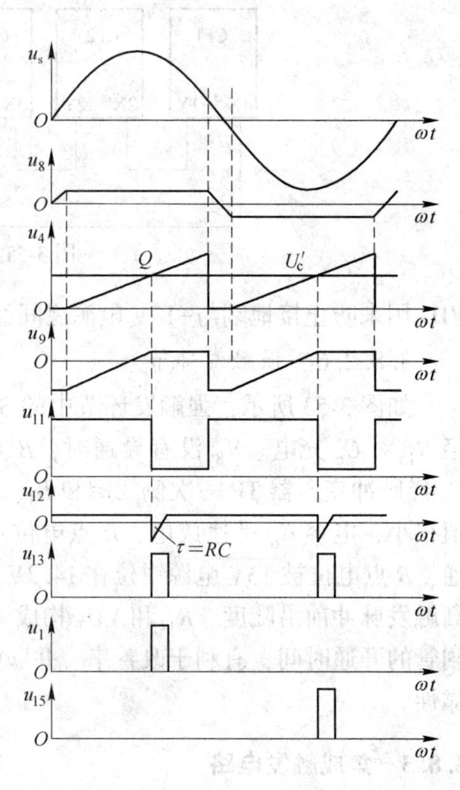

图 3-57　KC04 移相触发器各管脚的波形

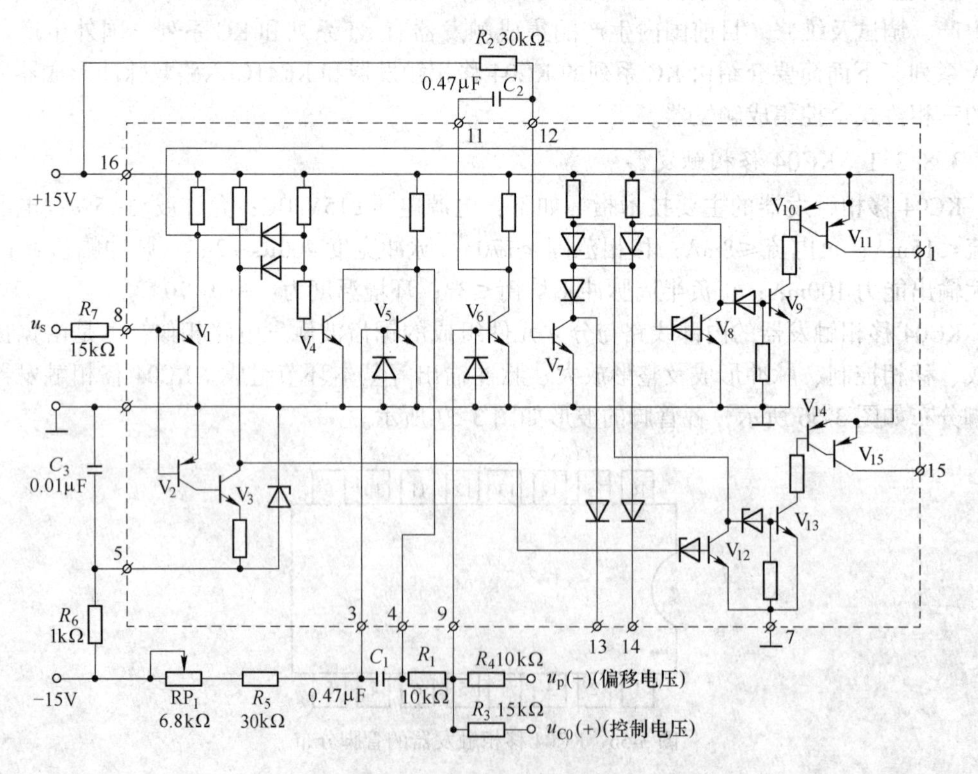

图 3-58　KC04 电路原理图

全控整流电路的移相触发，可输出两路相位差 180°的脉冲。它们都具有输出带负载能力强、移相性能好，以及抗干扰能力强的特点。

3.8.3.2 KC41C 六路双窄脉冲形成器

KC41C 是六路双脉冲形成集成电路，其外形和内部原理电路如图 3-59 所示。

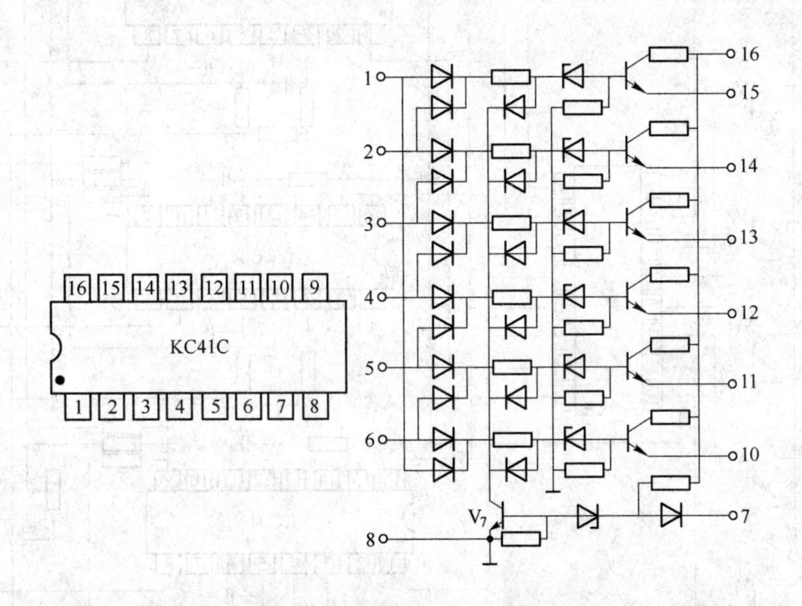

图 3-59 KC41C 的外形和内部原理电路

KC41C 的输入信号通常是 KC04 的输出。把三块 KC04 移相触发器的管脚 1 和管脚 15 产生的 6 个主脉冲分别接到 KC41C 的管脚 1～6，经内部的集成二极管完成“或”功能，形成双脉冲，再由内部的 6 个集成三极管放大，从管脚 10～15 输出。还可以在外部设置 V_1～V_6 晶体管进行功率放大，可得到 800mA 的触发脉冲电流，供触发大容量的晶闸管用。KC41C 不仅具有双脉冲形成功能，而且还具有电子开关控制封锁功能，当管脚 7 接地或处于低电位时，内部的集成开关管 V_7 截止，可以正常输出脉冲；当管脚 7 接高电位或悬空时，V_7 饱和导通，各路无脉冲输出。

由三块 KC04 移相触发器和一块六路双脉冲形成集成电路 KC41C 组成的触发电路，可以为三相桥式全控整流电路提供六路双窄触发脉冲，如图 3-60 所示。

3.8.4 触发电路的定相

变流器一般由主变压器、同步变压器、主电路、触发电路及控制电路等组成，如图 3-61所示。要求触发电路输出脉冲的触发角 $\alpha<90°$ 时变流器工作在整流状态；$\alpha>90°$ 时变流器工作在逆变状态。

在常用的锯齿波移相触发电路中，送出初始脉冲的时刻是由输入各个触发电路中不同相位的同步电压确定的。必须根据各个被触发晶闸管的阳极电压相位，为其触发电路正确连接特定相位的同步电压，才能使各个触发电路分别在其对应的晶闸管需要加触发脉冲的时刻输出脉冲。触发电路的定相就是根据触发电路的工作原理和输入/输出特性、主变压器的连接组别和主电路的结线方式，选择正确的同步电压，将同步变压器与触发电路连接

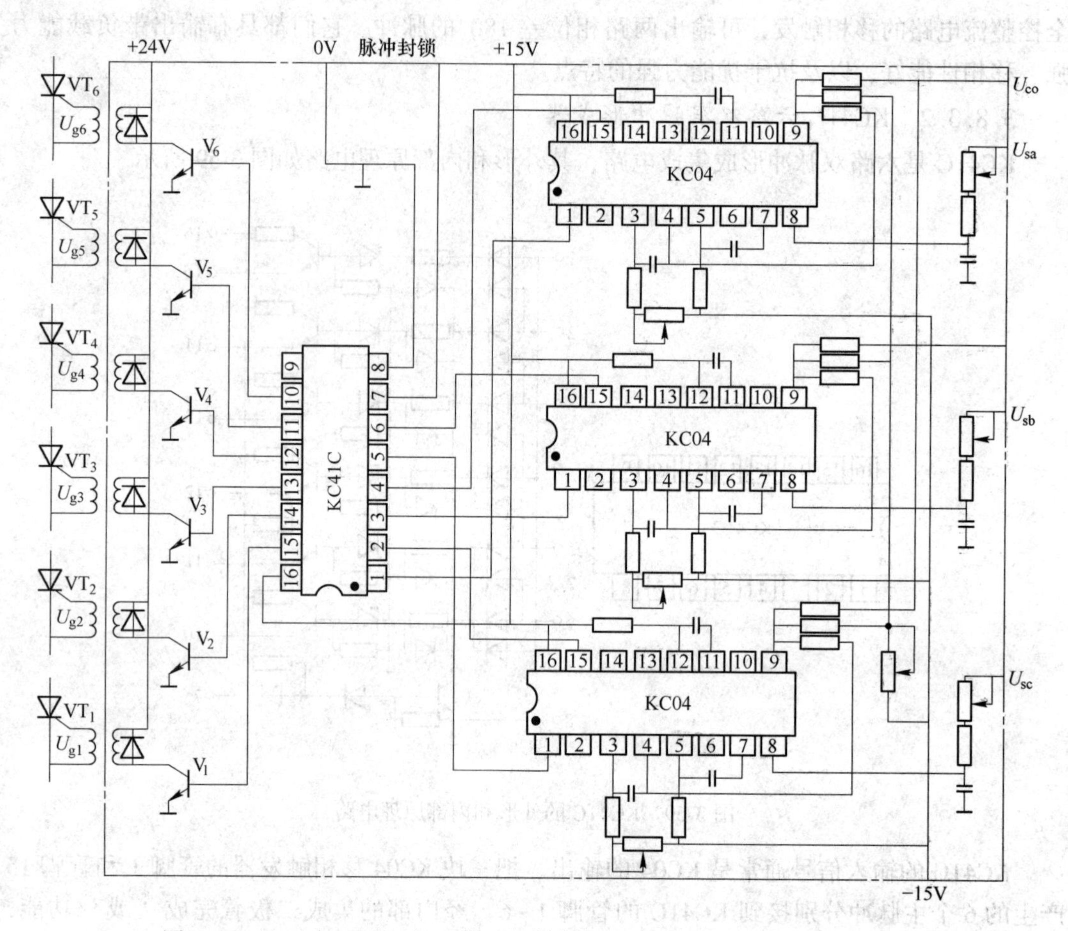

图 3-60　KC04 与 KC41C 组成的三相桥式全控整流电路双窄脉冲触发电路

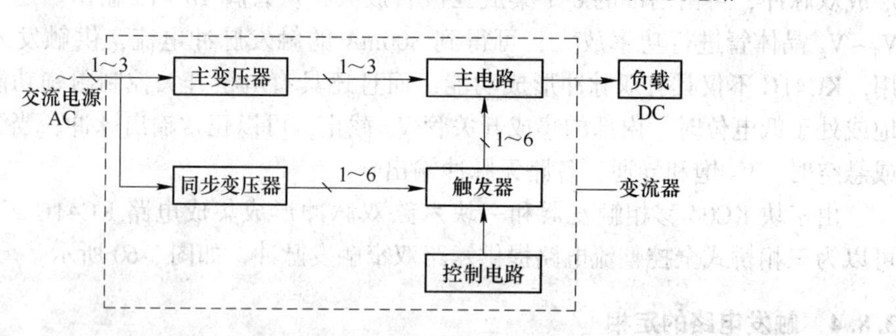

图 3-61　触发电路的定相

在一起，从而确定同步变压器的连接组别，以保证变流器的正常工作。

触发电路的定相是有关变压器连接组别、主电路的结线方式和触发电路的工作原理及特性等方面知识的综合应用。由于变压器可能有多种接法，触发电路也有不同的类型，其工作原理及输入/输出特性各不相同，因此触发电路的定相也有其灵活性，正确的答案不是唯一的，但要求却是一致的，也就是说不管用什么方法连接，都必须保证变流器能够正常工作。

触发电路的定相方法一般要经历以下几个步骤：

(1) 根据所选用的触发电路的工作原理及特性，分析触发电路的输出脉冲相对于交流同步电压的相位关系，即找出晶闸管的控制角 $\alpha=\alpha_{min}=0°$ 至 $\alpha=\alpha_{max}$ 相对于同步电压的相位区间。

(2) 根据主变压器的连接组别和主电路的结线方式，以主电路中任一只晶闸管（一般为 VT_1 晶闸管）为例，分析晶闸管的控制角 α_{min} 至 α_{max} 相对于主电路交流电压的相位区间。

(3) 分析出同步电压与主电路交流电压的相位差，确定触发器的同步电压与对应晶闸管阳极电压之间的相位关系。

(4) 根据整流变压器的接线，以一次侧电源线电压为参考向量，画出整流变压器二次侧相电压向量，即晶闸管对应的电源相电压。

(5) 再根据上面确定的相位关系，画出同步相电压和线电压，并由此确定同步变压器 TS 的联结组别。

(6) 按照正确的三相电压相序，依次确定其余各晶闸管触发电路的同步电压。

在三相晶闸管整流装置中，选择触发电路的同步信号是一个非常重要的问题。现以三相桥式全控整流电路为例，说明触发电路定相的方法。图 3-62 给出了主电路电压与同步电压的关系示意图。

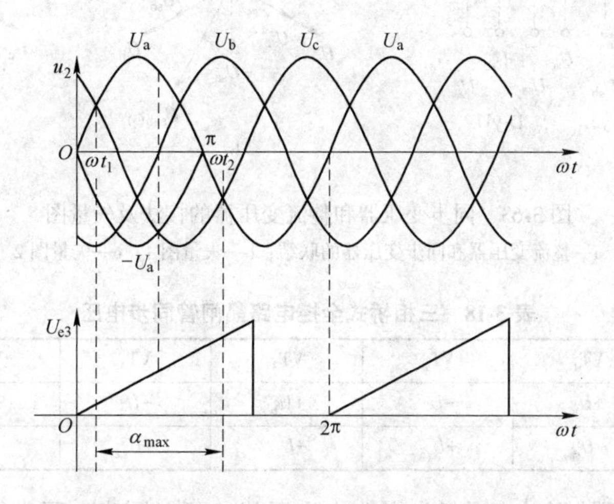

图 3-62　三相桥式全控整流电路中同步电压与主电路电压关系示意图

对于晶闸管 VT_1，其阳极与交流侧电压 u_a 相接，可简单表示为 VT_1 所接主电路电压为 $+u_a$，VT_1 的触发脉冲从 0°～180°对应的范围为 $\omega t_1 \sim \omega t_2$。

采用同步信号为锯齿波的触发电路时，同步信号负半周的起点对应于锯齿波的起点，通常要求锯齿波的上升段宽度为 240°，上升段起始的 30°和末端的 30°线性度不好，舍去不用，只使用中间的 180°。

三相桥式全控整流电路大量用于直流电动机调速系统，且通常要求可实现再生制动，$U_d=0$ 时的触发角 $\alpha=90°$。当 $\alpha<90°$ 时为整流工作，$\alpha>90°$ 时为逆变工作。将 $\alpha=90°$ 确定为锯齿波上升段的中点，从此点向前、向后各有 90°的移相范围。于是同步电压的 300°与触发角 $\alpha=90°$ 对应，也就是同步电压的 210°与触发角 $\alpha=0°$ 对应，而 $\alpha=0°$ 又对应于 u_a 电压的 30°位置，因此同步电压的 180°与 u_a 电压的 0°对应，说明 VT_1 的同步电压应滞后于 u_a 电压 180°。对于其他 5 只晶闸管，也存在同样的关系，即同步电压滞后于主电路电压 180°。

以上分析了同步电压与主电路电压的关系，一旦确定了整流变压器和同步变压器的接法，即可选定每一只晶闸管的同步电压信号。

图 3-63 给出了变压器接法的一种情况及相应的矢量图。其中主电路整流变压器为 D，y11 联结；同步变压器 TS 的结线应为 D，y5-11 联结，其中共阴极组为 D，y5 联结，共阳极组为 D，y11 联结。相应的矢量图见图 3-63b。同步电压的选取结果见表 3-18。

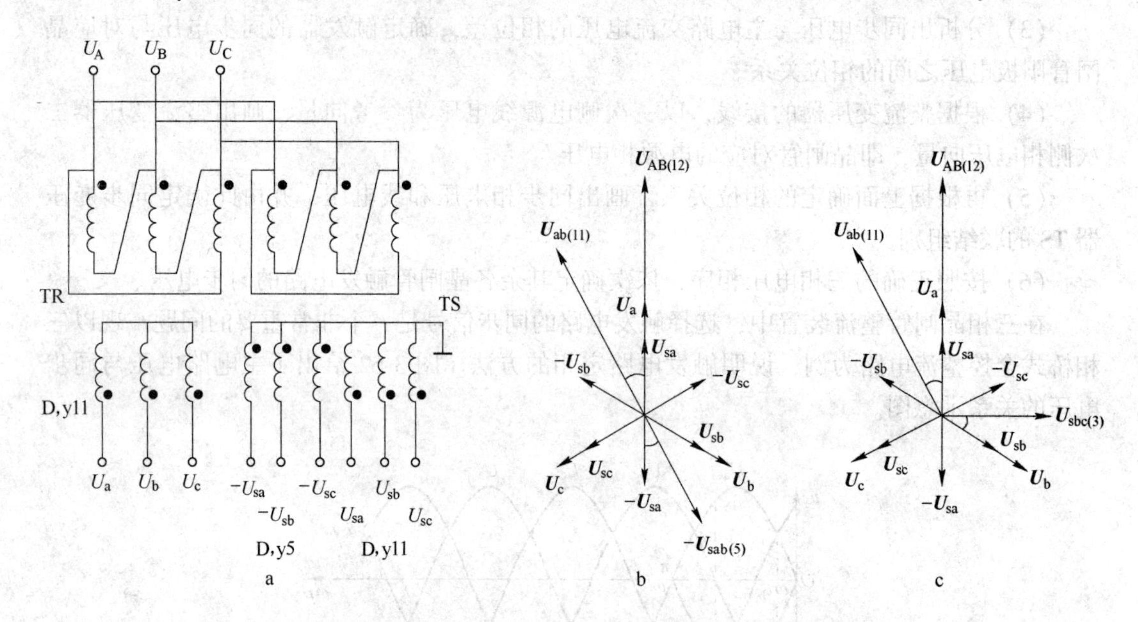

图 3-63　同步变压器和整流变压器的接法及矢量图

a—整流变压器和同步变压器的联结；b—矢量图 1；c—矢量图 2

表 3-18　三相桥式全控电路晶闸管同步电压

晶闸管	VT_1	VT_2	VT_3	VT_4	VT_5	VT_6
主电路电压	$+U_a$	$-U_c$	$+U_b$	$-U_a$	$+U_c$	$-U_b$
同步电压	$-U_{sa}$	$+U_{sc}$	$-U_{sb}$	$+U_{sa}$	$-U_{sc}$	$+U_{sb}$

为防止电网电压波形畸变对触发电路产生干扰，可对同步电压进行 *R-C* 滤波，当*R-C* 滤波器滞后角为 60°时，同步变压器 TS 的结线应为 D，y3-9 联结，相应的矢量图如图 3-63c所示。同步电压的选取结果见表 3-19。

表 3-19　三相桥式全控电路晶闸管同步电压（*R-C* 滤波器滞后 60°）

晶闸管	VT_1	VT_2	VT_3	VT_4	VT_5	VT_6
主电路电压	$+U_a$	$-U_c$	$+U_b$	$-U_a$	$+U_c$	$-U_b$
同步电压	$+U_{sb}$	$-U_{sa}$	$+U_{sc}$	$-U_{sb}$	$+U_{sa}$	$-U_{sc}$

3.9　整流电路的谐波和功率因数

随着电力电子技术的飞速发展，各种电力电子装置在电力系统、工业、交通、民用等众多领域中的应用日益广泛。许多电力电子装置要消耗无功功率，会对公用电网带来不利影响，由此带来的无功功率（Reactive Power）和谐波（Harmonics）问题也日益严重，并引起了越来越广泛的关注。

无功功率的增加会使总电流增大，线路压降增大，视在功率增加，从而使线路损耗和设备容量增加。冲击性无功负载还会使电网电压发生剧烈波动。

电力电子装置还会产生谐波，对公用电网产生危害：

(1) 谐波使电网中的元件产生附加的谐波损耗，降低发电、输电及用电设备的效率，大量的3次谐波流过中性线会使线路过热甚至发生火灾；

(2) 谐波影响各种电气设备的正常工作，使电机发生机械振动、噪声和过热，变压器局部严重过热，电容器、电缆等设备过热、绝缘老化、寿命缩短以至损坏；

(3) 谐波会引起电网中局部的并联谐振和串联谐振，从而使谐波放大，会使上述两种危害程度大大增加，甚至引起严重事故；

(4) 谐波会导致继电保护和自动装置的误动作，并使电气测量仪表计量不准确；

(5) 谐波会对邻近的通信系统产生干扰，轻者产生噪声、降低通信质量，重者导致信息丢失，使通信系统无法正常工作。

由于公用电网中的谐波电压和谐波电流对用电设备和电网本身都会造成很大的危害，世界许多国家都发布了限制电网谐波的国家标准，或由权威机构制定限制谐波的规定。制定这些标准和规定的基本原则是限制谐波源注入电网的谐波电流，把电网谐波电压控制在允许范围内，使接在电网中的电气设备能免受谐波干扰而正常工作。世界各国所制定的谐波标准大都比较接近。我国由技术监督局于1993年发布了国家标准（GB/T 14549—1993）《电能质量　公用电网谐波》，并从1994年3月1日起开始实施。

3.9.1 谐波和无功功率分析基础

3.9.1.1 谐波

在供用电系统中，通常总是希望交流电压和交流电流呈正弦波形。正弦波电压可表示为

$$u(t) = \sqrt{2}U\sin(\omega t + \varphi) \tag{3-104}$$

式中 U——电压有效值；

φ——初始相位角；

ω——角频率，$\omega = 2\pi f = 2\pi/T$；

f——电源频率；

T——周期。

当正弦波电压施加在线性无源元件电阻、电感和电容上时，其电流与电压分别为比例、积分和微分关系，仍为同频率的正弦波。但当正弦波电压施加在非线性电路上时，电流就变为非正弦波。非正弦电流在电网阻抗上产生压降，会使电压波形也变为非正弦波。当然，非正弦电压施加在线性电路上时，电流也是非正弦波。对于周期为 $T = 2\pi/\omega$ 的非正弦电压 $u(\omega t)$，一般满足狄里赫利条件，可分解为如下形式的傅里叶级数

$$u(\omega t) = a_0 + \sum_{n=1}^{\infty}(a_n\cos n\omega t + b_n\sin n\omega t) \tag{3-105}$$

$$a_0 = \frac{1}{2\pi}\int_0^{2\pi} u(\omega t)\mathrm{d}(\omega t)$$

$$a_n = \frac{1}{\pi}\int_0^{2\pi} u(\omega t)\cos n\omega t\mathrm{d}(\omega t)$$

$$b_n = \frac{1}{\pi}\int_0^{2\pi} u(\omega t)\sin n\omega t\mathrm{d}(\omega t)$$

$$(n = 1,\ 2,\ 3,\ \cdots)$$

或

$$u(\omega t) = a_0 + \sum_{n=1}^{\infty} c_n \sin(n\omega t + \varphi_n) \tag{3-106}$$

式中，c_n、φ_n 和 a_n、b_n 的关系为

$$c_n = \sqrt{a_n^2 + b_n^2}$$

$$\varphi_n = \arctan\left(\frac{a_n}{b_n}\right)$$

$$a_n = c_n \sin\varphi_n$$

$$b_n = c_n \cos\varphi_n$$

在式 3-105 或式 3-106 的傅里叶级数中，频率与工频相同的分量称为基波（Fundamental），频率为基波频率整数倍（大于 1）的分量称为谐波，谐波次数为谐波频率和基波频率的整数比。以上公式及定义均以非正弦电压为例。对于非正弦电流，只需把式中的 $u(\omega t)$ 换成 $i(\omega t)$ 即可。

第 n 次谐波电流含有率以 HRI_n（Harmonic Ratio for I_n）（%）表示

$$HRI_n = \frac{I_n}{I_1} \times 100 \tag{3-107}$$

式中 I_n——第 n 次谐波电流有效值；

I_1——基波电流有效值。

电流谐波总畸变率 THD_i（Total Harmonic distortion）（%）定义为

$$THD_i = \frac{I_h}{I_1} \times 100 \tag{3-108}$$

式中 I_h——总谐波电流有效值。

3.9.1.2 功率因数

在正弦电路中，电路的有功功率就是其平均功率

$$P = \frac{1}{2\pi}\int_0^{2\pi} ui\mathrm{d}(\omega t) = UI\cos\varphi \tag{3-109}$$

式中 U——电压的有效值；

I——电流的有效值；

φ——电流滞后于电压的相位差。

视在功率为电压、电流有效值的乘积，即

$$S = UI \tag{3-110}$$

无功功率定义为

$$Q = UI\sin\varphi \tag{3-111}$$

功率因数 λ 定义为有功功率 P 和视在功率 S 的比值，即

$$\lambda = \frac{P}{S} \tag{3-112}$$

此时无功功率 Q 与有功功率 P、视在功率 S 之间有如下关系：

$$S^2 = P^2 + Q^2 \tag{3-113}$$

在正弦电路中，功率因数是由电压和电流的相位差 φ 决定的，其值为

$$\lambda = \cos\varphi \tag{3-114}$$

在非正弦电路中，有功功率、视在功率、功率因数的定义均和正弦电路相同，功率因数仍由式 3-112 定义。公用电网中，通常电压的波形畸变很小，而电流波形的畸变可能很大。因此，不考虑电压畸变，只研究电压波形为正弦波、电流波形为非正弦波的情况有很大的实际意义。

设正弦波电压有效值为 U，畸变电流有效值为 I，基波电流有效值为 I_1，基波电压与基波电流的相位差为 φ_1。这时有功功率为

$$P = UI_1\cos\varphi_1 \tag{3-115}$$

功率因数为

$$\lambda = \frac{P}{S} = \frac{UI_1\cos\varphi_1}{UI} = \frac{I_1}{I}\cos\varphi_1 = \nu\cos\varphi_1 \tag{3-116}$$

式中 ν——基波电流有效值与总电流有效值之比，称为基波因数，$\nu = I_1/I$；

$\cos\varphi_1$——位移因数或基波功率因数。功率因数由基波电流相移和电流波形畸变这两个因素共同决定。

含有谐波的非正弦电路的无功功率情况比较复杂，至今尚没有被广泛接受的科学而权威的定义。一种简单的定义是仿照式 3-113 给出的

$$Q = \sqrt{S^2 - P^2} \tag{3-117}$$

这样定义的无功功率 Q 反映了能量的流动和交换，但该定义对无功功率的描述还很粗糙。

也可仿照式 3-111 定义无功功率，为了与式 3-117 相区别，采用符号 Q_f 表示，忽略电压中的谐波时，基波电流产生的无功功率为

$$Q_f = UI_1\sin\varphi_1 \tag{3-118}$$

在非正弦情况下，$S^2 \neq P^2 + Q_f^2$，因此引入畸变功率 D，使得

$$S^2 = P^2 + Q_f^2 + D^2 = P^2 + Q^2 \tag{3-119}$$

比较式 3-113 和式 3-119，可得

$$Q^2 = Q_f^2 + D^2 \tag{3-120}$$

忽略电压谐波时

$$D = \sqrt{S^2 - P^2 - Q_f^2} = U\sqrt{\sum_{n=2}^{\infty} I_n^2} \tag{3-121}$$

式中，D 为由谐波电流产生的无功功率；Q_f 为由基波电流所产生的无功功率。

3.9.2 带阻感性负载时可控整流电路交流侧谐波和功率因数分析

3.9.2.1 单相桥式全控整流电路交流侧谐波和功率因数

带阻感性负载的单相桥式整流电路如图 3-12a 所示。忽略换相过程和电流脉动，直流电感 L 为足够大时，变压器二次电流波形近似为理想方波，如图 3-12b 所示，将电流波形分解为傅里叶级数，可得

$$i_2 = \frac{4}{\pi}I_d\left(\sin\omega t + \frac{1}{3}\sin3\omega t + \frac{1}{5}\sin5\omega t + \cdots\right)$$

$$= \frac{4}{\pi}I_d \sum_{n=1,\ 3,\ 5,\ \cdots} \frac{1}{n}\sin n\omega t = \sum_{n=1,\ 3,\ 5,\ \cdots} \sqrt{2}I_n\sin n\omega t \tag{3-122}$$

其中基波和各次谐波电流有效值为

$$I_n = \frac{2\sqrt{2}I_d}{n\pi} \quad (n = 1,\ 3,\ 5,\ \cdots) \tag{3-123}$$

可见，电流中仅含奇次谐波，各次谐波有效值与谐波次数成反比，且与基波有效值的比值为谐波次数的倒数。

由式 3-123 得基波电流有效值为

$$I_1 = \frac{2\sqrt{2}I_d}{\pi} \tag{3-124}$$

负载电流有效值 $I=I_d$，由式 3-124 可得基波因数为

$$\nu = \frac{I_1}{I} = \frac{2\sqrt{2}}{\pi} \approx 0.9 \tag{3-125}$$

从图 3-12 可以明显看出，电流基波与电压的相位差就等于控制角 α，故位移因数为

$$\cos\varphi_1 = \cos\alpha \tag{3-126}$$

所以，功率因数为

$$\lambda = \nu\cos\varphi_1 = \frac{I_1}{I}\cos\varphi_1 = \frac{2\sqrt{2}}{\pi}\cos\alpha \approx 0.9\cos\alpha \tag{3-127}$$

3.9.2.2 三相桥式全控整流电路交流侧谐波和功率因数

三相桥式全控整流电路带阻感性负载，直流侧电感 L 足够大，忽略换相过程和电流脉动，变压器二次侧电流为正、负半周各 120°的方波，三相电流波形相同，且依次相差 120°，其有效值与直流电流的关系为

$$I = \sqrt{\frac{2}{3}}I_d = 0.816I_d \tag{3-128}$$

同样可将电流波形分解为傅里叶级数。以 a 相电流为例，将电流负、正两半波的中点作为时间零点，则有

$$i_a = \frac{2\sqrt{3}}{\pi}I_d\left(\sin\omega t - \frac{1}{5}\sin5\omega t - \frac{1}{7}\sin7\omega t + \frac{1}{11}\sin11\omega t + \frac{1}{13}\sin13\omega t - \cdots\right)$$

$$= \frac{2\sqrt{3}}{\pi} I_d \sin\omega t + \frac{2\sqrt{3}}{\pi} I_d \sum_{\substack{n=6k\pm1 \\ k=1,2,3,\cdots}} (-1)^k \frac{1}{n} \sin n\omega t$$

$$= \sqrt{2} I_1 \sin\omega t + \sum_{\substack{n=6k\pm1 \\ k=1,2,3,\cdots}} (-1)^k \sqrt{2} I_n \sin n\omega t \tag{3-129}$$

由式 3-129 可得电流基波有效值 I_1 和各次谐波有效值 I_n 分别为

$$\begin{cases} I_1 = \dfrac{\sqrt{6}}{\pi} I_d \\ I_n = \dfrac{\sqrt{6}}{n\pi} I_d \quad (n = 6k \pm 1,\ k = 1,\ 2,\ 3,\ \cdots) \end{cases} \tag{3-130}$$

由此可得以下结论：电流中仅含 $6k\pm1$（k 为正整数）次谐波，各次谐波有效值与谐波次数成反比，且与基波有效值的比值为谐波次数的倒数。

由式 3-128 和式 3-130 可得基波因数为

$$\nu = \frac{I_1}{I} = \frac{3}{\pi} \approx 0.955 \tag{3-131}$$

基波电流与基波电压的相位差为 α，故位移因数为

$$\cos\varphi_1 = \cos\alpha \tag{3-132}$$

功率因数为

$$\lambda = \nu\cos\varphi_1 = \frac{I_1}{I}\cos\varphi_1 = \frac{3}{\pi}\cos\alpha \approx 0.955\cos\alpha \tag{3-133}$$

3.10 大功率可控整流电路

本节介绍两种适用于大功率负载的可控整流电路形式，即带平衡电抗器的双反星形整流电路和多重化整流电路。与前面介绍的三相桥式全控整流电路相比较，带平衡电抗器的双反星形可控整流电路的特点是适用于要求低电压、大电流的场合；多重化整流电路的特点是在采用相同器件时可达到更大的功率，更重要的是它可减少交流侧输入电流的谐波或提高功率因数，从而减小对供电电网的干扰。

3.10.1 带平衡电抗器的双反星形可控整流电路

在电解、电镀等工业应用中，经常需要低电压大电流（例如几十伏，几千至几万安）的可调直流电源。如果采用三相桥式整流电路，整流器件的数量很多，还有两个管压降损耗，降低了效率。在这种情况下，可采用带平衡电抗器的双反星形可控整流电路，简称为双反星形电路，如图 3-64 所示。

整流变压器的二次侧每相有两个匝数相同、极性相反的绕组，分别接成两组三相半波整流电路，即 a、b、c 为一组，a'、b'、c'为另一组。a 与 a'绕在同一相铁心上，如图 3-64 中“·”表示同名端。同样 b 与 b'，c 与 c'都绕在同一相铁心上，它们的电压矢量由两

个互差 180°的三相电压矢量合成，故得名双反星形电路。变压器二次侧两绕组的极性相反，可消除铁心的直流磁化。设置电感量为 L_p 的平衡电抗器是为了保证两组三相半波整流电路能同时导电，每组承担一半负载。每只晶闸管的最大导通角为 120°，其平均电流为 $I_d/6$。因此，与三相桥式可控整流电路相比，在采用相同晶闸管的条件下，双反星形电路的输出电流可增大一倍。

当两组三相半波整流电路的控制角 $\alpha=0°$ 时，两组整流电压、电流的波形如图 3-65 所示。

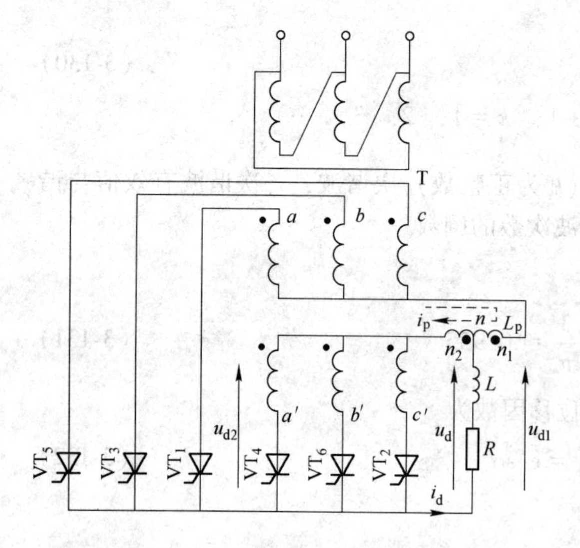

图 3-64　带平衡电抗器的双反星形可控整流电路

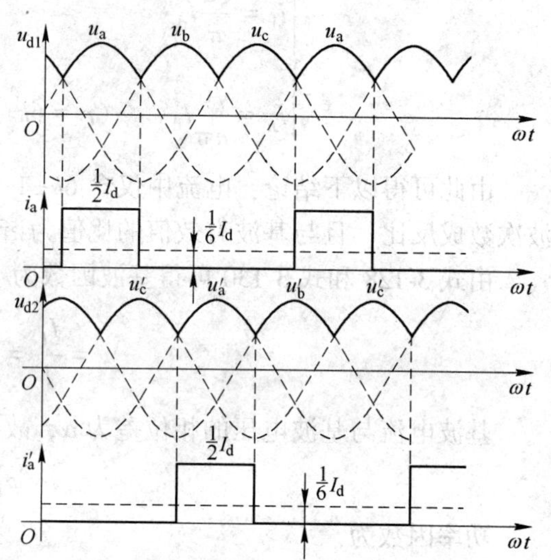

图 3-65　双反星形电路 $\alpha=0°$ 时两组整流电压、电流波形

在图 3-65 中，两组的相电压互差 180°，因而相电流亦互差 180°。其幅值相等，都是 $I_d/2$。以 a 相为例，相电流 i_a 与 i'_a 出现的时刻虽然不同，但它们的平均值都是 $I_d/6$，因为平均电流相等而绕组的极性相反，所以直流安匝互相抵消，因此本电路是利用绕组的极性相反来消除直流磁势的。

在这种并联电路中，在两个星形的中点接有带中心抽头的平衡电抗器，这是因为两个直流电源并联运行时，只有当两个电源的电压平均值和瞬时值均相等时，才能使负载电流平均分配。在双反星形电路中，虽然两组整流电压的平均值 U_{d1} 和 U_{d2} 相等，但是它们的脉动波相差 60°，它们的瞬时值不同，如图 3-66a 所示。现在把 6 只晶闸管的阴极连接在一起，因而两个星形的中点 n_1 和 n_2 之间的电压差便等于 u_{d1} 与 u_{d2} 之差。其波形是三倍频的近似三角波，如图 3-66b 所示。这个电压加在平衡电抗器 L_p 上，产生电流 i_p，它通过两组星形自成回路，而不流到负载中去，称为环流或平衡电流。考虑到 i_p 后，每组三相半波整流电路承担的电流分别为 $I_d/2 \pm i_p$。为了使两组电流尽可能平均分配，一般要使平衡电抗器 L_p 取值足够大，以便将环流限制在其负载额定电流的 1%~2%以内。

在图 3-64 的双反星形电路中，如不接平衡电抗器，即成为六相半波整流电路，在任一瞬间只能有一只晶闸管导电，其余五只晶闸管均承受反压而阻断，每只晶闸管的最大导通角为 60°，每只晶闸管的平均电流为 $I_d/6$。

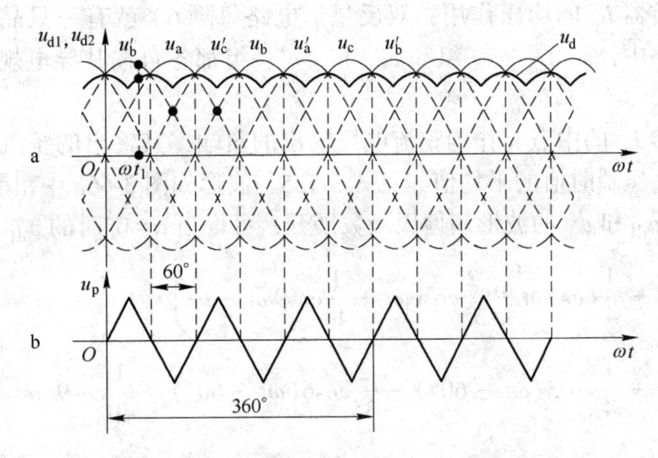

图 3-66 平衡电抗器作用下输出电压和平衡电抗器上电压的波形

当 $\alpha = 0°$ 时，六相半波整流电路的 $U_d = 1.35U_2$，比三相半波整流电路的 $U_d = 1.17U_2$ 略大些，其波形如图 3-66a 的包络线所示。由于六相半波整流电路中晶闸管的导电时间短，变压器利用率低，故极少采用。可见，双反星形电路与六相半波电路的区别就在于有无平衡电抗器，对平衡电抗器作用的理解是掌握双反星形电路原理的关键。

以下就分析由于平衡电抗器的作用，两组三相半波整流电路同时导电的原理。

在图 3-66a 中取任一瞬间如 ωt_1，这时 u_b' 及 u_a 均为正值，然而 u_b' 大于 u_a，如果两组三相半波整流电路中点 n_1 和 n_2 直接相连，则必然只有 b′相的晶闸管能导电。接入平衡电抗器 L_p 后，n_1 和 n_2 之间的电位差加在平衡电抗器 L_p 两端，它补偿了 u_b' 和 u_a 的电动势差，使得 u_b' 和 u_a 相的晶闸管能同时导电，如图 3-67 所示。由于在 ωt_1 时 u_b' 比 u_a 电压高，b′相的 VT_6 导通，i_{VT6} 电流在流经平衡电抗器 L_p 时，L_p 上要感应出一个电动势 u_p，它的方向是要阻止 i_{VT6} 电流增大（见图 3-67 标出的极性），其中 $u_p/2$ 削弱 u_b' 电压，$u_p/2$ 增强 u_a 电压，虽然 u_b' 大于 u_a，导致 u_{d1} 小于 u_{d2}，但由于平衡电抗器 L_p 的均压作用，晶闸管 VT_6 和 VT_1 都承受正向电压而同时导通。平衡电抗器 L_p 两端电压和整流输出电压的数学表达式如下：

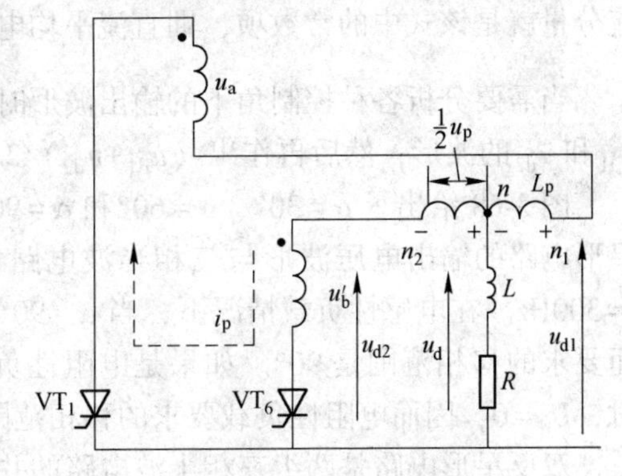

图 3-67 平衡电抗器作用下两只晶闸管同时导电的情况

$$u_p = u_{d2} - u_{d1} \tag{3-134}$$

$$u_d = u_{d2} - \frac{1}{2}u_p = u_{d1} + \frac{1}{2}u_p = \frac{1}{2}(u_{d1} + u_{d2}) \tag{3-135}$$

随着时间推迟至 u_b' 和 u_a 的交点时，由于 $u_b' = u_a$，VT_6 和 VT_1 继续导电，此时 $u_p = 0$。之后 u_b' 小于 u_a，则流经 b′相的电流要减小，但 L_p 有阻止此电流减小的作用，u_p 的极性反号，则与图 3-67 所示的极性相反，L_p 仍起平衡均压的作用，使 VT_6 继续导电，直到 u_c' 大于 u_b'，电流才从 VT_6 换至 VT_2。此时变成了 VT_1 和 VT_2 同时导电。

由于平衡电抗器 L_p 的均压作用，双反星形电路每隔 60°就有一只晶闸管换相。两组三相半波整流电路中，a、b、c 一组和 a′、b′、c′一组都各自按其导电规律换相，每相轮流导通 120°。

以平衡电抗器 L_p 的中点 n 作为整流电压输出的负端，其输出的整流电压瞬时值为两组三相半波整流电压瞬时值的平均值，见式 3-135，波形如图 3-66a 中粗黑线所示。

将图 3-51 中 u_{d1} 和 u_{d2} 的波形用傅氏级数展开，可得当 $\alpha=0°$时的 u_{d1}、u_{d2}，即

$$u_{d1}=\frac{3\sqrt{6}U_2}{2\pi}\left(1+\frac{1}{4}\cos3\omega t-\frac{2}{35}\cos6\omega t+\frac{1}{40}\cos9\omega t-\cdots\right) \tag{3-136}$$

$$\begin{aligned}u_{d2}&=\frac{3\sqrt{6}U_2}{2\pi}\left[1+\frac{1}{4}\cos3(\omega t-60°)-\frac{2}{35}\cos6(\omega t-60°)+\frac{1}{40}\cos9(\omega t-60°)-\cdots\right]\\&=\frac{3\sqrt{6}U_2}{2\pi}\left(1-\frac{1}{4}\cos3\omega t-\frac{2}{35}\cos6\omega t-\frac{1}{40}\cos9\omega t-\cdots\right)\end{aligned} \tag{3-137}$$

由式 3-134 和式 3-135 可得

$$u_p=\frac{3\sqrt{6}U_2}{2\pi}\left(-\frac{1}{2}\cos3\omega t-\frac{1}{20}\cos9\omega t-\cdots\right) \tag{3-138}$$

$$u_d=\frac{3\sqrt{6}U_2}{2\pi}\left(1-\frac{2}{35}\cos6\omega t-\cdots\right) \tag{3-139}$$

负载电压 u_d 中的谐波分量比直流分量要小得多，而且最低次谐波为 6 次谐波。其直流分量就是该式中的常数项，即直流平均电压 $U_{d0}=\frac{3\sqrt{6}}{2\pi}U_2=1.17U_2$。

当需要分析各种控制角下的输出波形时，可根据式 3-135 先作出两组三相半波电路的 u_{d1} 和 u_{d2} 的波形，然后再作出 $(u_{d1}+u_{d2})/2$ 的波形。

图 3-68 给出了 $\alpha=30°$、$\alpha=60°$和 $\alpha=90°$时输出电压的波形。从图中可以看出，双反星形电路的输出电压波形与三相半波电路相比，脉动程度减小了，脉动频率加大一倍，$f=300\text{Hz}$。在电感性负载情况下，当 $\alpha=90°$时，输出电压波形正负面积相等，$U_d=0$，因而要求的移相范围是 90°。如果是电阻性负载，$\alpha=90°$时，u_d 波形没有负半波；$\alpha=120°$时，$U_d=0$，因而电阻性负载要求的移相范围为 120°。

双反星形电路是两组三相半波电路的并联，所以整流电压平均值与三相半波整流电路的整流电压平均值相等，在不同控制角 α 时，$U_d=1.17U_2\cos\alpha$。晶闸管电流平均值 $I_{dVT}=I_d/6$；变压器二次电流有效值和晶闸管电流有效值 $I_2=I_{VT}=\frac{1}{2\sqrt{3}}I_d=0.289I_d$。

在以上分析的基础上，将双反星形电路与三相桥式电路进行比较可得出以下结论：

(1) 三相桥式电路整流变压器的二次侧接成星形，同时接至三相半波共阴极组电路和共阳极组电路；双反星形电路整流变压器的二次侧每相有两个匝数相同、极性相反的绕组，分别接至两组三相半波电路，它们的电压矢量由两个互差 180°的三相电压矢量合成。

(2) 三相桥式电路是两组三相半波电路串联；而双反星形电路是两组三相半波电路并联，且后者需用平衡电抗器，以保证两组三相半波整流电路能同时导电，每组承担一半负载。

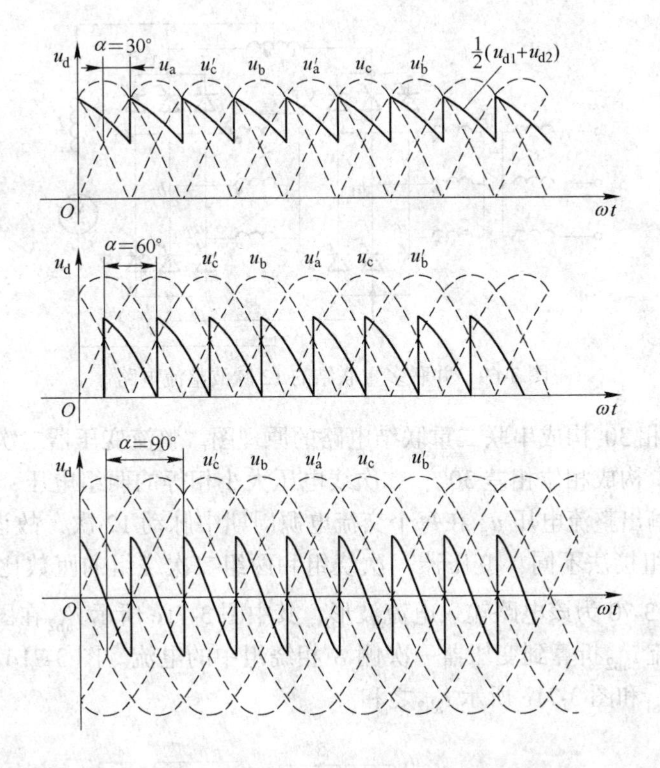

图 3-68 当 $\alpha=30°$、$\alpha=60°$和 $\alpha=90°$时双反星形电路的输出电压波形

(3) 当变压器二次电压有效值 U_2 相等时，双反星形电路的整流电压平均值 U_d 是三相桥式电路的 1/2，而整流电流平均值 I_d 是三相桥式电路的 2 倍。

(4) 两种电路晶闸管的导通及触发脉冲的分配关系是一样的，整流电压 u_d 和整流电流 i_d 的波形形状一样。

3.10.2 多重化整流电路

随着整流装置功率的进一步加大，它所产生的谐波、无功功率等对电网的干扰也随之加大。为减轻干扰，可采用多重化整流电路，即按一定的规律将两个或更多个相同结构的整流电路（如三相桥式电路）进行组合而得。将整流电路进行移相多重联结，可以减少交流侧输入电流的谐波，而对晶闸管串联多重整流电路采用顺序控制的方法可提高功率因数。

3.10.2.1 移相多重联结

整流电路的多重联结有并联多重联结和串联多重联结。图 3-69 给出了将两个三相桥式全控整流电路并联联结而成的 12 脉波整流电路原理图。该电路中使用了平衡电抗器来平衡两组整流器的电流，其原理与双反星形电路中采用平衡电抗器是一样的。对于交流输入电流来说，采用并联多重联结和串联多重联结的效果是相同的，以下着重讲述串联多重联结的情况。采用多重联结不仅可以减少交流输入电流的谐波，同时也可减小直流输出电压中的谐波幅值，并提高纹波频率，因而可减少平波电抗器。为了简化分析，下面均不考虑变压器漏抗引起的换相重叠角，并假设整流变压器各绕组的线电压之比为 1∶1。

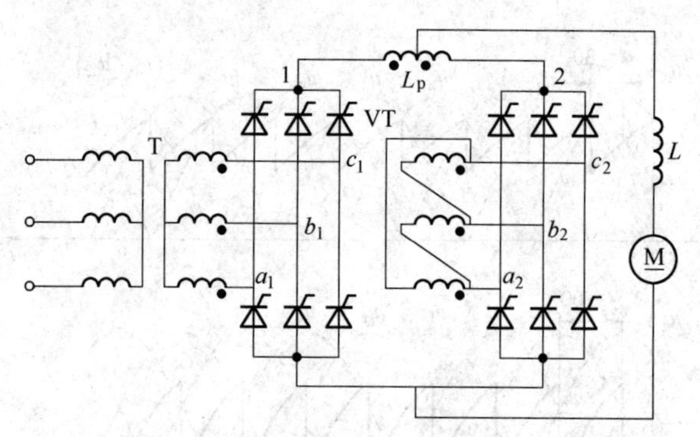

图 3-69 并联多重联结的 12 脉波整流电路

图 3-70 是移相 30°构成串联二重联结电路的原理图。整流变压器二次绕组分别采用星形和三角形接法，构成相位相差 30°、二次线电压大小相等的两组电压，接到相互串联的两组整流桥，使输出整流电压 u_d 在每个交流电源周期中脉动 12 次，故该电路为 12 脉波整流电路。因绕组接法不同，变压器一次绕组和两组二次绕组的匝数比如图 3-70 所示，为 1∶1∶$\sqrt{3}$。图 3-70 为该电路输入电流波形，其中图 3-71c 所示 i'_{ab2} 在图 3-71 中未标出，它是第Ⅱ组桥电流 i_{ab2} 折算到变压器一次侧 A 相绕组中的电流。图 3-71d 所示总输入电流 i_A 为图 3-71a 的 i_{a1} 和图 3-71c 所示 i'_{ab2} 之和。

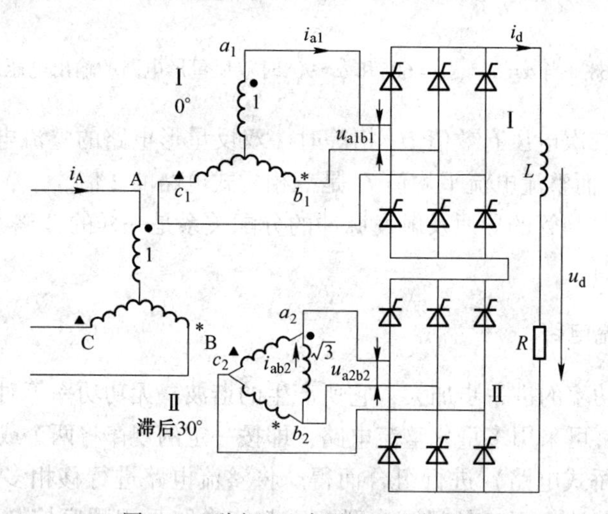

图 3-70 移相 30°串联二重联结电路

对图 3-71d 电流 i_A 进行傅里叶分析，可得：

一次电流有效值：

$$I=\sqrt{\frac{4}{2\pi}\left[\int_0^{\frac{\pi}{6}}\left(\frac{1}{\sqrt{3}}I_d\right)^2\mathrm{d}(\omega t)+\int_{\frac{\pi}{6}}^{\frac{\pi}{3}}\left(1+\frac{1}{\sqrt{3}}I_d\right)^2\mathrm{d}(\omega t)+\int_{\frac{\pi}{3}}^{\frac{\pi}{2}}\left(1+\frac{2}{\sqrt{3}}I_d\right)^2\mathrm{d}(\omega t)\right]}$$

$$=\frac{2I_d}{\sqrt{2\pi}}\sqrt{\frac{1}{3}\omega t\Big|_0^{\frac{\pi}{6}}+\frac{(1+\sqrt{3})^2}{3}\omega t\Big|_{\frac{\pi}{6}}^{\frac{\pi}{3}}+\frac{(1+2\sqrt{3})^2}{3}\omega t\Big|_{\frac{\pi}{3}}^{\frac{\pi}{2}}}$$

$$=\frac{\sqrt{12+6\sqrt{3}}}{3}I_d=1.577I_d \tag{3-140}$$

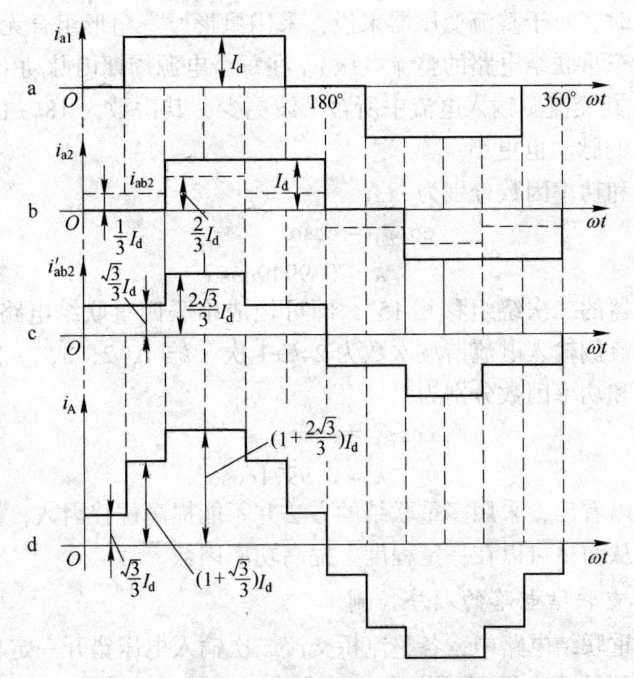

图 3-71 移相 30°串联二重联结电路的电流波形

基波电流有效值：

$$I_1 = \frac{1}{\sqrt{2}} I_{m1} = \frac{1}{\sqrt{2}} \times \frac{4\sqrt{3}}{\pi} I_d = \frac{4\sqrt{3}}{\sqrt{2}\pi} I_d = 1.559 I_d \tag{3-141}$$

基波幅值：

$$I_{m1} = \frac{4\sqrt{3}}{\pi} I_d = 2.2 I_d \tag{3-142}$$

n 次谐波幅值：

$$I_{mn} = \frac{1}{n} \times \frac{4\sqrt{3}}{\pi} I_d \quad (n = 12k \pm 1,\ k = 1,\ 2,\ 3,\ \cdots) \tag{3-143}$$

即输入电流的谐波次数为 $12k\pm1$，其幅值与次数成反比，n 越大，谐波幅值越小。

该电路的其他特性如下：

直流输出电压：

$$U_d = \frac{6\sqrt{6}\,U_2}{\pi}\cos\alpha$$

位移因数：

$$\cos\varphi_1 = \cos\alpha$$

基波因数：

$$\nu = \frac{I_1}{I} = 0.9886$$

功率因数：

$$\lambda = \nu\cos\varphi_1 = 0.9886\cos\alpha$$

根据同样的道理，利用变压器二次绕组接法的不同，互相错开 20°，可将三组桥构成串联三重联结。此时，对于整流变压器来说，采用星形、三角形组合无法移相 20°，需采用曲折接法。串联三重联结电路的整流电压 u_d 在每个电源周期内脉动 18 次，故此电路为 18 脉波整流电路。其交流侧输入电流中所含谐波更少，其次数为 $18k\pm1$ 次（$k=1, 2, 3, \cdots$），整流电压 u_d 的脉动也更小。

输入位移因数和功率因数分别为

$$\cos\varphi_1 = \cos\alpha$$

$$\lambda = 0.9949\cos\alpha$$

若将整流变压器的二次绕组移相 15°，即可构成串联四重联结电路，此电路为 24 脉波整流电路。其交流侧输入电流谐波次数为 $24k\pm1$ 次（$k=1, 2, 3, \cdots$）。

输入位移因数和功率因数分别为

$$\cos\varphi_1 = \cos\alpha$$

$$\lambda = 0.9971\cos\alpha$$

从以上论述可以看出，采用多重联结的方法并不能提高位移因数，但可以使输入电流谐波大幅度减小，从而也可以在一定程度上提高功率因数。

3.10.2.2　多重联结电路的顺序控制

前面介绍的多重联结电路中，各整流桥交流二次输入电压错开一定相位，但工作时各桥的控制角 α 是相同的，这样可以使输入电流谐波含量大为降低。这里介绍的顺序控制则是另一种思路。这种控制方法只对串联多重联结的各整流桥中一个桥的 α 角进行控制，其余各桥的工作状态则根据需要输出的整流电压而定，或者不工作而使该桥输出直流电压为零，或者 $\alpha=0$ 而使该桥输出电压最大。根据所需总的直流输出电压从低到高的变化，按顺序依次对各桥进行控制，因而被称为顺序控制。采用这种方法虽然并不能降低输入电流中的谐波，但是各组桥中只有一组在进行相位控制，其余各组或不工作，或位移因数为 1，因此总的功率因数得以提高。我国电气机车的整流器大多为这种工作方式。

图 3-72 给出了用于电气机车的三重晶闸管整流桥顺序控制的一个例子，通过这个例子来说明多重联结电路顺序控制的原理。图 3-72a 为其原理电路图，由于电气化铁道向电气机车供电是单相的，故图中各桥均为单相桥。图 3-72b、c 分别为整流输出电压和交流输入电流的波形。当需要输出的直流电压低于 1/3 最高电压时，只对第Ⅰ组桥的 α 角进行控制，连续触发 VT_{23}、VT_{24}、VT_{33}、VT_{34}，使其导通，这样第Ⅱ、Ⅲ组桥的直流输出电压就为零。当需要输出的直流电压达到 1/3 最高电压时，第Ⅰ组桥的 α 角为 0°。需要输出电压为 1/3~2/3 最高电压时，第Ⅰ组桥的 α 角为 0，第Ⅲ组桥的 VT_{33} 和 VT_{34} 维持导通，使其输出电压为零，仅对第Ⅱ组桥的 α 角进行控制。需要输出电压为 2/3 最高电压以上时，第Ⅰ、Ⅱ组桥的 α 角为 0°，仅对第Ⅲ组桥的 α 角进行控制。

在对上述电路中一个单元桥的 α 角进行控制时，为使直流输出电压波形不含负的部分，可采取如下控制方法：以第Ⅰ组桥为例，当电压相位为 α 时，触发 VT_{11}、VT_{14} 使其导通并流过直流电流 I_d。在电压相位为 π 时，触发 VT_{13}，则 VT_{11} 关断，I_d 通过 VT_{13}、VT_{14} 续流，第Ⅰ组桥的输出电压为零而不出现负的部分。电压相位为 $\pi+\alpha$ 时，触发 VT_{12}，则 VT_{14} 关断，由 VT_{12}、VT_{13} 导通而输出直流电压。电压相位为 2π 时，触发 VT_{11}，则 VT_{13} 关断，由 VT_{11} 和 VT_{12} 续流，该桥的输出电压为零，直至电压相位为 $2\pi+\alpha$ 时，下一周期开始，重复上述过程。

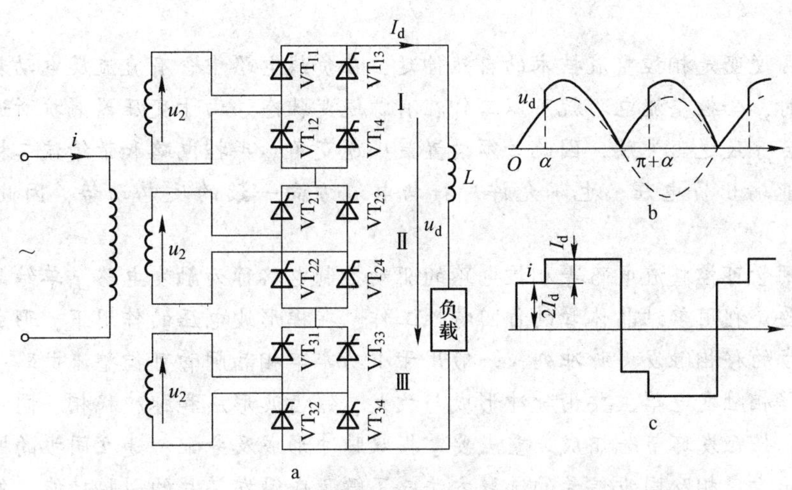

图 3-72　单相串联三重联结电路及顺序控制时的波形

图 3-72b、c 的波形是直流输出电压大于 2/3 最高电压时的总直流输出电压 u_d 和总交流输入电流 i_d 的波形。这时第Ⅰ、Ⅱ两组桥的 α 角均固定在 0°，第Ⅲ组桥控制角为 α。从电流的波形可以看出，虽然波形并未改善，仍与单相全控桥时一样含有奇次谐波，但其基波分量比电压的滞后少，因而位移因数高，从而提高了总的功率因数。

本章小结

整流电路是最早出现并获得应用的电力电子电路，可控整流电路能把交流电变换为大小可调的直流电。掌握常用可控整流电路的工作原理、特点和分析方法是本章的重点，也是学习其他类型变流电路的基础。在学习过程中应特别重视不同性质负载下电压、电流的波形分析和基本电量的计算方法。

以二极管为开关器件的不可控整流电路，其输出直流电压只依赖于交流输入电压的大小而不能调控。相控整流电路可通过改变晶闸管的触发角来调控直流输出电压。

单相可控整流电路的整流电压脉动大，脉动频率低，对三相电网电源来说，它仅是其中的一相，因此会影响三相电网的平衡运行。当负载容量较大且要求直流电压脉动较小时，通常采用三相整流电路。三相可控整流电路类型很多，有三相半波可控整流电路、三相桥式全控整流电路、三相桥式半控整流电路，以及其他三相制的多相整流电路等。三相半波可控整流电路是最基本的三相电路组成形式，它有共阴极接法和共阳极接法两种形式，其他类型的多相整流电路都可看做是三相半波整流电路以不同方式串联或并联的结果。

半波整流电路可以减少功率器件的数量，但是它仅在交流电源的半个周期中有负载电流，使得交流电源中含有有害的直流分量，造成变压器铁心的直流磁化严重。单相全波、单相桥式和三相桥式整流电路在交流电源的正、负半波均有对称电流流过，因而不存在变压器的直流磁化问题，是最实用的交流-直流整流电路。半控整流电路与全控整流电路相比，虽然输出特性相仿，但存在失控问题，一般需要在负载侧并联续流二极管。

可控整流电路对直流负载来说，可以看成是具有一定内阻的可调直流电源，其内阻主要是整流变压器的漏抗。变压器漏抗将使得晶闸管在换相过程中形成换相重叠角。它除了造成换相压降外，还会使整流装置的功率因数变坏，电压脉动系数增加，输出电压调整率降低。

相控有源逆变是相控整流技术的自然伸延，在负载电路中含有直流反电动势，并且满足逆变条件时，全控整流电路就可以工作在有源逆变状态。由于变压器漏抗所造成的换相重叠角可能会导致逆变失败，因此必须设置最小逆变角。半控电路和带续流二极管的可控电路由于不能输出负电压，也不允许外接与电流方向一致的反电动势，因此无法实现逆变。

用于晶闸管可控整流电路等相控电路的驱动控制电路称为触发电路。单结晶体管移相触发电路主要是利用单结晶体管的负阻特性工作，在梯形波电压的作用下，形成与晶闸管电源电压同步的移相触发尖脉冲列，一般用于小功率单相晶闸管可控整流电路。同步信号为锯齿波的移相触发电路主要由脉冲形成与放大、锯齿波形成和脉冲移相、同步环节、双窄脉冲形成、强触发环节等组成。重点要掌握双脉冲形成及分配；建立同步的概念，掌握触发电路的同步定相及同步信号的选取方法；了解集成触发芯片的引脚功能、外部特性和使用方法。

电力电子装置要消耗无功功率，使总电流增大，从而使线路损耗和设备容量增加。电力电子装置工作中产生的谐波干扰会对公用电网带来不利影响，甚至可能造成装置本身或其他设备无法正常工作。本章要求了解有关谐波和功率因数的概念、定义及分析方法。

习题与思考题

1. 某电阻性负载 $R=50\Omega$，要求输出电压在 0~600V 可调。使用单相半波和单相全波两种方式供电。按 $\alpha=0°$ 考虑，不考虑安全裕量，分别计算：
   （1）晶闸管的额定电压和额定电流值；
   （2）负载电阻上消耗的最大功率。
2. 单相桥式全控整流电路，$U_2=220$V，$R=10\Omega$，$\alpha=60°$。试计算整流电压的平均值 U_d、整流电流的平均值 I_d 和负载电流的有效值 I。
3. 单相桥式全控整流电路，$U_2=220$V，$R=2\Omega$，$L=\infty$，$\alpha=30°$。
   （1）画出 u_d、i_d 和 i_2 的波形；
   （2）求整流电压平均值 U_d、整流电流平均值 I_d 和变压器二次电流有效值 I_2；
   （3）考虑 2 倍安全裕量，确定晶闸管的额定电压和额定电流。
4. 单相桥式全控整流电路，分别给电阻性负载供电和给反电势负载蓄电池充电，在负载电流平均值相同的情况下，哪一种负载的晶闸管额定电流应选得大一些，为什么？
5. 单相桥式全控整流电路，$U_2=100$V，$R=2\Omega$，$L=\infty$，$E=60$V，$\alpha=30°$。
   （1）画出 u_d、i_d 和 i_2 的波形；
   （2）求整流电压平均值 U_d、整流电流平均值 I_d 和变压器二次电流有效值 I_2；
   （3）考虑 2 倍安全裕量，确定晶闸管的额定电压和额定电流。
6. 可控整流电路带电阻性负载时，负载电阻 R 上的 U_d 与 I_d 的乘积是否等于负载有功功率，为什么？带大电感负载时，负载电阻 R 上的 U_d 与 I_d 的乘积是否等于负载有功功率，为什么？
7. 单相桥式半控整流电路，带续流二极管，对直流电动机电枢供电，主电路中平波电抗器的电感量 L 足够大。$U_2=220$V，$\alpha=60°$，此时的负载电流 $I_d=30$A。试计算晶闸管、整流管和续流二极管的电流平均值和有效值；电源容量及功率因数。

8. 三相半波共阴极组可控整流电路，电阻性负载，画出 $\alpha=30°$时晶闸管 VT_1 两端的电压波形，从波形上看晶闸管承受的最大正、反向电压是多少？

9. 三相半波共阴极组可控整流电路，电阻性负载，$U_2=220V$，$R=30\Omega$，$\alpha=30°$。

（1）画出 u_d、i_d 和 i_2 的波形；

（2）求整流电压平均值 U_d、整流电流平均值 I_d 和变压器二次电流有效值 I_2。

10. 三相半波共阴极组可控整流电路，大电感负载，画出 $\alpha=90°$时晶闸管 VT_1 两端电压波形，从波形上看晶闸管承受的最大正、反向电压是多少？

11. 三相半波共阴极组可控整流电路，大电感负载，$U_2=220V$，$R=11.7\Omega$。计算 $\alpha=60°$时负载电流平均值 I_d；晶闸管电流的平均值 I_{dVT}和有效值 I_{VT}；变压器副边电流 i_2 的平均值 I_{d2}和有效值 I_2。

12. 三相半波共阴极组可控整流电路，大电感负载，带续流二极管，$U_2=110V$，$R=0.5\Omega$，$\alpha=45°$。

（1）画出 u_d、i_d 和 u_{VT1}的波形；

（2）求 U_d、I_d、I_{dVT}、I_{VT}、I_{dVDR}和 I_{VDR}。

13. 三相半波共阴极组可控整流电路，反电动势阻感负载，$U_2=220V$，$R=5\Omega$，$L=\infty$，$E=50V$，$\alpha=30°$。

（1）画出 u_d、i_d 和 i_{VT1}的波形；

（2）求整流电压平均值 U_d 和整流电流平均值 I_d。

14. 三相半波共阴极组可控整流电路，电感性负载，$U_2=220V$，控制角 $\alpha=90°$，由于电感不足够大，只能维持晶闸管在阳极电压过零后再导通 30°。

（1）画出整流输出电压 u_d 的波形；

（2）求整流输出电压 U_d。

15. 晶闸管三相半波可控整流电路的共阴极接法与共阳极接法中，a、b 两相的自然换相点是同一点吗？若不是，它们在相位上差多少度？

16. 有两组三相半波可控整流电路，一组是共阴极接法，另一组是共阳极接法，如果它们的触发角都是 α，那么对同一相来说，共阴极组的触发脉冲与共阳极组的触发脉冲在相位上差多少度？

17. 三相半波共阳极组可控整流电路，$\alpha=60°$。试画出 u_d 与 u_{VT3}的波形。

18. 三相桥式全控整流电路，大电感负载，$U_2=220V$，$R=5\Omega$，$\alpha=60°$。

（1）画出 u_d、i_d 和 i_{VT1}的波形；

（2）计算 U_d、I_d、I_{dVT}和 I_{VT}；

（3）考虑 2 倍安全裕量，试确定晶闸管的额定电压和额定电流。

19. 三相桥式全控整流电路，大电感负载，变压器二次侧线电压 $U_{2l}=380V$，$R=11.7\Omega$，$\alpha=60°$。计算输出电压平均值 U_d，负载电流平均值 I_d，晶闸管电流平均值 I_{dVT}和有效值 I_{VT}，变压器副边电流 i_2 的有效值 I_2。

20. 单相桥式全控整流电路，反电动势阻感负载，$U_2=100V$，$\alpha=60°$，$R=1\Omega$，$L=\infty$，$E=40V$，$L_B=0.5mH$。求 U_d、I_d 和 γ 的数值，并画出整流电压 u_d 的波形。

21. 三相桥式不可控整流电路，阻感性负载，$U_2=220V$，$X_B=0.3\Omega$，$R=5\Omega$，$L=\infty$。求 U_d，I_d，I_{VD}，I_2 和 γ 的数值，并作出 u_d、i_{VD1}、i_{VD3}、i_{VD5}和 i_{2a}的波形。

22. 三相半波共阴极组可控整流电路，反电动势阻感负载，$U_2=100V$，$R=1\Omega$，$L=\infty$，$L_B=1mH$。求$\alpha=30°$、$E=50V$ 时的 U_d、I_d、γ，并作出 u_d 和 i_{VT}的波形。

23. 三相桥式全控整流电路，反电动势阻感负载，$U_2=220V$，$R=1\Omega$，$L=\infty$，$\alpha=60°$，$E=200V$。（1）$L_B=0$ 和（2）$L_B=1mH$ 的情况下分别求 U_d、I_d 的值，后者还应求出 γ，并分别画出 u_d、u_{VT1}和 i_a 的波形。

24. 三相半波共阴极组可控整流电路，$\alpha=30°$。如果 a 相的触发脉冲丢失，试画出在电阻性负载和电感性负载下的整流电压波形。

25. 三相桥式全控整流电路，当一只晶闸管短路时，电路会发生什么情况？
26. 三相桥式全控整流电路，电阻性负载，$\alpha=30°$，若 VT_1 不能导通，画出此时整流电压 u_d 的波形。
27. 三相桥式全控整流电路，大电感负载，$U_2=220V$，$\alpha=30°$。运行中晶闸管 VT_3 的触发脉冲丢失，试画出输出整流电压 u_d、晶闸管 VT_1 上电压 u_{VT1} 波形，计算输出电压的平均值 U_d。
28. 实现有源逆变必须满足哪些条件？
29. 试画出三相半波共阳极组可控电路（VT_1、VT_2、VT_3），$L=\infty$、$\beta=60°$ 时输出电压 u_d 与晶闸管两端电压 u_{VT3} 的波形。
30. 试画出三相桥式全控电路，$L=\infty$、$\beta=30°$ 时的 u_d 与 u_{VT2} 的波形。
31. 单相桥式全控电路，反电动势阻感负载，$U_2=100V$，$R=1\Omega$，$L=\infty$，$L_B=0.5mH$。求当 $E=-99V$、$\beta=60°$ 时 U_d、I_d、γ 的数值。
32. 三相半波共阴极组可控电路，反电动势阻感负载，$U_2=120V$，$R=1\Omega$，$L=\infty$，$L_B=1mH$。求当 $E=-150V$、$\beta=30°$ 时 U_d、I_d、γ 的数值。
33. 三相桥式全控电路，反电动势阻感负载，$U_2=220V$，$R=1\Omega$，$L=\infty$，$L_B=1mH$。求当 $E=-400V$、$\beta=60°$ 时 U_d、I_d 和 γ 的数值，并画出 u_d、i_{VT1} 的波形。此时回馈电网的平均功率是多少？
34. 什么是逆变失败？造成逆变失败的原因有哪些？
35. 简述实现有源逆变的基本条件，并指出至少两种引起有源逆变失败的原因。
36. 要实现有源逆变，必须满足什么条件？哪些电路类型不能进行有源逆变？
37. 在晶闸管有源逆变电路中，绝对不允许两个电源势以哪种方式相连。
38. 在三相全控桥式有源逆变电路中，以连接于 a 相的共阳极组晶闸管 VT_4 为例说明，在一个周期中，其导通及关断期间两端承受电压波形的规律。
39. 如图 3-73 所示的有源逆变电路，为了加快电动机的制动过程，增大电枢电流，应如何调节 β 角？为什么？电枢电流增大后，换相重叠角是否会加大？这是否会造成逆变失败？

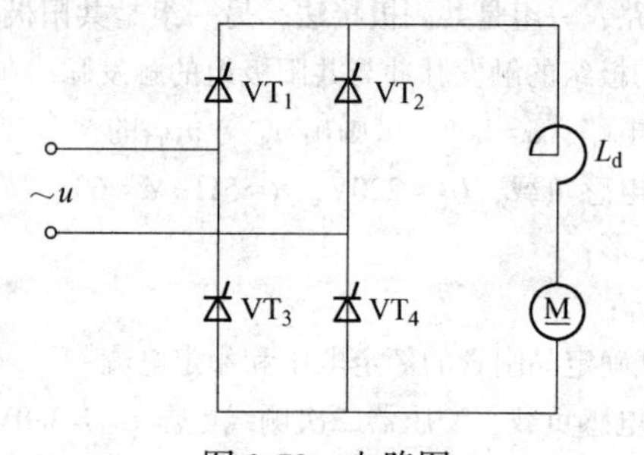

图 3-73　电路图

40. 为什么半控桥的负载侧并有续流管的电路不能实现有源逆变？
41. 分别写出晶闸管单相桥式全控整流电路、三相半波可控整流电路和三相桥式全控整流电路，在负载分别为电阻性负载和大电感负载时，触发角的移相范围。
42. 三相桥式全控整流电路对触发脉冲有什么要求？
43. 如何解决主电路和触发电路的同步问题？主电路三相电源的相序能任意确定吗？
44. 触发电路中设置控制电压 u_{C0} 和偏移电压 u_p 各起什么作用？如何调整？
45. 单结晶体管自激振荡电路的振荡频率是由什么决定的？为获得较高的频率，应调整哪些参数？
46. 同步变压器二次侧电压的大小对于单结晶体管触发电路的移相范围有何影响？
47. 一个典型的移相触发电路一般都由哪些基本环节组成？
48. 锯齿波同步移相触发电路有何优点？锯齿波的底宽是由什么元件参数决定的？输出脉冲宽度是如何调整的？
49. 带平衡电抗器的双反星形可控整流电路与三相桥式全控整流电路相比有何主要异同？

4 直流-交流变换电路

本章摘要

将直流电变成交流电，即 DC-AC 变换，称为逆变，是将交流电变换成直流电（AC-DC 变换）的逆过程。根据逆变后交流电能使用方式，逆变又分成两类：将直流电逆变成与电网同频率的恒频交流电，并输送回电网，称为有源逆变，可控整流器在满足逆变条件下即可运行在有源逆变状态；将直流电逆变成频率可变的交流电，并直接供给交流负载，称为无源逆变。不加说明时，逆变电路一般多指无源逆变电路，本章讲述的就是无源逆变电路。

逆变经常和变频的概念联系在一起。只有无源逆变能实现变频，但无源逆变不等于变频。逆变与变频在概念上既有联系，又有区别。变频是指将一种频率的交流电变换成另一种频率的交流电的过程。变频也有两种变换形式，一种是把某个频率的交流先经整流变换成直流，再经无源逆变变换成可变频率的交流，称为交-直-交变换（AC-DC-AC 变换）。它由交-直变换电路和直-交变换电路两部分组成。前一部分是整流电路，后一部分就是本章所要讲述的无源逆变电路。另一种是把某个频率的交流直接变换成另一种可变频率的交流，称为交-交变换（AC-AC 变换），也称交-交直接变频。这部分内容将在第 5 章讨论。

逆变电路的应用非常广泛。在已有的各种电源中，蓄电池、干电池、太阳能电池等都是直流电源，当需要这些电源向交流负载供电时，就需要逆变电路。另外，交流电机调速用变频器、不间断电源等电力电子装置使用非常广泛，其电路的核心部分都是逆变电路。所以 DC-AC 变换技术是电力电子电路中最为重要的变换技术。

逆变电路可以从不同的角度进行分类。如按换流方式可分为电网换流、负载谐振式换流和强迫换流；按输出相数可分为单相逆变电路和三相逆变电路；按直流电源的性质可分为电压源型逆变电路和电流源型逆变电路两大类。

在 DC-AC 变换中有两个问题值得关注。一个是换流问题，另一个是输出电能质量控制问题。电流从一个支路向另一个支路转移的过程称为换流，也常被称为换相。换流的过程伴随着器件的导通与关断过程。从断态向通态转移时，无论支路是由全控型还是由半控型电力电子器件组成，只要给门极适当的驱动信号，就可以使其开通。但从通态向断态转移的情况就不同，对于全控型器件而言，可以采用控制信号来控制器件的通断，而对于半控型器件的晶闸管就存在如何关断问题，特别是工作在电压极性不变的直流电源条件下的晶闸管逆变电路，必须利用外部条件或采用其他措施才能使其关断。

交流负载要求 DC-AC 变换输出的交流电波形接近正弦、输出谐波含量少，为此可从逆变电路拓扑结构上改造，如采用多重化、多电平变换电路；也可以从控制方法上解决，如采用正弦脉宽调制（SPWM）技术和脉宽调制型（PWM）逆变电路等。

4.1 逆变电路的基本原理及换流方式

DC-AC 变换的基本工作原理可用图 4-1 的单相桥式逆变电路来说明。

其中晶闸管元件 VT_1、VT_4 与 VT_2、VT_3 成对导通。当 VT_1、VT_4 导通时，直流电源 E 通过 VT_1、VT_4 向负载送出电流，输出电压 u_o 为左正右负，如图 4-1a 所示。当 VT_2、VT_3 导通时，设法将 VT_1、VT_4 关断，实现负载电流从 VT_1、VT_4 向 VT_2、VT_3 的转移，即换流。换流完成后，由 VT_2、VT_3 向负载输出电流，输出电压 u_o 为左负右正，如图4-1b所示。这两对晶闸管轮流切换导通，就把直流电变成了交流电，则负载上便可得到交流电压 u_o，如图 4-1c 所示。控制两对晶闸管的切换导通频率就可调节输出交流频率，改变直流电压 E 的大小就可调节输出电压的幅值。这就是逆变电路最基本的工作原理。输出电流的波形、相位则取决于交流负载的性质。当负载为电阻时，负载电流 i_o 和电压 u_o 的波形形状相同，相位也相同。当负载为阻感性负载时，i_o 相位滞后于 u_o，两者波形形状也不同。

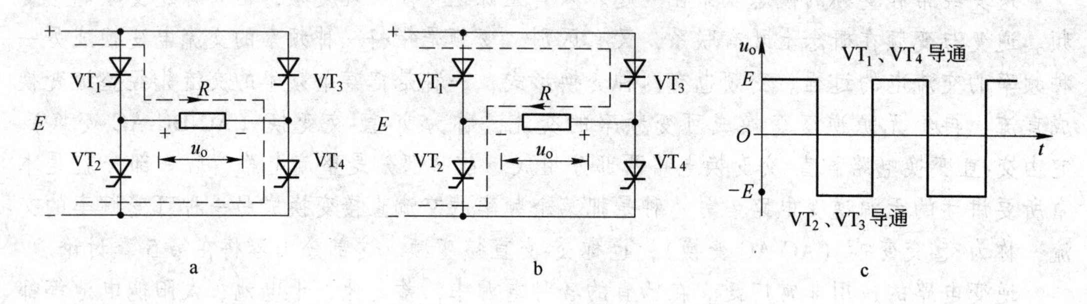

图 4-1 DC-AC 变换原理

要使逆变电路稳定工作，必须解决导通晶闸管的关断问题，即换流问题。晶闸管为半控型器件，在承受正向电压条件下，只要门极施加正向触发脉冲即可导通。但导通后门极失去控制作用，只有使阳极电流衰减至维持电流以下才能关断。为此，关断已导通的晶闸管有两种方法：一是在晶闸管阳极电路中串入大电阻，使其阳极电流降至维持电流以下而关断；二是使晶闸管承受阳极反压并维持一定的时间 t_0，且 t_0 应大于晶闸管的关断时间 t_q。在 DC-AC 变换器中，晶闸管工作在恒定不变的阳极电压下，因此，正确可靠换流的关键是解决如何施加反向阳极电压使功率器件关断的技术问题。

常用的晶闸管换流方式有 3 种，即电网换流、负载谐振式换流、强迫换流。

4.1.1 电网换流

该方法利用电网交流电压自动过零变负的特点，在换流时，把负的电网电压施加在欲关断的晶闸管上，使晶闸管承受反向阳极电压而关断。此方法简单，无需附加换流电路，称为自然换流，常用于可控整流电路、有源逆变电路、交流调压和相控交-交变频电路。这种换流方式不需要器件具有门极可关断能力，也不需要为换流附加任何元件，但是不适用于没有交流电网的无源逆变电路。

4.1.2 负载谐振式换流

由负载提供换流电压称为负载换流（Load Commutation）。凡是负载电流的相位超前于负载电压的场合，都可以实现负载换流。当负载为电容性负载时，即可实现负载换流。另外，当负载为同步电动机时，由于可以控制励磁电流使负载呈现为容性，因而也可以实现负载换流。

图 4-2a 是基本的负载换流逆变电路，4 个桥臂均由晶闸管组成。其负载是电阻电感串联后再和电容并联，整个负载工作在接近并联谐振状态而略呈容性。在实际电路中，电容往往是为改善负载的功率因数，使其略呈容性而接入的。由于参与谐振的负载电路电容、电感都要流过负载电流，所需容量大，不经济，故只适合于负载及频率变化不大的逆变电路，如冶炼用的中频电源。

电路的工作波形如图 4-2b 所示。在直流侧串入了一个很大的电感 L_d，因而在工作过程中可以认为电流 i_d 基本没有脉动，直流电流近似为恒值，4 个桥臂开关的切换仅使电流流通路径改变，所以负载电流基本呈交变矩形波。又因负载工作在对基波电流接近并联谐振的状态，故对基波的阻抗很大，而对谐波的阻抗很小，因此负载电压 u_o 波形接近正弦波。设在 t_1 时刻前 VT_1、VT_4 为通态，VT_2、VT_3 为断态，u_o、i_o 均为正，VT_2、VT_3 上施加的电压即为 u_o。在 t_1 时刻触发 VT_2、VT_3 使其开通，负载电压 u_o 就通过 VT_3、VT_2 分别加到 VT_1、VT_4 上，使 VT_1、VT_4 因承受反向电压而关断，电流从 VT_1、VT_4 转移到 VT_3、VT_2。触发 VT_2、VT_3 的时刻 t_1 必须在 u_o 过零前，并留有足够的裕量，才能使换流顺利完成。从 VT_3、VT_2 到 VT_1、VT_4 的换流过程与上述情况类似。

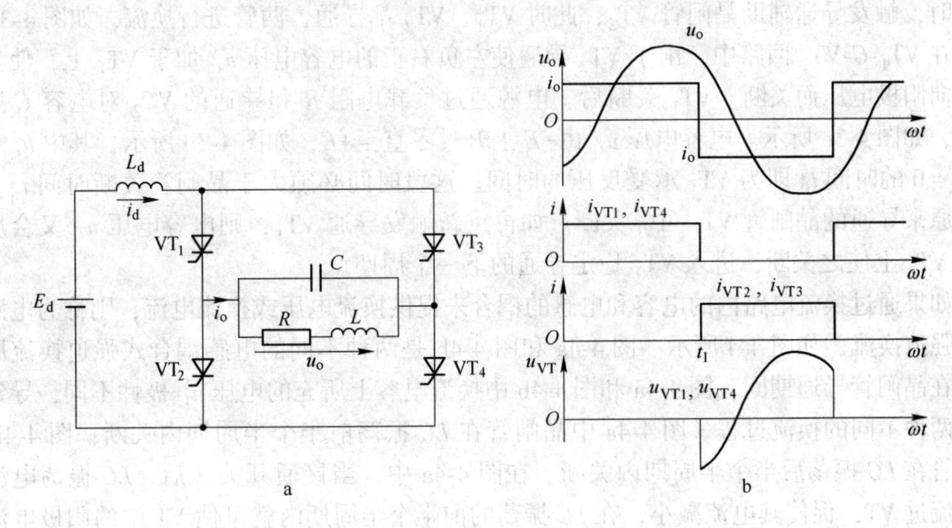

图 4-2 负载换流电路及其工作波形

4.1.3 强迫换流

电网换流和负载谐振式换流不能使变流器在任意时刻进行换流，具有很大的局限性。可在电路中设置附加的换流电路，给欲关断的晶闸管强迫施加反向电压或反向电流，这种换流方式称为强迫换流（Forced Commutation）。强迫换流又可分为直接耦合式强迫换流和电感耦合式强迫换流。

直接耦合式强迫换流通常利用附加电容上所储存的能量来实现，因此也称为电容强迫换流。是由换流电容直接提供极性正确的反向电压使原来导通的晶闸管关断，可用图 4-3 电路来说明换流过程。

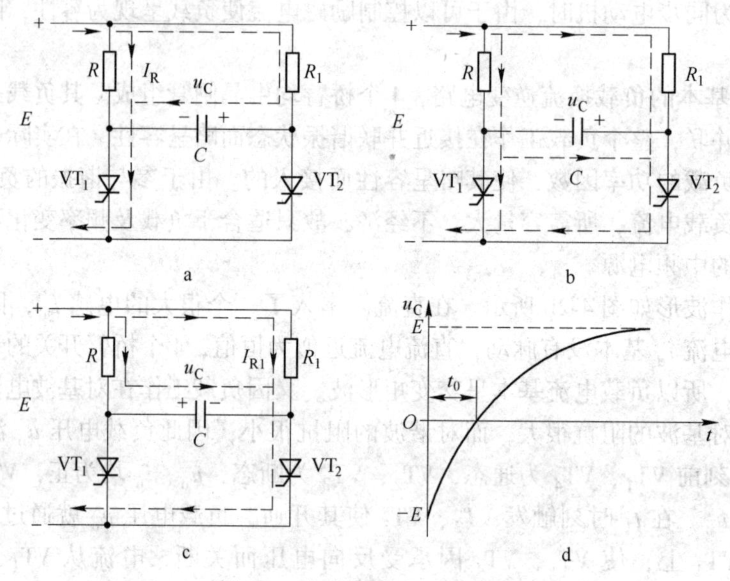

图 4-3 直接耦合式强迫换流

当晶闸管 VT_1 触发导通后，电容 C 被充至 $u_C=E$，极性为左负右正，如图 4-3a 所示。换流时，触发导通辅助晶闸管 VT_2，此时 VT_1、VT_2 都导通，两管进行换流，如图 4-3b 所示。在 VT_1-C-VT_2 回路中，由于 VT_2 导通使左负右正的电容电压 u_C 加于 VT_1 上，使其承受反向阳极电压而关断。VT_1 关断后，电源通过负载电阻 R 和导通的 VT_2 对电容 C 反向充电，如图 4-3c 所示。电容电压 u_C 由$-E$ 上升过零直至$+E$，如图 4-3d 所示，其中 $u_C=-E$ 至 $u_C=0$ 的时间 t_0 即为 VT_1 承受反压的时间。这段时间必须大于晶闸管关断时间 t_q，以确保原来导通的晶闸管 VT_1 可靠关断。如再重新触发导通 VT_1，则电容电压 u_C 又会反向加于 VT_2 上使之关断，进入 VT_1 稳定导通的下一个周期。

如果通过换流电路内的电容和电感的耦合来提供换流电压或换流电流，则称为电感耦合式强迫换流，如图 4-4 所示。图 4-4a 和图 4-4b 是两种不同的电感耦合式强迫换流原理图。在晶闸管导通期间，图 4-4a 和图 4-4b 中换流电容上所充的电压 u_C 极性不同，导致产生出两种不同的换流过程。图 4-4a 中晶闸管在 LC 振荡前半个半周期内关断；图 4-4b 中晶闸管在 LC 振荡后半个半周期内关断。在图 4-4a 中，当接通开关 S 后，LC 振荡电流将反向流过 VT，促使其电流减小，在 LC 振荡的前半个半周期内就可使 VT 中的阳极电流减小至零而关断，残余电流经 VD 继续流动，导通的 VD 管压降构成了对 VT 的反向偏压。在图 4-4b 中，当接通开关 S 后，LC 振荡电流先正向流经 VT，并和 VT 中原有的负载电流叠加，经过半个振荡周期 $\pi\sqrt{LC}$后，振荡电流反向流过 VT，使 VT 中合成正向电流衰减至零而关断。残余电流经 VD 继续流动，VD 上的管压降构成对 VT 的反向偏压，确保其可靠关断。在这两种情况下，晶闸管都是在正向电流衰减至零且二极管开始流过电流时关断。二极管上的管压降就是加在晶闸管上的反向电压。

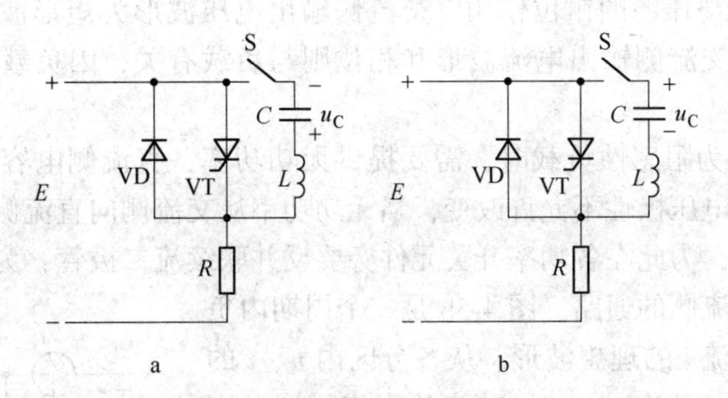

图 4-4　电感耦合式强迫换流

4.2　逆变电路的类型

逆变电路的交流负载中包含有电感、电容等无源元件。它们与外电路间存在着无功能量的交换。由于逆变电路的直流输入与交流输出间有无功功率的流动，所以必须在直流输入端设置储能元件来缓冲无功功率。在直流-交流逆变电路中，直流环节的储能元件往往被当作滤波元件来看待，但它更有向交流负载提供无功功率的重要作用。

由于直流环节储能元件的类型不同，因而逆变电路直流侧电源的性质也分为两种不同类型：直流侧是电压源的称为电压型逆变电路，也称电压源型逆变电路（Voltage Source Inverter，VSI）；直流侧是电流源的称为电流型逆变电路，也称电流源型逆变电路（Current Source Inverter，CSI）。

电压源型逆变电路采用电容作储能元件，图 4-5 为电压源型单相桥式逆变电路。电压源型逆变电路具有如下特点：

（1）直流侧为电压源，或并联大电容 C 作为无功功率缓冲环节（滤波环节），直流侧电压基本无脉动，直流回路呈现低阻抗，相当于电压源。

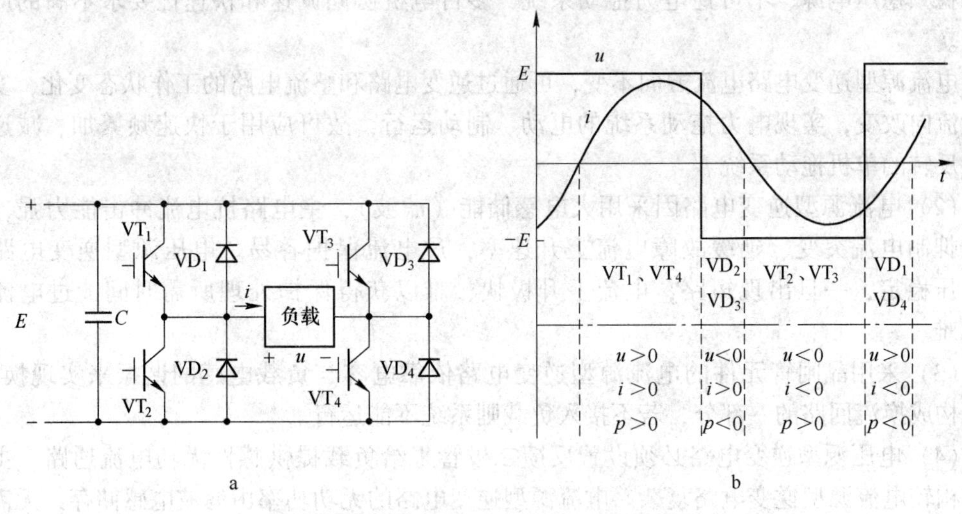

图 4-5　电压源型单相桥式逆变电路（a）及波形图（b）

（2）由于直流电压源的钳位作用，交流侧输出电压波形为矩形波，并且该波形与负载阻抗角无关。而交流侧输出电流波形和相位则与负载有关，因负载阻抗情况的不同而不同。

（3）当交流侧为阻感性负载时，需要提供无功功率，直流侧电容起缓冲无功能量的作用。由于直流侧电压极性不允许改变，当无功功率从交流侧向直流侧回馈时，只能靠改变电流方向来实现，为此在各功率开关元件旁要反并联续流二极管，为感性负载电流提供回馈无功能量至直流侧的通路。图 4-5b 是一个周期内负载电压 u 和负载电流 i 的理想波形。从各分区内 u、i 的波形和极性及功率的流向（$p>0$，功率从直流侧流向交流侧；$p<0$，功率从交流侧流向直流侧），可以说明续流二极管 VD 对无功传递的重要作用。

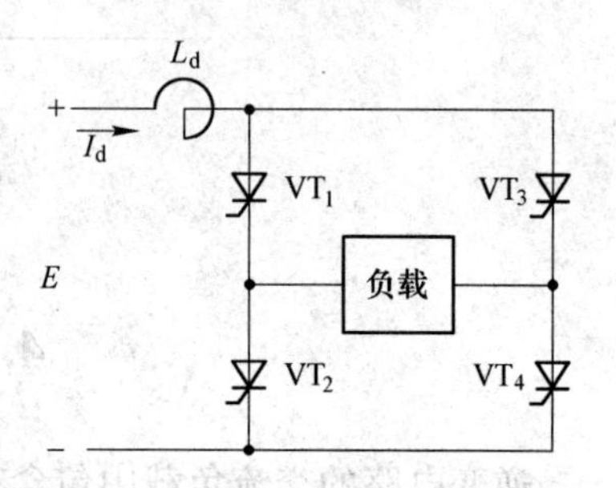

图 4-6 电流源型单相桥式逆变电路

电流源型逆变电路采用电感作储能元件，图 4-6 为电流源型单相桥式逆变电路原理图，图中未绘出晶闸管换流电路。电流源型逆变电路有如下特点：

（1）直流回路串一大电感 L_d 作为无功功率缓冲环节（滤波环节），直流侧电流基本无脉动，直流回路呈现高阻抗，相当于电流源。

（2）由于直流电流源的钳位作用，交流侧输出电流波形为矩形波，并且与负载阻抗角无关。交流侧输出电压波形和相位则与负载有关，因负载阻抗情况的不同而不同。

（3）由于直流环节电流 I_d 不能反向，当无功功率从交流侧向直流侧回馈时，只有改变逆变电路两端电压的极性来改变能量流动方向。因为此电路直流侧电流不能反向，所以开关器件两端无需设置反并联续流二极管。

对两类逆变电路的比较如下：

（1）电压源型逆变电路采用大电容作为储能（滤波）元件，逆变电路呈现低内阻特性，直流电压大小和极性不能改变，能将负载电压钳在电源电压水平上，浪涌过电压低，适合稳频稳压电源、不可逆电力拖动系统、多台电机协同调速和快速性要求不高的应用场合。

电流源型逆变电路电流方向不变，可通过逆变电路和整流电路的工作状态变化，实现能量流向改变，实现电力拖动系统的电动、制动运行，故可应用于快速频繁加、减速及正、反转的单机拖动系统。

（2）电流源型逆变电路因采用大电感储能（滤波），主电路抗电流冲击能力强，能有效抑制电流突变、延缓故障电流上升速率，过电流保护容易。电压源型逆变电路输出电压稳定，一旦出现短路，电流上升极快，难以获得保护处理所需时间，过电流保护困难。

（3）采用晶闸管元件的电流源型逆变电路依靠电容与负载电感的谐振来实现换流，负载构成换流回路的一部分，若不接入负载则系统不能运行。

（4）电压源型逆变电路必须设置反馈二极管来给负载提供感性无功电流通路，主电路结构较电流源型逆变电路复杂。电流源型逆变电路的无功功率由滤波电感储存，无需二极管续流，主电路结构简单。

4.3 电压型逆变电路

4.3.1 电压型单相逆变电路

4.3.1.1 电压型单相半桥逆变电路

电压型单相半桥逆变电路原理图如图 4-7a 所示，它有两个桥臂，每个桥臂由一个可控器件和一个反并联二极管组成。在直流侧接有两个相互串联的足够大的电容，两个电容的连接点便成为直流电源的中点。负载连接在直流电源中点和两个桥臂连接点之间。

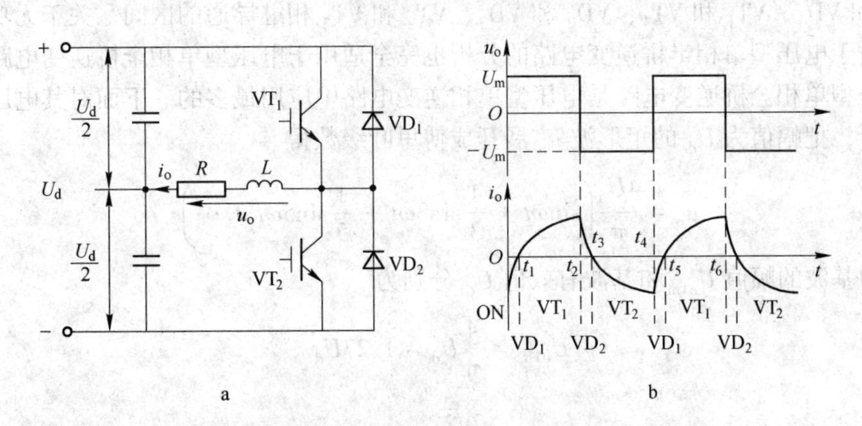

图 4-7 电压型单相半桥逆变电路及其工作波形

设开关器件 VT_1 和 VT_2 的栅极信号在一个周期内各有半周正偏，半周反偏，且二者互补。当负载为感性时，其工作波形如图 4-7b 所示。输出电压 u_o 为矩形波，其幅值为 $U_m = U_d/2$。输出电流 i_o 的波形因负载情况而异。设 t_2 时刻以前 VT_1 为通态，VT_2 为断态，负载电流 $i_o>0$。t_2 时刻给 VT_1 栅极加关断信号，给 VT_2 栅极加导通信号，则 VT_1 关断，但感性负载中的电流 i_o 不能立即改变方向，因此 VT_2 尚不能立即导通，于是 VD_2 先导通续流。当 t_3 时刻 i_o 降为零时，VD_2 截止，VT_2 开始导通，$i_o<0$。同样，在 t_4 时刻给 VT_2 栅极加关断信号，给 VT_1 栅极加开通信号后，VT_2 关断，但感性负载中的电流 i_o 不能立即改变方向，因此 VT_1 尚不能立即导通，于是 VD_1 先导通续流。当 t_5 时刻 i_o 升到零时，VT_1 才开始导通。各段时间内导通器件的名称标于图 4-7b 的下部。

当 VT_1 或 VT_2 为通态时，负载电流和电压同方向，直流侧向负载提供能量；而当 VD_1 或 VD_2 为通态时，负载电流和电压反向，负载电感中储存的能量向直流侧反馈，即负载电感将其吸收的无功能量反馈回直流侧。反馈回来的能量暂时储存在直流侧电容器中，直流侧电容器起着缓冲无功能量的作用。因为二极管 VD_1、VD_2 是负载向直流侧反馈能量的通道，故称为反馈二极管；又因为 VD_1、VD_2 起着使负载电流连续的作用，因此又称为续流二极管。

当功率开关器件是不具有门极可关断能力的半控型器件晶闸管时，必须附加强迫换流电路才能正常工作。

电压型单相半桥逆变电路的优点是简单、使用器件少；缺点是输出交流电压的幅值

U_m 仅为 $U_d/2$，且直流侧需要两个大电容器串联，工作时还要控制两个电容器电压的均衡。因此，半桥电路常用于几千瓦以下的小功率逆变电路。

4.3.1.2 电压型单相全桥逆变电路

电压型单相全桥逆变电路的原理图如图 4-5a 所示，它共有 4 个桥臂，可以看成由两个电压型单相半桥逆变电路组合而成。把桥臂 1 和 4 作为一对，桥臂 2 和 3 作为另一对，成对的两个桥臂同时导通，两对交替各导通 180°。其输出电压 u_o 的波形与图 4-7 的电压型单相半桥逆变电路的波形 u_o 形状相同，也是矩形波，但其幅值高出一倍，$U_m=U_d$。在直流电压和负载都相同的情况下，其输出电流 i_o 的波形也和图 4-7 中的 i_o 形状相同，仅幅值增加一倍。图 4-7 中的 VD_1、VT_1、VD_2、VT_2 相继导通的区间，分别对应于图 4-5 中的 VD_1 和 VD_4、VT_1 和 VT_4、VD_2 和 VD_3、VT_2 和 VT_3 相继导通的区间。关于无功能量的交换，对于电压型单相半桥逆变电路的分析也完全适用于电压型单相全桥逆变电路。

电压型单相全桥逆变电路是电压型单相逆变电路中应用最多的。下面对其电压波形做定量分析，把幅值为 U_d 的矩形波 u_o 展开成傅里叶级数得

$$u_o=\frac{4U_d}{\pi}\left(\sin\omega t+\frac{1}{3}\sin3\omega t+\frac{1}{5}\sin5\omega t+\cdots\right) \tag{4-1}$$

其中基波的幅值 U_{o1m} 和基波有效值 U_{o1} 分别为

$$U_{o1m}=\frac{4}{\pi}U_d=1.27U_d \tag{4-2}$$

$$U_{o1}=\frac{2\sqrt{2}}{\pi}U_d=0.9U_d \tag{4-3}$$

上述公式对于电压型单相半桥逆变电路也是适用的，只是式中的 U_d 要换成 $U_d/2$。

前面分析的都是 u_o 为正、负电压各为 180°的脉冲时的情况。在这种情况下，要改变输出交流电压的有效值只能通过改变直流电压 U_d 来实现。

在阻感性负载时，还可以采用移相控制的方式来调节逆变电路的输出电压，这种方式称为移相调压。移相调压实际上就是调节输出电压脉冲的宽度。在图 4-8a 的电压型单相全桥逆变电路中，每个开关管 IGBT 的栅极信号仍为 180°正偏，180°反偏，并且 VT_1 与 VT_2 的栅极信号互补，VT_3 与 VT_4 的栅极信号互补，但 VT_3 的基极信号不是比 VT_1 落后 180°，而是只落后 θ 角（$0°<\theta<180°$）。也就是说，VT_3、VT_4 的栅极信号不是分别和 VT_2、VT_1 的栅极信号同相位，而是前移了（$180°-\theta$）角度。这样，输出电压 u_o 就不再是正、负各为 180°的脉冲，而是正、负各为 θ 角的脉冲。每个开关管 IGBT 的栅极信号 $u_{G1}\sim u_{G4}$ 及输出电压 u_o、输出电流 i_o 的波形如图 4-8b 所示，下面对其工作过程进行具体分析。

设 $t_1\sim t_2$ 时刻 VT_1 和 VT_4 导通，输出电压 u_o 为 $+U_d$，电流 i_o 为正；t_2 时刻 VT_3 和 VT_4 的栅极信号反向，VT_4 截止，但因负载电感中的电流 i_o 不能突变，电流 i_o 仍然为正，VT_3 不能立刻导通，只能由 VD_3 导通续流，因为 VT_1 和 VD_3 同时导通，所以输出电压 u_o 为零；到 t_3 时刻 VT_1 和 VT_2 栅极信号反向，VT_1 截止，而此时电流 i_o 仍然为正，因此 VT_2 不能立刻导通，只能由 VD_2 导通续流，VT_3 也无法导通，VD_2 和 VD_3 构成电流通路，输出电压 u_o 为 $-U_d$；到 t_4 时刻负载电流过零时，VT_2 和 VT_3 开始导通，VD_2 和 VD_3 截止，输出电压 u_o 仍为 $-U_d$，电流 i_o 为负；t_5 时刻 VT_3 和 VT_4 栅极信号再次反向，VT_3 截止，

而此时电流 i_o 仍然为负，VT_4 不能立刻导通，只能由 VD_4 导通续流，VD_4 和 VT_2 构成电流通路，输出电压 u_o 再次为零；t_6 时刻 VT_1 和 VT_2 栅极信号反向，VT_2 截止，而此时电流 i_o 仍然为负，因此 VT_1 不能立刻导通，只能由 VD_1 导通续流，VT_4 也无法导通，VD_1 和 VD_4 构成电流通路，输出电压 u_o 为 $+U_d$；到 t_7 时刻负载电流过零时，VT_1 和 VT_4 开始导通，VD_1 和 VD_4 截止，输出电压 u_o 仍为 $+U_d$，电流 i_o 为正。以后将重复前面的过程，这样，输出电压 u_o 的正、负脉冲宽度就各为 θ。改变 θ，就可以调节输出电压的大小。

在纯电阻负载时，采用上述移相方法也可以得到相同的结果，只是 VD_1 ~ VD_4 不再导通，不起续流作用。在 u_o 为零的期间，4 个桥臂均不导通，负载也没有电流。

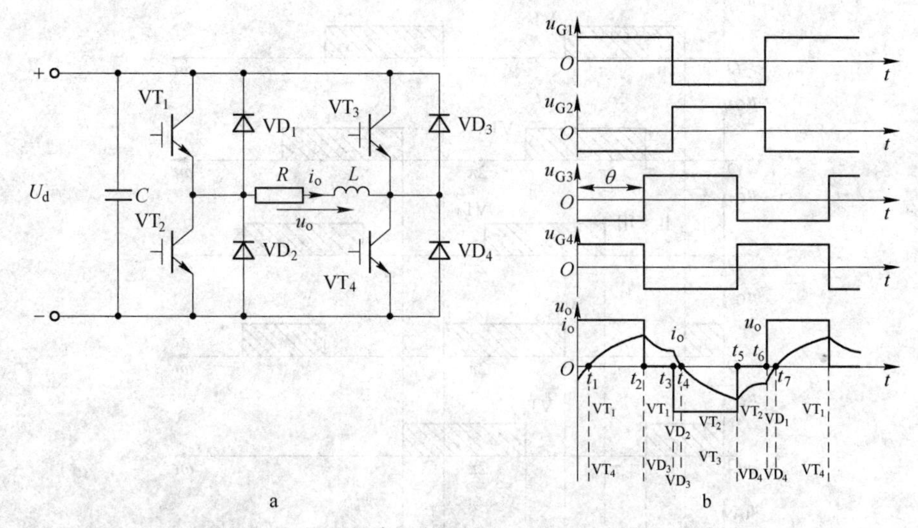

图 4-8 电压型单相全桥逆变电路的移相调压方式

4.3.2 电压型三相逆变电路

用三个单相逆变电路可以组合成一个三相逆变电路。但在三相逆变电路中，应用最广的还是三相桥式逆变电路。采用 IGBT 作为开关器件的电压型三相桥式逆变电路如图 4-9 所示，它可以看成由三个电压型单相半桥逆变电路组成。

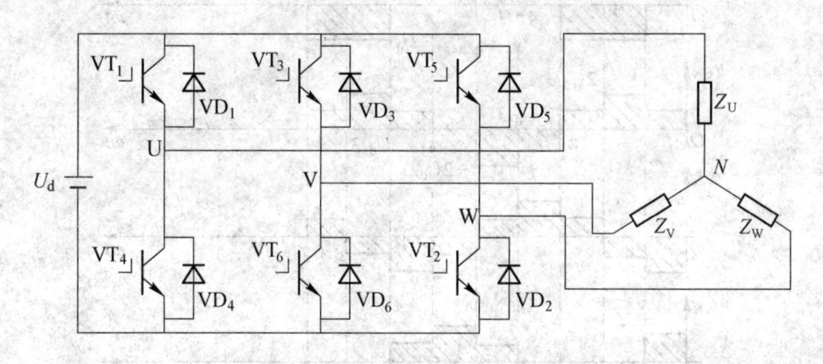

图 4-9 电压型三相桥式逆变电路

与电压型单相半桥、电压型单相全桥逆变电路相同，电压型三相桥式逆变电路的基本工作方式也是 180°导电方式，即每个桥臂的导电角度均为 180°，同一相（即同一半桥）上、下两个桥臂交替导电，各相开始导电的角度依次相差 120°，从而输出相位互差 120°

的交流电压。在任一瞬间，有且只有三个桥臂同时导通，或两个上桥臂和一个下桥臂同时导通，或一个上桥臂和两个下桥臂同时导通。因为每次换流都是在同一相上、下两个桥臂之间进行的，因此也被称为纵向换流。

电压型三相桥式逆变电路中，每相的电压变换都采用180°方波调制方式，这种调制方式要求逆变电路中功率管的驱动信号为180°方波，如图4-10所示。

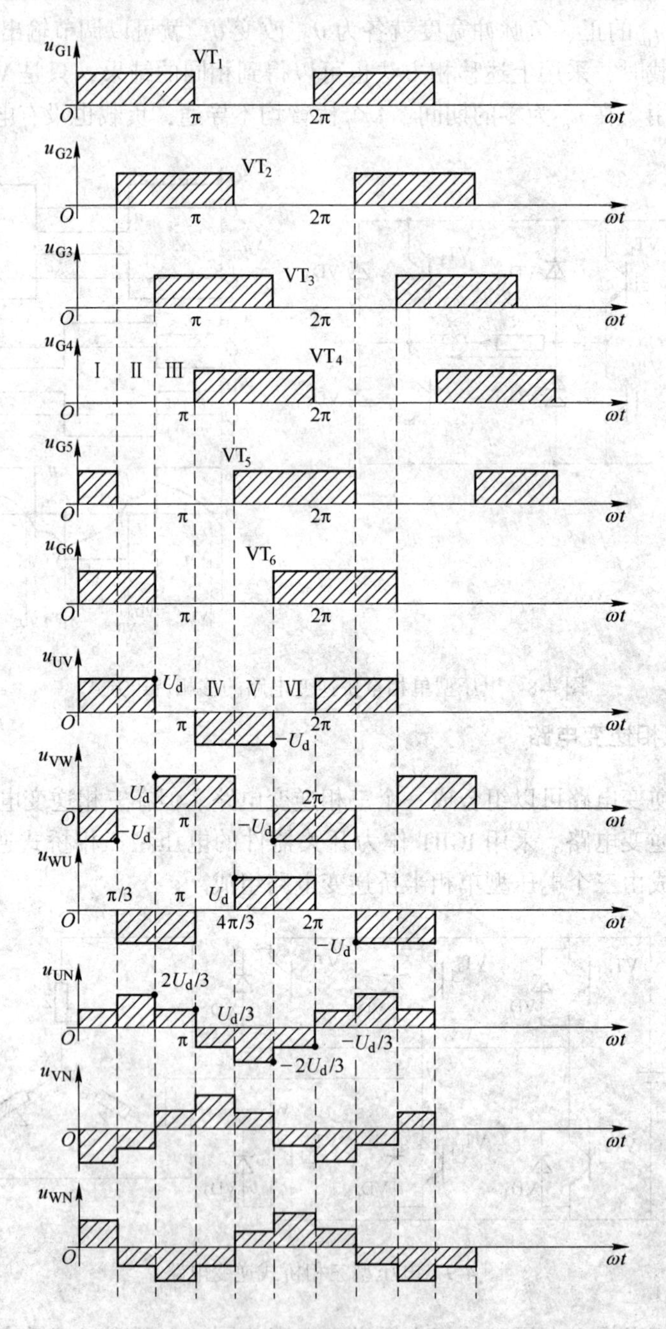

图4-10 电压型三相桥式逆变电路180°导电方式时的工作波形

由于每相上、下桥臂共有两个开关模式（上桥臂通且下桥臂断、上桥臂断且下桥臂通)，则三相逆变电路总共有 $2^3 = 8$ 个开关模式。去除三个上桥臂全通和三个下桥臂全通这两个零电压开关模式，则采用 180°导电方式的三相桥式逆变电路共有 6 个非零电压开关模式。对应每个非零电压开关模式的逆变电路等值电路如表 4-1 所示。

表 4-1 电压型三相桥式逆变电路 180°导电方式时的等值电路及输出电压

模式		Ⅰ $0\sim\frac{\pi}{3}$	Ⅱ $\frac{\pi}{3}\sim\frac{2\pi}{3}$	Ⅲ $\frac{2\pi}{3}\sim\pi$	Ⅳ $\pi\sim\frac{4\pi}{3}$	Ⅴ $\frac{4\pi}{3}\sim\frac{5\pi}{3}$	Ⅵ $\frac{5\pi}{3}\sim\pi$
导通管号		5、6、1	6、1、2	1、2、3	2、3、4	3、4、5	4、5、6
等值电路		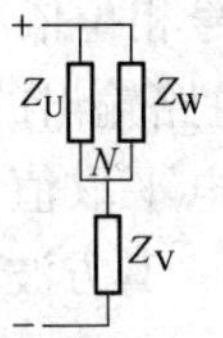 +, Z_U, Z_W, N, Z_V, −	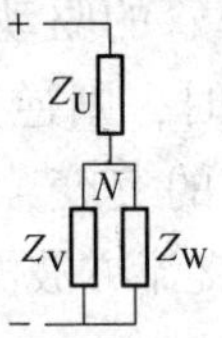 +, Z_U, N, Z_V, Z_W, −	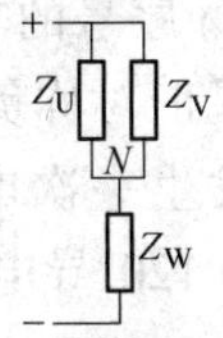 +, Z_U, Z_V, N, Z_W, −	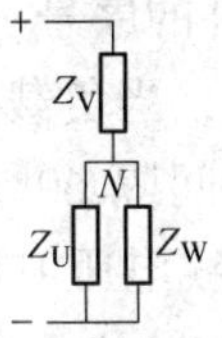 +, Z_V, N, Z_U, Z_W, −	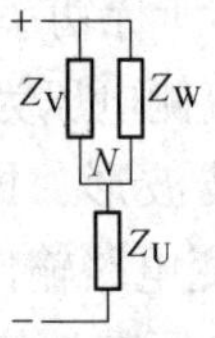 +, Z_V, Z_W, N, Z_U, −	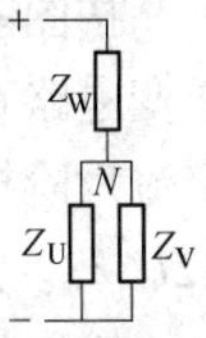 +, Z_W, N, Z_U, Z_V, −
相电压	U_{UN}	$\frac{+U_d}{3}$	$\frac{+2U_d}{3}$	$\frac{+U_d}{3}$	$\frac{-U_d}{3}$	$\frac{-2U_d}{3}$	$\frac{-U_d}{3}$
	U_{VN}	$\frac{-2U_d}{3}$	$\frac{-U_d}{3}$	$\frac{+U_d}{3}$	$\frac{+2U_d}{3}$	$\frac{+U_d}{3}$	$\frac{-U_d}{3}$
	U_{WN}	$\frac{+U_d}{3}$	$\frac{-U_d}{3}$	$\frac{-2U_d}{3}$	$\frac{-U_d}{3}$	$\frac{+U_d}{3}$	$\frac{+2U_d}{3}$
线电压	U_{UV}	$+U_d$	$+U_d$	0	$-U_d$	$-U_d$	0
	U_{VW}	$-U_d$	0	$+U_d$	$+U_d$	0	$-U_d$
	U_{WU}	0	$-U_d$	$-U_d$	0	$+U_d$	$+U_d$

在 $0\sim\pi/3$ 区间，VT_5、VT_6、VT_1 同时导通，设 $Z_U = Z_V = Z_W = Z$，则输出相电压为：

$$U_{UN} = \frac{Z_U//Z_W}{(Z_U//Z_W) + Z_V}U_d = \frac{1}{3}U_d$$

$$U_{VN} = -\frac{Z_V}{(Z_U//Z_W) + Z_V}U_d = -\frac{2}{3}U_d$$

$$U_{WN} = U_{UN} = \frac{1}{3}U_d$$

输出线电压为：

$$U_{UV} = U_{UN} - U_{VN} = U_d$$

$$U_{VW} = U_{VN} - U_{WN} = -U_d$$

$$U_{WU} = U_{WN} - U_{UN} = 0$$

在 $\pi/3\sim2\pi/3$ 区间，VT_6、VT_1、VT_2 同时导通，则输出相电压为：

$$U_{UN} = \frac{Z_U}{(Z_V//Z_W) + Z_U}U_d = \frac{2}{3}U_d$$

$$U_{VN} = -\frac{Z_V//Z_W}{(Z_V//Z_W) + Z_U}U_d = -\frac{1}{3}U_d$$

$$U_{WN}=U_{VN}=-\frac{1}{3}U_d$$

输出线电压为：

$$U_{UV}=U_{UN}-U_{VN}=U_d$$

$$U_{VW}=U_{VN}-U_{WN}=0$$

$$U_{WU}=U_{WN}-U_{UN}=-U_d$$

同理，可求出后 4 个区间的相电压和线电压计算值，如表 4-1 所示，对应的输出电压波形如图 4-10 所示。

按图 4-9 所标功率器件的序号，相邻序号的功率管的驱动信号相位依次互差 60°。若逆变电路直流侧电压为 U_d，当负载为星形对称负载时，则逆变电路输出的相电压波形为交流六阶梯波波形，即每间隔 60°就发生一次电平的突变，且电平取值分别为 $\pm U_d/3$、$\pm 2U_d/3$。逆变电路输出的线电压波形为 120°导电的交流方波波形，其方波幅值为 U_d。

输出相电压有效值为：

$$U_{UN}=U_{VN}=U_{WN}=\sqrt{\frac{1}{2\pi}\int_0^{2\pi}u_{UN}^2\mathrm{d}(\omega t)}=\frac{\sqrt{2}}{3}U_d=0.471U_d \tag{4-4}$$

输出线电压有效值为：

$$U_{UV}=U_{VW}=U_{WU}=\sqrt{\frac{1}{2\pi}\int_0^{2\pi}u_{UV}^2\mathrm{d}(\omega t)}=\sqrt{\frac{2}{3}}U_d=0.816U_d=\sqrt{3}U_{UN} \tag{4-5}$$

180°导电方式的电压型三相桥式逆变电路的相电压波形为交流六阶梯波波形。如果取时间坐标为相电压阶梯波的起点，并利用傅里叶分析，则不难求得逆变电路输出 U 相电压的瞬时值 u_{UN} 为

$$\begin{aligned}u_{UN}(t)&=\frac{2}{\pi}U_d\left(\sin\omega t+\frac{1}{5}\sin5\omega t+\frac{1}{7}\sin7\omega t+\frac{1}{11}\sin11\omega t+\frac{1}{13}\sin13\omega t+\cdots\right)\\&=\frac{2}{\pi}U_d\left(\sin\omega t+\sum_n\frac{1}{n}\sin n\omega t\right)\end{aligned} \tag{4-6}$$

式中，$n=6k\pm1$；k 为自然数。

从式 4-6 分析可知，180°导电方式的电压型三相桥式逆变电路的输出相电压波形中不含偶次和 $3n$ 次谐波，而只含有 5 次及 5 次以上的奇次谐波，且谐波幅值与谐波次数成反比，其中相电压基波幅值 U_{UN1m} 为

$$U_{UN1m}=\frac{2}{\pi}U_d=0.637U_d \tag{4-7}$$

相电压基波有效值 U_{UN1} 为

$$U_{UN1}=\frac{U_{UN1m}}{\sqrt{2}}=0.45U_d \tag{4-8}$$

180°导电方式的电压型三相桥式逆变电路的输出线电压波形为 120°的交流方波波形。如果取时间坐标为线电压零电平的中点，并利用傅里叶分析，则不难求得逆变电路输出线电压的瞬时值 u_{VN} 为

$$u_{VN}(t)=\frac{2\sqrt{3}}{\pi}U_d\left(\sin\omega t-\frac{1}{5}\sin5\omega t-\frac{1}{7}\sin7\omega t+\frac{1}{11}\sin11\omega t+\frac{1}{13}\sin13\omega t+\cdots\right)$$

$$=\frac{2\sqrt{3}}{\pi}U_d\left[\sin\omega t+\sum_n\frac{1}{n}(-1)^k\sin n\omega t\right] \tag{4-9}$$

式中，$n=6k\pm1$；k 为自然数。

从式 4-9 分析可知，180°导电方式的电压型三相桥式逆变电路的输出线电压波形中不含偶次和 $3n$ 次谐波，而只含有 5 次及 5 次以上的奇次谐波，且谐波幅值与谐波次数成反比，其中线电压的基波幅值 U_{UV1m} 为

$$U_{UV1m}=\frac{2\sqrt{3}}{\pi}U_d=1.1U_d \tag{4-10}$$

线电压基波有效值 U_{UV1} 为

$$U_{UV1}=\frac{U_{UV1m}}{\sqrt{2}}=\frac{\sqrt{6}}{\pi}U_d=0.78U_d \tag{4-11}$$

在上述 180°导电方式的电压型三相桥式逆变电路中，为了防止同一相上、下两桥臂的开关器件同时导通而引起直流侧电源的短路，要采取“先断后通”的方法。即先给应关断的器件发出关断信号，待其关断后留一定的时间裕量，然后再给应导通的器件发出开通信号，即在两者之间留一个短暂的死区时间。死区时间的长短要视器件的开关速度而定，器件的开关速度越快，所留的死区时间就可以越短。这一“先断后通”的方法对于工作在上、下桥臂通断互补方式下的其他电路也是适用的。显然，前述的单相半桥和单相全桥逆变电路也必须采取这一方法。

4.4 电流型逆变电路

如前所述，直流电源为电流源的逆变电路称为电流型逆变电路。实际上理想直流电流源并不多见，一般是在逆变电路直流侧串联一个大电感，因为大电感中的电流脉动很小，因此可近似看成直流电流源。

下面仍分单相逆变电路和三相逆变电路来讲述，与讲述电压型逆变电路有所不同，前面所列举的各种电压型逆变电路都采用全控型器件，换流方式为器件换流。采用半控型器件的电压型逆变电路已很少应用，而电流型逆变电路中，采用半控型器件的电路仍应用较多。就其换流方式而言，有的采用负载换流，有的采用强迫换流。因此，在学习下面的各种电流型逆变电路时，应对电路的换流方式予以充分的注意。

4.4.1 电流型单相逆变电路

图 4-11 是一种电流型单相桥式逆变电路的原理图，用于中频感应加热炉。电路由 4 个桥臂构成，每个桥臂的晶闸管各串联一个电抗器 L_T。L_T 用来限制晶闸管开通时的 di/dt，各桥臂的 L_T 之间不存在互感。使桥臂 1、4 和桥臂 2、3 以 1000~2500Hz 的中频轮流导通，就可以在负载上得到中频交流电。

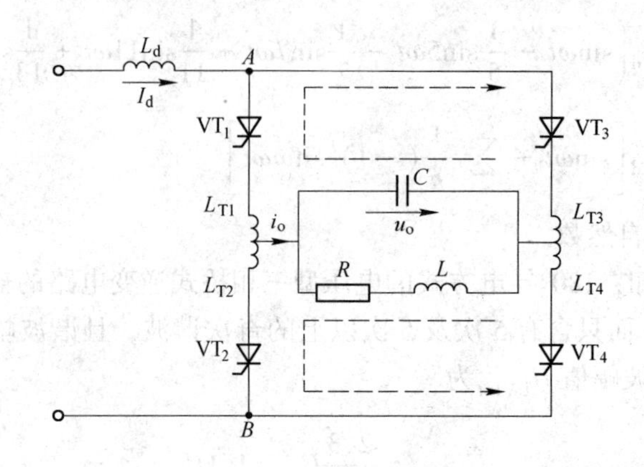

图 4-11　电流型单相桥式（并联谐振式）逆变电路

该电路是采用负载换流方式工作的，要求负载电流略超前于负载电压，即负载略呈容性。实际负载一般是电磁感应线圈，用来加热置于线圈内的钢料。图 4-11 中的 R 和 L 串联即为感应线圈的等效电路。因为功率因数很低，故并联补偿电容器 C。电容 C 和 L、R 构成并联谐振电路，故这种逆变电路也被称为并联谐振式逆变电路。负载换流方式要求负载电流超前于电压，因此补偿电容应使负载过补偿，使负载电路总体上工作在容性，并略失谐的情况下。

因为是电流型逆变电路，故其交流输出电流波形接近矩形波，其中包含基波和各奇次谐波，且谐波幅值远小于基波幅值。因基波频率接近负载电路谐振频率，故负载电路对基波电流呈现高阻抗，而对谐波电流呈现低阻抗，谐波电流在负载电路上产生的压降很小，因此负载电压的波形接近正弦波。

图 4-12 是该逆变电路的工作波形。在交流电流的一个周期内，有两个稳定导通阶段和两个换流阶段。

$t_1 \sim t_2$ 之间是晶闸管 VT_1 和 VT_4 的稳定导通阶段，负载电流 $i_o = I_d$，近似为恒值，t_2 时刻之前在电容 C 上，即负载上建立了左正右负的电压。

$t_2 \sim t_4$ 之间是晶闸管 VT_1 和 VT_4 向 VT_2 和 VT_3 换流阶段。在 t_2 时刻触发晶闸管 VT_2 和 VT_3，因在 t_2 前 VT_2 和 VT_3 的阳极电压等于负载电压，为正值，故 VT_2 和 VT_3 开通，开始进入换流阶段。由于每只晶闸管都串有换流电抗器 L_T，故 VT_1 和 VT_4 在 t_2 时刻不能立刻关断，其电流要经历一个逐渐减小的过程。同样，VT_2 和 VT_3 的电流也要经历一个逐渐增大的过程。t_2 时刻后，4 只晶闸管全部导通，负载电容电压经两个并联的放电回路同时放电。其中一个回路是经 L_{T1}、VT_1、VT_3、L_{T3} 回到电容 C；另一个回路是经 L_{T2}、VT_2、VT_4、L_{T4} 回到电容 C，如图 4-12 中虚线所示。在这个过程中，VT_1、VT_4 电流逐渐减小，VT_2、VT_3 电流逐渐增大。当 $t = t_4$ 时，VT_1、VT_4 电流减至零而关断，直流侧电流 I_d 全部从 VT_1、VT_4 转移到 VT_2、VT_3，换流阶段结束。$t_4 - t_2 = t_\gamma$ 称为换流时间。因为负载电流 $i_o = i_{VT1} - i_{VT2}$，所以在 t_3 时刻，即 $i_{VT1} = i_{VT2}$ 时刻，i_o 过零。t_3 时刻大体位于 t_2 和 t_4 的中点。

晶闸管在电流减小到零后，尚需一段时间才能恢复正常阻断能力。因此，在 t_4 时刻换流结束后，还要使 VT_1、VT_4 承受一段反压时间 t_β 才能保证其可靠关断。$t_\beta = t_5 - t_4$ 应大于晶闸管的关断时间 t_q。如果 VT_1、VT_4 尚未恢复阻断能力就被加上正向电压，将会重新

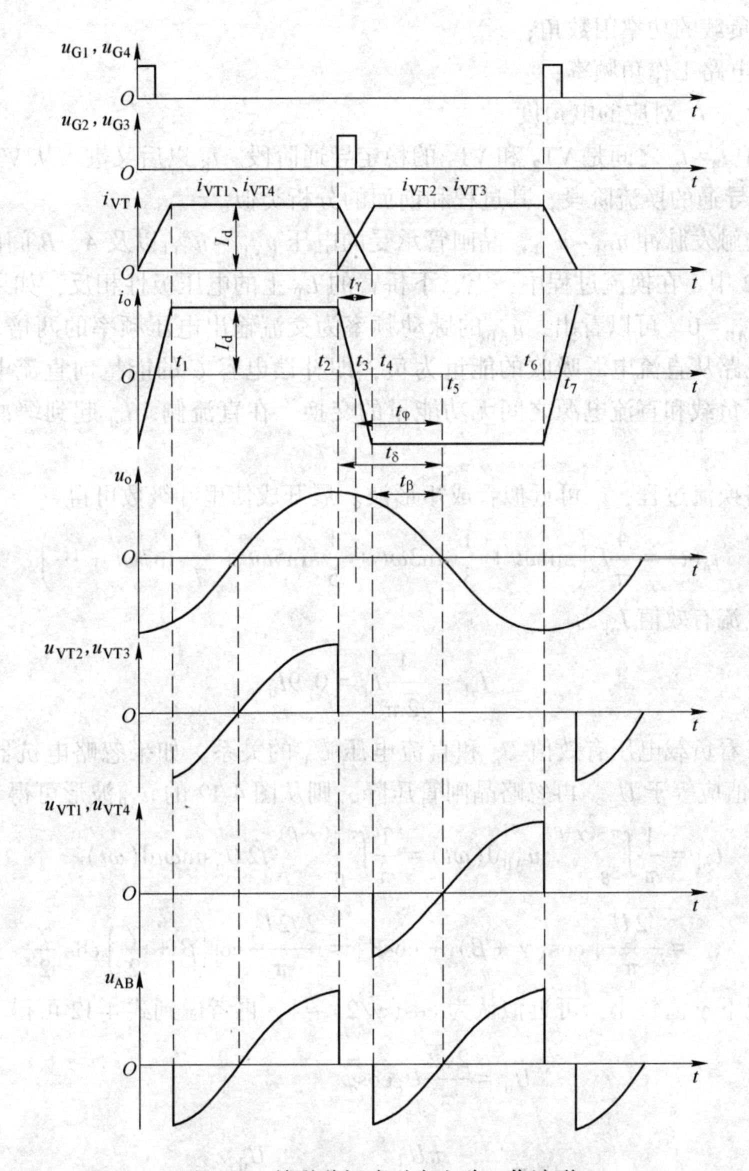

图 4-12 并联谐振式逆变电路工作波形

导通，使换流失败。

为了保证可靠换流，应在负载电压 u_o 过零前 $t_\delta = t_5 - t_2$ 时刻去触发 VT_2、VT_3。t_δ 称为触发引前时间，从图 4-12 可得

$$t_\delta = t_\gamma + t_\beta \tag{4-12}$$

负载电流 i_o 超前于负载电压 u_o 的时间 t_φ 为

$$t_\varphi = t_\gamma/2 + t_\beta \tag{4-13}$$

把 t_φ 表示为电角度 φ（弧度）可得

$$\varphi = \omega\left(\frac{t_\gamma}{2} + t_\beta\right) = \frac{\gamma}{2} + \beta \tag{4-14}$$

式中　φ——负载的功率因数角；

ω——电路工作角频率；

γ，β——t_γ、t_β 对应的电角度。

图 4-12 中 $t_4 \sim t_6$ 之间是 VT_2 和 VT_3 的稳定导通阶段。t_6 以后又进入从 VT_2、VT_3 导通向 VT_1、VT_4 导通的换流阶段，其过程和前面的分析类似。

晶闸管的触发脉冲 $u_{G1} \sim u_{G4}$，晶闸管承受的电压 $u_{VT1} \sim u_{VT4}$ 以及 A、B 间的电压 u_{AB} 也都示于图 4-12 中。在换流过程中，上、下桥臂的 L_T 上的电压极性相反，如果不考虑晶闸管压降，则 $u_{AB}=0$。可以看出，u_{AB} 的脉动频率为交流输出电压频率的两倍。在 u_{AB} 为负的部分逆变电路从直流电源吸收的能量为负，即补偿电容 C 的能量向直流电源反馈。这实际上反映了负载和直流电源之间无功能量的交换。在直流侧，L_d 起到缓冲这种无功能量的作用。

如果忽略换流过程，i_o 可近似看成矩形波。展开成傅里叶级数可得

$$i_o(t) = \frac{4}{\pi} I_d \left(\sin\omega t + \frac{1}{3}\sin 3\omega t + \frac{1}{5}\sin 5\omega t + \frac{1}{7}\sin 7\omega t + \cdots \right) \tag{4-15}$$

其基波电流有效值 I_{o1} 为

$$I_{o1} = \frac{4}{\sqrt{2}\pi} I_d = 0.9 I_d \tag{4-16}$$

下面再来看负载电压有效值 U_o 和直流电压 U_d 的关系。如果忽略电抗器 L_d 的损耗，则 u_{AB} 的平均值应等于 U_d。再忽略晶闸管压降，则从图 4-12 的 u_{AB} 波形可得

$$\begin{aligned} U_d &= \frac{1}{\pi}\int_{-\beta}^{\pi-(\gamma+\beta)} u_{AB}\,d(\omega t) = \frac{1}{\pi}\int_{-\beta}^{\pi-(\gamma+\beta)} \sqrt{2}U_o \sin\omega t\,d(\omega t) \\ &= \frac{\sqrt{2}U_o}{\pi}[\cos(\gamma+\beta) + \cos\beta] = \frac{2\sqrt{2}U_o}{\pi}\cos\left(\beta + \frac{\gamma}{2}\right)\cos\frac{\gamma}{2} \end{aligned} \tag{4-17}$$

一般情况下 γ 值较小，可近似认为 $\cos(\gamma/2) \approx 1$，再考虑到式 4-12 可得

$$U_d = \frac{2\sqrt{2}}{\pi} U_o \cos\varphi \tag{4-18}$$

或

$$U_o = \frac{\pi U_d}{2\sqrt{2}\cos\varphi} = 1.11\frac{U_d}{\cos\varphi} \tag{4-19}$$

在上述讨论中，为简化分析，认为负载参数是不变的，逆变电路的工作频率也是固定的。实际上在中频加热和钢料熔化过程中，感应线圈的参数是随时间而变化的，固定的工作频率无法保证晶闸管的反压时间 t_β 大于关断时间 t_q，可能导致逆变失败。为了保证电路正常工作，必须使工作频率能适应负载的变化而自动调整。这种控制方式称为自励方式，即逆变电路的触发信号取自负载端，其工作频率受负载谐振频率的控制而比后者高一个适当的值。与自励方式相对应，固定工作频率的控制方式称为他励方式。自励方式存在着启动的问题，因为在系统未投入运行时，负载端没有输出，无法取出信号。解决这一问题的方法之一是先采用他励方式，系统开始工作后再转入自励方式。另一种方法是附加预充电启动电路，即预先给电容器充电，启动时将电容能量释放到负载上，形成衰减振荡，检测出振荡信号实现自励。

4.4.2　电流型三相逆变电路

图 4-13 是典型的电流型三相桥式逆变电路，这种电路的基本工作方式是 120°导电方式。即每个桥臂一周期内导电 120°，按 VT_1 到 VT_6 的顺序，每隔 60°依次导通。这样，每个时刻上桥臂组和下桥臂组都各有一个桥臂导通。换流时，是依次在上桥臂组内和下桥臂组内分别进行换流，称为横向换流。图中交流侧的电容器是为吸收换流时负载电感中存储的能量而设置的，是电流型逆变电路的必要组成部分。

因为电流型逆变电路输出的交流电流波形和负载性质无关，是正、负脉冲宽度各为 120°的矩形波，因此分析电流型逆变电路的工作波形时，总是先从电流波形入手。图 4-14 给出了逆变电路的三相输出交流电流波形及线电压 u_{UV} 的波形。输出电流波形和三相桥式可控整流电路在大电感负载下的交流输入电流波形形状相同，因此，它们的谐波分析表达式也相同。输出线电压波形和负载性质有关，图 4-14 中给出的波形大体为正弦波，但叠加了一些尖脉冲，这是由逆变电路中的换流过程产生的。

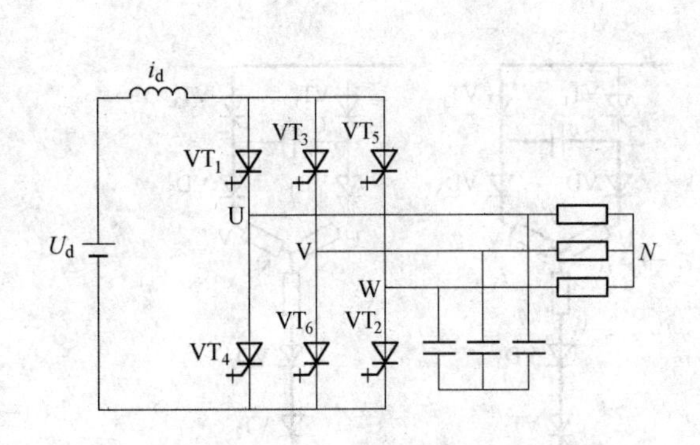

图 4-13　电流型三相桥式逆变电路

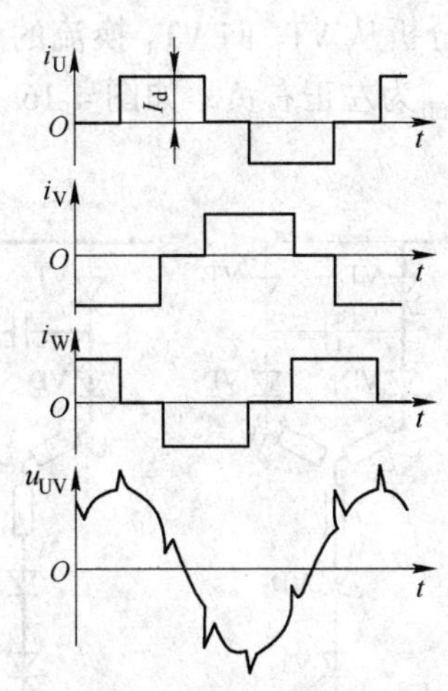

图 4-14　电流型三相桥式逆变电路的输出波形

输出交流电流的基波有效值 I_{U1} 和直流电流 I_d 的关系为

$$I_{U1} = \frac{\sqrt{6}}{\pi} I_d = 0.78 I_d \tag{4-20}$$

与电压型三相桥式逆变电路中求输出线电压有效值的式 4-11 相比，因两者波形形状相同，所以两个公式的系数也相同。

随着全控型器件的性能容量不断提高，晶闸管逆变电路的应用已越来越少，但图 4-15 的串联二极管式晶闸管逆变电路仍有较多应用。这种电路主要用于中、大功率交流电动机调速系统。

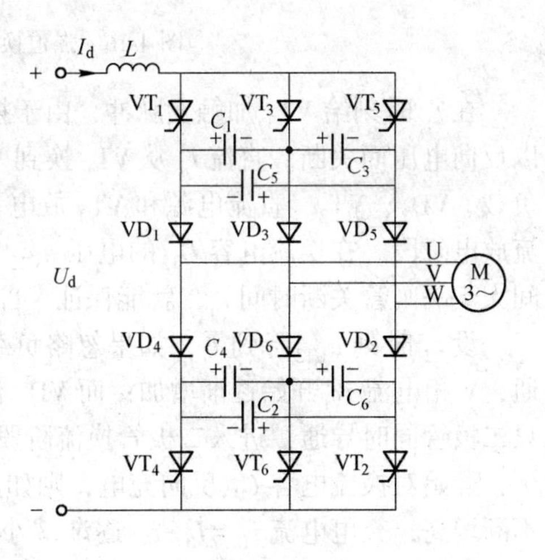

图 4-15　串联二极管式晶闸管逆变电路

可以看出，图 4-15 的串联二极管式晶闸管逆变电路是一个电流型三相桥式逆变电路，因为各桥臂由晶闸管和二极管串联组成而得名。电路仍为120°导电工作方式，输出波形和图4-14的波形大体相同。各桥臂之间换流采用强迫换流方式，连接于各桥臂之间的电容C_1~C_6即为换流电容。下面主要对其换流过程进行分析。

设逆变电路已进入稳定工作状态，换流电容器已充满电压U_{C0}。为便于分析换流时电容电压的变化过程，规定电容器上的电压正极性为：连接某晶闸管与后一相晶闸管的换流电容器，其电压极性为左正右负。

电容器上所充电压的规律是：对于共阳极组晶闸管来说，与导通晶闸管和后一相晶闸管相连接的换流电容器，连接导通相的一端极性为正，另一端为负；与导通晶闸管和前一相晶闸管相连接的换流电容器，连接导通相的一端极性为负，另一端为正；不与导通晶闸管相连接的另一个电容器端电压为零；共阴极组晶闸管与共阳极组晶闸管情况类似，只是电容器电压极性相反。在分析换流过程时，常用等效换流电容的概念，例如在分析从晶闸管VT_1向VT_3换流时，换流电容C_{13}就是C_3与C_5串联后再与C_1并联的等效电容。设C_1~C_6的电容量均为C，则$C_{13}=3C/2$。

下面分析从VT_1向VT_3换流的过程。假设换流前U相的VT_1和W相的VT_2导通，C_{13}电压U_{C0}为左正右负，如图4-16a所示。换流过程可分为恒流放电和二极管换流两个阶段。

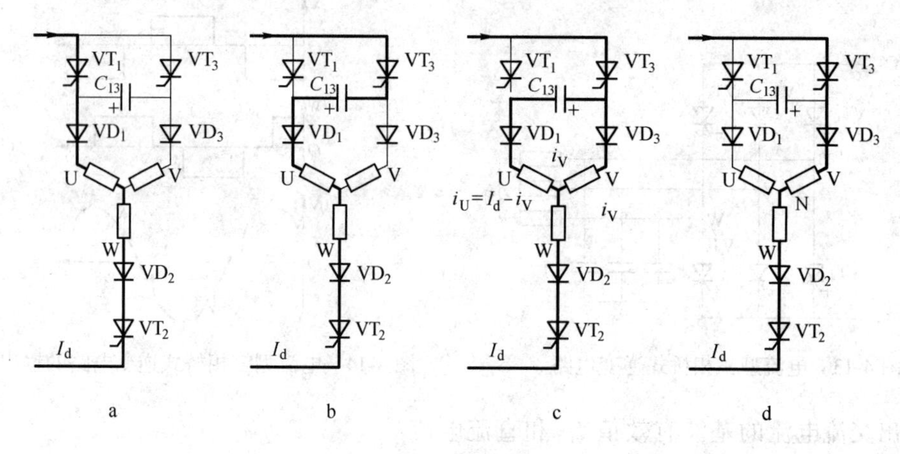

图4-16 强迫换流过程各阶段的电流路径

在t_1时刻给VT_3加触发脉冲，由于换流电容C_{13}电压的作用，使VT_3导通，VT_1被施以反向电压而关断。直流I_d从VT_1换到VT_3上，换流电容C_{13}通过VD_1、U相负载、W相负载、VD_2、VT_2、直流电源和VT_3放电，如图4-16b所示。因放电电流I_d恒定，故称恒流放电阶段。在换流电容C_{13}的电压u_{C13}下降到零之前，VT_1一直承受反压，只要反压时间大于晶闸管关断时间t_q，就能保证VT_1可靠关断。

设t_2时刻u_{C13}降到零，如果忽略负载中电阻的压降，二极管VD_3受到正向偏置而导通，V相电流i_V开始逐渐增加；而VD_1流过的充电电流为$i_U=I_d-i_V$，开始逐渐减小；两只二极管同时导通，进入二极管换流阶段。t_2时刻$u_{C13}=0$以后，在U相负载电感的作用下，开始对换流电容C_{13}反向充电，则如图4-16c所示。随着换流电容C_{13}反向充电电压的不断增高，充电电流$i_U=I_d-i_V$逐渐减小，i_V逐渐增大。到t_3时刻充电电流i_U减到零，$i_V=I_d$，VD_1承受反压而关断，二极管换流阶段结束。t_3以后，进入VT_2、VT_3稳定导通阶段，电流路径如图 4-16d 所示。

如果负载为交流电动机，则在 t_2 时刻 u_{C13} 降至零时，电动机反电动势 $e_{UV}>0$，则 VD_3 仍承受反向电压而不能导通。直到 u_{C13} 升高到与 e_{UV} 相等后，VD_3 才承受正向电压而导通，进入 VD_3 和 VD_1 同时导通的二极管换流阶段。此后的过程与前面分析的完全相同。

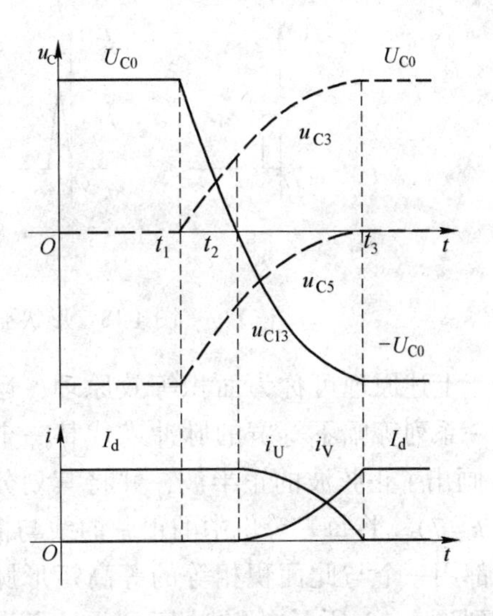

图 4-17　串联二极管式晶闸管逆变电路强迫换流过程

图 4-17 给出了电感负载时 u_{C13}、i_U 和 i_V 的波形图。图中还给出了各换流电容器的电压 u_{C1}、u_{C3} 和 u_{C5} 的波形。在换流过程中，u_{C1} 从 $+U_{C0}$ 逐渐到零，并反向充电到 $-U_{C0}$。C_3 和 C_5 是串联后再和 C_1 并联的，C_3 和 C_5 的串联阻抗是 C_1 的两倍，故它们的充放电电流是 C_1 的一半，换相过程中电压变化的幅度也是 C_1 的一半。按照规定的电容电压正方向，在换流过程中，u_{C3} 从零变到 $+U_{C0}$，u_{C5} 从 $-U_{C0}$ 变到零。这些电压恰好符合相隔 120°后从 VT_3 到 VT_5 换流时的要求，为下次换流准备好了条件。

4.5　正弦脉宽调制（SPWM）逆变电路

在工业应用中许多负载对逆变电路的输出特性都有严格要求，除频率可变、电压大小可调外，还要求输出电压基波尽可能大、谐波含量尽可能小。采用无自关断能力的晶闸管元件组成的方波输出逆变电路，一般采用多重化或多电平化措施，使输出波形呈现阶梯形变化，接近于正弦波形。这种措施使电路结构较复杂，代价较高，效果却不尽如人意。采用自关断器件组成逆变电路，进行高频通、断的开关控制，输出幅值相等、宽度按正弦规律变化的脉冲序列电压，并通过调制控制使输出电压消除低次谐波，从而极大地改善了逆变电路的输出特性。这种逆变电路就是脉宽调制（Pulse Width Modulation，PWM）型逆变电路，它是目前直流-交流（DC-AC）变换中最重要的变换技术。用全控型器件作开关元件构成的正弦脉宽调制（Sine Pulse Width Modulation，SPWM）逆变电路，可使装置的体积小、斩波频率高、控制灵活、调节性能好、成本低。

4.5.1　SPWM 基本原理

根据采样控制理论，冲量相等而形状不同的窄脉冲作用于惯性系统上时，其输出响应基本相同，且脉冲越窄，输出的差异越小。换句话说，如果把各输出波形展开成傅里叶级数，则其低频段特性非常接近，仅在高频段略有差异。这是一个非常重要的结论，它表明，惯性系统的输出响应主要取决于系统的冲量，即窄脉冲的面积，而与窄脉冲的形状无关。图 4-18 给出了几种典型的形状不同而冲量相同的窄脉冲。图 4-18a 为矩形脉冲，图 4-18b为三角形脉冲，图 4-18c 为正弦半波脉冲，图 4-18d 为单位脉冲。它们的面积（冲量）均相同，当它们分别作用在同一个惯性系统上时，其输出响应波形基本相同。

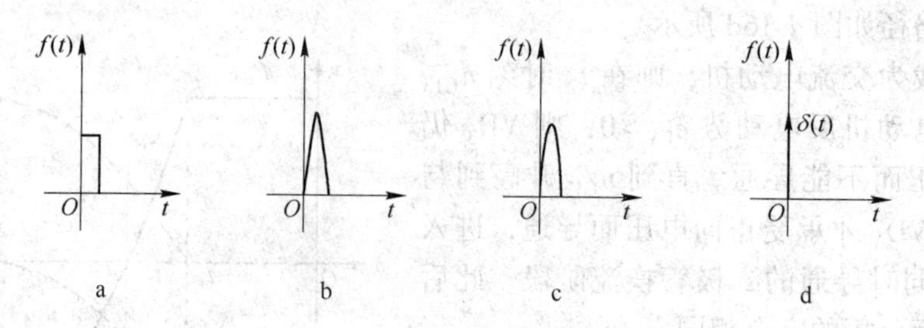

图 4-18　形状不同而冲量相同的各种窄脉冲

上述原理可称为面积等效原理，运用此原理可以用一系列等幅不等宽的脉冲来代替一个正弦波。图 4-19 画出了正弦波的正半波，并将其划分为 k 等份（图中 $k=7$）。将每一等份中的正弦曲线与横轴所包围的面积都用一个与此面积相等的等高矩形脉冲来代替，可得到图 4-19 所示的脉冲序列，这就是 PWM（Pulse Width Modulation）波。显然，该脉冲序列的宽度按正弦规律变化，根据面积等效原理，它与正弦半波是等效的。正弦波的负半波也可用相同的方法，用一组等高不等宽的负脉冲序列来代替。对上述等效调宽脉冲，在选定了等分数 k 后，可以借助计算机严格地算出各个脉冲宽度和间隔，作为控制逆变电路开关管通断的依据。像这种脉冲幅值相等，而脉冲宽度按正弦规律变化，从而和正弦波等效的 PWM 波形称为 SPWM（Sinusoidal Pulse Width Modulation）波。要改变等效正弦波的幅值时，只要按照以上规律改变各脉冲的宽度即可。

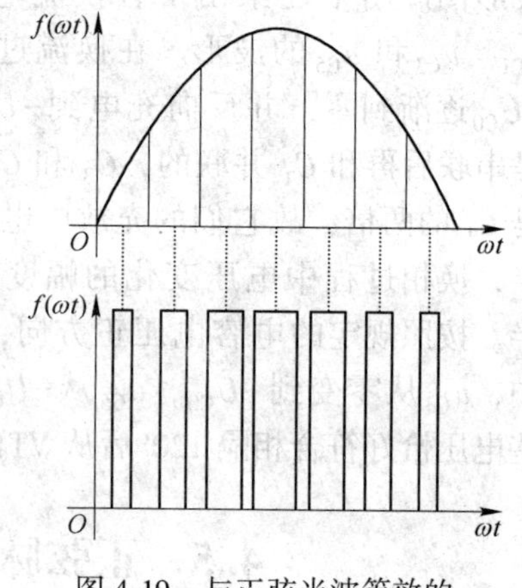

图 4-19　与正弦半波等效的矩形脉冲序列

如果给出了逆变电路的正弦波输出频率、幅值和半个周期内的脉冲数，SPWM 波形中各脉冲的宽度和间隔就可以准确计算出来。按照计算结果控制逆变电路中各开关器件的通断，就可以得到所需要的 SPWM 波形。这种方法称之为计算法。可以看出，计算法是很繁琐的，且当需要输出的正弦波的频率、幅值或相位变化时，结果都会随之变化。

与计算法相对应的是调制法，即把希望输出的波形作为调制信号，把接受调制的信号作为载波，通过信号波的调制得到所期望的 SPWM 波形。在实际应用中，通常采用等腰三角波或锯齿波作为载波，其中等腰三角波应用最多。等腰三角波是上、下宽度按线性变化的波形，等腰三角波上任一点的水平宽度和高度呈线性关系，且左右对称。任何一条光滑曲线与等腰三角波相交，如果在交点时刻对电路中开关器件的通断进行控制，在该曲线值大于三角波时输出高电平、小于三角波时输出低电平，就能得到一组等幅的、脉冲宽度正比于该曲线在交点时刻函数值的矩形脉冲序列，这正好符合 PWM 控制的要求。在调制信号为正弦波时，用正弦波与等腰三角波相交，来确定各矩形脉冲的宽度，所得到的就是正弦脉宽调制（SPWM）波形，这种方法应用最广，本节主要介绍这种控制方法。

如图 4-20 所示，用正弦波 u_r 和等腰三角波 u_c 比较，得到一组等幅矩形脉冲 u_o，其宽度按正弦规律变化。再用这组矩形脉冲序列作为逆变电路各功率开关管的控制信号，则在逆变电路输出端可以获得一组矩形脉冲，其幅值为逆变电路直流侧电压，而脉冲宽度是

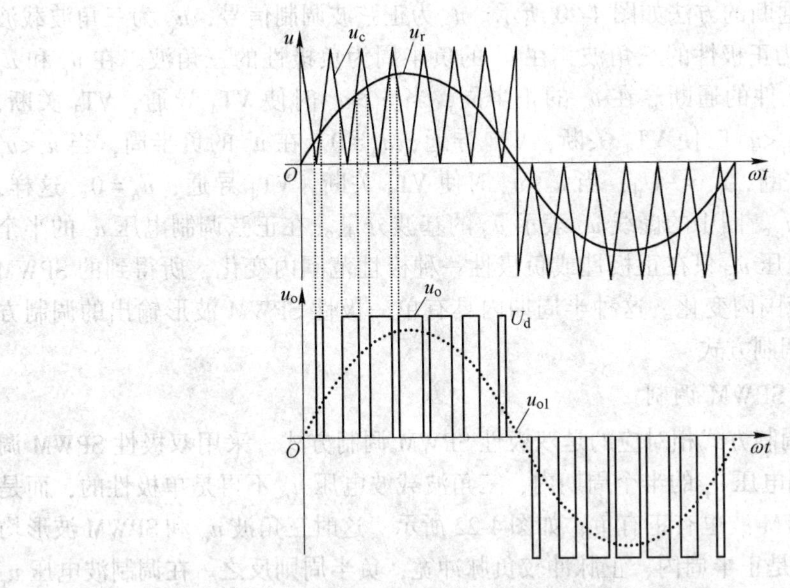

图 4-20　单极性 SPWM 控制方式波形

其在一周期中所处相位的正弦函数。该矩形脉冲序列可用正弦波来等效，如图 4-20 中点线 u_{o1} 所示。

像这样由正弦波作为调制波 u_r 与三角波作为载波 u_c 获得 SPWM 波的方法即称为正弦脉宽调制法。一般将正弦调制波 u_r 的幅值与三角波载波 u_c 的峰值之比定义为调制度 a，亦称调制比或调制系数。

4.5.2　单极性调制与双极性调制

4.5.2.1　单极性 SPWM 调制

单相桥式电压型正弦波逆变电路的原理电路如图 4-21 所示。设负载为阻感性负载，工作时 VT_1 和 VT_2 的通断状态互补，VT_3 和 VT_4 的通断状态也互补。具体的控制规律如下：在输出电压 u_o 的正半周，让 VT_1 保持通态，VT_2 保持断态，VT_3 和 VT_4 交替通断。由于负载电流比电压滞后，因此在输出电压 u_o 的正半周，有一段区间负载电流为正，一段区间负载电流为负。在负载电流为正的区间，VT_1 和 VT_4 都导通时，输出电压 u_o 等于直流电压 U_d；VT_1 导通、VT_4 关断时，负载电流通过 VT_1 和 VD_3 续流，$u_o=0$。在负载电流为负的区间，VT_1 和 VT_4 都加导通信号时，因 i_o 为负，故 i_o 实际上不流过 VT_1 和 VT_4，而从 VD_1 和 VD_4 流过，VT_1 和 VT_4 均不导通，$u_o=U_d$；当 VT_4 关断，VT_3 导通后，$-i_o$ 经 VT_3 和 VD_1 续流，$u_o=0$。这样，输出电压 u_o 总可以得到 U_d 和零两种电平。同样，在输出电压 u_o 的负半周，让 VT_2 保持通态，VT_1 保持断态，VT_3 和 VT_4 交替通断，也有一段区间负载电流为负，一段区间负载电流为正。输出电压 u_o 总可以得到 $-U_d$ 和 0 两种电平。

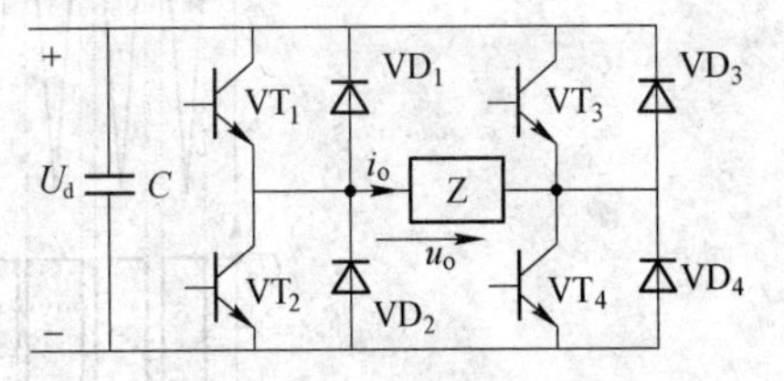

图 4-21　单相电压型正弦波逆变电路原理图

控制 VT_3 和 VT_4 通断的方法如图 4-20 所示。u_r 为正弦波调制信号，u_c 为三角波载波信号。在 u_r 的正半周为正极性的三角波，在 u_r 的负半周为负极性的三角波。在 u_r 和 u_c 的交点时刻控制开关元件的通断。在 u_r 的正半周，当 $u_r>u_c$ 时使 VT_4 导通，VT_3 关断，输出电压 $u_o=U_d$；当 $u_r<u_c$ 时使 VT_4 关断，VT_3 导通，$u_o=0$。在 u_r 的负半周，当 $u_r<u_c$ 时使 VT_3 导通，VT_4 关断，$u_o=-U_d$；当 $u_r>u_c$ 时使 VT_3 关断，VT_4 导通，$u_o=0$。这样，就得到了 SPWM 波形 u_o。图中的虚线 u_{o1} 表示 u_o 的基波分量。在正弦调制电压 u_r 的半个周期内，三角波载波电压 u_c 只在正极性或负极性一种极性范围内变化，所得到的 SPWM 波形也只在单个极性范围内变化。这种半周期内具有单一极性 SPWM 波形输出的调制方式称为单极性 SPWM 调制方式。

4.5.2.2　双极性 SPWM 调制

与单极性 SPWM 调制方式相对应的是双极性 SPWM 调制方式。采用双极性 SPWM 调制方式时，在正弦调制电压 u_r 的半个周期内，三角波载波电压 u_c 不再是单极性的，而是有正有负，所得的SPWM 波也有正有负，如图 4-22 所示。这时三角波 u_c 和SPWM 波形均有正、负极性变化，但是正半周内，正脉冲较负脉冲宽，负半周则反之。在调制波电压 u_r 的一个周期内，输出的 SPWM 波只有$\pm U_d$ 两种电平，没有零电平。仍然在调制波信号 u_r 和载波信号 u_c 的交点时刻控制各开关器件的通断。在调制波信号 u_r 的正、负半周，对各开关器件的控制规律都相同。即当 $u_r>u_c$ 时，给 VT_1 和 VT_4 加导通信号，给 VT_2 和 VT_3 加关断信号，这时如果负载的实际电流 $i_o>0$，则 VT_1 和 VT_4 导通，如果 $i_o<0$，则 VD_1 和 VD_4 导通，不管哪种情况都是输出电压 $u_o=U_d$。当 $u_r<u_c$ 时，给 VT_2 和 VT_3 加导通信号，给 VT_1 和 VT_4 加关断信号，这时如果负载的实际电流 $i_o<0$，则 VT_2 和 VT_3 导通，如果 $i_o>0$，则 VD_2 和 VD_3 导通，不管哪种情况都是 $u_o=-U_d$。

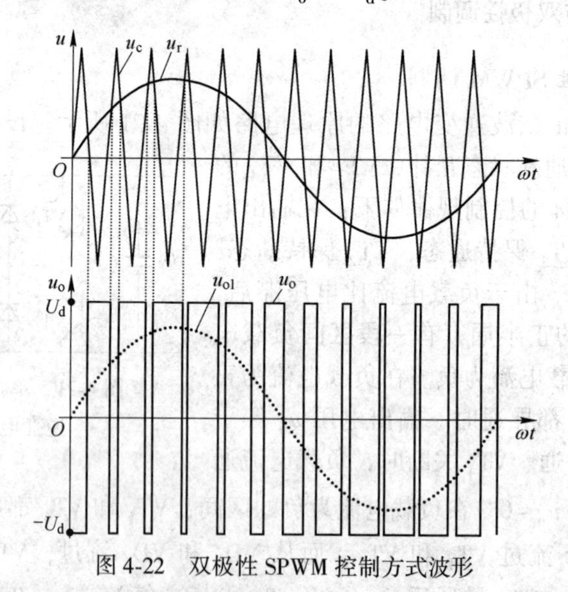

图 4-22　双极性 SPWM 控制方式波形

4.5.2.3　三相桥式 SPWM 控制方式

在 SPWM 逆变电路中，使用最多的是图 4-23a 所示的三相桥式逆变电路，这种电路一般都采用双极性控制方式。U、V 和 W 三相的 SPWM 控制通常共用一个三角波载波 u_c，用3个相位互差120°的正弦波 u_{rU}、u_{rV}、u_{rW} 作为调制信号，以获得三相对称输出。U、

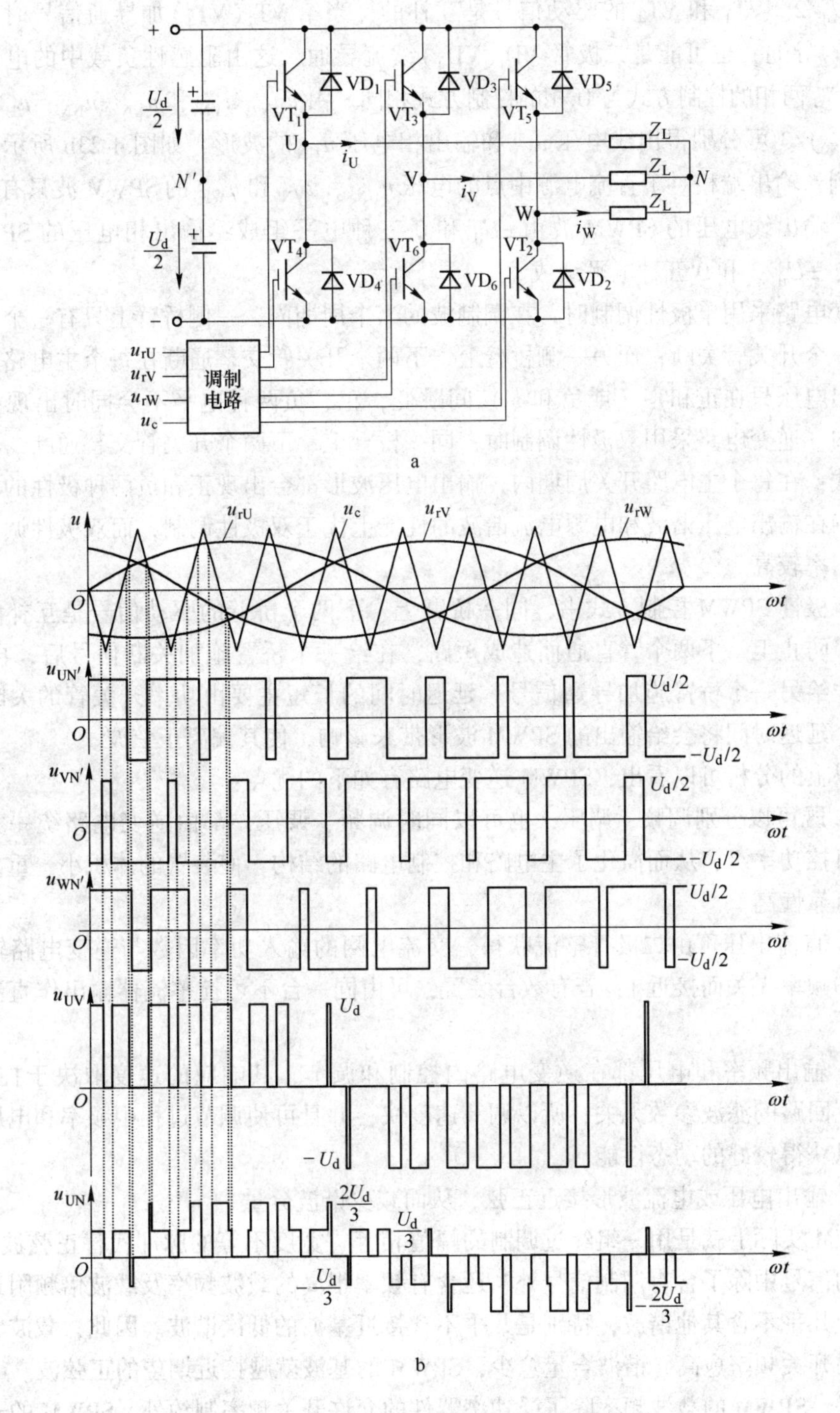

图4-23　三相桥式SPWM逆变电路及工作波形

V、W三相功率开关管的控制规律相同，现以U相为例说明。当 $u_{rU} > u_c$ 时，给下桥臂 VT_4 加关断信号，给上桥臂 VT_1 加导通信号，则U相相对于直流电源侧中点 N' 的输出电

压 $u_{UN'}=U_d/2$；当 $u_{rU}<u_c$ 时，给上桥臂 VT_1 加关断信号，给下桥臂 VT_4 加导通信号，则 $u_{UN'}=-U_d/2$。VT_1 和 VT_4 的驱动信号是互补的，当给 $VT_1(VT_4)$ 加导通信号时，可能是 $VT_1(VT_4)$ 导通，也可能是二极管 $VD_1(VD_4)$ 续流导通，这由阻感性负载中的电流方向决定。V、W 两相的控制方式与 U 相的控制方式相同。由 $u_{UN'}-u_{VN'}$ 和 $u_{UN'}-u_{NN'}=u_{UN'}-(u_{UN'}+u_{VN'}+u_{WN'})/3$ 可分别得出线电压 u_{UV} 和输出相电压 u_{UN} 的波形，如图 4-23b 所示。从图中可以看到，输出端相对于直流电源中点的电压 $u_{UN'}$、$u_{VN'}$ 和 $u_{WN'}$ 的 SPWM 波只有 $\pm U_d/2$ 两种电平；输出线电压的 SPWM 波由 $\pm U_d$ 和 0 三种电平组成；输出相电压的 SPWM 波由 $\pm 2U_d/3$、$\pm U_d/3$ 和 0 五种电平组成。

逆变电路采用单极性调制时，在调制波的半个周期内，一侧桥臂上只有一个开关管导通，另一个开关管关断；而另一侧桥臂上、下两个开关管交替通断在每个主电路开关周期内，输出电压只在正和零（或负和零）间跳变，正、负两种电平不会同时出现在同一开关周期内。逆变电路采用双极性调制时，同一桥臂上、下两个开关管交替通断，处于互补工作方式；在每个主电路开关周期内，输出电压波形都会出现正和负两种极性的电平。单极性调制在输出电压谐波和电源电流谐波的性能上优于双极性调制，而双极性调制的直流电压利用率较高。

在双极性 SPWM 控制方式中，同一桥臂上、下两个桥臂的驱动信号是互补的。但实际上为了防止上、下两个臂直通而造成短路，在给一个桥臂施加关断信号后，再延迟 Δt 时间，才给另一个桥臂施加导通信号。延迟时间的长短主要由功率开关管的关断时间决定。这个延迟时间将会给输出的 SPWM 波形带来影响，使其偏离正弦波。

由以上的分析可以看出，SPWM 逆变电路有如下的优点：

（1）既可以分别调频、调压，也可以同时调频、调压，都由逆变电路统一完成。仅有一个可控功率级，从而简化了主电路和控制电路的结构，使装置的体积小、重量轻、造价低、可靠性高。

（2）直流电压可由二极管整流获得，交流电网的输入功率因数与逆变电路输出电压的大小和频率无关而接近 1；若有数台装置，可由同一台不可控整流器输出作直流公共母线供电。

（3）输出频率和电压都在逆变电路内控制和调节，其响应的速度取决于控制回路，而与直流回路的滤波参数无关，所以调节速度快，并且可使调节过程中频率和电压的配合同步，以获得较好的动态性能。

（4）输出电压或电流波形接近正弦，从而减少谐波分量。

SPWM 实际上就是用一组经过调制的幅值相等、宽度不等的脉冲代替正弦波。SPWM 调制后的信号中除了含有调制信号外，还含有频率很高的载波频率及载波倍频附近的频率分量，但几乎不含其他谐波，特别是几乎不含接近基波的低次谐波。因此，载波频率也即 SPWM 的开关频率愈高，谐波含量愈少，SPWM 的基波就越接近期望的正弦波。

但是，SPWM 的载波频率除了受功率器件的允许开关频率制约外，SPWM 的开关频率也不宜过高，这是因为开关管工作频率提高，开关损耗和换流损耗会随之增加。另外，开关瞬间电压或电流的急剧变化形成很大的 du/dt 或 di/dt，会产生强电磁干扰，还会在线路和器件的分布电容和电感上引起冲击电流和尖峰电压。

4.5.3　同步调制和异步调制

在 SPWM 逆变电路中，载波信号频率 f_c 与调制波信号频率 f_r 之比称为载波比 N，$N=f_c/f_r$。根据载波与调制波是否同步及载波比的变化情况，SPWM 逆变电路可以有异步调制、同步调制和分段同步调制几种方式。

4.5.3.1　异步调制

在异步调制方式中，调制波频率 f_r 变化时，载波频率 f_c 固定不变，因而载波比 N 是变化的。这样，在调制波信号的半个周期内，输出脉冲的个数不固定，脉冲相位也不固定，正、负半周期的脉冲不对称，且半周期内前、后 1/4 周期的脉冲也不对称，输出波形不能完全对称。

当调制波频率较低时，载波比 N 较大，半周期内的脉冲数较多，正、负半周期脉冲不对称和半周期内前后 1/4 周期脉冲不对称的影响都较小，输出波形接近正弦波。当调制波频率增高时，载波比 N 就减小，半周期内的脉冲数减少，输出脉冲的不对称性影响就变大，还会出现脉冲的跳动。同时，输出波形和正弦波之间的差异也变大，高频输出特性变坏。对于三相 SPWM 逆变电路来说，三相输出的对称性也变差。因此，在采用异步调制方式时，希望尽量提高载波频率，以便在调制波频率较高时仍能保持较大的载波比，从而改善输出特性。

4.5.3.2　同步调制

在同步调制方式中，在变频时载波比 N 等于常数。调制波信号频率变化时载波比 N 不变，调制波信号半个周期内输出的脉冲数是固定的，脉冲相位也是固定的。同步调制时输出 SPWM 波形稳定，正、负半周完全对称，只含奇次谐波。但由于每半周的输出脉冲数在任何时刻均不变，故在低频时输出电压的谐波含量比高频时大得多，低频输出特性不好。如果负载为电动机，就会产生较大的转矩脉动和噪声，给电动机的正常工作带来不利影响。若为改善低频时的特性而增加载波频率，当逆变电路输出频率较高时，同步调制的载波频率 f_c 会过高，使开关管难以承受。

在三相 SPWM 逆变电路中，通常共用一个三角波载波信号，且取载波比 N 为 3 的整数倍，以使三相输出波形严格对称。同时，为了使一相的波形正、负半周镜对称，N 应取奇数。图 4-23 所示为 $N=9$ 时的同步调制三相 SPWM 波形。

4.5.3.3　分段同步调制

考虑到低频时异步调制有利、高频时同步调制较好，所以实用中通常采用分段同步调制的方法，即把逆变电路的整个输出频率范围 $0\sim f_N$ 划分成若干个频段，除在低频段采用异步调制外，其他各个频段内都保持载波比 $N=f_c/f_r$ 为恒定，即实施同步调制。在某一确定频率段内，载波频率随着输出频率增大而相应增加，始终保持确定的半周期输出脉冲数目不变，波形对称。随着输出频率 f_r 的继续提高，逐段减小载波比 N。在输出频率的低频段采用较高的载波比，使谐波频率不致过低而对负载产生不利影响；在输出频率的高频段采用较低的载波比，使功率器件的开关频率不致过高。各频段的载波比应该取 3 的整数倍且为奇数。

载波频率的变化范围为 1.4~2kHz。提高载波频率可以使输出波形更接近正弦波，但载波频率的提高受到功率开关管最高频率的限制。图 4-24 给出了分段同步调制的一个例子，图中切换点处的实线表示输出频率增高时的切换频率，虚线表示输出频率降低时的切换频率，前者略高于后者而形成滞环切换，这是为了防止载波频率在切换点附近来回跳动。

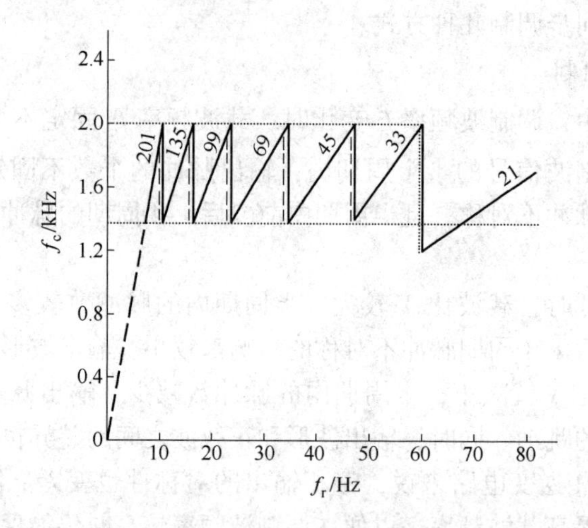

图 4-24　分段同步调制方式载波比的变化曲线

4.5.4　SPWM 波的生成

SPWM 波的生成方法大体上有 3 种：第一种是采用模拟电路产生；第二种是采用专用集成电路产生；第三种是由微型计算机直接产生。

根据 SPWM 逆变电路的基本原理和控制方法，可以用模拟电路构成三角波载波和正弦调制波发生器，用比较器来确定它们的交点，在交点时刻对功率开关管的通断进行控制，这样就可以得到 SPWM 波。但这种模拟电路的缺点是结构复杂、可靠性低、灵活性差，输出波形优化困难，难以实现精确控制。目前 SPWM 波的产生和控制可以用微机来完成，这里主要介绍几种用软件产生 SPWM 波形的基本方法。

4.5.4.1　自然采样法

按照 SPWM 控制的基本原理，可在正弦波和三角波的自然交点时刻控制功率开关管的通断，这种生成 SPWM 波形的方法称为自然采样法。正弦波在不同相位角时的值不同，因而与三角波相交所得到的脉冲宽度也不同。另外，当正弦波频率变化或幅值变化时，各脉冲的宽度也相应变化。要准确生成 SPWM 波，就应准确地计算出正弦波和三角波的交点。

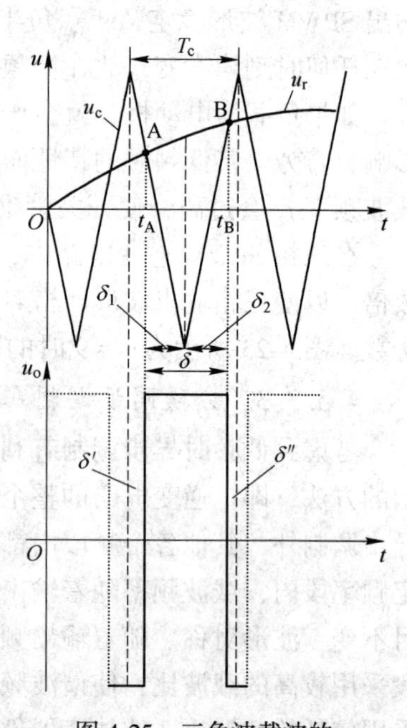

图 4-25　三角波载波的自然采样法

图 4-25 给出用自然采样法生成 SPWM 波的方法。图中取三角波相邻两个正峰值之间为一个周期 T_c，为了简化计算，可设三角波峰值为标幺

值，即 $U_{cm}=1$，则正弦调制波为

$$u_r = U_{rm}\sin\omega_r t = \frac{U_{rm}}{1}\sin\omega_r t = \frac{U_{rm}}{U_{cm}}\sin\omega_r t = M\sin\omega_r t \tag{4-21}$$

式中　M——调制度，$0 \leqslant M<1$；

ω_r——正弦调制信号的角频率。

从图 4-25 可以看出，在三角波载波的一个周期 T_c 内，下降段、上升段和正弦调制波各有一个交点，分别为 A 和 B，对应的时刻分别为 t_A 和 t_B。t_A 和 t_B 两点之间即为脉冲宽度 δ。这两个交点对于三角载波的中心线是不对称的，以三角载波的负峰值点为中心，脉冲宽度 δ 分成 δ_1 和 δ_2，$\delta=\delta_1+\delta_2$。在三角波载波的一个周期 T_c 内，脉冲宽度 δ 前的时间为 δ'，脉冲宽度 δ 后的时间为 δ''。

按相似三角形的几何关系可知

$$\frac{2}{T_c/2} = \frac{1 + M\sin\omega_r t_A}{\delta_1} \tag{4-22}$$

同理可得

$$\frac{2}{T_c/2} = \frac{1 + M\sin\omega_r t_B}{\delta_2} \tag{4-23}$$

整理得

$$\delta = \delta_1 + \delta_2 = \frac{T_c}{2}\left[1 + \frac{M}{2}(\sin\omega_r t_A + \sin\omega_r t_B)\right] \tag{4-24}$$

但是这种方法计算量过大，因而在工程上实际使用并不多。除了用三角波作为载波，还可以采用锯齿波作为载波。图 4-26 说明了采用锯齿波作为载波的自然采样法。由于锯齿波的一条边是垂直的，因而它和正弦调制波的交点时刻是确定的，所要计算的只是锯齿波斜边和正弦调制波的交点时刻，如图 4-26 中的 t_A，这样就使计算量明显减少。

锯齿波是非对称的波形，用锯齿波作为载波时只控制脉冲的上升或下降时刻中的一个，这种调制方式称为单边调制；而用三角波作为载波信号时，称为双边调制。单边调制虽然比双边调制计算量小，但输出波形中含有偶次谐波，总的谐波分量也比双边调制时大。

自然采样法是最基本的 SPWM 波生成法，它以 SPWM 控制的基本原理为出发点，可以准确地计算出各功率开关管的通断时刻，所得的波形很接近正弦波。

4.5.4.2　规则采样法

规则采样法是一种应用较广的工程实用方法，它的效果接近自然采样法，计算量却比自然采样法小得多。

图 4-27 说明了采用三角波作为载波的规则采样法。在三角波的负峰时刻 t_D 对正弦调制波采样而得到 D 点，过 D 点作一水平直线与三角波分别交于 A 点和 B 点，在 A 点时刻 t_A 和 B 点时刻 t_B 控制功率开关管的通断。可以看出，用这种规则采样法所得到的脉冲宽度 δ 和用自然采样法所得到的脉冲宽度非常接近，且每个脉冲都与三角载波的中心线对称，即每个脉冲的中点和三角载波的中点重合。

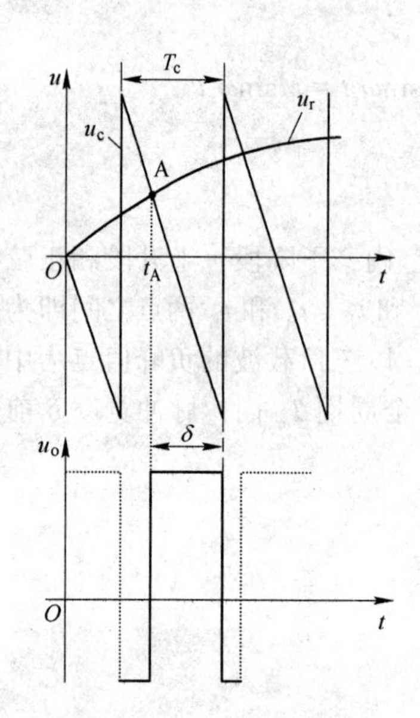

图 4-26　锯齿波载波的自然采样法

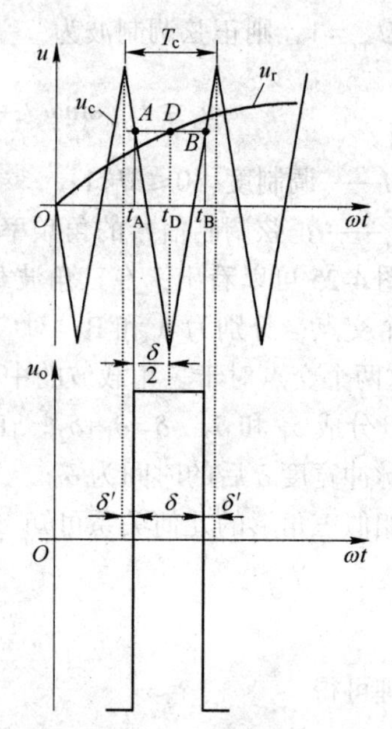

图 4-27　采用三角波载波的规则采样法

从图 4-27 可得

$$\frac{\delta/2}{T_c/2}=\frac{1+M\sin\omega_r t_D}{2} \tag{4-25}$$

因此可得

$$\delta=\frac{T_c}{2}(1+M\sin\omega_r t_D) \tag{4-26}$$

在三角波一周期内，脉冲两边的间隙宽度 δ' 为

$$\delta'=\frac{1}{2}(T_c-\delta)=\frac{T_c}{4}(1-M\sin\omega_r t_D) \tag{4-27}$$

对于三相桥式逆变电路来说，应该形成三相 SPWM 波。通常三相桥式逆变电路的三角波载波是公用的，三相正弦调制波依次相差 120°。设在同一个三角波周期内三相的脉冲宽度分别为 δ_u、δ_v、δ_w，间隙宽度分别为 δ'_u、δ'_v、δ'_w。由于在同一时刻三相正弦调制波电压之和为零，故由式 4-26 和式 4-27 分别可得

$$\delta_u+\delta_v+\delta_w=\frac{3}{2}T_c \tag{4-28}$$

$$\delta'_u+\delta'_v+\delta'_w=\frac{3}{4}T_c \tag{4-29}$$

利用式 4-28 和式 4-29 可以简化生成三相 SPWM 波的计算公式。

4.5.4.3　低次谐波消去法

以消去 SPWM 波中某些主要的低次谐波为目的，通过计算确定各脉冲的开关时刻，这种方法称为低次谐波消去法。在这种方法中，虽然不再比较载波和正弦调制波，但是输出的波形仍然是等幅不等宽的脉冲列，因此也算是生成 SPWM 波的一种方法。

图 4-28 是三相桥式 SPWM 逆变电路中一相输出端子相对于直流侧中点的电压波形，

相当于图 4-23 中 $u_{UN'}$ 的波形，此处载波比 $N=7$。在图 4-28 中，在输出电压的半个周期内，开关管开通和关断各 3 次（不包括 0 和 π 时刻），共有 6 个开关时刻可以控制。实际上，为了减少谐波并简化控制，需尽量使波形具有对称性。

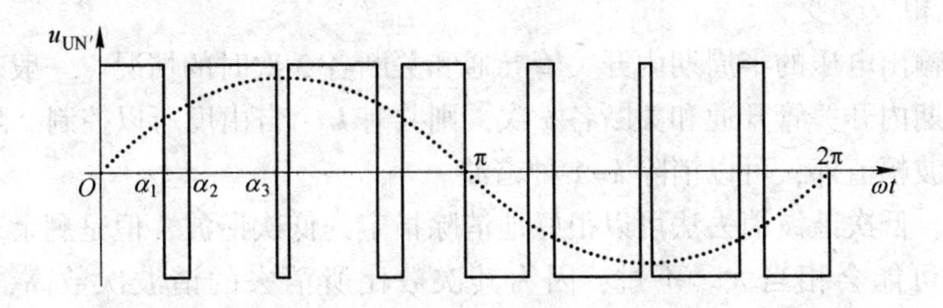

图 4-28 低次谐波消去法的输出电压波形

首先，为了消除偶次谐波，应使正、负两半周期波形镜对称，即

$$u(\omega t)=-u(\omega t+\pi) \tag{4-30}$$

其次，为了消除谐波中的余弦项，简化计算过程，应使正（或负）半周期内前后 1/4 周期以 π/2 为轴线对称，即

$$u(\omega t)=u(\pi-\omega t) \tag{4-31}$$

同时满足式 4-30 和式 4-31 的波形称为 1/4 周期对称波形。这种波形可用傅里叶级数表示为

$$u(\omega t)=\sum_{n=1,\ 3,\ 5,\ \cdots}^{\infty} a_n \sin n\omega t \tag{4-32}$$

式中，$a_n=\dfrac{4}{\pi}\displaystyle\int_0^{\frac{\pi}{2}} u(\omega t)\sin n\omega t\,\mathrm{d}(\omega t)$。

因为图 4-28 是 1/4 周期对称波形，所以在半个周期内的 6 个开关时刻（不包括 0 和 π 时刻）中，能够独立控制的只有 α_1、α_2、α_3 3 个时刻。该波形的 a_n 为

$$\begin{aligned}a_n&=\frac{4}{\pi}\left[\int_0^{\alpha_1}\frac{U_d}{2}\sin n\omega t\,\mathrm{d}(\omega t)-\int_{\alpha_1}^{\alpha_2}\frac{U_d}{2}\sin n\omega t\,\mathrm{d}(\omega t)+\int_{\alpha_2}^{\alpha_3}\frac{U_d}{2}\sin n\omega t\,\mathrm{d}(\omega t)-\int_{\alpha_3}^{\frac{\pi}{2}}\frac{U_d}{2}\sin n\omega t\,\mathrm{d}(\omega t)\right]\\&=\frac{2U_d}{n\pi}\left[(-\cos n\omega t)\Big|_0^{\alpha_1}-(-\cos n\omega t)\Big|_{\alpha_1}^{\alpha_2}+(-\cos n\omega t)\Big|_{\alpha_2}^{\alpha_3}-(-\cos n\omega t)\Big|_{\alpha_3}^{\frac{\pi}{2}}\right]\\&=\frac{2U_d}{n\pi}(1-2\cos n\alpha_1+2\cos n\alpha_2-2\cos n\alpha_3)\qquad(n=1,\ 3,\ 5,\ \cdots)\end{aligned} \tag{4-33}$$

式 4-33 中含有 α_1、α_2、α_3 3 个可以控制的变量。根据需要确定基波分量 a_1 的值，再令两个不同的 $a_n=0$，就可以建立 3 个方程，联立求解可得 α_1、α_2、α_3，这样即可以消去两种特定频率的谐波。通常在三相对称电路的线电压中，相电压所含的 3 次谐波相互抵消，因此可以考虑消去 5 次和 7 次谐波。这样，可得如下联立方程：

$$a_1=\frac{2U_d}{\pi}(1-2\cos\alpha_1+2\cos\alpha_2-2\cos\alpha_3)$$

$$a_5=\frac{2U_d}{5\pi}(1-2\cos5\alpha_1+2\cos5\alpha_2-2\cos5\alpha_3)=0$$

$$a_7 = \frac{2U_d}{7\pi}(1 - 2\cos 7\alpha_1 + 2\cos 7\alpha_2 - 2\cos 7\alpha_3) = 0 \tag{4-34}$$

对于给定的基波幅值 a_1，求解上述方程可得一组 α_1、α_2、α_3。基波幅值 a_1 改变时，α_1、α_2、α_3 也相应改变。

上面是在输出电压的半周期内开关管导通和关断各3次时的情况。一般来说，如果在输出电压半周期内开关管开通和关断各 k 次，则共有 k 个自由度可以控制。除去用一个自由度来控制基波幅值外，可以消除 $k-1$ 种谐波。

应当指出，低次谐波消去法可以很好地消除指定的低次谐波，但是剩余未消去的较低次谐波的幅值可能会相当大。不过，因为其次数比所消去的谐波次数高，因而较容易滤除。

4.5.5 电流滞环控制 SPWM

电流滞环控制SPWM不是用正弦波对载波进行调制，而是将实际负载电流与希望输出的正弦参考电流相比较，如果实际负载电流大于给定参考电流，则通过控制逆变电路的功率开关器件关断使之减小；如果实际电流小于给定参考电流，则控制逆变电路的功率开关器件导通使之增大。通过对电流的这种闭环控制，强制负载电流的频率、幅值、相位按给定值变化，当给定电流是正弦波时，输出电流也十分接近正弦波。

图4-29给出了采用滞环比较方式的电流跟踪型SPWM逆变电路中一相的输出电流、电压波形。把正弦参考电流 i_o^* 与实际输出电流 i_o 的偏差 ΔI 经滞环比较器后，控制开关管 VT_1 和 VT_2 的通断，在正弦参考电流的正半波，当 VT_1（或 VD_1）导通时，i_o 增大；当 VT_2（或 VD_2）导通时，i_o 减小，将跟随误差限定在允许的 $\pm\Delta I$ 范围内。如 t_1 时刻，$i_o^* - i_o \geqslant \Delta I$，滞环比较器输出正电平信号，驱动上桥臂开关管 VT_1 导通，使 i_o 增大；直到 t_2 时刻，$i_o = i_o^* + \Delta I$，$i_o^* - i_o = -\Delta I$，滞环比较器翻转，输出负电平信号，关断 VT_1，并开通 VT_2，此时因为电流仍然为正，$i_o > 0$，所以是 VD_2 导通续流，VT_2 承受反压无法导通，i_o 逐渐减小；到 t_3 时刻，i_o 降到滞环的下限值，又重复 VT_1 导通，以此迫使该相负载电流 i_o 跟随给定参考电流 i_o^* 变化。同理，在正弦参考电流的负半波，当 VT_2（或 VD_2）导通时，i_o 增大；当 VT_1（或 VD_1）导通时，i_o 减小。

这样，通过环宽为 $2\Delta I$ 的滞环比较器的控制，逆变电路输出电压为双极性PWM波形，输出电流 i_o 就在 $i_o^* \pm \Delta I$ 的范围内呈锯齿状跟踪正弦参考电流 i_o^*。这个滞环的环宽对逆变电路的跟踪性能和工作状态有较大的影响。这时逆变电路功率开关器件工作在高频开关状态，环宽越窄，允许偏差 ΔI 越小，电流跟踪精度越高，但功率开关器件的开关频率也越高，开关损耗随之增大，并有可能超过器件的最高开关频率限制。环宽过宽时，功率开关器件的动作频率比较低，开关损耗比较小，但电流跟踪误差也会增大。

电流跟踪型SPWM逆变电路实际上是一个电压型SPWM逆变电路加一个电流闭环构成的bang-bang控制系统，可以提供一个瞬时电流可控的交流电源。由于实际电流波形围绕给定正弦波作锯齿波变化，与负载无关，故常称电流源型PWM逆变电路，也称电流跟踪控制PWM逆变电路。由于电流被严格限制在参考正弦波周围的允许误差范围内，故对防止过电流十分有利。

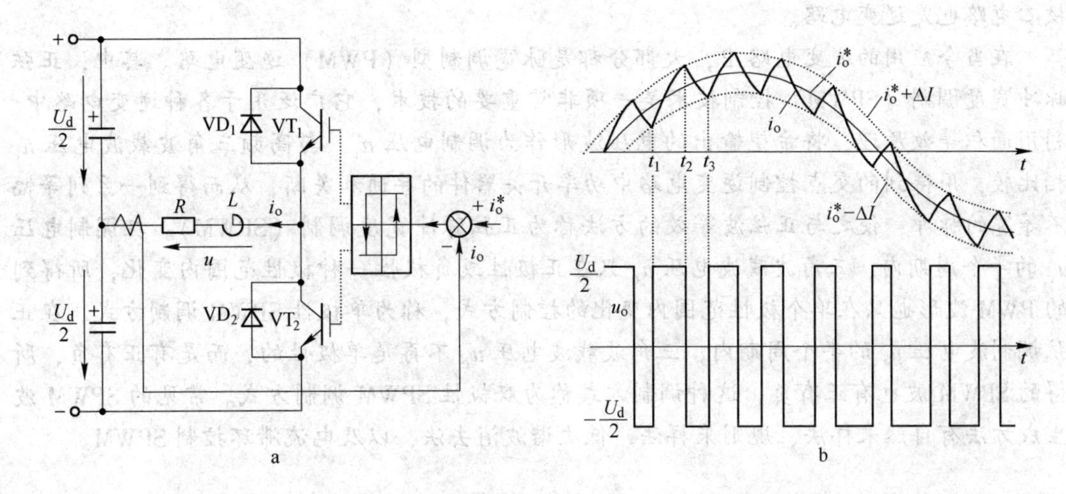

图 4-29 电流滞环跟踪型 SPWM 逆变电路及工作波形

本 章 小 结

本章讲述了基本逆变电路的结构及其工作原理。在 DC-DC、AC-DC、DC-AC、AC-AC 四大类基本变换电路中，AC-DC 和 DC-AC 两类电路，即整流电路和逆变电路是更为基本，更为重要的两大类。因此，本章的内容在全书中占有很重要的地位。

本章首先介绍了换流方式。实际上，换流并不是逆变电路特有的概念，四大类基本变换电路中都有换流的问题，但在逆变电路中换流的概念表现得最为集中。换流方式分为外部换流和自换流两大类。外部换流包括电网换流和负载换流两种，自换流包括器件换流和强迫换流两种。在晶闸管时代，换流的概念十分重要。到了全控型器件时代，换流概念的重要性已有所下降，但它仍是电力电子电路的一个重要而基本的概念。

逆变电路的分类有不同方法。可以用换流方式来分类，也可以用输出相数来分类，还可以用直流电源的性质来分类。此外，从用途来分类也是一种常用的分类方法。本章主要采用了按直流侧电源性质分类的方法，即把逆变电路分为电压型和电流型两类。这样分类更能抓住电路的基本特性，使逆变电路基本理论的框架更为清晰。值得指出的是，电压型和电流型电路也不是逆变电路中特有的概念。把这一概念用于整流电路等其他电路，也会使我们对这些电路有更为深刻的认识。例如，负载为大电感的整流电路可看成为电流型整流电路，电容滤波的整流电路也可看成为电压型整流电路。对电压型和电流型电路的认识，源于对电压源和电流源本质和特性的理解。深刻地认识和理解电压源和电流源的概念和特性，对正确理解和分析各种电力电子电路都有十分重要的意义。

在实际电力电子装置中，只用其中一种电路，特别是只用整流电路的例子不少，但大多数电力电子装置使用的都是各种电力电子电路的组合。对于逆变电路来说，其直流电源往往由整流电路而来，二者结合就构成 AC-DC-AC 电路，即间接交流变流电路。UPS（不间断电源）采用的就是 AC-DC-AC 电路，其核心电路是逆变电路，但输出频率是固定的。如果间接交流变流电路 AC-DC-AC 电路中的逆变电路输出频率可调，就构成变频器。变频器中的核心电路就是逆变电路。变频器广泛用于交流电机调速传动，在电力电子技术中占有突出的地位。DC-AC-DC 电路，即间接直流变流电路大量用于开关电源。开关电源中的核心电路也是逆变电路。

在当今应用的逆变电路中，大部分都是脉宽调制型（PWM）逆变电路。其中，正弦脉冲宽度调制（SPWM）控制技术是一项非常重要的技术，它广泛用于各种逆变电路中。利用面积等效原理，将希望输出的电压波形作为调制电压 u_r，与高频三角波载波电压 u_c 相比较，用得到的交点控制逆变电路中功率开关器件的导通和关断，从而得到一系列等幅不等宽的脉冲，使之与正弦波等效的方法称为正弦脉冲宽度调制（SPWM）。在调制电压 u_r 的半个周期内，三角波载波电压 u_c 只在正极性或负极性一种极性范围内变化，所得到的 PWM 波形也只在单个极性范围内变化的控制方式，称为单极性 SPWM 调制方式。在正弦调制波电压 u_r 的半个周期内，三角波载波电压 u_c 不再是单极性的，而是有正有负，所得的 SPWM 波也有正有负，这种调制方式称为双极性 SPWM 调制方式。常见的 SPWM 波生成方法有自然采样法、规则采样法、低次谐波消去法，以及电流滞环控制 SPWM。

习题与思考题

1. 无源逆变电路和有源逆变电路有何不同？
2. 常用的晶闸管换流方式有哪几种，各有什么特点？
3. 什么是电压型逆变电路？什么是电流型逆变电路？二者各有什么特点？
4. 电压型逆变电路中反馈二极管的作用是什么？为什么电流型逆变电路中没有反馈二极管？
5. 并联谐振式逆变电路利用负载进行换流，为保证换流应满足什么条件？
6. 串联二极管式电流型逆变电路中，二极管的作用是什么？试分析换流过程。
7. 电压型三相桥式逆变电路（见图 4-30），180°导电方式，$U_d = 200\text{V}$（不同电压 489V）。试求相电压的基波幅值 U_{UN1m} 和基波有效值 U_{UN1}、输出线电压的基波幅值 U_{UV1m} 和基波有效值 U_{UV1}、输出线电压中 7 次谐波的有效值 U_{UV7}。

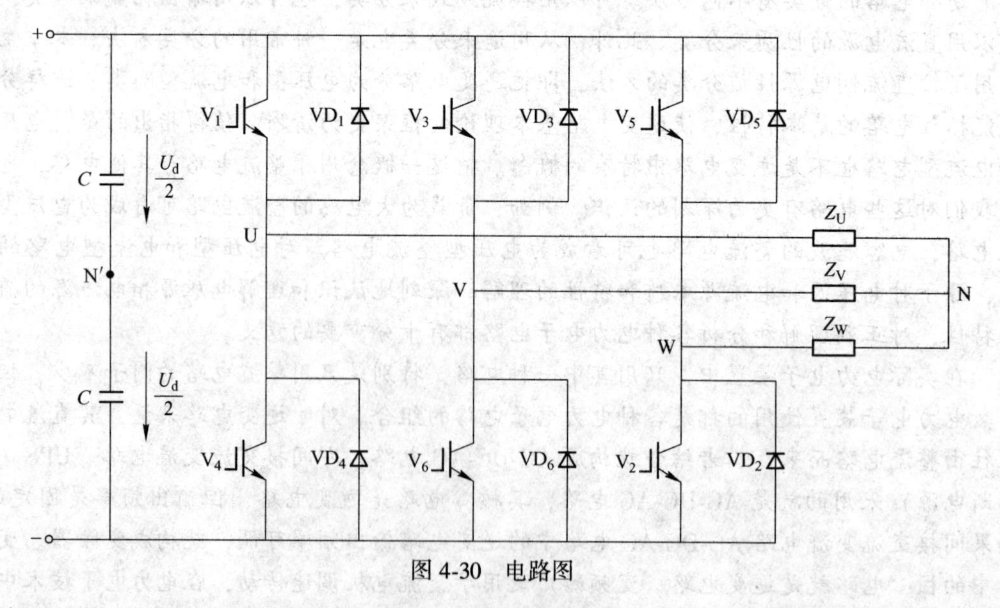

图 4-30 电路图

8. 单极性和双极性 SPWM 调制有什么区别？在三相桥式 SPWM 型逆变电路中，输出相电压（输出端相对于直流电源中点的电压）和线电压 SPWM 波形各有哪几种电平？

9. 什么是异步调制？什么是同步调制？二者各有何优缺点？分段同步调制有什么优点？
10. 简要说明三电平逆变电路的工作原理，与两电平逆变电路相比，它的主要优点是什么？
11. 简述正弦脉宽调制（SPWM）技术的工作原理。
12. 什么是 SPWM 波形的规则采样法？与自然采样法相比，规则采样法有什么优缺点？
13. 特定谐波消去法的基本原理是什么？设半个信号波周期内有 10 个开关时刻（不含 0 和 π 时刻）可以控制，可以消去的谐波有几种？
14. 在同步调制方式中，载波比 N 应该满足什么要求？
15. 在异步调制方式中，载波比 N 的变化对输出波形有何影响？

5 交流-交流变换电路

本章摘要

本章讲述的交流-交流变换电路，是把一种形式的交流变成另一种形式交流的电路。在进行交流-交流变换时，可以改变其电压、电流、频率和相数等。

只改变电压、电流或对电路的通断进行控制，而不改变频率的电路称为交流电力控制电路。采用相位控制的交流电力控制电路称为交流调压电路；采用通断控制的交流电力控制电路称为交流调功电路；只进行交流电路的通断控制即为交流无触点开关。5.1 节讲述的就是这部分内容。

将一种频率的交流变换成另一种频率交流的电路称为交-交变频电路。变频电路大多数不改变相数。变频电路有交-交变频电路和交-直-交变频电路两种形式。前者直接把一种频率的交流变成另一种频率或可变频率的交流，也称为直接变频电路。后者先把交流整流成直流，再把直流逆变成另一种频率或可变频率的交流，这种具有直流中间环节的变频电路也称为间接变频电路。本章只讲述直接变频电路。

5.2 节是目前应用较多的大功率晶闸管交-交变频电路。5.3 节的矩阵式变频电路是一种特殊形式的交-交变频电路，采用全控型双向自关断功率开关，控制方式是脉宽调制(PWM)，是一种具有良好发展前景的电路。

5.1 交流调压电路

交流调压电路采用双向交流开关进行交流电压的控制，如把两只反并联的普通晶闸管（见图5-1a）或一只双向晶闸管（见图 5-1b）串联在交流电路中，实现对交流电正、负半周的对称控制，达到方便地调节输出交流电压大小的目的，或实现交流电路的通、断控制。

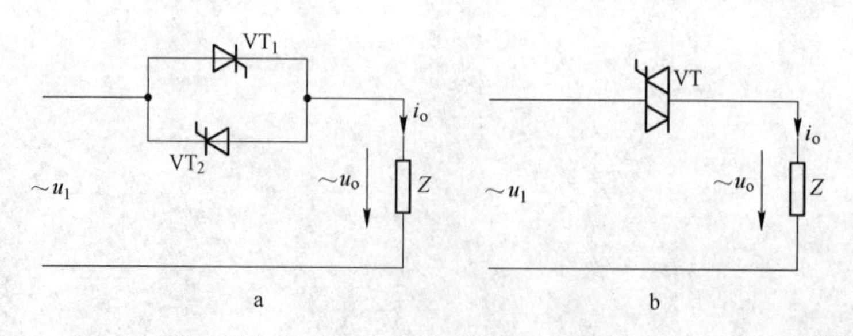

图 5-1 交流调压电路

在每半个周波内通过对晶闸管进行相位控制，可以方便地调节输出电压的有效值，这种电路称为交流调压电路。交流调压电路广泛用于灯光控制（如调光台灯和舞台灯光控制）及异步电动机的软启动，也用于异步电动机的调压调速。在供用电系统中，这种电路还常用于对无功功率的连续调节。此外，在高电压小电流或低电压大电流的直流电源中，也常采用交流调压电路在变压器一次侧调压，而在变压器二次侧用二极管整流。这样的电路体积小、成本低、易于设计制造。

交流调压电路可分为单相交流调压电路和三相交流调压电路。前者是后者的基础，也是本节的重点。

交流调压电路一般有三种控制方式，其原理如图 5-2 所示。

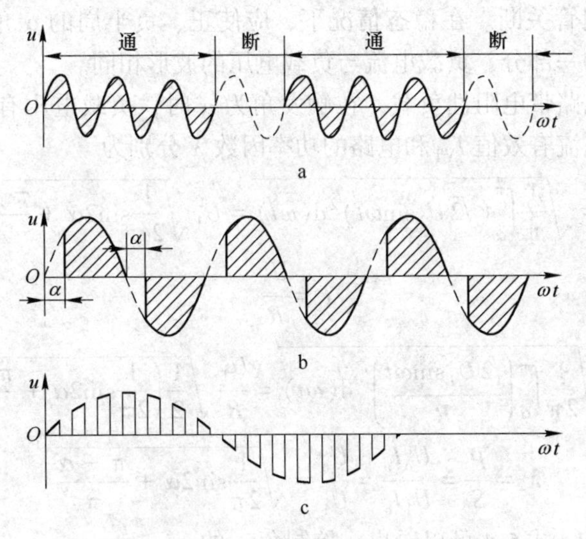

图 5-2 交流调压电路控制方式

a—通断控制；b—相位控制；c—斩波控制

（1）通断控制。通断控制是在交流电压过零时刻导通或关断晶闸管，使负载电路与交流电源接通几个周波，然后再断开几个周波，通过改变导通周波数与关断周波数的比值实现调节交流电压大小的目的。

通断控制时输出电压波形为正弦，但电压调节不连续，一般用于电炉调温等，进行交流功率调节。

（2）相位控制。与可控整流的移相触发控制相似，在交流电压的正半周触发导通正向晶闸管，在负半周触发导通反向晶闸管，且保持两只晶闸管的移相角相同，以保证向负载输出正、负半周对称的交流电压波形。

相位控制方法简单，能连续调节输出电压的大小。但输出电压波形为非正弦，含有相当成分的低次谐波，会在负载中引起附加谐波损耗，给设备运行带来不利的影响。

（3）斩波控制。斩波控制利用脉宽调制（PWM）技术将正弦交流电压波形分割成脉冲列，通过改变脉冲的占空比调节输出电压。斩波控制输出电压的大小可以连续调节，谐波含量小，基本上克服了相位控制和通断控制的缺点。斩波控制调压电路须采用全控型高频电力电子器件。

实际应用中，采用相位控制的晶闸管交流调压电路应用范围最广，本节分别讨论单相及三相交流调压电路。

5.1.1 单相交流调压电路

与整流电路一样，交流调压电路的工作情况也和负载的性质有很大关系，下面分别讨论带电阻性负载和阻感性负载时的工作情况。

5.1.1.1 电阻性负载

图 5-3 为单相交流调压电路带电阻性负载的电路及波形图。图中的晶闸管 VT_1 和 VT_2 也可以用一只双向晶闸管代替。电源电压 u_1 正、负半周的过零点即为控制角 α 的起始时刻（$\alpha=0$）。在电源电压 u_1 的正半周和负半周，分别触发 VT_1 和 VT_2，就可以调节输出电压，电压过零时晶闸管关断。在稳态情况下，应使正、负半周的 α 角相等。负载电压波形是电源电压波形的一部分，负载电流与负载电压的波形相同。

单相交流调压电路带电阻性负载，在触发角为 α 时，负载电压有效值 U_o、负载电流有效值 I_o、晶闸管电流有效值 I_{VT} 和电路的功率因数 λ 分别为

$$U_o=\sqrt{\frac{1}{\pi}\int_{\alpha}^{\pi}(\sqrt{2}U_1\sin\omega t)^2\mathrm{d}(\omega t)}=U_1\sqrt{\frac{1}{2\pi}\sin2\alpha+\frac{\pi-\alpha}{\pi}} \tag{5-1}$$

$$I_o=\frac{U_o}{R} \tag{5-2}$$

$$I_{VT}=\sqrt{\frac{1}{2\pi}\int_{\alpha}^{\pi}\left(\frac{\sqrt{2}U_1\sin\omega t}{R}\right)^2\mathrm{d}(\omega t)}=\frac{U_1}{R}\sqrt{\frac{1}{2}\left(\frac{1}{2\pi}\sin2\alpha+\frac{\pi-\alpha}{\pi}\right)} \tag{5-3}$$

$$\lambda=\frac{P}{S}=\frac{U_oI_o}{U_1I_o}=\frac{U_o}{U_1}=\sqrt{\frac{1}{2\pi}\sin2\alpha+\frac{\pi-\alpha}{\pi}} \tag{5-4}$$

从图 5-3 及式 5-1～式 5-4 可以看出，控制角 α 的移相范围为 $0\leqslant\alpha\leqslant\pi$。$\alpha=0°$时，相当于晶闸管一直导通，输出电压为最大值，$U_o=U_1$。随着 α 的增大，U_o 逐渐降低。直到$\alpha=\pi$时，$U_o=0$。此外，$\alpha=0°$时，功率因数 $\lambda=1$，随着 α 的增大，输入电流滞后于电压且发生畸变，λ 也逐渐减小。

综上所述，单相交流调压电路带电阻性负载时，控制角 α 的移相范围为 0～π，晶闸管导通角 $\theta=\pi-\alpha$，输出电压有效值调节范围为 0～U_1，可以采用单窄脉冲实现有效控制。

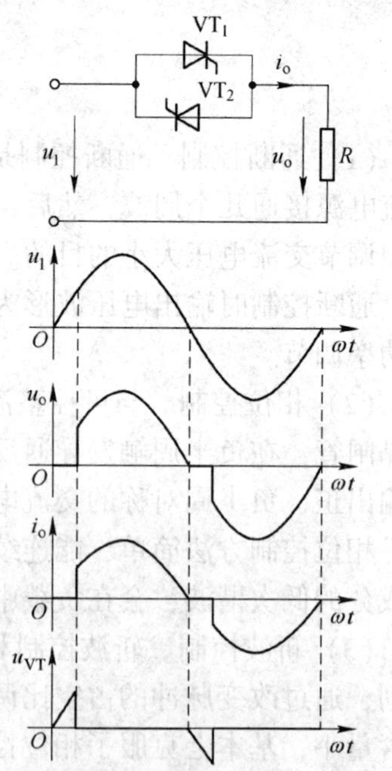

图 5-3 单相交流调压电路带电阻性负载电路及波形图

5.1.1.2 阻感性负载

单相交流调压电路带阻感性负载的电路及波形如图 5-4 所示。由于电感的储能作用，负载电流 i_o 会在电源电压 u_1 过零后延迟一段时间再过零。其延迟时间与负载的功率因数角 $\varphi=\arctan$（$\omega L/R$）有关。晶闸管的关断是在电流过零时刻，因此，晶闸管的导通角 θ 不仅与触发控制角 α 有关，还与负载功率因数角

φ 有关。

设负载的阻抗角为 $\varphi=\arctan(\omega L/R)$。如果用导线把晶闸管完全短接，稳态时负载电流 i_o 应该是正弦波，其相位滞后于电源电压 u_1 的角度为 φ。显然，在用晶闸管控制时只能进行滞后控制，使负载电流更为滞后，而无法使其超前。为了分析方便，把 $\alpha=0°$的时刻仍然定在电源电压过零的时刻，因此，单相交流调压电路带阻感性负载时，稳态运行情况下控制角 α 的移相范围应为 $\varphi\leqslant\alpha\leqslant\pi$。输出交流电压为缺口正弦波，改变 α 角的大小，即可改变输出电压的有效值，达到调压的目的。

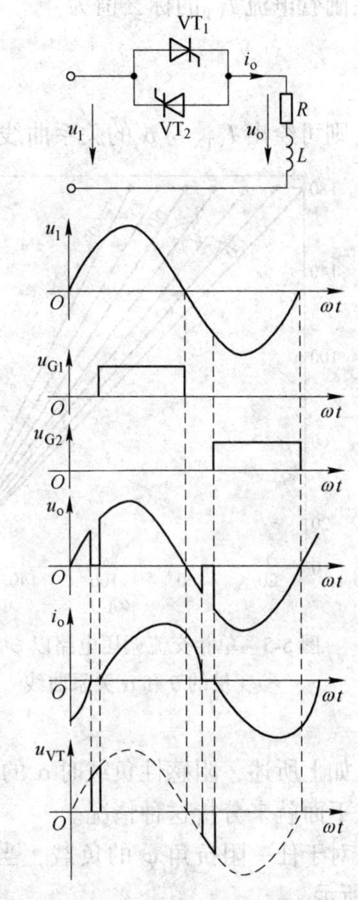

图 5-4 单相交流调压电路带阻感性负载电路及波形图

当在 $\omega t=\alpha$ 时刻开通晶闸管 VT_1，负载电流应满足如下微分方程式和初始条件

$$L\frac{di_o}{dt}+Ri_o=\sqrt{2}U_1\sin\omega t \qquad i_o\big|_{\omega t=\alpha}=0 \tag{5-5}$$

解该方程得

$$i_o=\frac{\sqrt{2}U_1}{Z}\left[\sin(\omega t-\varphi)-\sin(\alpha-\varphi)e^{\frac{\alpha-\omega t}{\tan\varphi}}\right]$$

$$\alpha\leqslant\omega t\leqslant\alpha+\theta \tag{5-6}$$

式中，负载阻抗 $Z=\sqrt{R^2+(\omega L)^2}$；$\theta$ 为晶闸管的导通角。利用边界条件：$\omega t=\alpha+\theta$ 时，$i_o=0$，可求得 θ

$$\sin(\alpha+\theta-\varphi)=\sin(\alpha-\varphi)e^{\frac{-\theta}{\tan\varphi}} \tag{5-7}$$

以 φ 为参变量，利用式 5-7，可得不同负载特性下 $\theta=f(\alpha,\varphi)$ 曲线族，如图 5-5 所示。

VT_2 导通时，上述关系完全相同，只是 i_o 的极性相反，且相位相差 180°。

上述电路在触发角为 α 时，负载电压有效值 U_o、晶闸管电流有效值 I_{VT} 和负载电流有效值 I_o 分别为

$$U_o=\sqrt{\frac{1}{\pi}\int_{\alpha}^{\alpha+\theta}(\sqrt{2}U_1\sin\omega t)^2d(\omega t)}=U_1\sqrt{\frac{\theta}{\pi}+\frac{1}{\pi}[\sin 2\alpha-\sin(2\alpha+2\theta)]} \tag{5-8}$$

$$I_{VT}=\sqrt{\frac{1}{2\pi}\int_{\alpha}^{\alpha+\theta}\left\{\frac{\sqrt{2}U_1}{Z}\left[\sin(\omega t-\varphi)-\sin(\alpha-\varphi)e^{\frac{\alpha-\omega t}{\tan\varphi}}\right]\right\}^2d(\omega t)}$$

$$=\frac{U_1}{\sqrt{2\pi}Z}\sqrt{\theta-\frac{\sin\theta\cos(2\alpha+\varphi+\theta)}{\cos\varphi}} \tag{5-9}$$

$$I_o=\sqrt{2}I_{VT} \tag{5-10}$$

设晶闸管电流 I_{VT}的标幺值为

$$I_{VTN}=I_{VT}\frac{Z}{\sqrt{2}U_1} \tag{5-11}$$

则可绘出 I_{VTN}与 α 的关系曲线，如图 5-6 所示。

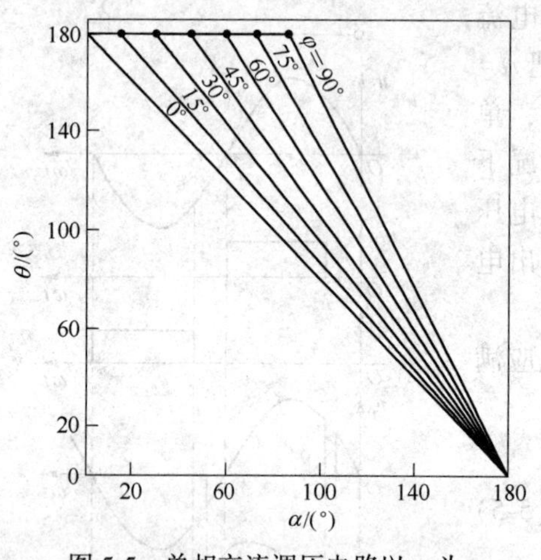

图 5-5　单相交流调压电路以 φ 为参变量的 θ 和 α 关系曲线

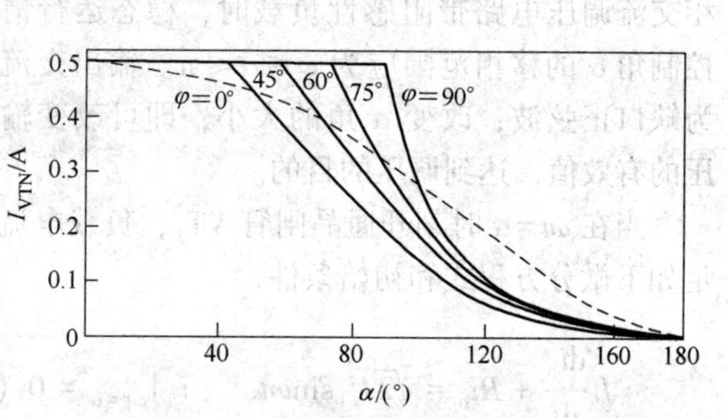

图 5-6　单相交流调压电路以 φ 为参变量时 I_{VTN}和 α 关系曲线

如上所述，阻感性负载时 α 的移相范围为 $\varphi\leqslant\alpha<\pi$。然而，$\alpha<\varphi$ 时，并非电路不能工作，下面就来分析这种情况。

对于任一阻抗角 φ 的负载，当 $\varphi<\alpha<\pi$ 时，VT_1 和 VT_2 的导通角 θ 均小于 π，如图 5-5 所示。

当 $\alpha=\pi$ 时，$\theta=0$，$u_o=0$；α 越小，θ 越大；当 α 从 π 至 φ 逐步减小时（不包括 $\alpha=\varphi$ 这一点），θ 逐步从零增大到接近 π，负载上的电压有效值 U_o 也从零增大到接近 U_1，负载电流 i_o 断续，输出电压 u_o 为缺口正弦波，电路有调压功能。

$\alpha=\varphi$ 时，i_o 电流中只有稳态分量 i_{o1}，$u_o=u_1$，输出电压、电流波形为连续正弦，$\theta=\pi$。调压电路不起调压作用，处于“失控”状态。此时 $\theta=f(\alpha,\varphi)$ 关系如图 5-5 中 $\theta=180°$的各点。

当 α 继续减小，在 $0\leqslant\alpha<\varphi$ 的某一时刻触发 VT_1，则 VT_1 的导通时间将超过 π。到 $\omega t=\pi+\alpha$时刻触发 VT_2 时，负载电流 i_o 尚未过零，VT_1 仍在导通，VT_2 承受反压不能立即开通。直到 i_o 过零后，VT_1 才能关断。如果晶闸管采用窄脉冲触发，此时 VT_2 的触发脉冲已经消失，则 VT_2 不能导通，造成每个周期内只有一只晶闸管 VT_1 导通的“单管整流”状态，输出电流为单向缺口半波，含有很大直流的分量，这会对电机、电源变压器之类的小电阻、大电感性负载带来严重危害，因此必须改用宽脉冲或脉冲列触发。当 i_o 过零后，VT_1 关断，VT_2 的触发宽脉冲尚未消失（参见图 5-7），VT_2 就会正常开通。

因为 $\alpha<\varphi$，VT_1 提前开通，负载 L 被过充电，其放电时间也将延长，使得 VT_1 的导通角大于 π，并使 VT_2 推迟开通，VT_2 的导通角自然小于 π。在这种情况下，式 5-5 和式 5-6 所解得的 i_o 表达式仍是适用的，只是 ωt 的适用范围不再是 $\alpha\leqslant\omega t\leqslant\alpha+\theta$，而是扩展到 $\alpha\leqslant\omega t<\infty$，因为这种情况下 i_o 已不存在断流区，其过渡过程和带 R-L 负载的单相交流电路在

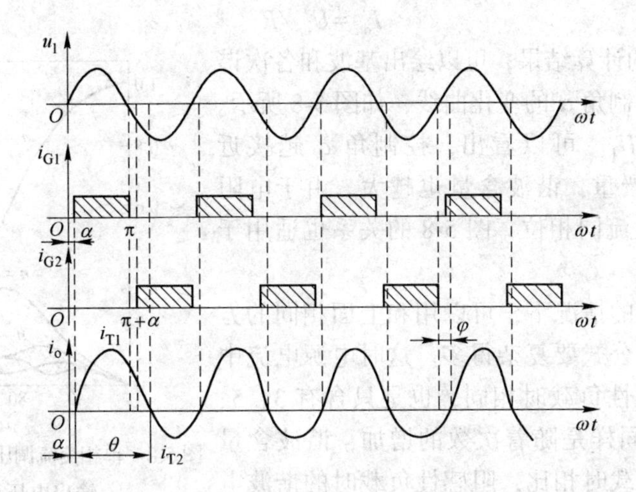

图 5-7 单相交流调压电路带阻感性负载，$\alpha<\varphi$ 时的工作波形

$\omega t=\alpha$（$\alpha<\varphi$）时合闸所发生的过渡过程完全相同。负载电流 i_o 由两个分量组成，第一项为正弦稳态分量，第二项为指数衰减分量。在指数分量的衰减过程中，VT_1 的导通时间逐渐缩短，VT_2 的导通时间逐渐延长。当指数分量衰减到零后，VT_1 和 VT_2 的导通时间都趋近到 π，其稳态的工作情况和 $\alpha=\varphi$ 时完全相同。晶闸管在 $\omega t=\varphi$ 处才开始导通。由于电流连续，$u_o=u_1$，无电压调节功能，所以也处于“失控”状态。如图 5-7 所示。

5.1.1.3 单相交流调压电路的谐波分析

从图 5-3 和图 5-4 的波形可以看出，负载电压和负载电流（即电源电流）均不是正弦波，其中含有大量的谐波成分。下面以电阻性负载为例，对负载电压 u_o 进行谐波分析。由于波形正、负半波对称，所以不含直流分量和偶次谐波，可用傅里叶级数表示为

$$u_o(\omega t)=\sum_{n=1,3,5,\cdots}^{\infty}(a_n\cos n\omega t+b_n\sin n\omega t) \tag{5-12}$$

式中 $a_1=\dfrac{\sqrt{2}U_1}{2\pi}(\cos 2\alpha-1)$；

$b_1=\dfrac{\sqrt{2}U_1}{2\pi}[\sin 2\alpha-2(\pi-\alpha)]$；

$a_n=\dfrac{\sqrt{2}U_1}{\pi}\left\{\dfrac{1}{n+1}[\cos(n+1)\alpha-1]-\dfrac{1}{n-1}[\cos(n-1)\alpha-1]\right\}$ $(n=3,5,7,\cdots)$；

$b_n=\dfrac{\sqrt{2}U_1}{\pi}\left[\dfrac{1}{n+1}\sin(n+1)\alpha-\dfrac{1}{n-1}\sin(n-1)\alpha\right]$ $(n=3,5,7,\cdots)$。

负载电压基波和各次谐波的有效值可按下式求出

$$U_{on}=\frac{1}{\sqrt{2}}\sqrt{a_n^2+b_n^2} \qquad (n=1,\ 3,\ 5,\ 7,\ \cdots) \tag{5-13}$$

负载电流基波和各次谐波的有效值为

$$I_{on} = U_{on}/R \tag{5-14}$$

根据式 5-13 的计算结果，可以绘出基波和各次谐波电压有效值随控制角 α 的变化曲线，如图 5-8 所示。其电压基值取为 U_1。可以看出，控制角 α 越接近 90°，波形畸变越严重，谐波含量也越大。由于电阻性负载下电压与电流同相位，图 5-8 的关系也适用于电流谐波的分析。

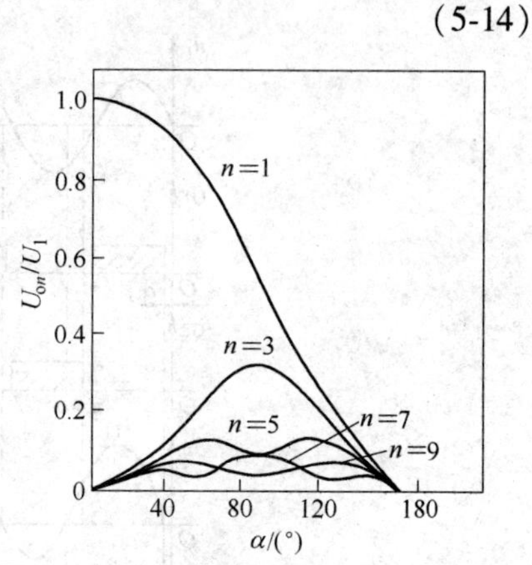

图 5-8　单相交流调压电路带电阻性负载，输出电压谐波比例

在阻感性负载的情况下，可以用和上面相同的方法进行分析，只是公式要复杂得多。这时电源电流中的谐波次数和电阻性负载时相同，也是只含有 3、5、7、…等次谐波，同样是随着次数的增加，谐波含量减少。与电阻性负载时相比，阻感性负载时的谐波电流含量要少一些，而且 α 角相同时，随着阻抗角 φ 的增大，谐波含量有所减少。

5.1.1.4　斩控式交流调压电路

斩控式交流调压电路一般采用全控型器件作为开关元件的原理图，如图 5-9 所示。其基本原理和直流斩波电路有类似之处，只是直流斩波电路的输入是直流电压，而斩控式交流调压电路的输入是正弦交流电压。在交流电源电压 u_1 的正半周，用 V_1 进行斩波控制，用 V_3 给负载电流提供续流通路；在 u_1 的负半周，用 V_2 进行斩波控制，用 V_4 给负载电流提供续流通路。设斩波器件（V_1 或 V_2）导通时间为 t_{on}，开关周期为 T，则导通比为 $D=t_{on}/T$。和直流斩波电路一样，也可以通过改变 D 来调节输出电压。

图 5-10 给出了斩控式交流调压电路带电阻性负载时，负载电压 u_o 和电源电流 i_1（即负载电流）的波形。可以看出，电源电流的基波分量是和电源电压同相位的，位移因数为 1，电路的功率因数接近 1。另外，通过傅里叶分析可知，电源电流中不含低次谐波，只含与开关周期 T 有关的高次谐波，滤除这些高次谐波只需用很小的滤波器即可。

5.1.2　三相交流调压电路

根据联结形式的不同，三相交流调压电路有三相 Y 形联结、三相负载△形联结、三相晶闸管控制△形联结、三相半控 Y 形联结等多种联

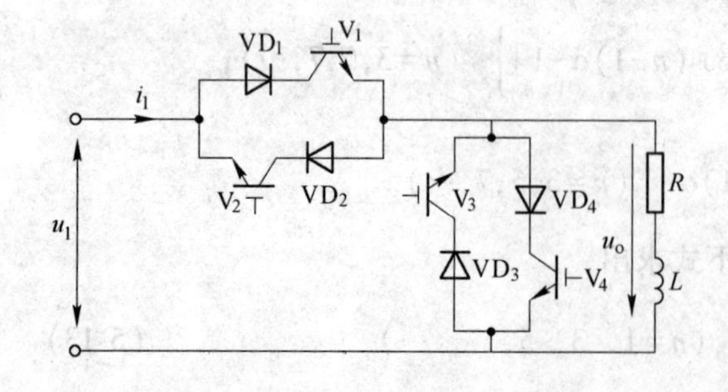

图 5-9　斩控式交流调压电路

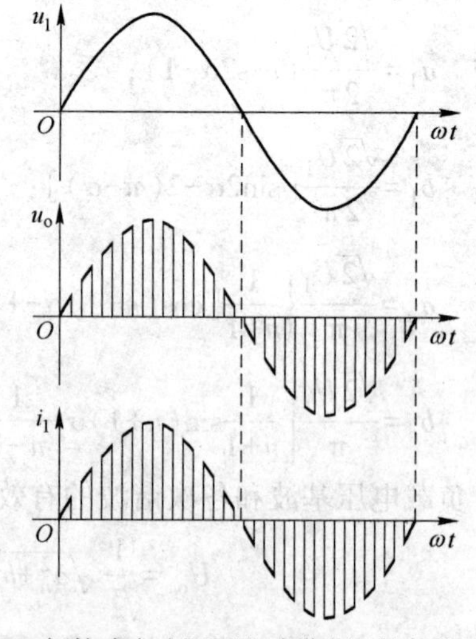

图 5-10　斩控式交流调压电路带电阻性负载的波形

结形式。其中三相Y形联结和三相负载△形联结两种电路最常用，下面只介绍三相Y形联结电路的基本工作原理和特性。

5.1.2.1 Y形三相交流调压电路

Y形三相交流调压电路又可分为三相三线制（Y形）和三相四线制（Y_0形）两种情况。三相四线制（Y_0形）相当于三个单相交流调压电路的组合，三相互相错开120°工作，单相交流调压电路的工作原理和分析方法均适用于这种电路。在单相交流调压电路中，电流中含有基波和各奇次谐波。组成三相电路后，基波和3的整数倍次以外的谐波在三相之间流动，不流过零线。而3的整数倍次谐波是同相位的，不能在各相之间流动，要全部流过零线，因此零线中会有很大的3次谐波电流及其他3的整数倍次谐波电流。当$\alpha=90°$时，零线电流的大小甚至与各相电流的有效值接近。在选择线径和变压器时必须注意这一问题。这里只讨论三相三线制（Y形）电路带电阻性负载时的情况，如图5-11所示。

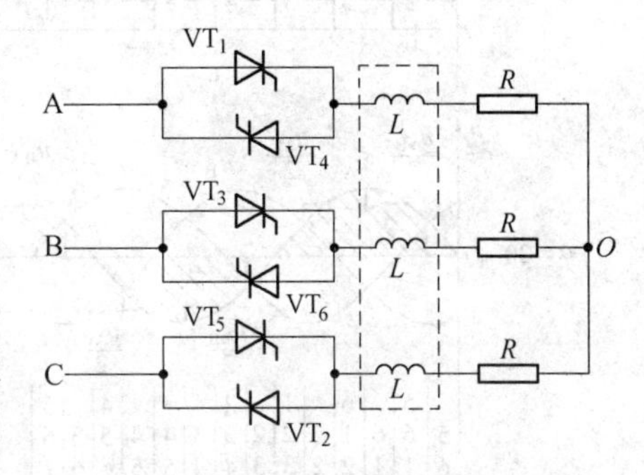

图5-11 Y形三相交流调压电路

这是一种最典型、最常用的三相交流调压电路，它正常工作时必须满足：

（1）三相中至少有两相导通才能构成通路，且其中一相为正向晶闸管导通，另一相为反向晶闸管导通。

（2）为保证任何情况下的两只晶闸管同时导通，应采用宽度大于60°的宽脉冲（列）或双窄脉冲触发。

（3）从VT_1到VT_6，相邻的触发脉冲相位应互差60°。

三相交流调压电路接电阻性负载（负载功率因数角$\varphi=0°$）时，不同控制角α下负载上的相电压波形如图5-12所示。

（1）$\alpha=0°$时的波形如图5-12a所示。在$\alpha=0°$时刻触发导通VT_1，以后每隔60°依次触发导通VT_2、VT_3、VT_4、VT_5、VT_6。在$\omega t=0°\sim60°$区间内，u_A、u_C为正，u_B为负，VT_5、VT_6、VT_1同时导通；在$\omega t=60°\sim120°$区间内，u_A为正，u_B、u_C为负，VT_6、VT_1、VT_2同时导通；依此类推，可得其他区间晶闸管的导通情况。由于任何时刻均有三相的三只晶闸管同时导通，每只晶闸管连续导通180°，所以各相负载上的电压、电流波形均为正弦波形。

（2）$\alpha=30°$时波形如图5-12b所示。此时情况复杂，需要分成子区间进行分析。

1）$\omega t=0°\sim30°$：$\omega t=0°$时，u_A变正。VT_4关断，但u_{G1}未到位，VT_1无法导通，A相负载电压$u_A=0$。

2）$\omega t=30°\sim60°$：$\omega t=30°$时，触发导通VT_1；B相VT_6、C相VT_5均仍承受正向阳极电压保持导通。由于VT_5、VT_6、VT_1同时导通，三相均有电流，此子区间内A相负载电压$u_{RA}=u_A$（电源相电压）。

3）$\omega t=60°\sim90°$：$\omega t=60°$时，u_C过零，VT_5关断；VT_2无触发脉冲不导通，三相中仅VT_6、VT_1导通。此时线电压u_{AB}施加在R_A、R_B上，故此子区间内A相负载电压$u_{RA}=$

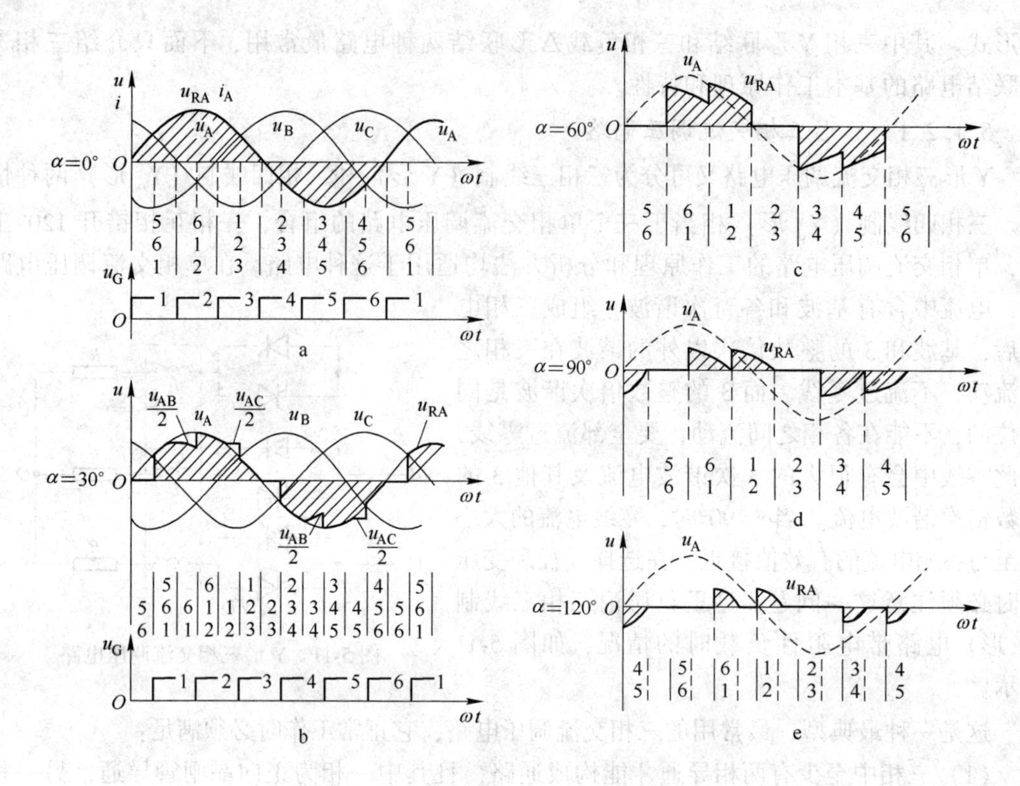

图 5-12　Y 形三相交流调压电路带电阻性负载，输出电压、电流波形

a—$\alpha=0°$；b—$\alpha=30°$；c—$\alpha=60°$；d—$\alpha=90°$；e—$\alpha=120°$

$u_{AB}/2$。

4）$\omega t=90°\sim120°$：$\omega t=90°$时，VT_2 触发导通，此时 VT_6、VT_1、VT_2 同时导通，此子区间内 A 相负载电压 $u_{RA}=u_A$。

5）$\omega t=120°\sim150°$：$\omega t=120°$时，u_B 过零，VT_6 关断；仅 VT_1、VT_2 导通，此子区间内 A 相负载电压 $u_{RA}=u_{AC}/2$。

6）$\omega t=150°\sim180°$：$\omega t=150°$时。VT_3 触发导通，此时 VT_1、VT_2、VT_3 同时导通，此子区间内 A 相负载电压 $u_{RA}=u_A$。

负半周可按相同方式分成子区间进行分析，从而可得如图 5-12b 中阴影区所示的 A 相负载电压 u_{RA} 的波形。A 相电流波形与 A 相负载电压波形成比例。

（3）用同样的分析方法可得 $\alpha=60°$、$\alpha=90°$、$\alpha=120°$时的 A 相负载电压波形，如图 5-12c～e 所示。$\alpha>150°$时，因 $u_{AB}<0$，虽然 VT_1、VT_6 有触发脉冲但仍无法导通；同理，因 $u_{AC}<0$，虽然 VT_1、VT_2 有触发脉冲但也无法导通；三相交流调压电路不工作，故控制角 α 的移相范围为 $0°\sim150°$。

当三相调压电路接电感性负载时，波形分析将很复杂。由于输出电压与电流之间存在相位差，电压过零瞬间电流不为零，晶闸管仍然导通，其导通角 θ 不仅与控制角 α 有关，还与负载功率因数角 φ 有关。如果负载是异步电动机，其功率因数角还将随着运行工况变化。

5.1.2.2　其他形式的三相交流调压电路

表 5-1 集中描述了几种典型三相交流调压电路的形式及其特征。

表 5-1 几种典型的三相交流调压电路比较

名称	线路图	输出电压波形（电阻负载）	特点
三相 Y_o 形	A B C O	相电压 $\alpha=0°$ $\alpha=30°$ $\alpha=60°$ $\alpha=90°$ $\alpha=120°$ $\alpha=180°$	实际上为三个单相调压器的组合。只需有一个晶闸管导通，负载上就有电流通过，线电流波形正负对称。 零线上有三次谐波通过，在 $\alpha=90°$ 时谐波电流最大，会在三柱式变压器中引起发热和噪声，对线路和电网均带来不利影响，因而工业上应用较少。 要求触发移相范围为 180°，可用单窄脉冲（电阻负载）。 晶闸管承受峰值电压为 $\sqrt{\frac{2}{3}}U_1$（U_1 为线电压有效值）
三相 Y 形	A B C	相电压 $\alpha=0°$ $\alpha=30°$ $\alpha=60°$ $\alpha=90°$ $\alpha=120°$ $\alpha=150°$	负载形式可任意选用（Y 或△接法）。 输出谐波分量低，没有三次谐波电流，对邻近通讯电路干扰小，因而应用较广。 因没有零线，必须保证两只晶闸管同时导通负载中才有电流通过，因而必须是双脉冲或宽脉冲（>60°）触发。 要求移相范围为 150°。 晶闸管承受峰值电压为 $\sqrt{2}U_1$。 适用于输出接变压器初级、变压器次级为低电压大电流的负载
三相负载△形	A B C U_R	U_R 电压 $\alpha=0°$ $\alpha=30°$ $\alpha=60°$ $\alpha=90°$ $\alpha=120°$ $\alpha=180°$	实际上也是三个单相调压器组合而成。每相电流波形与单相交流调压器相同，其线电流三次谐波分量为零。 触发移相范围为 180°。 晶闸管承受峰值电压为 $\sqrt{2}U_1$。 负载必须为三个可拆开的单相负载，故应用较少
三相晶闸管△形	A B C	相电压 $\alpha=0°$ $\alpha=30°$ $\alpha=60°$ $\alpha=90°$ $\alpha=120°$ $\alpha=210°$	由三只晶闸管组成，线路简单，节约晶闸管元件。 三相负载必须为可拆开的单个负载，晶闸管放在负载后面，可减小电网浪涌电压的冲击。 电流波形存在正负半周不对称的情况，谐波分量大，对通讯干扰大，增加了对滤波的要求。 移相范围为 210°。 晶闸管承受峰值电压为 $\sqrt{2}U_1$

续表 5-1

名　称	线 路 图	输出电压波形（电阻负载）	特　　点
三相半控Y形	A B C	相电压 $\alpha=0°$　$\alpha=30°$　$\alpha=60°$　$\alpha=90°$　$\alpha=120°$　$\alpha=210°$	只用三只晶闸管和三只二极管组成，简化控制，降低成本。 每相中电压和电流正负半波不对称。 电路谐波分量大，除有奇次谐波外，还有偶次谐波，使电动机输出转矩减小，对通讯等干扰大。 移相范围 210°；晶闸管承受峰值电压为$\sqrt{2}U_1$。 适用于调压范围不大，小容量场合

5.1.3　其他交流电力控制电路

除了相位控制和斩波控制的交流电力控制电路外，还有以交流电源周波数为控制单位的交流调功电路以及对电路通断进行控制的交流电力电子开关。本节分别简单介绍这两种电路。

5.1.3.1　交流调功电路

交流调功电路和交流调压电路的电路形式完全相同，只是控制方式不同。交流调功电路不是在每个交流电源周期都对输出电压波形进行控制，而是将负载与交流电源接通几个整周波，再断开几个整周波，通过改变接通周波数与断开周波数的比值来调节负载所消耗的平均功率。这种电路常用于电路的温度控制，因其直接调节对象是电路的平均输出功率，所以被称为交流调功电路。像电炉温度这样的控制对象，其时间常数往往很大，没有必要对交流电源的每个周期都进行频繁的控制，而只要以周波数为单位进行控制就足够了。通常控制晶闸管导通的时刻都是在电源电压过零的时刻，这样，在交流电源接通期间，负载电压、电流都是正弦波，不会对电网电压和电流造成通常意义上的谐波污染。

设控制周期为 M 倍电源周期，其中晶闸管在前 N 个周期导通，后 $M-N$ 个周期关断。当 $M=3$、$N=2$ 时的电路波形如图 5-13 所示。可以看出，负载电压和负载电流（也即电源电流）的重复周期为 M 倍电源周期。在负载为电阻性时，负载电流波形与负载电压波形相同。以控制周期为基准，对图 5-13 的波形进行傅里叶分析，可以得到图 5-14 的频谱图。图中 I_n 为 n 次谐波电流有效值，I_{om}为晶闸管导通时负载电流的幅值。

从图 5-14 的电流频谱图可以看出，如果以电源周期为基

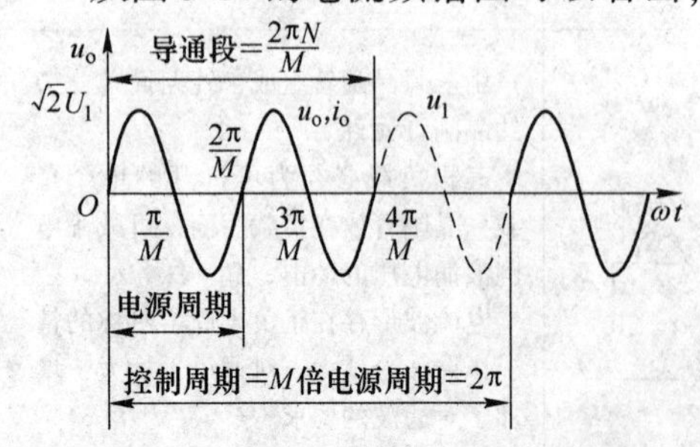

图 5-13　交流调功电路的典型波形
（$M=3$、$N=2$）

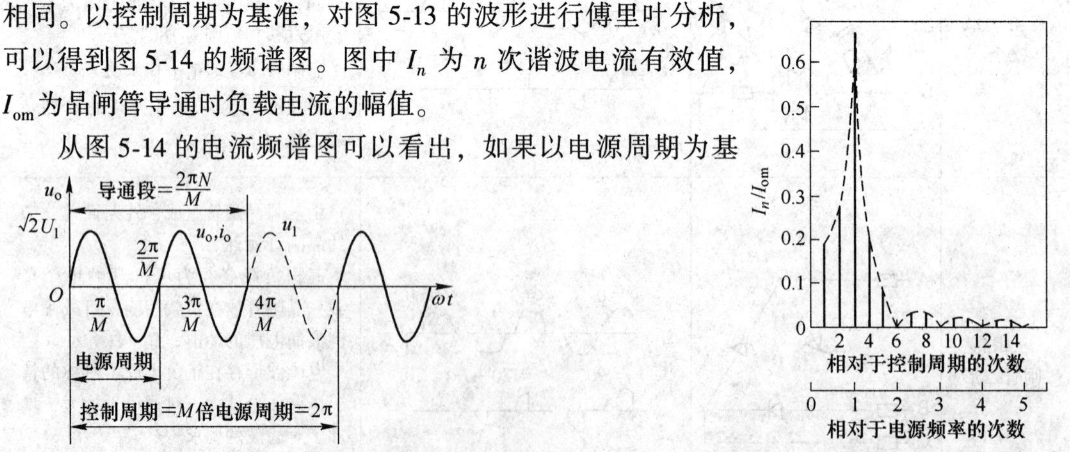

图 5-14　交流调功电路的电流频谱图
（$M=3$、$N=2$）

准，电流中不含整数倍频率的谐波，但含有非整数倍频率的谐波，而且在电源频率附近，非整数倍频率谐波的含量较大。

5.1.3.2 交流电力电子开关

交流无触点开关的主电路与交流调压电路相同，也是将反并联的两只普通晶闸管或单只双向晶闸管串入交流电路，代替电路中的机械开关起接通和关断电路的作用，构成交流电力电子开关，也称交流无触点开关。但交流电力电子开关不像交流调功电路那样控制电路的平均输出功率，它通常没有明确的控制周期，其开通与关断是随机的，只是根据需要控制电路的接通和断开。另外，交流电力电子开关的控制频率通常也要比交流调功电路低很多。

与机械开关相比，这种交流电力电子开关响应速度快，动作频率高，无触点，无开关过程的电弧，使用寿命长，无需维护，已经获得了广泛的应用。但由于其导通时有管压降，关断时有阳极漏电流，因而还不能算是一种理想的开关。另外，交流电力电子开关的开通与关断是随机的，可在任何时刻而并不一定要在电流过零时刻才触发晶闸管，因而需要一定的开通延时时间，在 50Hz 交流电网中，最大开通延时时间约为 10ms；晶闸管不能在触发脉冲消失后立即关断，特别是对于感性负载，要等到电流过零时才能关断，因而需要一定的关断延时时间。

图 5-15a 是一种简单的交流无触点开关。当控制开关 S 闭合时，在交流电源 u_1 的正、负半周分别通过二极管 VD_1、VD_2 和 S 接通晶闸管 VT_1、VT_2 的门极，使晶闸管交替导通。当控制开关 S 断开时，晶闸管因门极开路而不能导通，将交流电源与负载电路断开。

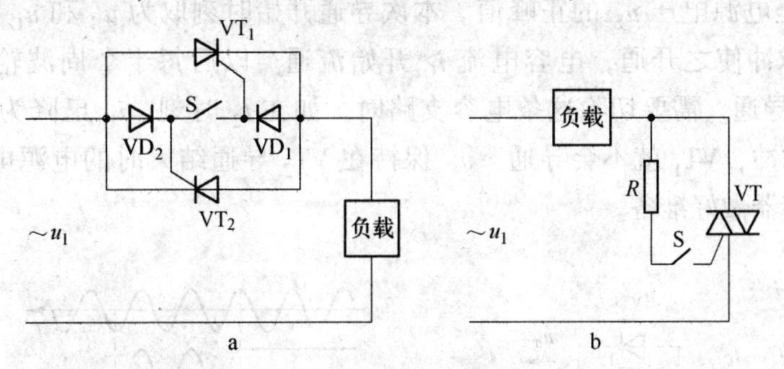

图 5-15 晶闸管交流电力电子开关

采用双向晶闸管作为交流无触点开关的电路如图 5-15b 所示。当控制开关 S 闭合时，在交流电源 u_1 的正半周，双向晶闸管 VT 以 Ⅰ$_+$方式触发导通，在交流电源 u_1 的负半周，双向晶闸管 VT 以Ⅲ$_-$方式触发导通，负载上因而获得交流电能。当控制开关 S 断开时，VT 因门极开路而不能导通，负载上电压为零，相当于交流开关断开。

在公用电网中，交流电力电容器的投入与切断是控制无功功率的重要手段。通过对无功功率的控制，可以提高功率因数，稳定电网电压，改善供电质量。与用机械开关投切电容器的方式相比，晶闸管投切电容器（Thyristor Switched Capacitor，TSC）是一种性能优良的无功补偿方式。

图 5-16 是 TSC 的基本原理图。图中给出的是单相电路图，实际上常用的是三相电路，这时可以是三角形联结，也可以是星形联结。图 5-16a 是基本电路单元，两个反并联的晶

闸管起着把电容 C 并入电网或从电网断开的作用，串联的电感很小，只是用来抑制电容器投入电网时可能出现的冲击电流，在简化电路中常常不画出。在实际工程中，为避免容量较大的电容器组同时投入或切断会对电网造成较大的冲击，一般把电容器分成几组，如图 5-16b 所示。这样，可以根据电网对无功的需求而改变投入电容器的容量，TSC 实际上就成为断续可调的动态无功功率补偿器。电容器的分组可以有各种方法。从动态特性考虑，能组合产生的电容值级数越多越好，可采用二进制方案。而从设计制造简化和经济性考虑，电容器组的容量规格不宜过多，不宜分的过细，二者可折中考虑。

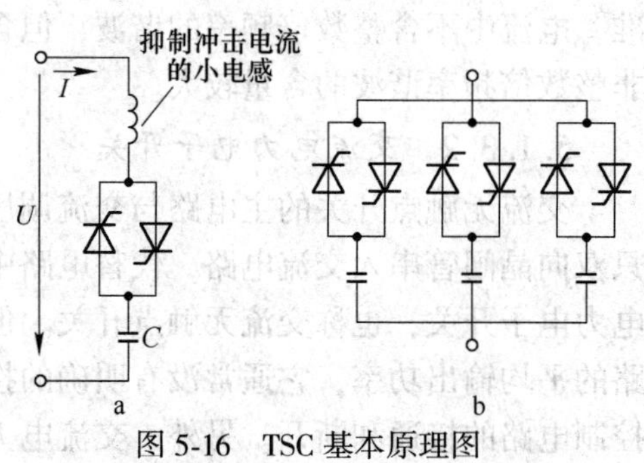

图 5-16　TSC 基本原理图

a—基本单元单相简图；b—分组投切单相简图

TSC 运行时选择晶闸管投入时刻的原则是，该时刻交流电源电压应和电容器预先充电的电压相等。这样，电容器电压不会产生跃变，也就不会产生冲击电流。一般来说，理想情况下，希望电容器预先充电电压为电源电压峰值，这时电源电压的变化率为零，因此在投入时刻 i_C 为零，之后才按正弦规律上升。这样，电容投入过程不但没有冲击电流，电流也没有阶跃变化。图 5-17 给出了 TSC 理想投切时刻的原理说明。

图 5-17 中，在本次导通开始前，电容器的端电压 u_C 已由上次导通时段最后导通的晶闸管 VT_1 充电至电源电压 u_S 的正峰值。本次导通开始时刻取为 u_S 和 u_C 相等的时刻 t_1，给 VT_2 加触发脉冲使之开通，电容电流 i_C 开始流通。以后每半个周波轮流触发 VT_1 和 VT_2，电路继续导通。需要切除这条电容支路时，如在 t_2 时刻，i_C 已降为零，VT_2 关断，这时撤除触发脉冲，VT_1 就不会导通，u_C 保持在 VT_2 导通结束时的电源电压负峰值，为下一次投入电容器做好准备。

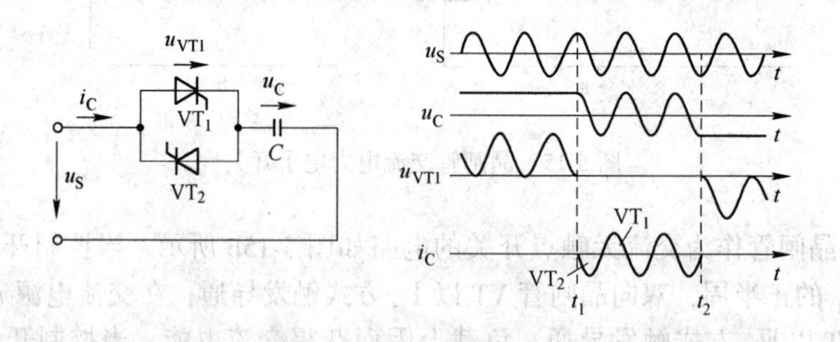

图 5-17　TSC 理想投切时刻原理说明

TSC 电路也可以采用如图 5-18 所示的晶闸管和二极管反并联的方式。由于二极管的作用，在电路不导通时，电容器的端电压 u_C 总会维持在电源电压峰值。这种电路成本稍低，但因为二极管不可控，响应速度要慢一些，投切电容器的最大滞后时间为一个周波。

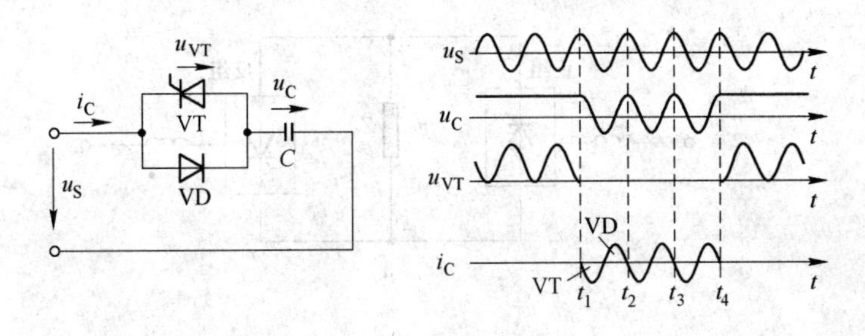

图 5-18　晶闸管和二极管反并联方式的 TSC

5.2　交-交变频电路

交-交变频电路是一种将电网频率的交流电直接交换成可调频率交流电的变流电路，因为没有中间环节，因此属于直接变频电路。本节讲述采用晶闸管的交-交变频电路，也称为周波变流器（Cycloconverter）。与交-直-交间接变频电路相比，交-交变频电路提高了变换效率。又由于整个变频电路直接与电网相连接，各晶闸管元件上承受的是交流电压，提高了换流能力。

交-交变频电路广泛应用于大功率低转速的交流电动机调速传动系统和交流励磁变速恒频发电机的励磁电源等。实际使用的交-交变频器多为三相输入-三相输出电路，但其基础是三相输入-单相输出电路，因此本节首先介绍单相输出交-交变频电路的结构、工作原理、触发控制方法、四象限运行性能和输入输出特性等；然后再介绍三相输出交-交变频电路的结构、输入输出特性及其改善措施等。

5.2.1　三相输入-单相输出交-交变频电路

5.2.1.1　电路构成和基本工作原理

三相输入-单相输出交-交变频电路原理如图 5-19 所示，是由两组反并联的晶闸管变流电路和单相负载组成的，与直流电动机反并联可逆调速系统的结构完全相同。其中图 5-19a在正、反两组变流器的输入侧接有足够大的输入滤波电感，使输入电流近似为矩形波，称为电流型电路；图 5-19b 则为电压型电路，其输出电压可为矩形波，亦可通过控制成为正弦波。图 5-19c 为图 5-19b 电路输出的矩形波电压，用以说明交-交变频电路的工作原理。当正组变流器工作在整流状态时，封锁反组，负载 Z 上的电压 u_o 为上正下负；反之，当反组变流器工作在整流状态而正组封锁时，负载电压 u_o 为下正上负。若以一定的频率控制正、反两组变流器交替工作，则负载上交流电压的频率 f_o 就等于两组变流器的切换频率，而输出电压 u_o 的大小则决定于晶闸管的触发角 α。

由于一组变流器工作时，另一组变流器被封锁，所以在正、反两组变流器之间没有电流流过，这种控制方法称为无环流控制。

交-交变频电路根据输出电压波形的不同可分为方波型和正弦波型两种。方波型交-交变频电路控制简单，正、反两组变流器工作时维持晶闸管的触发角 α 恒定不变，但其输出波形不好，低次谐波大，用于交流电机调速传动时会增大电机的损耗，增大转矩脉动，

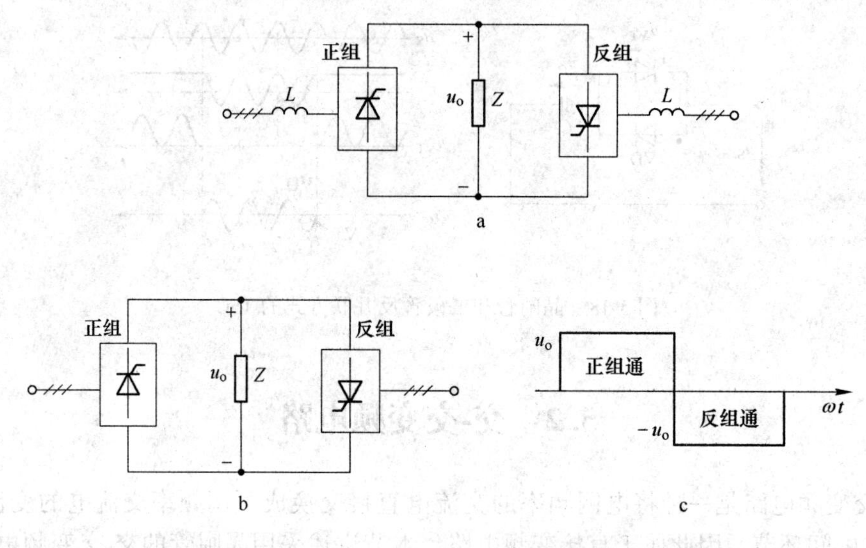

图 5-19 三相输入-单相输出交-交变频电路原理示意图

a—电流源型；b—电压源型；c—输出电压 u_o

降低运行效率，因此很少被采用。以下仅讨论正弦波型交-交变频电路。

5.2.1.2 整流与逆变工作状态

三相输入-单相输出正弦波型交-交变频电路如图 5-20 所示，由两组三相桥式全控变流电路构成。为了使输出电压 u_o 的波形接近正弦波，可以在输出电压的半个周期内对导通组变流器的晶闸管按正弦规律对 α 角进行调制，如从 $\alpha=90°$ 逐渐减小到 $\alpha=0°$，然后再逐渐增大到 $\alpha=90°$，则相应变流器输出电压的平均值就可以按正弦规律从零逐渐增至最高，再逐渐降低到零，形成平均意义上的正弦电压波形，如图 5-22 所示。可以看出，输出电压的瞬时值波形不是平滑的正弦波，而是由若干段电源电压波形拼接而成。在输出电压的一个周期中所包含的电源电压段数越多，其波形就越接近正弦，通常要采用六脉波的三相桥式变流电路或十二脉波变流电路来构成交-交变频器。

在无环流工作方式中，交-交变频电路正、反两组变流器轮流向负载供电。为了分析两组变流器的工作状态，忽略输出电压、电流中的高次谐波，可将图 5-20 电路等效成图 5-21a 所示的理想形式。其中交流电源表示变流器输出的基波正弦电压，二极管体现电流的单向流动特征，负载 Z 为感性负载，负载阻抗的功率因数角为 φ。

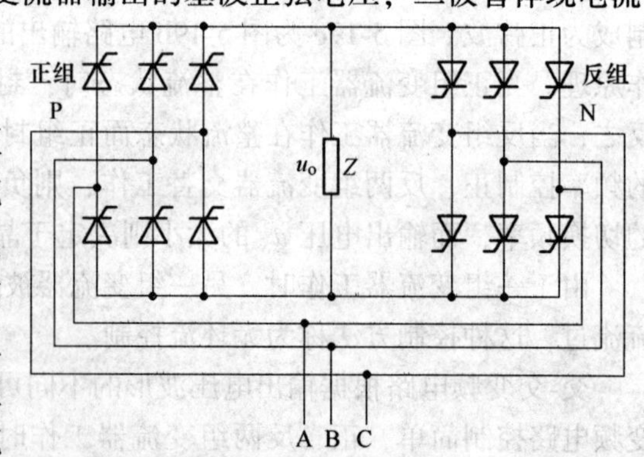

图 5-20 三相输入-单相输出交-交变频电路

图 5-21b 给出了一个周期内负载电压 u_o、负载电流 i_o 的波形，正、反两组变流器的电压 u_P、u_N 和电流 i_P、i_N，以及正、反两组变流器的工作状态。在负载电流的正半周 $t_1\sim t_3$ 区间，正组变流器导通，反组变流器被封锁。其中，在 $t_1\sim t_2$ 区间，正组变流器工作于整流状态，输出电压、电流均为正，故正组变流器向外输出功率；在

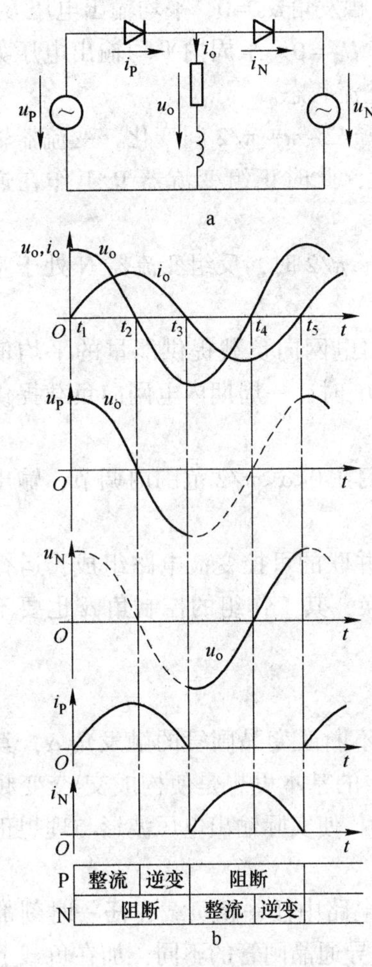

图 5-21　交-交变频电路整流和逆变工作状态

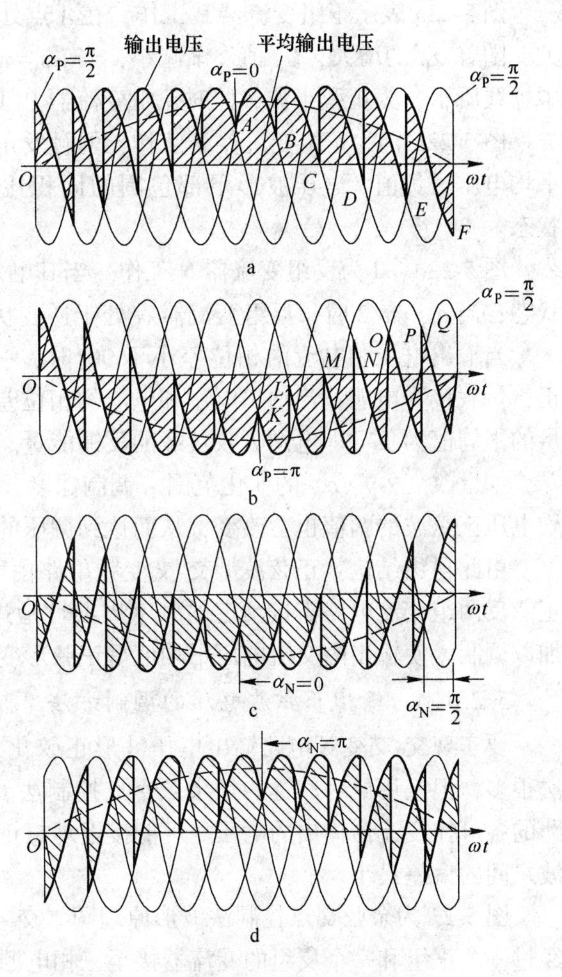

图 5-22　正弦波型交-交变频器输出电压波形
a—正组整流状态；b—正组逆变状态；
c—反组整流状态；d—反组逆变状态

$t_2 \sim t_3$ 区间，仍为正组变流器导通，但其工作于逆变状态，输出电压反向，而负载电流方向不变，因此负载向正组变流器反馈功率。在 $t_3 \sim t_4$ 区间，反组变流器工作于整流状态，负载电流反向，反组变流器导通，正组变流器被封锁，负载电压、电流均为负，故反组变流器向外输出功率。在 $t_4 \sim t_5$ 区间，仍为反组变流器导通，但其工作于逆变状态，输出电压反向，而负载电流方向不变，因此负载向反组变流器反馈功率。

从以上分析可知，在阻感性负载的情况下，在一个输出电压周期内，交-交变频电路有 4 种工作状态。正、反组变流电路的导通与否由输出电流的方向决定，与输出电压极性无关；每组变流器的工作状态（整流或逆变）则是由输出电压的方向与输出电流的方向是否相同来确定的。

5.2.1.3　输出电压波形

正弦型交-交变频电路实际输出电压波形如图 5-22 所示，图 5-22a ~ d 分别表示了正、反两组变流电路的不同工作状态。

图 5-22a 表示正组变流器 P 工作，在 A 点处晶闸管触发角 $\alpha_P=0$，平均输出电压 U_d 最大。随着 α_P 的增大，U_d 值逐渐减小，当 $\alpha_P=\pi/2$ 时，$U_d=0$。半周内平均输出电压如图中虚线所示，为正弦半波，此时正组变流器 P 工作在整流状态。

图 5-22b 仍为正组变流器 P 工作，但触发角 α_P 在 $\pi/2\sim\pi\sim\pi/2$ 间变化，变流器输出平均电压为负值。电压波形下部包围的面积比上部大，此时正组变流器 P 工作在逆变状态。

图 5-22c、d 为反组变流器 N 工作。当其触发角 $\alpha_N<\pi/2$ 时，反组变流器 N 处于整流状态；当 $\alpha_N>\pi/2$ 时，反组变流器 N 处于逆变状态。

当输出电压和电流的相位差小于 90°时，一周期内电网向负载提供能量的平均值为正，负载接受电能；当输出电压和电流的相位差大于 90°时，一周期内电网向负载提供能量的平均值为负，即电网吸收负载的反馈能量。

如果改变 α_P、α_N 的变化范围（调制深度），使它们在 $0<\alpha<\pi/2$ 范围内调节，输出平均电压正弦波的幅值也会改变，从而达到调压的目的。

由此得出结论：正弦波型交-交变频电路由两组反并联的可控变流电路组成，运行中正、反两组变流电路需按预定的频率周期性地进行切换，其工作组的控制角 α 也要不断加以调制，使输出的交流电压平均值呈正弦形变化。

5.2.1.4　输出正弦波电压的调制方法

要实现交-交变频电路输出电压波形正弦化，必须不断改变晶闸管的触发角 α，其方法很多，但应用最为广泛的是余弦交点控制法。该方法的基本思想是使构成交-交变频电路的各可控变流器输出的电压尽可能接近理想正弦波形，使实际输出电压波形与理想正弦波之间的偏差最小。

图 5-23 为余弦交点控制法波形原理图。交-交变频电路中任一相负载在任一时刻都要经过一个正组和一个反组的变流器接至三相电源，根据导通晶闸管的不同，加在负载上的瞬时电压可能是 u_{ab}、u_{ac}、u_{bc}、u_{ba}、u_{ca}、u_{cb} 六种线电压，它们在相位上互差 60°，如果

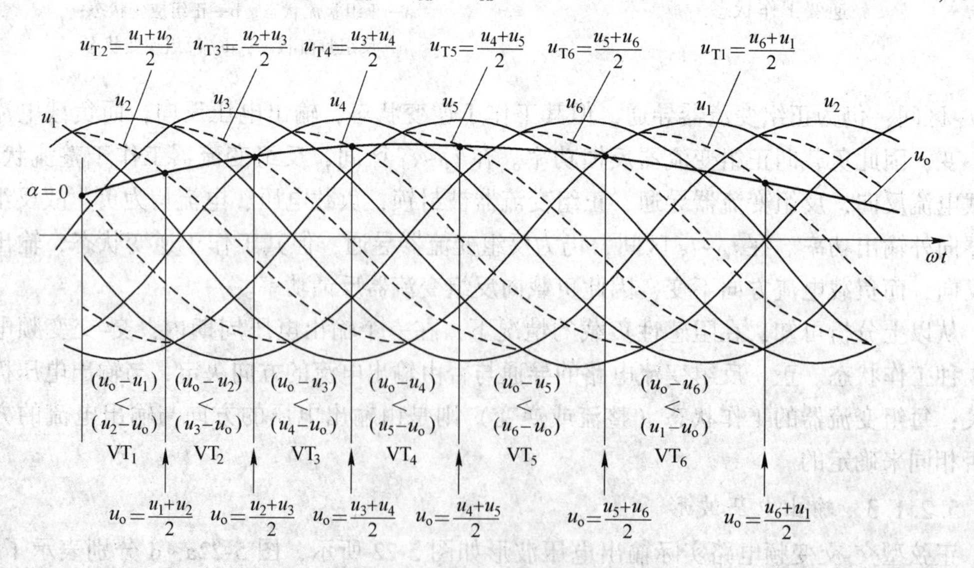

图 5-23　余弦交点控制法波形原理图

用 $u_1 \sim u_6$ 来表示，则有

$$u_1 = \sqrt{2}U\sin\omega t$$

$$u_2 = \sqrt{2}U\sin(\omega t - \pi/3)$$

$$u_3 = \sqrt{2}U\sin(\omega t - 2\pi/3)$$

$$u_4 = \sqrt{2}U\sin(\omega t - \pi)$$

$$u_5 = \sqrt{2}U\sin(\omega t - 4\pi/3)$$

$$u_6 = \sqrt{2}U\sin(\omega t - 5\pi/3)$$

设 $u_o = \sqrt{2}U_o\sin\omega_o t = U_{om}\sin\omega_o t$ 为期望输出的理想正弦电压波形。为使输出实际正弦电压波形的偏差尽可能小，应随时将第一只晶闸管导通时的电压偏差 $u_o - u_1$ 与预定下一只晶闸管导通时的偏差 $u_2 - u_o$ 相比较，如 $u_o - u_1 < u_2 - u_o$，则第一只晶闸管继续导通；如 $u_o - u_1 > u_2 - u_o$，则应及时切换至下一只晶闸管导通。因此 u_1 换相至 u_2 的条件为

$$u_o - u_1 = u_2 - u_o$$

即

$$u_o = \frac{u_1 + u_2}{2} \tag{5-15}$$

同理，由 u_i 换相到 u_{i+1} 的条件应为

$$u_o = \frac{u_i + u_{i+1}}{2} \tag{5-16}$$

当 u_i 和 u_{i+1} 都为正弦波时，$(u_i + u_{i+1})/2$ 也应为正弦波，用 $u_{T(i+1)}$ 表示，如图 5-23 各虚线所示。这些正弦波的峰值正好处于 u_{i+1} 波上相当于触发角 $\alpha = 0°$ 的位置，故此波即为 u_{i+1} 波触发角 α 的余弦函数，常称为 u_{i+1} 的同步波。由于换相点应满足 $u_o = u_{T(i+1)} = (u_i + u_{i+1})/2$ 的条件，故应在 u_o 和 u_T 的交点上发出脉冲触发相应的晶闸管元件，从而使交-交变频电路输出接近于正弦波的瞬时电压波形，如图 5-24 中 u_o 粗实线波形所示。相应阻感性负载下的输出电流波形 i_o 则相当接近于正弦波形。

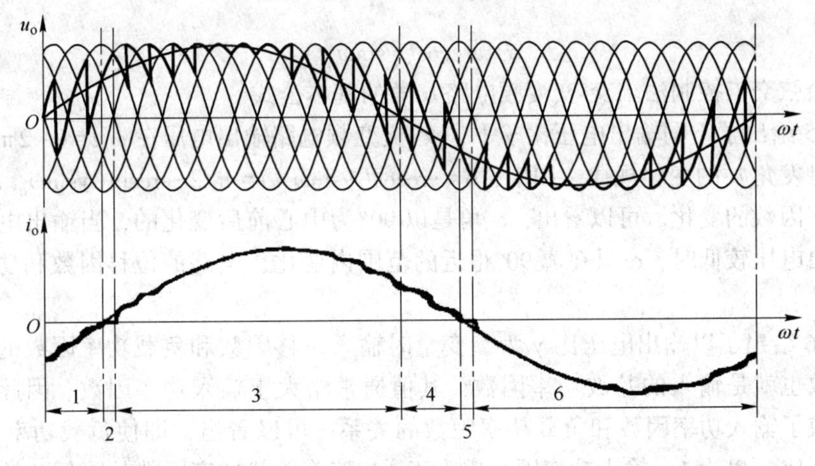

图 5-24 三相输入-单相输出正弦型交-交变频电路输出电压和电流波形

5.2.1.5 输入、输出特性

A 输出上限频率

交-交变频电路的输出电压是由多段电源电压拼接而成的。输出电压一个周期内拼接的电源电压段数越多，输出电压波形就越接近正弦。当输出频率增高时，输出电压一周内所包含的电源电压段数减小，波形将严重偏离正弦。电压波形畸变及由此产生的电流波形畸变和由此带来的交流电机转矩脉动是限制输出频率提高的主要因素。就输出波形畸变和输出上限频率的关系而言，很难确定一个明确的界限。由于每段电源电压的平均持续时间决定于变流电路的脉波数，构成交-交变频电路的两组变流电路的脉波数越多，输出上限频率就越高。就常用的6脉波三相桥式变流电路而言，一般认为，输出上限频率不能高于电网频率的1/3~1/2，电网频率为50Hz时，交-交变频电路的输出上限频率约为20Hz。

B 输入功率因数

由于交-交变频电路采用移相触发控制方式，其输入电流的相位总是滞后于输入电压，晶闸管换流时需要从电网吸收感性无功功率，致使不论负载功率因数是领先还是滞后，输入功率因数总是滞后的。

在正弦波交-交变频电路余弦交点法移相触发控制中，期望输出的理想正弦电压为

$$u_o=\sqrt{2}U_o\sin\omega_o t=U_{om}\sin\omega_o t \tag{5-17}$$

每次触发时在触发角 α 下输出的电压为

$$u_o=U_{d0}\cos\alpha \tag{5-18}$$

U_{d0}为 $\alpha=0°$时的整流电压。比较式5-17和式5-18，有

$$\cos\alpha=\frac{U_{om}}{U_{d0}}\sin\omega_o t=\gamma\sin\omega_o t \tag{5-19}$$

式中，$\gamma=U_{om}/U_{d0}$，称为输出电压比（$0\leqslant\gamma\leqslant1$），它是一个影响输入功率因数的重要因素。

因此

$$\alpha=\arccos(\gamma\sin\omega_o t) \tag{5-20}$$

这就是用余弦交点控制法求交-交变频电路 α 角的基本公式。

图5-25给出了不同输出电压比 γ 下，交-交变频电路输出电压在 $\omega_o t=0\sim2\pi$ 的一个周期内移相触发角 α 的变化规律。图中，$\alpha=\arccos(\gamma\sin\omega_o t)=\pi/2-\arcsin(\gamma\sin\omega_o t)$。它反映了输入功率因数的变化。可以看出，$\alpha$ 角是以90°为中心前后变化的，当输出电压比 γ 很小，即输出电压较低时，α 只在离90°很近的范围内变化，电路的位移因数和功率因数非常低。

图5-26给出了以输出电压比 γ 为参变量时输入位移因数和负载功率因数的关系。输入位移因数也就是输入的基波功率因数，其值通常略大于输入功率因数。因此，图5-26也大体反映了输入功率因数和负载功率因数的关系。可以看出，即使负载功率因数为1，且输出电压比 γ 也为1，输入功率因数仍小于1，随着负载功率因数的降低和输出电压比 γ 的减小，输入功率因数将会更低。

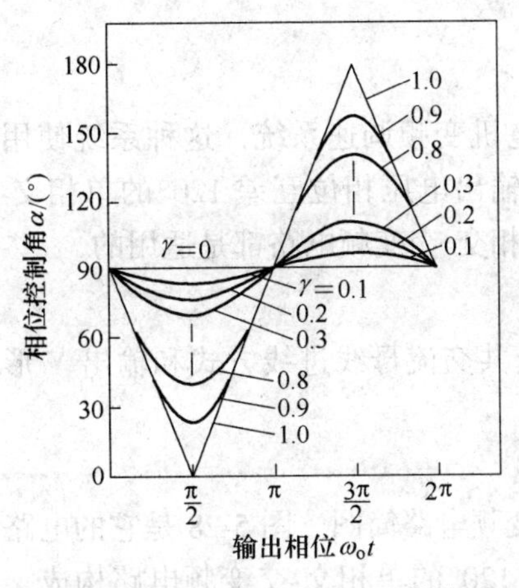

图 5-25　不同 γ 时 α 和 $\omega_o t$ 的关系

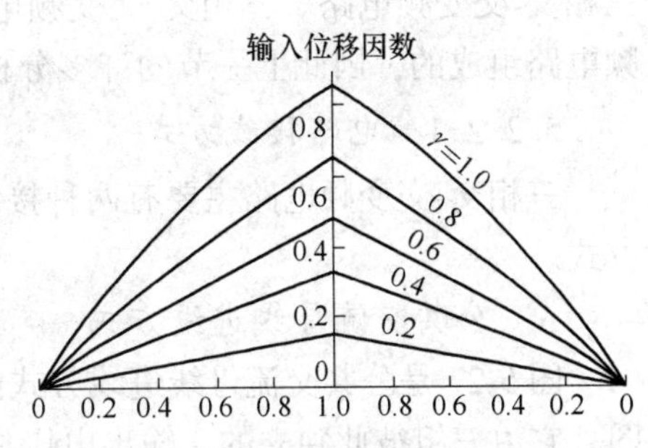

图 5-26　单相交-交变频电路的功率因数

C　输出电压谐波

交-交变频电路输出电压的谐波成分非常复杂，和输入频率 f_i、输出频率 f_o、电路脉波数均有关。采用三相桥式变流器的单相交-交变频电路输出电压中主要谐波频率为

$$6f_i \pm f_o，6f_i \pm 3f_o，6f_i \pm 5f_o，\cdots$$

$$12f_i \pm f_o，12f_i \pm 3f_o，12f_i \pm 5f_o，\cdots$$

包含有 3 次谐波，它们在构成三相输出时会被抵消。另外，若采用无环流控制方式时，由于电流方向改变时正、反组切换死区的影响，还会使输出电压中出现 $5f_o$、$7f_o$ 等次谐波。

D　输入电流谐波

由于交-交变频电路输入电流波形及幅值均按正弦规律被调制，与可控变流电路相比，其输入电流频谱要复杂得多，但各次谐波的幅值要比可控变流电路的谐波幅值小。采用三相桥式变流器的单相交-交变频电路的输入电流频率为

$$f_{in} = |(6k \pm 1)f_i \pm 2lf_o| \tag{5-21}$$

和

$$f_{in} = f_i \pm 2kf_o \tag{5-22}$$

式中，$k=1，2，3，\cdots$；$l=0，1，2，\cdots$。

前面的分析都是基于无环流控制方式进行的。在无环流控制方式下，由于负载电流反向时为保证无环流而必须留有一定的死区时间，就使得输出电压的波形畸变增大；另外，在负载电流断续时，输出电压被负载电动机的反电动势抬高，也会造成输出波形畸变；电流死区和电流断续的影响也限制了输出频率的提高。和直流可逆调速系统一样，交-交变频电路也可采用有环流控制方式。采用有环流控制方式可以避免电流断续、并消除电流死区、改善输出波形，还可提高交-交变频电路的输出上限频率，同时控制也比无环流控制方式简单。但这时正、反两组变流器之间须设置限环流电抗器，因此会使设备成本增加，运行效率也因换流而有所降低。因此，目前应用较多的还是无环流控制方式。

5.2.2 三相输入-三相输出交-交变频电路

交-交变频电路主要应用于低速、大功率交流电机变频调速系统，这种系统使用的是三相交-交变频电路。三相交-交变频电路是由三组输出电压相位互差120°的单相交-交变频电路组成的，因此上一节的许多分析和结论对三相交-交变频电路都是适用的。

5.2.2.1 电路接线方式

三相交-交变频电路主要有两种接线方式，即公共交流母线进线方式和输出Y形联结方式。

A 公共交流母线进线方式

图5-27是公共交流母线进线方式的三相交-交变频电路简图。图5-28是它的电路原理图。它由三组彼此独立的、输出电压相位相互错开120°的单相交-交变频电路构成。单相交-交变频电路的电源进线通过交流进线电抗器接在公共的交流母线上。因为电源进线端公用，所以三组单相交-交变频电路的输出端必须隔离，以防止形成环流。为此，交流电动机的三个绕组必须拆开，共引出六根线。这种电路主要用于中等容量的交流调速系统。

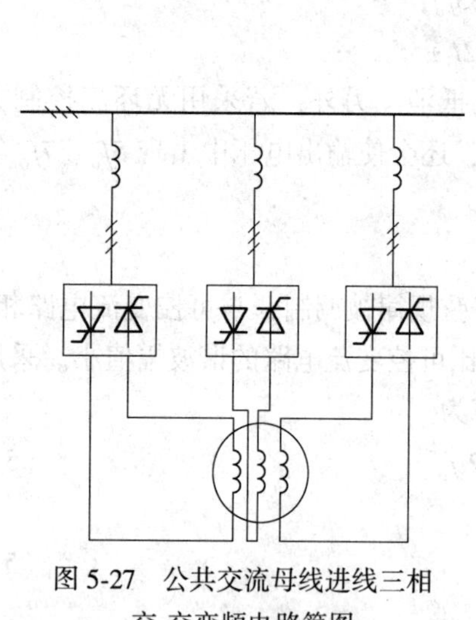

图5-27 公共交流母线进线三相交-交变频电路简图

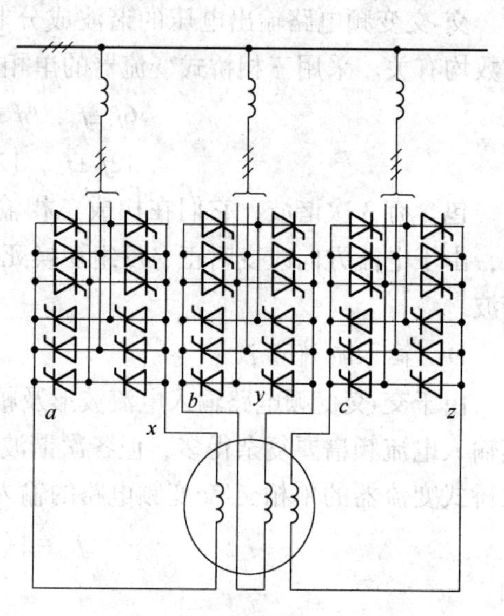

图5-28 公共交流母线进线三相交-交变频电路原理图

B 输出Y形联结方式

图5-29是输出星形联结方式的三相交-交变频电路简图。图5-30是它的电路原理图。三组单相交-交变频电路的输出端是Y形联结，交流电动机的三个绕组也是Y形联结，交流电动机的中性点不和变频器的中性点接在一起，电动机只引出三根线即可。因为三组单相交-交变频电路的输出连接在一起，其电源进线就必须隔离，因此三组单相交-交变频器分别由三台变压器供电。这种接法可用于较大容量的交流变频调速系统。输出Y形联结方式的三相交-交变频电路对晶闸管的触发脉冲提出了更高的要求，下面通过图5-30简单说明。

在通常的三相桥式变流电路中，同一组桥内的两只晶闸管仅靠双窄脉冲即可保证同时导通，构成电流通路。由于输出Y形联结方式的三相交-交变频电路输出端中点不和负载中点相联结，所以在六组桥式电路中，至少要有不同输出相的两组桥同时导通，才能形成相间电流，这就要求不同输出相的两组桥中四只晶闸管同时导通才能构成电流通路。因为当一组桥路的触发脉冲有效时，另一组桥路的触发脉冲可能处于无效状态，因此要求所有的晶闸管触发电路都必须有足够的脉冲宽度，才能保证不同输出相的两组桥中四只晶闸管同时导通。

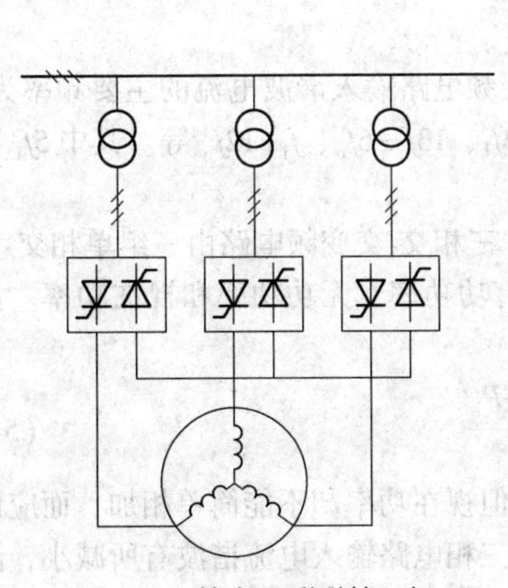

图 5-29 输出Y形联结三相交-交变频电路简图

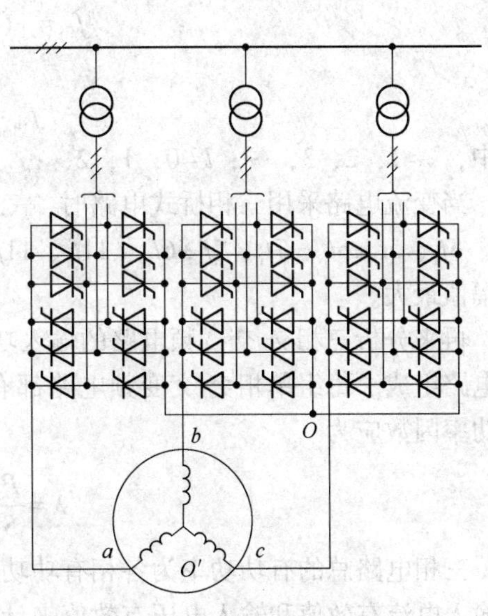

图 5-30 输出Y形联结三相交-交变频电路原理图

5.2.2.2 输入输出特性

从电路结构和工作原理可以看出，三相交-交变频电路和单相交-交变频电路的输出上限频率和输出电压谐波是一致的，但输入电流和输入功率因数则有一些差别。

首先分析三相交-交变频电路的输入电流。图 5-31 是在输出电压比 $\gamma=0.5$，负载功率

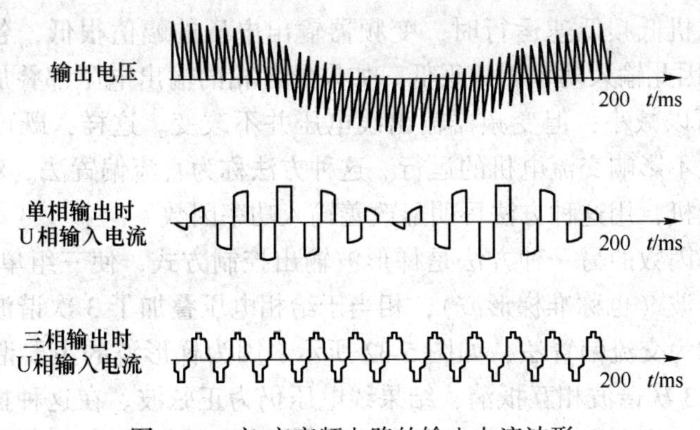

图 5-31 交-交变频电路的输入电流波形

因数 $\cos\varphi=0.5$ 的情况下，交-交变频电路输出电压、单相输出时的输入电流和三相输出时的输入电流的波形。对于单相输出时的情况，因为输出电流是正弦波，其正、负半波电流极性相反，但反映到输入电流却是相同的。因此，输入电流只反映输出电流半个周期的脉动，而不反映其极性。所以如式 5-21、式 5-22 所示，输入电流中含有与 2 倍输出频率有关的谐波分量。对于三相输出时的情况，总的输入电流是由三个单相交-交变频电路的同一相（图 5-31 中为 U 相）输入电流合成而得到的，有些谐波会因相位关系相互削弱或抵消，谐波种类有所减少，总的谐波幅值也有所降低。其谐波频率为

$$f_{\mathrm{in}}=\left|(6k\pm1)f_{\mathrm{i}}\pm6lf_{\mathrm{o}}\right| \tag{5-23}$$

和

$$f_{\mathrm{in}}=\left|f_{\mathrm{i}}\pm6kf_{\mathrm{o}}\right| \tag{5-24}$$

式中，$k=1, 2, 3, \cdots$；$l=0, 1, 2, \cdots$。

当变流电路采用三相桥式电路时，三相交-交变频电路输入谐波电流的主要频率为 $f_{\mathrm{i}}\pm6f_{\mathrm{o}}$、$5f_{\mathrm{i}}$、$5f_{\mathrm{i}}\pm6f_{\mathrm{o}}$、$7f_{\mathrm{i}}$、$7f_{\mathrm{i}}\pm6f_{\mathrm{o}}$、$11f_{\mathrm{i}}$、$11f_{\mathrm{i}}\pm6f_{\mathrm{o}}$、$13f_{\mathrm{i}}$、$13f_{\mathrm{i}}\pm6f_{\mathrm{o}}$、$f_{\mathrm{i}}\pm12f_{\mathrm{o}}$ 等。其中 $5f_{\mathrm{i}}$ 次谐波幅值最大。

再来分析三相交-交变频电路的输入功率因数。三相交-交变频电路由三组单相交-交变频电路组成。每组单相交-交变频电路都有自己的有功功率、无功功率和视在功率。总输入功率因数应为

$$\lambda=\frac{P}{S}=\frac{P_{\mathrm{a}}+P_{\mathrm{b}}+P_{\mathrm{c}}}{S} \tag{5-25}$$

三相电路总的有功功率为各相有功功率之和，但视在功率却不能简单相加，而应该由总输入电流有效值和输入电压有效值来计算。由于三相电路输入电流谐波有所减小，因此三相电路总的视在功率比三个单相视在功率之和要小。因此，三相交-交变频电路总输入功率因数要高于单相交-交变频电路。当然，这只是相对于单相电路而言，功率因数低仍是三相交-交变频电路的一个主要缺点。

5.2.2.3 改善输入功率因数和提高输出电压的措施

在图 5-30 所示的输出 Y 形联结的三相交-交变频电路中，各桥路输出的是相电压，而加在负载上的是线电压。如果在各相电压中叠加同样的直流分量或 3 倍于输出频率的谐波分量，它们都不会在线电压中反映出来，因而也加不到负载上。利用这一特性可以使输入功率因数得到改善，并提高输出电压。

当负载交流电机低频低速运行时，变频器输出电压的幅值很低，各组桥式电路的 α 角都在 90°附近，因此输入功率因数很低。如果给各相的输出电压都叠加上同样的直流分量，控制角 α 就可以减小，但变频器输出线电压并不改变。这样，既可以改善变频器的输入功率因数，又不影响交流电机的运行。这种方法称为直流偏置法。对于长期在低频低速下运行的交流电机，用这种方法可明显改善输入功率因数。

改善输入功率因数的另一种方法是梯形波输出控制方式，使三组单相交-交变频器的输出电压均为梯形波（也称准梯形波），相当于给相电压叠加了 3 次谐波。相对于直流偏置，这种方法也称为交流偏置法，如图 5-32 所示。因为梯形波的主要谐波成分是 3 次谐波，在线电压中，3 次谐波相互抵消，结果线电压仍为正弦波。在这种控制方式中，因为桥式电路较长时间工作在高输出电压区域（即梯形波的平顶区），α 角较小，因此输入功

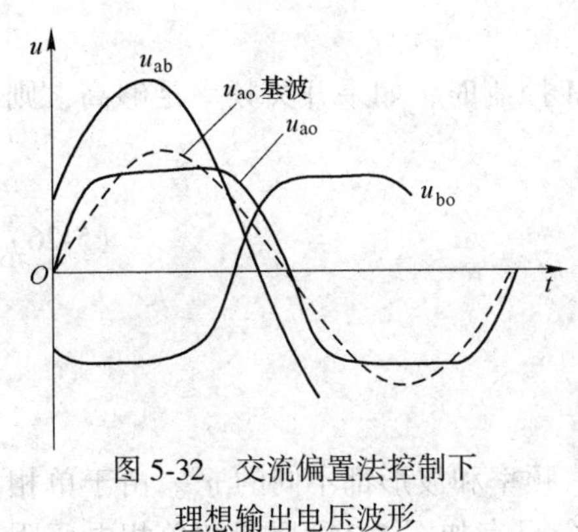

图 5-32　交流偏置法控制下理想输出电压波形

率因数可提高 15%左右。

在图 5-24 的正弦波输出控制方式中，最大输出正弦波相电压的幅值为三相桥式电路 $\alpha=0°$时的直流输出电压值 U_{d0}。这样的输出电压值有时难以满足负载的要求。和正弦波相比，在同样幅值的情况下，如图 5-32 所示，梯形波中的基波幅值可提高 15%左右。这样，采用梯形波输出控制方式就可以使变频器的输出电压提高约 15%。

本节介绍的交-交变频电路是把一种频率的交流直接变成可变频率的交流，是一种直接变频电路。与交-直-交变频电路比较，交-交变频电路的优点是：只用一次变流，效率较高；可方便地实现四象限工作；低频输出波形接近正弦波。缺点是：接线复杂，功率元件数量多，如采用三相桥式电路的三相交-交变频电路至少要用 36 只晶闸管；受电网频率和变流电路脉波数的限制，输出频率较低，为电网频率的 1/3~1/2；输入功率因数较低；输入电流谐波含量大，频谱复杂。

由于以上优缺点，交-交变频电路主要用于 500kW 或 1000kW 以上的大功率、低转速的交流调速电路中。它既可用于异步电动机传动，也可用于同步电动机传动，目前已在轧机主传动装置、鼓风机、矿石破碎机、球磨机、卷扬机等设备上获得了较多的应用。

5.3　矩阵式交-交变频电路

上节介绍的是采用相位控制方式的交-交变频电路。近年来出现了一种新颖的矩阵式变频电路。这种电路也是一种直接变频电路，电路所用的开关器件是全控型的，控制方式不是相控方式而是斩控方式。

图 5-33a 是矩阵式变频电路的主电路拓扑。三相输入电压为 u_a、u_b 和 u_c，三相输出电压为 u_u、u_v 和 u_w。9 个开关器件组成 3×3 矩阵，因此该电路被称为矩阵式变频电路（Matrix Converter，MC），也称为矩阵变换器。图中每个开关都是矩阵中的一个元素，采用双向可控开关。图 5-33b 给出了应用较多的一种开关单元。

矩阵式变频电路的优点是输出电压为正弦波，输出频率不受电网频率的限制；输入电流也可控制为正弦波且和电压同相，功率因数为 1，也可控制为需要的功率因数；能量可双向流动，适用于交流电机的四象限运行；不通过中间直流环节而直接实现变频，效率较高。因此，这种电路的电气性能是十分理想的。对它的研究、学习具有深远的学术意义和潜在应用价值。下面来分析矩阵式变频电路的基本

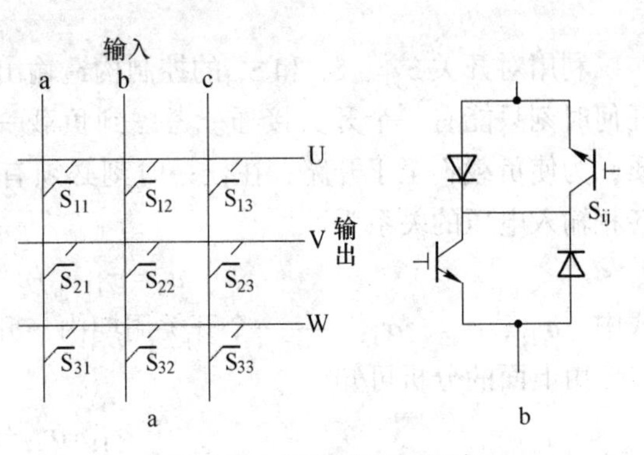

图 5-33　矩阵式变频电路

工作原理。

对单相交流电压 u_s 进行斩波控制，即进行 PWM 控制时，如果开关频率足够高，则其输出电压 u_o 为

$$u_o=\frac{t_{on}}{T_c}u_s=\sigma u_s \tag{5-26}$$

式中　T_c——开关周期；

t_{on}——一个开关周期内开关导通的时间；

σ——占空比。

在不同的开关周期中采用不同的 σ，可得到与 u_s 频率和波形都不同的 u_o。由于单相交流电压 u_s 的波形为正弦波，可利用的输入电压部分只有如图 5-34a 所示的单相电压阴影部分，因此输出电压 u_o 将受到很大的局限，无法得到所需的输出波形。如果把输入交流电源改为三相，例如用图 5-33a 中第一行的 3 个开关 S_{11}、S_{12} 和 S_{13} 共同作用来构造 u 相输出电压 u_u，就可利用图 5-34b 的三相相电压包络线中所有的阴影部分。从图中可以看出，理论上所构造的 u_u 的频率可不受限制，但如 u_u 必须为正弦波，则其最大幅值仅为输入相电压 u_a 幅值的 0.5 倍。如果利用输入线电压来构造输出线电压，例如用图 5-33a 中第一行和第二行的 6 个开关共同作用来构造输出线电压 u_{uv}，就可以利用图 5-34c 中 6 个线电压包络线中所有的阴影部分。这样，当 u_{uv} 必须为正弦波时，其最大幅值就可达到输入线电压幅值的 0.866 倍。这也是正弦波输出条件下矩阵式变频电路理论上最大的输出/输入电压比。下面为了叙述方便，仍以相电压输出方式为例进行分析。

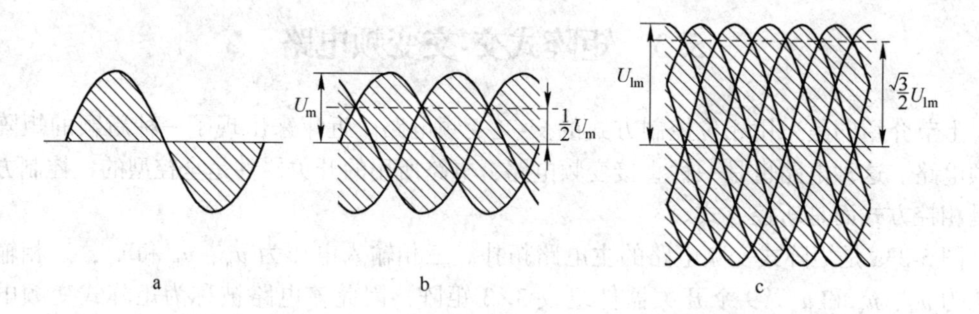

图 5-34　构造输出相电压时可利用的输入电压部分

a—单相输入；b—三相输入相电压构造输出相电压；c—三相输入线电压构造输出线电压

利用对开关 S_{11}、S_{12} 和 S_{13} 的控制构造输出相电压 u_u 时，为了防止输入电源短路，在任何时刻只能有一个开关接通。考虑到负载一般是阻感性负载，负载电流具有电流源性质，为使负载不至于开路，在任一时刻必须有一个开关接通。因此，u 相输出电压 u_u 和各相输入电压的关系为

$$u_u=\sigma_{11}u_a+\sigma_{12}u_b+\sigma_{13}u_c \tag{5-27}$$

式中　σ_{11}，σ_{12}，σ_{13}——一个开关周期内，开关 S_{11}、S_{12} 和 S_{13} 的导通占空比。

由上面的分析可知

$$\sigma_{11}+\sigma_{12}+\sigma_{13}=1 \tag{5-28}$$

用同样的方法控制图 5-33a 矩阵第二行和第三行的各开关，可以得到类似于式 5-27 的

表达式。把这些公式合成并写成矩阵的形式，即

$$\begin{bmatrix} u_u \\ u_v \\ u_w \end{bmatrix} = \begin{bmatrix} \sigma_{11} & \sigma_{12} & \sigma_{13} \\ \sigma_{21} & \sigma_{22} & \sigma_{23} \\ \sigma_{31} & \sigma_{32} & \sigma_{33} \end{bmatrix} \begin{bmatrix} u_a \\ u_b \\ u_c \end{bmatrix} \tag{5-29}$$

可缩写为

$$\boldsymbol{u}_o = \boldsymbol{\sigma} \boldsymbol{u}_i \tag{5-30}$$

式中

$$\boldsymbol{u}_o = [u_u \quad u_v \quad u_w]^T$$

$$\boldsymbol{u}_i = [u_a \quad u_b \quad u_c]^T$$

$$\boldsymbol{\sigma} = \begin{bmatrix} \sigma_{11} & \sigma_{12} & \sigma_{13} \\ \sigma_{21} & \sigma_{22} & \sigma_{23} \\ \sigma_{31} & \sigma_{32} & \sigma_{33} \end{bmatrix}$$

$\boldsymbol{\sigma}$ 称为调制矩阵，它是时间的函数，每个元素在每个开关周期中都是不同的。

前已述及，阻感性负载的负载电流具有电流源的性质，负载电流的大小是由负载的需要决定的。在矩阵式变频电路中，9 个开关的通断情况决定后，即 $\boldsymbol{\sigma}$ 矩阵中各元素确定后，输入电流 i_a、i_b、i_c 和输出电流 i_u、i_v、i_w 的关系也就确定了。实际上，各相输入电流都分别是各相输出电流按照相应的占空比相加而成的，即

$$\begin{bmatrix} i_a \\ i_b \\ i_c \end{bmatrix} = \begin{bmatrix} \sigma_{11} & \sigma_{21} & \sigma_{31} \\ \sigma_{12} & \sigma_{22} & \sigma_{32} \\ \sigma_{13} & \sigma_{23} & \sigma_{33} \end{bmatrix} \begin{bmatrix} i_u \\ i_v \\ i_w \end{bmatrix} \tag{5-31}$$

写成缩写形式即为

$$\boldsymbol{i}_i = \boldsymbol{\sigma}^T \boldsymbol{i}_o \tag{5-32}$$

式中

$$\boldsymbol{i}_i = [i_a \quad i_b \quad i_c]^T$$

$$\boldsymbol{i}_o = [i_u \quad i_v \quad i_w]^T$$

式 5-29 和式 5-31 即是矩阵式变频电路的基本输入输出关系式。

对一个实际系统来说，输入电压和所需要的输出电流是已知的。设其分别为

$$\begin{bmatrix} u_a \\ u_b \\ u_c \end{bmatrix} = \begin{bmatrix} U_{im}\cos\omega_i t \\ U_{im}\cos\left(\omega_i t - \dfrac{2\pi}{3}\right) \\ U_{im}\left(\omega_i t - \dfrac{4\pi}{3}\right) \end{bmatrix} \tag{5-33}$$

$$\begin{bmatrix} i_u \\ i_v \\ i_w \end{bmatrix} = \begin{bmatrix} I_{om}\cos(\omega_o t - \varphi_o) \\ I_{om}\cos\left(\omega_o t - \dfrac{2\pi}{3} - \varphi_o\right) \\ I_{om}\left(\omega_o t - \dfrac{4\pi}{3} - \varphi_o\right) \end{bmatrix} \tag{5-34}$$

式中　U_{im}，I_{om}——输入电压和输出电流的幅值；

ω_i，ω_o——输入电压和输出电流的角频率；

φ_o——相应于输出频率的负载阻抗角。

变频电路希望的输出电压和输入电流分别为

$$\begin{bmatrix} u_u \\ u_v \\ u_w \end{bmatrix} = \begin{bmatrix} U_{om}\cos\omega_o t \\ U_{om}\cos\left(\omega_o t - \dfrac{2\pi}{3}\right) \\ U_{om}\left(\omega_o t - \dfrac{4\pi}{3}\right) \end{bmatrix} \tag{5-35}$$

$$\begin{bmatrix} i_a \\ i_b \\ i_c \end{bmatrix} = \begin{bmatrix} I_{im}\cos(\omega_i t - \varphi_i) \\ I_{im}\cos\left(\omega_i t - \dfrac{2\pi}{3} - \varphi_i\right) \\ I_{im}\left(\omega_i t - \dfrac{4\pi}{3} - \varphi_i\right) \end{bmatrix} \tag{5-36}$$

式中　U_{om}，I_{im}——输出电压和输入电流的幅值；

φ_i——输入电流滞后于电压的相位角。

当期望的输入功率因数为 1 时，$\varphi_i = 0$。把式 5-33 ~ 式 5-36 代入式 5-29 和式 5-31，可得

$$\begin{bmatrix} U_{om}\cos\omega_o t \\ U_{om}\cos\left(\omega_o t - \dfrac{2\pi}{3}\right) \\ U_{om}\left(\omega_o t - \dfrac{4\pi}{3}\right) \end{bmatrix} = \boldsymbol{\sigma} \begin{bmatrix} U_{im}\cos\omega_i t \\ U_{im}\cos\left(\omega_i t - \dfrac{2\pi}{3}\right) \\ U_{im}\left(\omega_i t - \dfrac{4\pi}{3}\right) \end{bmatrix} \tag{5-37}$$

$$\begin{bmatrix} I_{im}\cos\omega_i t \\ I_{im}\cos\left(\omega_i t - \dfrac{2\pi}{3}\right) \\ I_{im}\left(\omega_i t - \dfrac{4\pi}{3}\right) \end{bmatrix} = \boldsymbol{\sigma}^{T} \begin{bmatrix} I_{om}\cos(\omega_o t - \varphi_o) \\ I_{om}\cos\left(\omega_o t - \dfrac{2\pi}{3} - \varphi_o\right) \\ I_{om}\left(\omega_o t - \dfrac{4\pi}{3} - \varphi_o\right) \end{bmatrix} \tag{5-38}$$

如能求得满足式 5-37 和式 5-38 的调制矩阵 $\boldsymbol{\sigma}$，就可得到式中所希望的输出电压和输入电流。可以满足上述方程的解有许多，直接求解是很困难的。

从上面的分析可以看出，要使矩阵式变频电路能够很好地工作，有两个基本问题必须解决。首先要解决的问题是如何求取理想的调制矩阵 $\boldsymbol{\sigma}$，其次就是在开关切换时如何实现既无交叠又无死区。目前这两个问题都已有了较好的解决办法。由于篇幅所限，在本书中不做详细介绍。

目前看来，矩阵式变频电路所用的开关器件一共为 9 对 18 个，电路结构较复杂，成本较高，控制方法还不算成熟。此外，其输出/输入最大电压比只有 0.866，用于交流电机调速时输出电压偏低。这些是其尚未进入实用化的主要原因。但是这种电路也有十分突出的优点。首先，矩阵式变频电路有十分理想的电气性能，它可使输出电压和输入电流均为正弦波，输入功率因数为 1，且能量可双向流动，可实现四象限运行；其次，和目前广

泛应用的交-直-交变频电路相比，虽多用了6个开关器件，却省去了直流侧大电容，将使体积减小，且容易实现集成化和功率模块化。在电力电子器件制造技术飞速进步和计算机技术日新月异的今天，矩阵式变频电路必将有很好的发展前景。

本章小结

本章所介绍的各种电路都属于交流-交流变换电路。包括不改变输出频率、只改变输出电压大小的交流调压电路和实现交流电路通、断控制的交流调功电路、无触点开关，以及实现频率直接变换的交-交变频电路及其改进电路——矩阵式变换器。本章重点介绍了采用相位控制方式的交流调压电路，对交流调功电路和交流电力电子开关也作了必要的介绍。在交-交变频电路中，重点介绍了目前应用较多的晶闸管交-交变频电路，对矩阵式交-交变频电路只简单介绍了其基本工作原理。

本章学习中要重点掌握的内容是：

(1) 交流-交流变换电路的分类及其基本概念。

(2) 单相交流调压电路的基本构成，在带电阻性负载和阻感性负载时的工作原理和电路特性。

(3) 三相交流调压电路的基本构成和基本工作原理。

(4) 感性负载时交流调压电路对触发脉冲的要求。

(5) 交流调功电路和交流电力电子开关的基本概念。

(6) 晶闸管相位控制交-交变频电路的电路构成、工作原理和输入输出特性。

(7) 矩阵式交-交变频电路的基本概念。

习题与思考题

1. 某单相交流调压电路的负载为调光台灯（可看做纯电阻），在$\alpha=0$时输出功率为最大值，试求功率为最大输出功率的70%、40%时的控制角α。
2. 交流调压电路有哪三种控制方式？
3. 单相交流调压电路，带阻感性负载，稳态运行情况下控制角α的移相范围是多大，才能保证正常调压？若$0\leqslant\alpha<\varphi$，试问电路能否工作？处于什么稳定运行状态？
4. 单相交流调压电路，带阻感性负载，其中$R=0.5\Omega$，$L=2\text{mH}$，输入电源为工频220V。试求：(1)控制角α的变化范围；(2)负载电流的最大有效值；(3)最大输出功率及此时电源侧的功率因数；(4)当$\alpha=60°$时，负载电流有效值、晶闸管电流有效值、晶闸管导通角和电源侧功率因数。
5. 交流调压电路和交流调功电路有什么区别？二者各用于什么样的负载？
6. 一台工业炉原由额定电压为单相交流220V电源供电，额定功率为10kW。现改为双向晶闸管组成的单相交流调压电源供电。如果正常工作时负载只需要5kW，试问双向晶闸管的触发角α应为多少度？试求此时的电流有效值，以及电源侧的功率因数值。
7. 在图5-35交流调压电路中，已知$U_2=220\text{V}$，负载电阻$R_L=10\Omega$，当触发角$\alpha=60°$时，R_L吸收的电功率是多少？并画出R_L上的电压波形图。导通区用阴影线表示。
8. 一电阻性负载加热炉由单相交流调压电路供电，如$\alpha=0°$时为输出功率最大值，试求功率为80%、50%时的控制角α。
9. 一调光台灯由单相交流调压电路供电，认为该台灯为阻性负载，在$\alpha=0°$时输出功率最大，求输出功

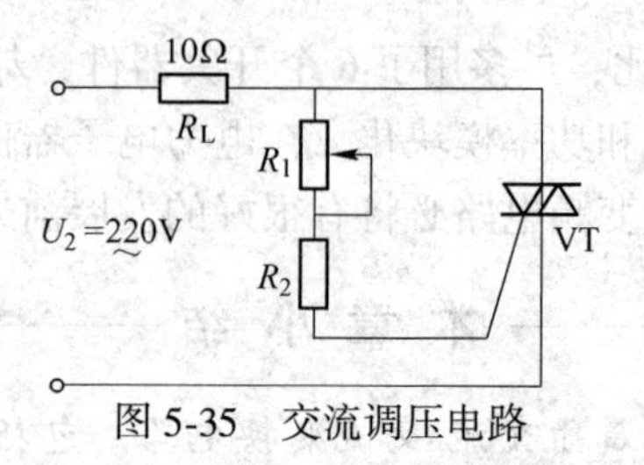

图 5-35　交流调压电路

率为最大输出功率的 80%、50%时晶闸管的触发延迟角 α。

10. 一相控交流调压电路，电源电压 $U_1=220\text{V}$，频率 $f_1=50\text{Hz}$，带阻感负载，$R=0.5\Omega$，$L=0.5\Omega$，求：（1）电路移相范围；（2）负载电流最大有效值；（3）最大功率和最大功率时所对应的功率因数。
11. 一台 220V、10kW 的电炉，采用相控交流调压电路供电，现使其工作在 5kW，求此时电路的触发延迟角 α、电路电流及电源侧功率因数。
12. 图 5-36 所示为单相晶闸管交流调压电路，$U_2=220\text{V}$，$L=5.516\text{mH}$，$R=1\Omega$，求（1）触发延迟角 α 的移相范围；（2）负载电流的最大有效值；（3）最大输出功率及此时电源侧的功率因数；（4）当 $\alpha=\pi/2$ 时，晶闸管电流有效值、晶闸管导通角和电源侧功率因数。

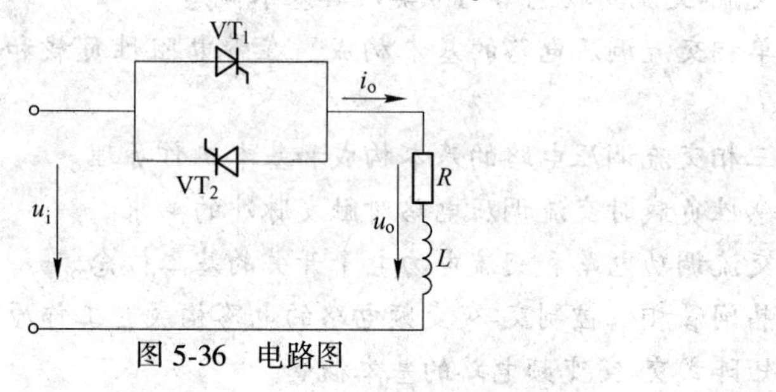

图 5-36　电路图

13. 单相交流晶闸管调压器，用于电源 220V，阻感性负载，$R=9\Omega$，$L=14\text{mH}$，当 $\alpha=20°$时，求负载电流有效值及其表达式。
14. 一单相交流调压器，输入交流电压为 220V、50Hz，阻感性负载，其中 $R=8\Omega$，$L=6\Omega$。试求当 $\alpha=30°$和 $\alpha=60°$时的输出电压、电流有效值及输入功率和功率因数。
15. 某单相反并联调功电路，采用过零触发，$U_2=220\text{V}$，负载电阻 $R=1\Omega$；在设定的周期 T 内，控制晶闸管导通 0.3s，断开 0.2s。试计算送到电阻负载上的功率与晶闸管一直导通时所送出的功率。
16. 采用双向晶闸管的交流调压器接三相电阻负载，如电源线电压为 220V，负载功率为 10kW，试计算流过双向晶闸管额最大电流。如果用反并联连接的普通晶闸管代替双向晶闸管，则流过普通晶闸管的最大有效电流为多大？
17. 有一对称三相双向晶闸管交流调压电路，负载 Y 形联结，线电压 $U_{2L}=380\text{V}$，负载 $L=1.73\Omega$，$R=1\Omega$。计算晶闸管电流最大有效值和 α 角控制范围。（提示：α 时电流最大）
18. 什么是 TSC？它的基本原理是什么？
19. 相控式单相交-交变频电路和直流电动机传动用的反并联可逆变流电路有什么不同？
20. 相控式交-交变频电路为什么只能实现降频，而不能升频？输出上限频率是多少？制约输出频率提高的主要因素是什么？
21. 造成相控式交-交变频电路输入侧功率因数低的原因有哪些？其最大相位移因数是多少？
22. 相控式交-交变频电路的主要优、缺点是什么？其主要用途是什么？
23. 相控式三相交-交变频电路有哪两种接线方式？它们有什么区别？
24. 在相控式三相交-交变频电路中，采用梯形波输出控制的好处是什么？为什么？
25. 比较交-交变频电路与交-直-交变频电路的性能特点？并说明各自的主要应用场合。
26. 试述矩阵式变频电路的基本原理和优缺点。

6 电力电子技术应用中的一些问题

本章摘要

在本章中主要介绍了电力电子装置的保护电路、过电压保护、过电流保护和电压上升率、电路上升率的限制；电力电子器件的串并联、系统扩容，电力电子器件的功耗、散热器及冷却。

6.1 电力电子器件的保护

6.1.1 过电压保护

电力电子装置中的电力电子器件在正常工作时所承受的最大峰值电压与电源电压、电路的接线形式有关，它是选择电力电子器件额定电压的依据。以晶闸管为例，若正向电压超过了晶闸管正向转折电压，将产生误导通；若反向电压超过其反向重复峰值电压，则晶闸管被击穿，造成永久性损坏。因此，为防止短时间过电压对电力电子装置的损坏，必须采取适当的保护措施。

6.1.1.1 引起过电压的原因

（1）操作过电压。由电力电子装置拉闸、合闸、快速直流开关的切断等经常性操作中的电磁过程引起的过电压。

（2）浪涌过电压。由雷击等偶然原因引起，从电网进入电力电子装置的过电压，其幅值远远高于工作电压。

（3）电力电子器件关断过电压。电力电子器件关断时，在电力电子器件上产生的过电压。

（4）泵升电压。在电力电子装置-电动机调速系统中，由于电动机回馈制动造成直流侧直流电压过高产生的过电压。泵升电压通常采用开关电路将能量消耗在电阻上。

6.1.1.2 过电压保护方法

过电压保护的基本原则是：根据电路中过电压产生的不同部件，加入不同的附加电路，当达到一定过电压值时，自动开通附加电路，使过电压通过附加电路形成通路，消耗过压存储的电磁能量，从而使过电压的能量不会加到主开关器件上，保护了电力电子器件。保护电路形式很多，也很复杂。图 6-1 为过电压保护方法的原理图。下面分析常用的几种方式：

（1）雷击过电压可在电力电子装置初级接避雷器加以保护。

（2）二次电压很高或电压比很大的变压器，一次侧合闸时，由于一次、二次绕组间

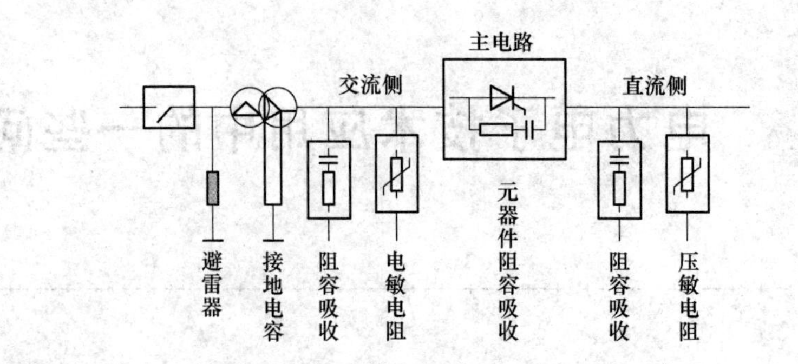

图 6-1 过电压保护方法的原理图

存在分布电容，高电压可能通过分布电容耦合到二次侧而出现瞬时过电压。对此可采取变压器附加屏蔽层接地或变压器星形中点通过电容接地的方法来减小。

（3）阻容保护电路的电力电子装置中用的最多的过电压保护措施，将电容并联在回路中，当电路中出现尖峰电压时，电容两端电压不能突变的特性，可以有效地抑制电路中的过电压。与电容串联的电阻能消耗掉部分过电压能量，同时抑制电路中的电感与电容产生震荡。

图 6-2a 为单相阻容保护，阻容网络直接跨接在电源端，吸收电源过电压。图 6-2b 为接线形式为星形的三相阻容保护电路，电容承受电源相电压，图 6-2c 为接线形式为三角形的三相阻容保护电路，电容承受电源相电压。可见，*RC* 阻容保护电路可以设置在电力电子装置的交流侧、直流侧；也可将 *RC* 保护电路直接并在主电路的元器件上，从而有效地抑制元器件关断时的关断过电压。对于大容量的电力电子装置，三相阻容保护装置可采用图 6-2d 所示的三相整流式阻容保护电路。虽然多用了一个三相整流桥，但只需一个电容，而且由于承受直流电压，则可采用体积小，容量大的电解电容。再者还可以避免电力电子装置中的电力电子器件导通瞬间因保护电路的电容放电电流所引起的过大的 $\mathrm{d}i/\mathrm{d}t$。R_C 的作用是吸收电容上的过电压能量。图 6-2e 阻容保护接在交流装置的直流侧，可以抑

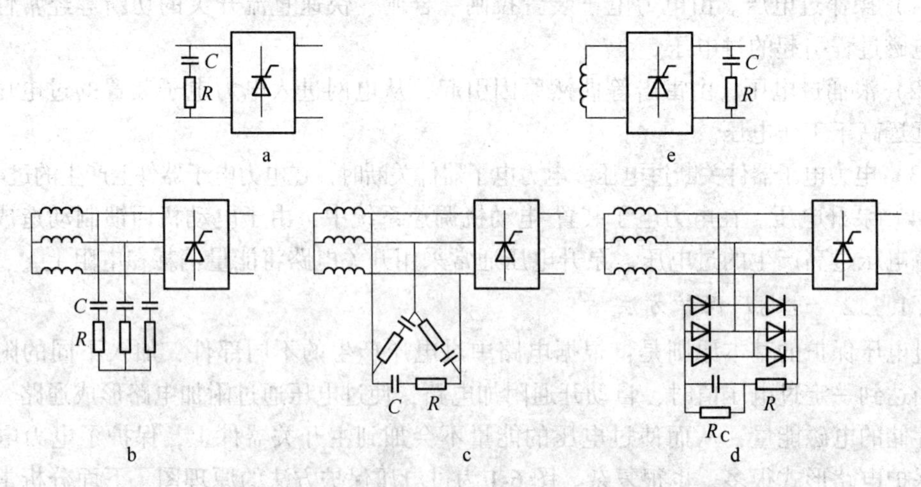

图 6-2 *RC* 阻容保护电路

a—单相阻容保护；b—星形的三相阻容保护电路；c—三角形的阻容保护电路；
d—三相整流式阻容保护电路；e—阻容保护接在交流装置的直流侧

制因熔断器或直流快速开关断开时造成的直流侧过电压。

(4) 非线性电阻保护。非线性电阻具有近似稳压管的伏安特性，可把浪涌电压限制在电力电子器件允许的电压范围内。硒堆是过去经常采用的一种非线性电阻，因其伏安特性不理想、长期不用会老化、体积大等缺陷而被淘汰。现在常采用压敏电阻来实现过电压保护。当其两端所加电压的绝对值小于一定数值时元件的电流很小，外加电压一旦上升到一定的数值，就会发生类似于稳压管的击穿现象。元件的电流迅速增大而元件两端的电压保持基本不变，这一电压叫做击穿电压。压敏电阻的伏安特性如图6-3所示。利用这一特性，将压敏电阻并联在欲保护的电路的两端，就会将此处的电压限制在元件击穿电压的电压范围之内。

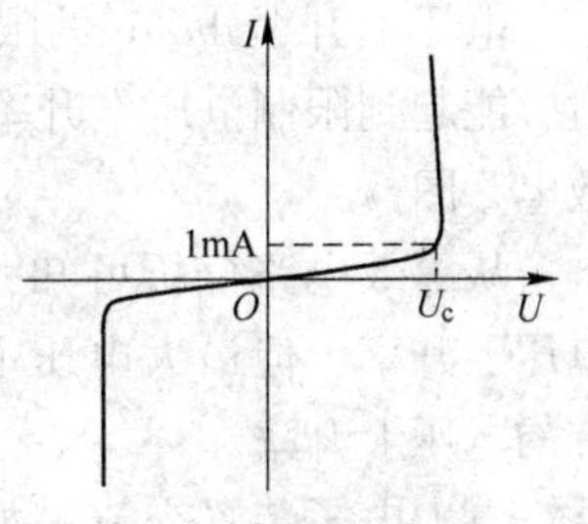

图6-3　压敏电阻的伏安特性

(5) 泵升电压保护。当电动机回馈制动时，电动机的动能转换成电能回馈到直流侧，引起直流侧的电压升高，当电压升高到一定值时，会造成电力电子装置的过电压。通常采用开关电路将能量消耗在电阻上。

6.1.2　过电流保护

6.1.2.1　引起过电流的原因

当电力电子装置内部某一器件击穿或短路、触发电路或控制电路发生故障、外部出现负载过载、直流侧短路、可逆传动系统产生环流或逆变失败，以及交流电源电压过高或过低、缺相等时，均可引起电力电子装置内元件的电流超过正常工作电流，即出现过电流。由于电力电子器件的电流过载能力比一般的电气设备差得多，因此，必须对电力电子装置进行适当的过电流保护。电力电子装置的过流主要分为两类：过载过电流和短路过电流。

6.1.2.2　过电流保护的方法

电力电子装置采用的过电流保护方法有以下几种：

(1) 交流进线电抗器，或采用漏抗大的整流变压器，利用电抗限制短路电流。这种方法行之有效，但正常工作时有较大的交流压降。

(2) 电流检测装置，过电流时发出信号。过电流信号一方面可以封锁触发电路，使电力电子装置的故障电流迅速下降至零，从而有效抑制了电流。另一方面也可控制过电流继电器，使交流接触器触电跳开，切断电源。但过电流继电器和交流接触器动作都需一定的时间，故只有电流不大的情况下这种保护才能奏效。

(3) 直流快速开关，对于大、中型容量的电力电子装置，快速熔断器的价格高且更换不方便。为避免过电流时烧断快速熔断器，采用动作时间只有2ms的直流快速开关，它可先于快速熔断器动作而达到保护电力电子器件的目的。

(4) 快速熔断器，是防止电力电子装置过电流损坏的最后一道防线。在晶闸管电力电子装置中，快速熔断器是应用最普遍的过电流保护措施，可用于交流、直流侧和装置主电路中。

6.1.3　电压上升率及电流上升率的限制

6.1.3.1　电压上升率 $\mathrm{d}u/\mathrm{d}t$ 的限制

产生电压上升率 $\mathrm{d}u/\mathrm{d}t$ 的原因为：

(1) 由电网侵入的过电压。

(2) 由于电力电子器件换相产生的 du/dt。

电压上升率 du/dt 的限制方法为：阻容保护线路同串联的电感一起在出现电压突变时，能起到限制电压上升率 du/dt 的作用。图 6-4 所示是计算晶闸管电压上升率的简化等效电路图。

从等效电路分析可知，适当大的电感可以减小电压上升率，但最大电压上升率必须小于晶闸管允许的电压上升率。

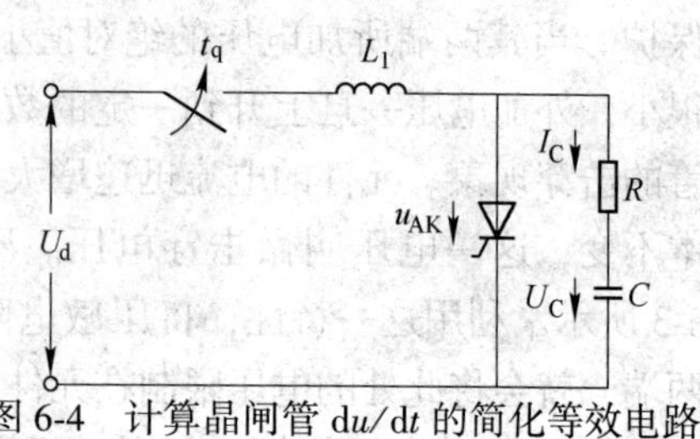

图 6-4 计算晶闸管 du/dt 的简化等效电路

电力电子装置交流侧如有整流变压器和阻容保护电路，则变压器漏感和阻容电路同样能起到衰减侵入过电压，减小过电压上升率的作用。在无整流变压器的电力电子装置中，则应在电源输入端串入交流进线电感，配合阻容吸收装置对 du/dt 进行抑制。

6.1.3.2 电流上升率 di/dt 的限制

产生电流上升率 di/dt 的原因为：

(1) 电力电子器件从阻断到导通的电流增长过快。

(2) 交流侧电抗小或交、直流侧阻容吸收装置的电容太大，当电力电子器件导通时，流过过大的附加电容的充、放电电流。

(3) 与电力电子器件并联的缓冲保护电路在晶闸管开通时的放电电流。

电流上升率 di/dt 的限制方法为：

(1) 在阻容保护中选择合适的电阻。

(2) 在每个桥臂上与晶闸管串联一个约几到几十微亨的小电感。

(3) 在交流侧采用如图 6-2d 所示的整流式阻容保护，使电容放电电流不经过导通时的电力电子器件，亦能减小晶闸管开通时的电流上升率。

6.2 电力电子器件的串并联技术与系统容量扩展

6.2.1 晶闸管的串并联应用

由于晶闸管的额定值是有限的，当需要较高电压或较大电流时，用单独一个晶闸管是不行的，必须将多个晶闸管组合起来使用，即串并联运行。但由于晶闸管特性的分散性，使用简单的串并联结构并不理想，因此应当讨论其合理的结构方式。

6.2.1.1 晶闸管的串联应用

特性的分散性对简单的晶闸管串联应用的影响，可以从静态和动态两方面来考虑。就静态特性而言，器件的反向特性，即漏电流值不一致，或者说反向电阻值不一致；当把它们串联在一起时，由于流过了相同的漏电流，那么反向阻值大的器件承受的反向电压就高，反向阻值小的器件承受的反向电压就低，使反向电阻值大的器件容易过电压。这就称作串联时的静态不均压。

从动态特性来看，器件的动作时间，即开通时间和关断时间彼此也有差别。当它们串联在一起时，在导通过程中后开通的晶闸管将承受满值正向电压；而在关断过程中，先关断的晶闸管将承受全部反向电压。这称作串联时的动态不均压。

为了使串联使用的晶闸管承受较为均匀的电压，可采取如下3项措施：

(1) 尽量选用特性一致的器件。

(2) 采用静态均压措施，用均压电阻 R_P，使其中流过的电流远大于器件反向漏电流，因而反向电压的分配由 R_P 决定，克服了反向特性不一致造成的影响，如图6-5所示。

(3) 采取动态均压措施，用电容 C_b 和电阻 R_b 的串联支路并接在晶闸管上，利用电容电压不能突变的特性减慢电压的上升速度。

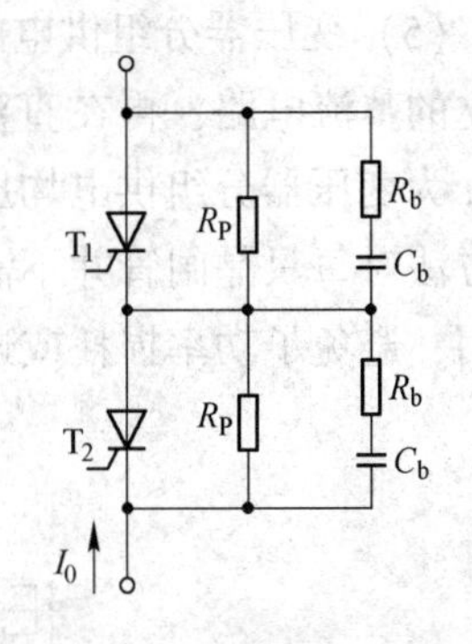

图6-5　晶闸管的串联运行

6.2.1.2　晶闸管的并联应用

并联应用的晶闸管可能出现电流分配不均，这也可从动态和静态两个方面来讨论。从静态特性来看，由于晶闸管的正向特性不一致，正向压降小的必然承受大的电流。

从动态特性来看，由于开通时间的不同，在并联的条件下，开通时间短的先导通，阳阴极间电压先下降，使另外的晶闸管触发导通困难；先开通的晶闸管通过的电流大，有可能因 di/dt 过大而造成损坏。解决并联应用中的均流问题，除尽量选用特性一致的器件外，一般还可采取下述措施：

(1) 在并联的晶闸管中各自串电阻。在晶闸管支路内串联电阻后，相当于加大器件的内阻，使特性倾斜，电流的不均匀度大约可降到5%左右；但串入电阻不宜太大，否则损耗将增加，在额定电流时有0.5V的压降较适中。

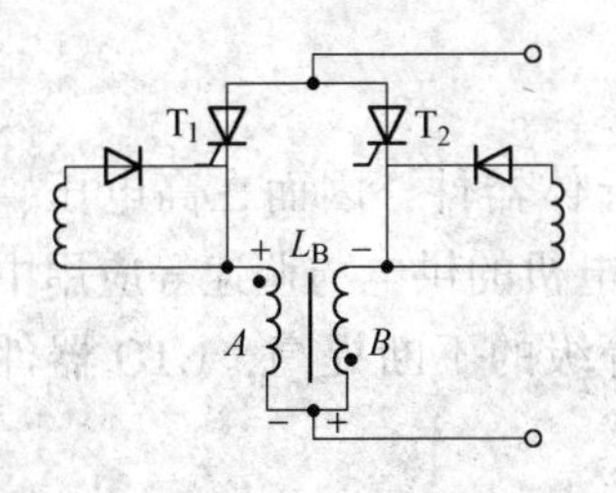

图6-6　晶闸管的并联应用

(2) 并联晶闸管串均流电抗器。如图6-6所示，若晶闸管 T_1 先导通，则在互感器 L_B 上产生如图中所示极性的电压，该电压提高了 T_2 的阳阴极之间的电压，使 T_2 易于导通，从而起到动态均流的作用。当 T_1 的电流增加时，绕组 A 产生的感应电动势有使 T_1 的电流减小的作用，而绕组 B 上的感应电动势有使 T_2 电流增加的作用。这样，不单单解决了导通时间不同的均流问题，也解决了导通后电流分配不均匀的问题。串入均流电抗器能限制 di/dt 的变化，容易达到不均匀度低于10%的要求；但电抗器本身较笨重，接线也较复杂。

(3) 并联晶闸管各自串联均流电抗器。在多个晶闸管并联时，一般是用各自串联电抗器的方法来均流。采用各自串联均流电抗器后，不仅可起到均流作用，而且可限制 di/dt和 du/dt。限制 di/dt 的作用不再多加赘述，限制 du/dt 的作用是电抗器与换相过电压保护元件 RC 共同实现的。例如，当晶闸管开通时，电抗器能限制其他桥臂换相过电压保护元件 RC 的放电电流，这样就使晶闸管的开通过程不会太快。与此同时，也限制了其他桥臂晶闸管关断过程中 du/dt 的增加。当晶闸管由导通转为关断时，桥臂电压突然增加，电抗器和换相过电压保护元件 RC 形成串联谐振，振荡电压因 C 的瞬间短路而全加在电抗器上，随着时间的增加，C 上的端电压才逐渐建立，即晶闸管的反向电压才建立。可见电抗器和 RC 共同抑制了电压上升率 du/dt。

(4) 布线均流法。在大容量装置中要尽量使各并联支路电阻相等，自感和互感相等，因此应该同时考虑母线电流磁场引起的电流分配不均匀问题。

(5) 变压器分组供电的均压法、均流法。用有几个二次绕组的变压器分别供给几个独立的整流电路，再在直流侧串联或并联，从而可以得到很高的电压和很大的电流。图 6-7a 为变压器分组供电均压接线示意图，图 6-7b 为变压器分组供电均流接线示意图。这种方法对每只晶闸管并不需要均压或均流电阻，而是由变压器的漏抗代替了均流电抗器的作用，避免了功率损耗或连锁击穿事故；但是变压器要进行特殊设计。

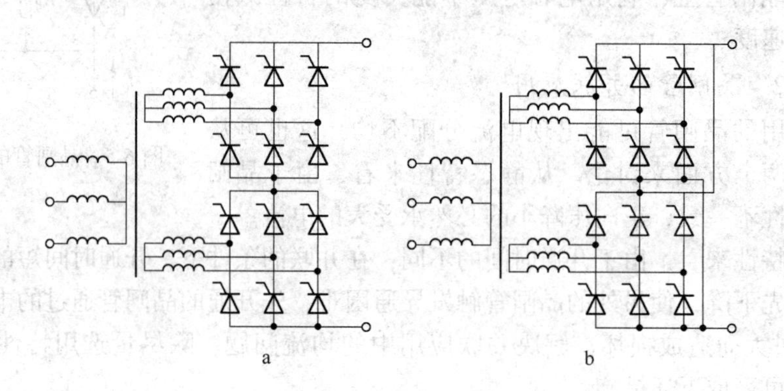

图 6-7　变压器分组供电的均压法和均流法

a—均压接线法；b—均流接线法

6.2.2　GTO 的串并联应用

GTO 是目前耐压最高、电流容量最大的全控型电力半导体器件，因而在高电压、大容量的应用领域，如在机车牵引、大容量不停电电源、高压电机的供电与调速等应用中具有无可争议的优势。但是，随着整机设备电流容量和电压等级的不断提高，GTO 器件也必须串联或并联使用。

6.2.2.1　GTO 的串联使用

串联使用的器件主要应解决静、动态过程中的均压问题。图 6-8 所示为 GTO 串联使用的典型电路，图中 R_{11}~R_{22} 为静态均压电阻，电感 L 为动态均压电感。

A　开通时的动态均压

GTO 的缓冲电路兼作动态均压电路，GTO 串联电路在开通时较易做到动态均压。假定图 6-8 电路中的 GTO_1 后开通，而 GTO_2 先开通，那么后开通的 GTO_1 要承受较高的失配电压。由于电感 L 的存在，流过均压网络的电流 i 近似为线性变化，并可由下式求出，即

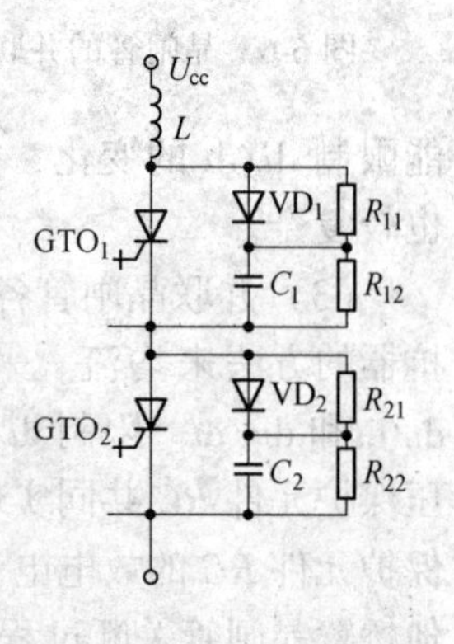

图 6-8　GTO 的串联应用

$$i = \frac{U_{cc}}{L} \tag{6-1}$$

若开通延迟时间之差 Δt_d，则 GTO_1 上的失配电压 ΔU_{on} 为

$$\Delta U_{on} = \left(\frac{U_{cc}}{2LC}\right)\Delta t_d^2 \tag{6-2}$$

B 关断时的动态均压

图 6-9 所示为串联 GTO 关断时的动态电压分配情况。在两个 GTO 的其他特性相同的情况下，电流 i_s 在 Δt_s 期间向电容 C_1 上所积累的电荷 ΔQ 为

$$\Delta Q = i_s \Delta t_s \tag{6-3}$$

式中，i_s 为流经 GTO 缓冲电容 C_1 中的电流；Δt_s 为 GTO_1 与 GTO_2 的存储时间的差值。

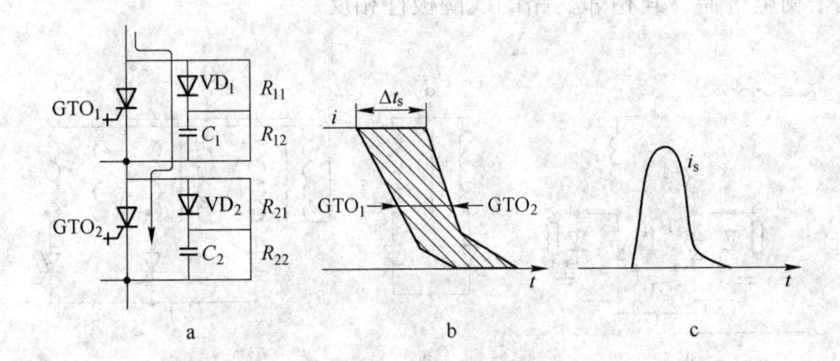

图 6-9 GTO 关断时的电压分配情况

GTO_1 上承受的电压 ΔU_{off} 可由下式求出，即

$$\Delta U_{off} = \Delta Q / C_1 = i_s \Delta t_s / C_1 \tag{6-4}$$

可见，GTO 串联电路关断时，GTO 的失配电压 ΔU_{off} 与 i_s 和 Δt_s 成正比，与 C_1 成反比。

在实际应用中，虽然反向恢复电荷及存储时间的测量和调整一般都很困难；但是这两个参数均与 GTO 门极电路参数有关，通过改变门极电路参数可以间接地调整存储时间和反向恢复电荷，进而减小串联电路的失配电压。

6.2.2.2 GTO 的并联使用

在 GTO 的并联使用中必须解决器件间的静态与动态均流问题，由于 GTO 器件自身的若干特点，在并联使用中尚需注意以下几点：

(1) GTO 具有最大阳极可关断电流，并联支路中不平衡电流不能超过此值，否则 GTO 有被损坏的危险。

(2) GTO 内部为若干 GTO 元件并联而成；因而对于开关损耗的均衡分布有严格的要求，否则会产生局部过热，造成损坏。为此，要求并联 GTO 的开关损耗也要均衡。

(3) GTO 的可关断阳极电流、开通延迟时间及存储时间等参数与门极开通和关断脉冲密切相关，因而门极电路的参数对并联使用有一定影响。

（4）GTO 为快速大功率器件，电路结构、阴极引线电感和均流电抗器漏电感等参数对并联使用均有影响。

常用的 GTO 并联使用方法有强迫均流法和直接并联法两种。

A 强迫均流法

图 6-10 示出了强迫均流法的 3 种基本形式。图 6-10a 为非耦合的均流电抗器并联电路，图中的电感 L 用于限制 $\mathrm{d}i/\mathrm{d}t$，L_1 和 L_2 为带铁芯的均流电抗器。由于它们用于均衡并联支路的动态电流，因此称为均流电抗器。图 6-10b 为互相耦合的平衡电抗器并联支路，由于互相耦合的电抗器接在并联的两个 GTO 上；所以能迫使电流均衡分配。当两个线圈中的电流相等时，在铁芯内产生的励磁按匝数互相抵消；若不相等时，就会产生一个环流电流。这一环流恰好使电流小的支路电流增加，电流大的支路电流减小，进而达到两支路电流均衡分配。图 6-10c 则表示并联的 GTO 多于两个时，也可串联同数量的均流电抗器。如果用互耦平衡电抗器，其相邻支路的线圈极性相反。

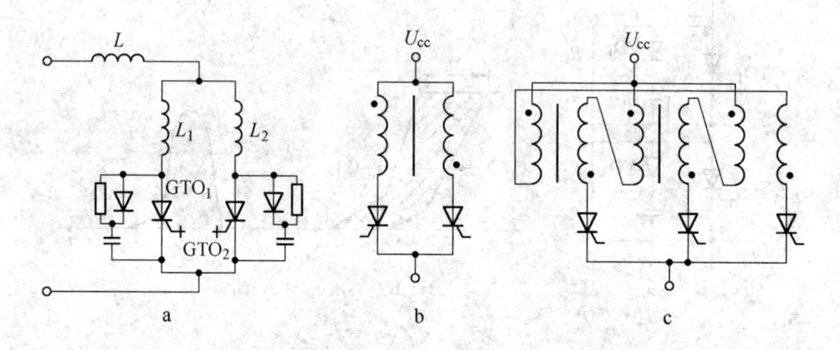

图 6-10 GTO 强迫均流法的基本电路

a—非耦合均流电抗器并联；b—互耦平衡电抗器并联；

c—3 个 GTO 的互耦平衡电抗器接法

均流电抗器对开通延迟时间之差 Δt_d、关断存储时间之差 Δt_s 及通态压降之差 ΔU 所引起的电流不均衡都有补偿作用。均流电抗器或平衡电抗器的漏抗应尽量小，否则会增加 GTO 的超调电压，影响 GTO 的安全运行。

B 直接并联法

图 6-11 所示，表示两种直接并联的基本电路。在图 6-11a 中每个 GTO 的门极串入一

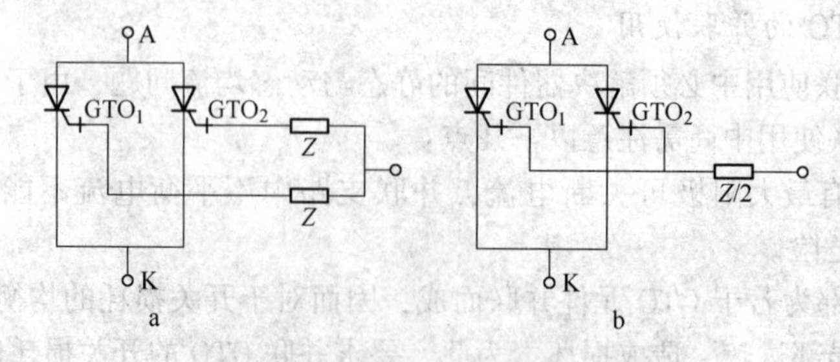

图 6-11 GTO 直接并联的基本电路

a—门极串联阻抗后耦合；b—门极直接耦合

定阻抗后与门极信号电路相连接，此电路称作非门极耦合电路。在图 6-11b 中先将门极端联在一起，然后再接一阻抗，这种电路称为门极直接耦合电路。实践证明，门极直接耦合电路比非门极直接耦合电路的均流效果要好得多。

通态不平衡电流主要由通态压降的失配所决定；因此对并联 GTO 的通态压降仍需进行匹配筛选，使 GTO 的通态压降尽可能一致。在直接耦合电路中，门极电流、门极电压的相互作用使并联 GTO 具有自动均衡电流的作用，这种耦合方式对延迟时间、存储时间的差异造成的动态电流不均衡有良好的均流效果，而非门极耦合方式效果较差。为此，在直接耦合的并联电路中对 GTO 的开关时间不必进行筛选。

尽管连接两个 GTO 阴极端的导线较短，电感很小；但是由于开通时，各 GTO 的 di/dt 差别较大，在阴极连线上感应的电压仍然相当可观。这种感应电压干扰门极电流的正常运行，严重影响 GTO 的开通和关断过程。因此，GTO 直接并联使用时必须使阴极连线相同，并尽量缩短连线长度。

6.2.3 Power MOSFET 的串并联应用

6.2.3.1 Power MOSFET 的串联应用

随着电力电子技术的迅速发展，Power MOSFEF 高频性能好、输入阻抗高、驱动功率小、驱动电路简单等优点在电源领域得到了广泛的应用。但是，单只 Power MOSFET 的有限容量也成为亟待解决的问题。从理论上讲，Power MOSFET 的扩容可以通过串联或者并联的方法解决。

MOSFET 器件在串联使用中很多需要解决的技术问题，其中最主要的是器件在静态和动态过程中的电压均衡技术。在串联使用的器件中主要存在静态和动态的电压分配不平衡问题。这可能导致器件偏离其工作点，造成一些器件上的过电压问题，最坏情况下可能引起器件永久性损坏，导致开关失效。解决途径为：

(1) 筛选器件，引起这个问题的主要因素之一就是各器件本身的固有参数不一致，对于相同元器件我们应该选同一型号、同一厂家、同一个生产批次的产品，并通过实际测量他们的性能参数，尽量保证元器件自身参数的一致性。

(2) 合理设计开关电路，引起上述问题的因素还有分布参数的不一致性。器件各极上的由元器件布局和线路板布线产生的分布参数如果过大，会影响开关动作过程中各个器件上的电流、电压变化率，导致开断时间不一致，同样会引起电压、电流分配不平衡的问题。通过合理的设计开关电路的布局、布线，可以降低这一因素的影响。

(3) 合理设计驱动电路。引起上述问题的另外一个主要原因就是驱动信号的不同步性。串并联使用中的器件在开断时间上有十分严格的要求，驱动信号的不同步会导致这些器件在开断时间上有差别。在并联结构中，较早导通或者较晚关断的器件会有较大电流；在串联结构中，较早关断或较晚导通的器件上可能会产生过电压。这是引起器件损坏，开关失效的一个十分重要的原因。驱动电路也要采用延迟和响应时间尽量一致的器件，在结构和布局布线上应该一致，使驱动信号的传输延迟尽量一致以提高驱动的同步性。

(4) 采用静态均压电路。串联使用中的 MOSFET 器件上的电压主要受其极间电容、漏源极电阻和分布电容的影响。由于加工工艺和布线布局的差异，这些参数可能会有较大差异，进而导致静态时串联中的各 MOSFET 器件上的电压分配不均匀。采用均压电阻网络方法可以在一定程度上解决这一问题。电阻值太大起不到均压的效果，电阻值太小则容易产生较大的漏电流，实际设计中需要在均压效果和减小漏电流之间作折中选择。

（5）采用瞬态过电压抑制保护电路。引起 MOSFET 器件损坏最主要的原因就是其漏源极之间承受过电压，造成器件击穿。动态过程中产生的瞬态过电压，可以通过保护电路吸收掉，确保漏源极电压小于其极限耐压。

6.2.3.2 Power MOSFET 的并联应用

当电路要求的电流容量超过单只 Power MOSFET 的电流容量时，常常需要并联使用功率 MOSFET，以增加传导电流或功率开关能力。多个 Power MOSFET 可以直接并联使用，一般不需要采取均流措施，因为功率 MOSFET 的通态电阻 R_{on} 具有正温度系数，它能使多个并联的功率 MOSFET 自动均流。但是，由于功率 MOSFET 自身参数及电路参数不匹配，会导致器件并联应用时出现电流分配不均的问题。严重的电流分配不均，会使并联功率 MOSFET 过载以致烧坏。本节将讨论造成并联器件电流分配不均的原因及并联应用时须注意的问题。

A 静态均流特性

静态是指 Power MOSFET 已结束其开通过程，并进入稳定导通的工作状态。影响静态电流分配的主要因素是 Power MOSFET 的通态电阻 R_{on}。R_{on} 的失配会造成静态电流分配不均。R_{on} 值小的器件将流过较大的电流。不过，由于 R_{on} 具有正温度系数，在管芯温度升高时，R_{on} 不是减小，而是增大；所以并联在一起的多个 Power MOSFET 能自动均流。当并联器件中出现分流不均的情况时，分流较大的器件会因为电流的热效应而有较高的管芯温度，其电流会因为 R_{on} 的相应增大而降低。这在一定程度上抑制了不均匀电流的继续增长。

由于 Power MOSFET 通态电阻的温度系数不很大；所以，当并联器件的 R_{on} 相差太大时，自然均流作用往往会因为难以维持太大的温差而效果不理想，或造成器件之间管芯温差过大。由于管芯温度过高会使电路或系统的可靠性下降；因此，Power MOSFET 并联使用时，要尽可能使器件之间有紧密的热耦合作用，也就是使并联管子的温度通过一些散热材料相互作用，达到热量平衡，如将散热片相连或将它们安装在同一个散热器上。这样，高温器件的管芯温度会降低，低温器件的管芯温度会升高。当然，这也会使器件电流的分配均匀性有所削弱。要减小静态电流的不均，应选用 R_{on} 比较接近的 Power MOSFET。

B 动态均流特性

所谓动态均流，在这里不仅指开通和关断时的电流，还指窄脉冲和占空比较小的峰值电流。影响动态均流的主要参数是跨导 g_m、栅源开启电压 U_{GSth}、输入电容 C_{iss} 和通态电阻 R_{on} 等。其中，跨导曲线，即漏极电流和栅源电压之间的关系曲线能准确地反映开通与关断过程中的均流程度。最理想的情况是跨导曲线一致，其栅源电压能同时上升或下降。若能如此，则可保证器件开关电流通过饱和区时，不会因为有局部电流不平衡而产生过载的现象。

实际应用中，要画出每个器件完整的 g_m 曲线很费时间，为此有人提出在给定漏极电流下匹配 U_{GSth} 作为并联 MOSFET 的简单标准。但这种方法不能准确描述大电流条件下 I_D 和 U_{GS} 曲线的形状。此外，还有人提出，通过比较当栅压大于 U_{GSth} 时各器件所能通过的最大漏极电流来匹配器件。例如，几个器件当 $U_{GSth}=6V$ 时都能通过 4A 漏极电流，即可表示具有一致的 g_m 曲线，各器件并联运行时不会发生危及安全的不平衡电流。

为了并联器件能够做到动态均流运行，应注意以下两个问题：

(1) 尽量挑选开启电压 U_{GSth}、跨导 g_m、输入电容 C_{iss} 和通态电阻 R_{on} 值相近的管子作并联用。

(2) 精心布局。器件安装位置应尽量做到完全对称，所有连接线必须一样长，而且尽量加粗和缩短。电源引线最好使用多股绞线，并将电流环的面积做到最小。为了更好地做到动态均流，有时可在源极回路中串入一个小电感。

C Power MOSFET 并联应用中的寄生振荡

在 Power MOSFET 的并联应用中，由于电路和 Power MOSFET 本身的寄生参数，在栅极将构成串联振荡电路，产生栅极高频振荡。振荡电压峰值一般很高，有可能超过允许栅压。另外，漏极电感和漏源极间等效总寄生电容在器件关断时也将组成串联振荡电路，形成漏极寄生振荡，使漏源间产生关断过电压。为了防止寄生振荡，须采取以下措施：

(1) 并联 Power MOSFET 的各栅极分别用电阻分开，栅极驱动电路的输出阻抗应小于串入的电阻值。例如，当 I_D 为 5~40A 时，可串入 10~100Ω 的电阻。

(2) 可在每个栅极引线上设置铁氧体磁珠，即在导线上套一小磁环，形成有损耗阻尼环节。

(3) 必要时在各个器件的漏栅之间接入数百皮法的小电容以改变耦合电压的相位关系。

(4) 要尽量降低驱动信号源的内阻抗，并联的器件越多，内阻抗应越小。

6.2.4 IGBT 的串并联应用

6.2.4.1 IGBT 的串联使用

IGBT 串联的关键问题是要解决串联时的静态均压和动态过压问题。

A 静态均压问题

在 IGBT 器件都关断的情况下，各 IGBT 的关断电阻可能不一致，因而会造成分压不均。可以在各 IGBT 集电极和发射极之间并联阻值相等的电阻（远小于关断电阻）来解决这个问题。

B 动态过压问题

尽管串联电路中各 IGBT 指标、栅极控制信号电路完全相同；但由于各 IGBT 的性能、开关速度的差异，栅极控制信号线路元器件参数的不一致，线路存在分布电感、分布电容等因素，会造成各 IGBT 的开关动作不一致，这就会造成个别 IGBT 器件在开关瞬间 U_{cc} 超过其耐压，损坏该器件。

传统的晶体管串联控制方法也可以用于 IGBT，如图 6-12a 所示。这种电路的特点是由器件、Z_S 和过压撬杠电路分担大的并联电压，避免因电压分配不平衡而损坏管子。

根据集电极的 du/dt 反激，采用图 6-12b 所示的主动吸收电路，这种方式通过电容吸收关断时的 du/dt，有专门的 I_c 可用于该方式。根据密勒效应，均压必然取决于所选器件。此外，因为控制的是 du/dt，采用的门极信号必然要保证器件同时关断。IGBT 集电极漏感的存在会引起不稳定振荡，除非内含电阻 R_f，这样就会降低闭环的可靠性。最后，

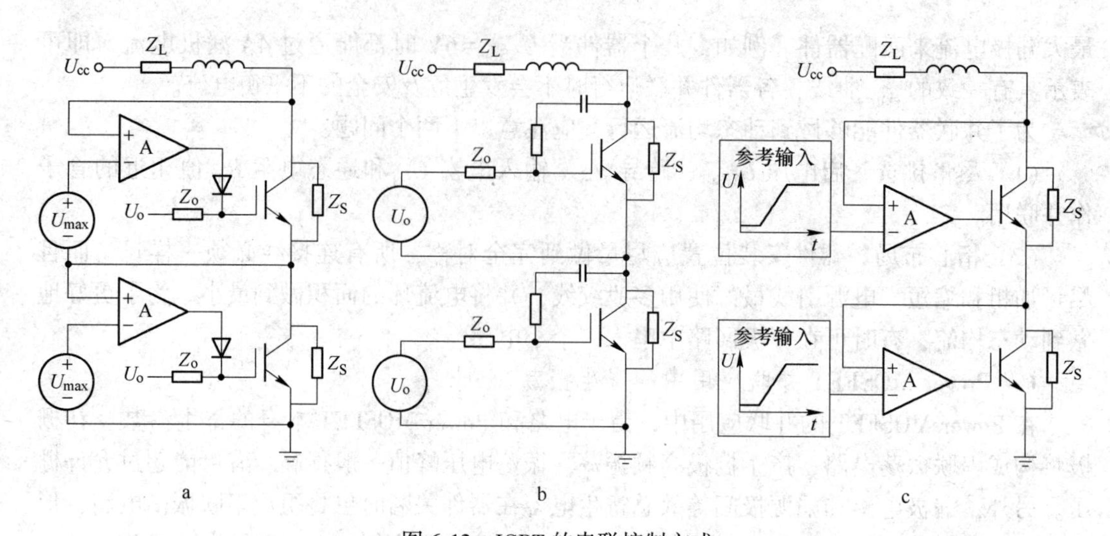

图 6-12 IGBT 的串联控制方式

a—开环控制（带过压撬杠电路）；b—带主动吸收电路的控制方式；c—改进控制方式

因为电压不是直接控制的，也就没有监测电压分配。为了克服这些问题，可以采用改进的电路。该电路使用局部反馈直接控制集电极电压，如图 6-12c 所示。输入对于每个器件和门极驱动是共地的，以保证电压均衡。实际的参考命令来自本身门极驱动器内的斜坡发生器，避免因干扰而引起模拟信号波动。斜坡发生器的输入是高频方波，这样可以采用脉冲变压器或光纤达到电压隔离的目的。

6.2.4.2 IGBT 的并联使用

IGBT 并联的最主要的问题就是均流问题。

不同厂家生产的 IGBT，其 $U_{CE(SAT)}$ 等级的划分方法是不同的。表 6-1 所示为日本富士 *L* 系列 IGBT 的 $U_{CE(SAT)}$ 等级。该表适用于 300A/600V 和 200A/1200V 以上的器件。

表 6-1 $U_{CE(SAT)}$ 范围等级

等 级	$U_{CE(SAT)}$ 范围/V	等 级	$U_{CE(SAT)}$ 范围/V
A	1.4~1.9	F	2.4~2.9
B	1.6~2.1	G	2.6~3.1
C	1.8~2.3	H	2.8~3.3
D	2.0~2.5	I	3.0~3.5
E	2.2~2.7		

由于 $U_{CE(SAT)}$ 的范围从 A 级到 I 级变化很大，故在并联时，为减小电流的不平衡，最好采用同等级的器件。假设有 n 个 IGBT 并联，则其平均电流 $I_{c(AV)}$ 为

$$I_{c(AV)} = (I_{c_1} + I_{c_2} + \cdots + I_{c_n})/n \tag{6-5}$$

式中，I_{c_1}，I_{c_2}，…，I_{c_n} 为各只器件的集电极电流。设第 i 只器件的电流 I_{c_i} 为最大，则不平衡因素 α 为

$$\alpha = [I_{c_i(MAX)}/I_{c(MAX)} - 1] \times 100\% \tag{6-6}$$

式中，$I_{c_i(MAX)}$不得超过其额定值$I_{c(RAT)}$，即

$$I_{c_i(MAX)} \leqslant I_{c(RAT)} \tag{6-7}$$

由式6-5~式6-7可推出并联的总电流为

$$\Sigma I = nI_{c(AV)} \leqslant I_{c(RAT)}/(1+\alpha) \tag{6-8}$$

由式6-8可知，不平衡因素α对ΣI的影响很大。

图6-13是富士公司提供的试验曲线。由图6-13可知，当$\Delta U_{CE(SAT)}=0.5V$时，$\alpha=18\%$。当采用3个同等级的300A的IGBT并联时，最大的集电极电流可由式6-8得出，即$\Sigma I \leqslant 763A$。在并联时，不仅要考虑不平衡因素，还要采取下面几个措施：

（1）各IGBT的栅极均要接上推荐的栅极电阻R_G；

（2）IGBT之间的距离越近越好，发射极之间的接线要等距；

（3）接线要尽量靠近各IGBT的引出端，要用铜排或扁条；

（4）驱动电路的输出接线要尽量短，且要用屏蔽线或绞合线。

6.3 电力电子器件的功耗、散热器及冷却

6.3.1 电力电子器件的功率损耗

功率器件的耗散功率和结温是散热器设计的基本出发点，是关系到器件安全使用的两个重要参数。

6.3.1.1 耗散功率

耗散功率是散热器在单位时间内散失的能量，而功率损耗是器件在单位时间内消耗的能量，平衡时两者相等，所以应先求出器件的功率损耗。功率损耗包括器件的开关损耗、通态损耗、断态损耗及驱动损耗。

A 开关损耗 P_s

器件的开关损耗与负载有关。一般情况分电感性负载和电阻性负载两类来计算开关损耗。图6-13给出了电感性负载和电阻性负载两种情况的关断过程电压，电流波形，可见两种情况是不一样的。开通过程的波形与此类似。因此开关损耗P_s按如下两式计算。

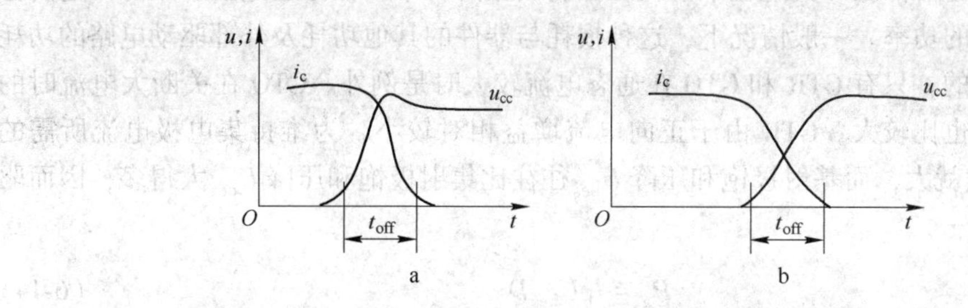

图6-13 关断过程电压、电流波形

a—电感性负载时；b—电阻性负载时

对电感性负载

$$P_s = \frac{U_{cc}I_{cm}}{2}(t_{on} + t_{off})f_s \quad (6\text{-}9)$$

对电阻性负载

$$P_s = \frac{U_{cc}I_{cm}}{6}(t_{on} + t_{off})f_s \quad (6\text{-}10)$$

式中 U_{cc}——断态电压；

I_{cm}——通态最大电流；

f_s——开关频率；

t_{on}——开通时间；

t_{off}——关断时间。

B 通态损耗 P_{on}

功率器件在通过占空比为 D 的矩形连续电流脉冲时的平均通态功耗 P_{on} 可用下式表示

$$P_{on} = I_p U_t D \quad (6\text{-}11)$$

式中 I_p——脉冲电流幅值；

U_t——器件通态压降；

D——占空比。

对于 VMOS，厂商提供的参数大都为其通态电阻而非通态压降，因此通态损耗用下式计算：

$$P_{on} = I_{ds}^2 R_{ds} \quad (6\text{-}12)$$

式中 I_{ds}——VMOS 漏极电流；

R_{ds}——通态电阻。要注意的是，R_{ds} 是温度的函数。

C 断态损耗 P_{off}

在器件已被关断的期间，若断态电压 U_s 很高，微小的漏电流 I_{off} 仍有可能产生明显的断态功率损耗 P_{off}，其算式为：

$$P_{off} = I_{off} U_s (1 - D) \quad (6\text{-}13)$$

D 驱动损耗 P_g

驱动损耗是指器件在开关过程中消耗在控制极上的功率及在导通过程中维持一定的控制极电流所消耗的功率。一般情况下，这种损耗与器件的其他功耗及外部驱动电路的功耗相比是可以忽略的，只有 GTR 和 GTO 在通态电流较大时是例外。GTO 在关断大电流时的控制极关断电流也比较大。GTR 由于正向电流增益相对较小，为维持集电极电流所需的基极电流 I_b 自然就大，而基射极饱和压降 U_{bes} 往往比集射极饱和压降 U_{ces} 大得多，因而驱动损耗为

$$P_g = I_b U_{bes} D \quad (6\text{-}14)$$

其常常与通态损耗相当。

一般情况下，设计散热器时，计算功率损耗只需考虑开关损耗和通态损耗两类，断态损耗和驱动损耗相对微小，常常忽略不计。

但在较大功率的电力电子电路中，特别是以 GTR 过 GTO 作为开关元件时，必须考虑

驱动损耗部分，否则误差太大，散热器的设计计算就会失去价值。

6.3.1.2 结温

对于一定型号的功率器件，厂商一般都给出了其 $R_{\theta jc}$ 的典型值和最高结温 $T_{j,max}$。器件运行时的最高结温是不能突破的，否则将造成器件的永久性损坏。根据厂商提供的数据和具体工作条件下计算出的功率损耗 P_{loss}，不难求得器件的最大管壳温度 $T_{c,max}$。管壳温度由下式决定

$$T_{c,max} = T_{j,max} - P_{loss}R_{\theta jc} \tag{6-15}$$

6.3.2 散热器

功率器件在运行时，其结温应该在合理的范围内。制造商尽量降低功率器件与外部衬底之间的热阻 R_{θ}，用户必须为器件衬底和环境间提供热传导途径，使衬底和环境间的热阻 $R_{\theta ca}$ 在低成本方式下达到最小。

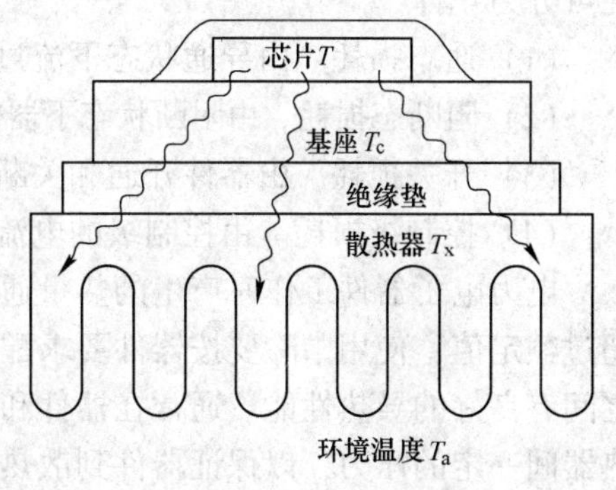

图 6-14 多层散热片

用户可以选择不用形状的铝散热器使功率器件冷却，如果散热器是自然对流冷却的，则图 6-14 所示的散热片鳍状片间的间距至少应该为 10～15mm。在自然对流冷却方式下，散热器的热时间常数在 4～15mm 范围内。在散热器表面涂一层黑色氧化物，导致热阻减少 25%。如果增加一个风扇，热阻将变小，散热器可以做得更小，更轻，而且减少了热容。采用强制风冷的散热器，鳍状片间的间距可以不大于几毫米。在较大容量的功率装置中，采用水冷和油冷可以大大改善散热效果。图 6-15 所示为散热器基本形状。

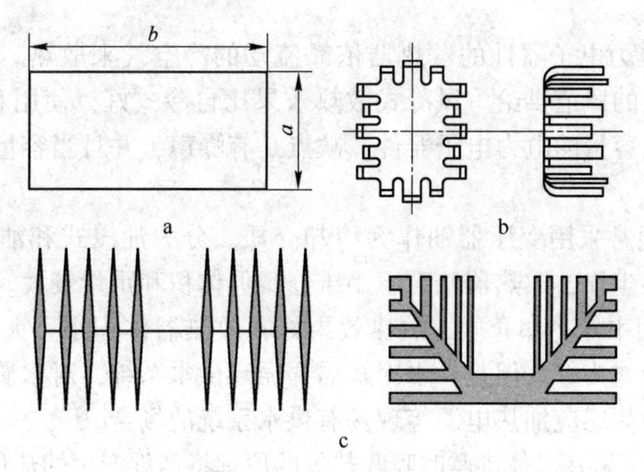

图 6-15 散热器形状

a—平板型；b—叉指型；c—型材型

依据器件可承受的允许结温选择合适的散热器。在最恶劣的情况下，最高结温 $T_{j,max}$、环境空间最大温度 $T_{a,max}$、最高操作电压和最大通态电流都是特定的。根据器件的工作情况，可以估算出器件损耗 P_{loss}。

允许的最大PN结-环境的热阻$R_{\theta ja}$可以从下式估算出来

$$R_{\theta ja} = (T_{j,max} - T_{a,max})/P_{loss} \tag{6-16}$$

PN结-衬底的热阻$R_{\theta jc}$可以从电力电子器件手册上查到，衬底-散热器的热阻$R_{\theta ca}$取决于热化合物和使用的绝缘体。绝缘体的热阻可以从数据手册中查到。

6.3.3 冷却

电力电子器件工作时的功率损耗会引起电力电子器件发热、升温，而器件温度过高将缩短器件寿命，甚至烧毁器件。这是限制电力电子器件电流电压容量的主要原因。为此必须考虑电力电子器件的冷却问题，保证器件在额定温度以下正常工作。电力电子器件的损耗可分为4种：

（1）通态损耗。由导通状态下流过的电流和器件上的电压降产生的功率损耗。

（2）阻断态损耗。由阻断状态下器件承受的电压和流过器件的漏电流产生的功率损耗。

（3）开关损耗。由器件开通和关断期间产生的功率损耗。

（4）控制级损耗。由控制级的电流、电压引起的功率损耗。

电力电子器件工作时产生的热量通过散热器散发到冷却介质中。为了保证器件温升不超过额定值，使用中除要按器件要求配用合适的散热器外，还应使电力电子器件和散热器之间有良好的导热性能。通常在器件和散热器的接触面上涂上适量硅脂，并维持器件和散热器间一定的压力，以保证器件到散热器具有良好的导热性。

电力电子器件常用的冷却方式有自冷式、风冷式、液体冷却式（包括油冷式和水冷式）和蒸发冷却式等。

（1）自冷式：电力电子器件和散热器依靠周围空气的自然对流和热辐射来散热。因此散热器的制造、安装、使用方便，但散热效果差，所以一般仅用于电流容量较小的电力电子器件。

（2）风冷式：电力电子器件的散热器依靠流动的冷空气来散热。冷空气由专门的风扇或鼓风机通过一定的风道供给。风冷式散热效果比自冷式好，使用和维护也比较方便，适用于中等容量和大容量的电力电子器件。缺点是有噪声，并且当容量较大时，散热器的体积、重量都很大。

（3）油冷式：通常采用变压器油作为冷却介质。分为油浸式和油管冷却两种。冷却效果好，能防止外界尘埃，散热器几乎不用维修，但体积和重量较大。

（4）水冷式：用水作冷却介质，散热效果好，散热器体积小。大容量电子器件如果有条件，以采用水冷式为好。但是，水冷式需要循环供水系统，对水质要求也较高，常用于电解电镀电源和中频感应加热电源等现场有供水系统的场合。

（5）蒸发冷却式：利用液体沸腾时吸收热量的原理将器件产生的热量传递到散热面。冷却介质常采用氟利昂等低沸点低腐蚀性液体。热管散热器即属蒸发冷却式。这种方式散热效果好，散热器体积小，重量轻，是一种较好的冷却方式。但散热器结构复杂，工艺要求高。

按冷却介质循环情况，冷却方式又可分为开启式和封闭式。封闭式指冷却介质（油、空气、水等）形成封闭的循环系统，工作时冷却介质的温升通过另一个散热装置降低。这种系统可防止外界尘埃进入，避免冷却介质氧化变质。

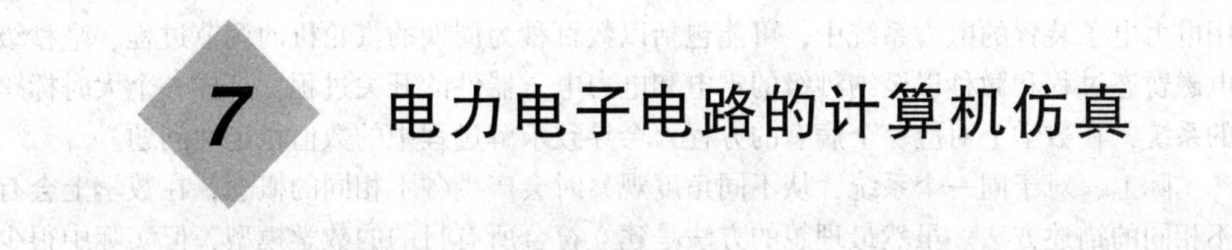

7 电力电子电路的计算机仿真

采用计算机仿真方法对电力电子电路进行分析、设计和综合研究，已日益成为从事控制工程的科学技术人员必须掌握的一门技术。而近年来，由于计算机的飞跃发展，应用计算机对实际工程系统进行数字仿真也已越来越受到重视和应用。

在本章中从建模及仿真的角度出发，在简单介绍几种流行的电路仿真软件的基础上，利用 MATLAB Simulink/Power System 工具箱对典型电力电子器件实例进行仿真研究，其中包括晶闸管元件和晶闸管三相桥式整流装置的建模、参数设置及仿真过程。

7.1 建模与仿真

所谓仿真（simulation）指的是利用模型再现实际系统中发生的本质过程，并且通过对上述模型的实验来研究已存在的或计划中的系统。换句话说，仿真就是利用模型对实际系统进行实验研究的过程。

在历史上，物理仿真，也即利用缩小的物理模型对系统进行试验是一个广为人知的方法。例如研究电力系统的动态过程时，往往利用由缩小了容量的同步电机、异步电机、变压器、电感、电容等组成的一个模拟系统作为其模型，然后在这个系统上设置各种运行条件和故障进行分析研究。但是在上述物理仿真方法中存在两个问题：一是系统的建立牵涉到设备购置、安装、接线与调试工作，需耗费大量的人力物力；二是实践中有时由于条件限制很难或不可能进行某种具体试验，比如为了保证核电站的运行安全，通常需要对操作人员进行处理各种不可预料行为的培训，但实践中不可能建立一个相应的物理系统来进行模拟。随着计算机技术的发展，可以利用计算机在虚拟域中建立对象系统的软件模型，并据此对实际系统进行仿真。此时由于系统的建模与试验均是借助于软件进行，从而可以有效地解决上述问题。因此计算机仿真在对实际系统的设计研究过程中往往起着不可替代的作用，成为设计工作中不可缺少的步骤，因而得到日益广泛的关注。比如，在美国 1992 年推出的 22 项国家关键技术报告中，计算机仿真被列为第 16 项；而在 1993 年推出的 21 项国防关键技术报告中，计算机仿真被列为第 6 项。由此可见，在 21 世纪大力推进和发展计算机仿真技术在科研、设计等领域的应用，对于我同国民经济的发展将起到重要的作用。

根据上述定义，计算机仿真可以分为两个过程：

1. 建模

根据研究对象的基本物理规律，对物理系统写出描述其运动规律的数学方程，即数学模型的过程。

由于实际系统十分复杂，往往不可能对其进行全部的描述。比如实际系统往往是多方面的，电力电子器件本身的特性就包括电特性、热特性以及机械特性等不同方面。对由其构成的系统进行研究时，既没有必要也不可能建立一个包括上述全部特性的统一模型，而是根据所研究的问题建立相应的、某一方向的模型。又如实际的系统是多层次的，比如在采用电力电子装置的电力系统中，可能包括以数百秒为周期的汽轮机的调节过程、毫秒级的电磁暂态过程和微秒以至纳秒级的雷电和电力电子器件的开关过程，这样一个大时标跨度的系统，在数学上对应一个病态的方程，会导致求解过程中的数值稳定性问题。

实际上，对于同一个系统，从不同角度观察时会产生各不相同的概念，在数学上会有互不相同的描述方法。虽然最理想的方法是建立符合所有目的的数学模型，但实际中很少有人想去研究这类问题，因为此类模型可能过于复杂而难以求解，特别是对于通常关心的特定领域和特定时间的问题而言，其他现象是弱相关的，可以忽略不计。比如，当研究电力系统的暂态稳定问题时，由于发电机的惯性很大，所以完全可以近似认为转速基本不变，其机械部分的影响可以忽略不计。所以在建模过程中重要的是，记住数学模型代表的数学系统不过是实际系统在概念轴上的投影；建模的本质在于将所研究的系统投影到适当的概念轴上。换句话说，所建立的数学模型，实际上只是根据研究目的确定的模型，是对系统某一方面本质属性的抽象描述。

2. 实验

仿真的过程是利用模型对系统方程进行求解，即实验的过程。对于数学仿真而言，其过程就是利用适当的程序语言将所研究的物理系统的数学模型编制成程序，并向其输入不同的条件进行计算的过程。

仿真与通常的数值计算之间的根本区别在于，它首先是作为一种实验技术，利用所建的模型，在给定条件下使程序运行的过程；其次它通常用于不能得到解析解的复杂系统的研究中。

综上所述，仿真指的是利用虚拟模型对所研究的系统进行试验的过程，但随着计算机多媒体技术和人机交互技术的发展，目前根据应用领域不同，仿真技术大体可分为两类：一类是以过去的电网仿真器等为代表的培训仿真技术，此类技术已成为“虚拟现实技术”的一个重要应用领域。该项技术通过使用户进入到虚拟环境中，成为虚拟现实的一部分，并通过实时交互，使用户亲身体验到现实生活中体验不到的经历。目前的主要应用范围包括互动式影视娱乐、教育培训、建筑设计等。例如在地面和室内利用模拟飞机和汽车训练驾驶员不仅可以提高安全性，还可以大大地节约训练时间和成本；又如法国电力公司建立的反应堆大楼内部的虚拟环境模型，用户戴上头盔就可进入内部活动，计量受到的辐射量，并据此制定安全有效的维护行动计划。所以仿真技术应用不仅具有重要的实际意义，同时具有很高的经济效益。另一类则属于计算机辅助设计和制造领域，即研究人员根据所研究系统的物理规律建立该系统的数学模型，然后通过输入各种不同条件来预测系统的特性和外来作用的影响，进而研究系统的结构和控制策略，并据此优化设计。

7.2 常用仿真软件及其特点

7.2.1 常用工具

电子系统设计从传统上分为两个分支：硬件和软件设计。因此设计人员分为硬件和软件设计人员两类。传统上计算机仿真作为计算机辅助设计的一个组成部分属于软件设计的范畴。由于计算机仿真是利用计算机程序对所设计的系统进行实验的过程，因此软件设计人员的任务首先是将所建数学模型借助适当的软件工具转换为在一定软件环境下计算机可以操作的仿真模型，即编程。早期的仿真大多是用户利用通用的程序设计语言，如 FORTRAN、C 等自己编制程序进行的，而所编程序的核心部分就是上述数值解法。这种方法的一个明显的优点就是使用人由于同时又是编制人，所以应用上灵活，便于根据需要随时对程序进行改动，但缺点是工作量大。并且对使用人的要求较高，随着研究对象的日益复杂，编程工作就变得十分困难。

随着计算机技术的发展和研究对象的日益复杂化，从 20 世纪 50 年代开始，出现了一些专门设计的各种通用或专用的编程语言。最初的研究重点是将用户熟悉的模拟计算机的编程方法移植到数字仿真中，推出了一系列具有框图描述功能的连续系统仿真语言，例如早期的 CSSL 和当前流行的 MATLAB 等，这些语言允许用户以更方便和直接的方式将问题公式化，并以更简洁的语言进行编程，所以大大地减少了编写和调试程序的困难和时间，加快了仿真的速度。但由于仿真软件本身的局限性，仿真的结果通常仍需通过硬件设计人员的再设计，即根据系统要求，细化电路设计，进行功能调试，最后完成电路原理图和印刷板的设计。而相应的硬件电路 CAD 软件，如 Tango 等也仅是解决了电路设计和印刷板布线自动化的问题。

近年来随着计算机技术的发展和人机交互性的改善，出现了一种完全新型的 CAD 语言，即所谓硬件描述语言 HDL（Hardware Description Language，也称电路描述语言）其基本思路是在实际应用的硬件与程序库中的模型之间建立一一对应的关系，从而可以不借助于中间的函数关系直接建立系统模型。特别是随着计算机人机界面技术的进展，通过在软件中引入图形用户界面（GUI），可使用户利用 GUI 在仿真软件上通过绘制电路图来直接建立数学模型。

利用该类语言进行设计的基本特点是采用自上而下（Top-Down）的设计方法，直接面向用户需要、首先从整体出发，根据研究系统的行为和功能要求，利用数学模型进行行为描述，并通过对系统行为描述的仿真来发现设计中的问题。此时设计人员并不考虑实际的操作与算法实现，而仅研究所设计的系统结构及工作过程能否达到系统设计的要求。在功能设计完成之后再转入具体的电路实现，即通过选择适当的电路和器件实现电路设计。由于此时利用软件模型进行的原理图设计和利用硬件面包板进行的实际组装是一致的，所以使用人不需具有深入的计算机知识即可以进行操作，有效地简化了仿真过程。而采用软件面包板的方法对电路进行分析研究，不仅可以大大地节约硬件的开发费用，还可加快系统的开发时间，从而为电路仿真的推广应用提供了有利的条件。

这种设计理念出于将每一步的设计均与仿真相结合，可以尽早发现设计问题，所以日益得到电路设计人员的重视和应用。在数字电路设计领域中，常用的硬件描述语包括 VHDL、Viewlogic、Verilog HDL 和 Altera 公司的 AHDL 等。由于这些语言具有可以多层次描述硬件电路的功能，而国际上越来越多的电子设计自动化 EDA 软件都将上述 HDL 语言作为设计输入，所以从系统的高层次行为描述到直接生成 ASIC 器件的全面设计功能，HDL 语言得到了日益广泛的应用。

而在模拟电路设计领域则以 Analogy 公司于 1986 年推出的所谓模拟电路硬件描述语言（AHDL）MAST 为代表，该语言的主要特点是对以 Spice 类型的电路网表为代表的电路描述模式进行了扩充，从而可以支持行为描述。此时设计人员不需要知道具体的电路结构，只需了解设计系统的行为和输入输出特性即可对电路进行设计。其中 MAST 更进一步将仿真程序和建模分离，从而使用户可以自己创建新的器件模型，并将器件模型与软件中已有的模型相结合，对系统进行仿真。虽然模拟电路硬件描述语言已经显示出它的优点，但由于种种原因，在模拟电路设计领域中传统的Spice系列的仿真软件仍占据主导地位。

目前在电力电子设计领域使用的仿真软件大体可以分为以下几类：一类是通过将通用电路仿真软件，例如Spice、SABER中原有的小功率器件的详细模型加以改造，引入功率器件模型，使其应用领域扩展到电力电子电路仿真；另一类是在现有的专用仿真软件，例如电力系统仿真软件EMTP、控制系统仿真软件MATLAB中加入以理想开关为模型的电力电子器件模型，从而将仿真领域扩展到包括电力电子装置的系统分析中；第三类是专门为电力电子系统设计的仿真软件，例如为开关电源设计用的SIMPLIS等。以下将对国内电力电子领域中常用的几种仿真软件的历史、性能特点和在电力电子电路的仿真中的适用程度进行简单的介绍。

7.2.2 通用电路仿真软件

7.2.2.1 Spice

ORCAD是美国ORCAD Systems公司于20世纪80年代推出的通用逻辑电路设计软件包，它包括电路原理图设计组件ORCAD/SDT（Schematic Design Tool）、逻辑电路仿真组件ORCAD/VST（Verification and Simulation Tools）、可编程逻辑电路设计组件ORCAD/PLD（Programmable Logic Device）和印刷电路板版图设计组件ORCAD/PCB（Printed Circuit Board）。设计人员可以首先借助SDT对电路原理图进行设计，并经过后处理生成相应的电路连接网表文件，该文件随后作为VST的输入，在用户设置的输入信号作用下，根据电路的结构拓扑关系、各单元的功能和延迟特性进行仿真，通过分析电路中各节点的逻辑状态变化来确定设计的电路是否满足预定的要求，在电路设计完成后，即可直接调用PCB组件根据设计好的电路原理图进行印刷版图的设计，从而完成逻辑电路计算机辅助设计的全过程。

Spice（Simulation Program with IC Emphasis）是一种通用的电子电路仿真软件包。它利用设计人员易于掌握和应用的电路描述语言对电路的结构、参数以及希望分析的电路特性进行描述，然后根据用户设置的条件对电路进行仿真，并根据计算结果验证设计电路的可行性。PSpice是由美国MicroSim公司于1984年在2G版本基础上加以改进，以适合PC机使用的Spice版本，该软件在PSpice 6.0及以后的版本中由于采用了图形界面，所以进一步方便了用户的使用。

1998年ORCAD公司并购了MircroSim公司，但该公司随即又被Cadence Design System公司收购，并且经过重新集成推出了ORCAD/PSpice软件。该软件主要包括作为前处理的ORVAD Capture组件，用于电路原理图的设计、仿真参数的设置，以及产生电网络的连接表。仿真器ORCAD PSpice根据上述网络连接表对电路进行仿真验证。一旦设计的原理图通过验证，就可以进入后续的Layout Plus程序，进行印刷电路板版图的设计，或进入Express进行可编程逻辑元件（PLD）的设计。

ORCAD作为PSpice 8的改进版，引进了Top-Down的设计理念，为设计者提供了一个由基于原理图或VHDL文件的电路设计，FPGA和CPLD综合设计，数字、模拟、数模混合仿真，直到印刷版设计的整体解决方法。

PSpice的主要优点如下：

（1）具有模拟-数字混合仿真功能，可以利用文本和原理图两种输入形式进行由数字和模拟元件构成的混合系统设计，这是大多数仿真器所不能做到的。当采用原理图作为输入时，该软件在电路设计中的作用相当于一个软件面包板，从而大大地提高了设计效率，节约了开发成本。

(2) 数模混合仿真程序现存提供的仿真模型库包括常用的模拟器件、数字器件的模型，以及包括精确的传输线、磁芯模型在内的总数达3万个以上的内建模型。此外它还可以通过其CIS组件从互联网站点上下载新的器件模型，从而帮助用户有效地改进设计和降低成本，用更少的时间设计出更好的电路。

(3) PSpice具有大量的模拟功能模型和系统分析功能。其中模拟功能模型使用户可以用类似于传递函数框图的方法对复杂的电路进行时域或频域分析，而其电路基本分析功能，例如直流、交流和瞬态分析，蒙特卡洛法，最坏情况与灵敏度分析，参数扫描以及优化和波形分析等功能使用户可以从不同的角度对设计的电路进行分析和研究，从而优化设计。

(4) 该软件允许用户通过使用参数、拉普拉斯函数与状态方程等建立用户自己的模型。所有上述功能为PSpice在电力电子电路的仿真中的应用提供了可能。

当PSpice应用于电力电子领域时，其缺点也是明显的：

(1) 它是为信息电子电路设计用的，因此器件的模型均是针对小功率电子器件的。对于模拟电力电子电路中所用的大功率电力电子器件中存在的高电压、大注入现象不太适用，有时甚至可能会导致错误的结果。

(2) 收敛问题是将该软件用于电力电子电路仿真的主要问题。通常为了改善计算结果的收敛性需要修改仿真条件，例如缩小仿真结果的相对精度（RELTOL），加大迭代次数（ITLn），即以加大仿真时间为代价来提高计算的稳定性。但由于其性能价格比较高，故在我国的电力电子仿真中仍是应用最广泛的软件。

7.2.2.2 SABER

SABER软件是由美国Analogy公司（该公司于2000年被AVANT公司并购）于1986年开发的一个通用软件包。与传统的仿真软件相比，它具有两个主要特点：一个是在结构上通过开发新的模拟硬件描述语言(AHDL)——MAST，将建模和仿真完全分离，这种技术使得仿真器算法的开发与数学模型的建立和支持相分离，从而可以优化仿真算法；而由此形成的开放式的界面使得用户可以方便地自建模型，而不需对仿真算法有深入的了解，从而优化了模型。另一个是混合技术，采用混合技术用户可以对包括电机工程、机械工程、热学、流体力学等多个领域的系统行为进行仿真。由于许多模型和算法来自Spice，所以可以用和Spice相同的方法进行仿真。而由于SABER算法具有更强的鲁棒性，并可以直接与各种机电等负荷接口相接，所以SABER软件更适于对电力电子系统仿真。但由于其价格较贵，所以SABER软件在我国的推广应用受到很大的限制。

7.2.3 基于理想开关模型的专用仿真软件

由于利用理想开关模型对电力电子器件进行模拟具有结构简单，节约计算机资源的优点，所以随着电力电子装置在各个领域中的应用日益广泛，在不同领域的专用仿真软件中加入电力电子器件的理想开关模型，将其应用扩展到包括电力电子装置的系统研究中，或开发适用于某一领域的基于理想开关模型的专用仿真软件成为一种流行的趋势。

7.2.3.1 电力系统电磁暂态分析软件（EMTP）

EMTP是美国BPA（Bonneville电力局）于1968年开发的用于电力系统分析的软件，

30 多年来该软件经过了不断发展和改进，迄今仍是得到最广泛应用的电力系统仿真软件。此类软件由于以电力系统分析为目的，为了便于用户使用，软件中除了具有常用电气元件如电阻、电容、电感等模型外，还包括一系列常用的机电元件，例如发电机、电动机、传输线的模型以及断路器等电磁暂态元件和控制系统模型。在对 EMTP 的长期使用中，根据研究领域的不同，又产生了一系列用于特殊领域的软件，例如交流暂态分析软件 ATP (Alternative Transients Program)、直流输电系统电磁暂态分析软件（EMTDC）和德国西门子公司推出的 NETOMAC（Network Torsion Machine Control 软件）。

ATP 主要用于预测在电力系统故障或断路器动作时系统的时域响应，以及进行电力电子电路、过压保护装置和电力系统其他控制装置的行为对电力系统影响的研究。但由于该软件的输入文件是利用 BPA 格式编写的，所以该软件对初学者十分复杂，这在一定程度上限制了它的应用。1996 年挪威电力研究院（EFI）开发了用于 ATP 的图形前处理器 ATPDraw。ATPDraw 可以将用户设计的电路原理图编辑成 ATP 输入文件，使得用户可以利用所见即所是的方法对研究电路进行编程，大大地方便了应用。

EMTDC 是加拿大 MANITOBAR 高压直流输电中心（HVDC）为了便于对该发电站大量应用的 HVDC 和 SVC（Static Var Compensator）进行研究，于 1975 年在 EMTP 的基础上开发的软件。为了便于对电力电子装置进行研究，引入了以双电阻理想开关为模型的晶闸管等器件模型。近年来随着计算机技术的发展引入了图形用户界面（GUI）PSCAD (Power System Computer Aided Design)，进一步方便了用户的使用。

7.2.3.2 MATLAB

MATLAB 作为控制领域中最流行的 CAD 软件，自从 1980 年被推出以来就一直受到工程技术人员的重视和广泛应用。该软件除了具有传统的交互式编程能力外，还具有强有力的矩阵运算、数据处理和图像处理功能。特别是由 MATLAB 推出的大量的控制系统工具箱和图形仿真环境——Simulink，进一步方便了用户的使用，使 MATLAB 得到更为广泛的应用。

MATLAB 使用的 M 语言可以看做是一种解释性语言，用户可以在其编程环境下键入命令，编写程序。MATLAB 软件对上述命令和程序加以解释，然后在该环境下对其处理，最后给出仿真结果。M 语言较之一般高级语言，如 C 等的执行效率要低，但编程效率、可读性和可移植性则远远地高于其他高级语言，所以十分适用于计算机辅助设计和仿真。可以利用 M 语言建立电力电子电路的数学模型，并进行仿真。

此外，MATLAB 包含的动态系统仿真工具 Simulink 则通过提供一个图形化的用户界面 (GUI)，由信号源、线性和非线性器件、连接件和各种工具箱组成的模型库以及由用户自己定制和创建的模型库，解决了建模和分析这个关键的问题。随着电力电子装置应用的日益普及，为了将 MATLAB 应用范围扩展到电力电子领域，该公司于 1998 年进一步推出了包括以双电阻理想开关模型为基础的电力系统软件包（Power System Blockset），为 MATLAB 用户进行电力电子电路的仿真提供了有力的工具。这样，对于电力电子电路 MATLAB 既可以用 MATLAB 的 M 语言进行编程，也可以用 Simulink 进行编程。应用中，由于 MATLAB 本身具有丰富的微分方程算法和图形处理功能，所以软件比较灵活，便于按仿真要求优化配置。但是 MATLAB 和其他基于理想开关模型的软件一样，不能对开关的动态过程进行精确的描述；而利用电力系统软件包在 Simulink 条件下进行仿真，速度较慢，因此这成为阻碍 MATLAB 应用的一个问题。

应当指出的是，MATLAB 从结构上适于对微分方程和传递函数描述的系统进行仿真，而大量工具箱的引入使它特别适于对控制系统进行优化设计，但进行电力电子系统仿真并不是其所长。注意到目前许多新推出的软件，例如 PSCAD 均备有和 MATLAB 的接口，所以将 MATLAB 和其他适于进行电力电子系统仿真的软件相结合，而将 MATLAB 专用于电力电子系统的控制系统设计应当是最佳的选择。PSCAD 作为对用户开放式的软件，允许用户自己利用 FORTRAN 和 MATLAB 等语言自定义模型和器件，这样用户在对系统建模时就可以利用任何 MATLAB 指令（包括作图指令）和工具箱。

7.3 典型电力电子器件的仿真模型及仿真实例

7.3.1 MATLAB Simulink/Power System 工具箱简介

Simulink 工具箱的功能是在 MATLAB 环境下，把一系列模块连接起来，构成负载的系统模型，她是 MathWorks 公司于 1990 年推出的产品；电力系统仿真工具箱（Power System Blockset）是在 Simulink 环境下使用的仿真工具箱，其功能非常强大，可用于电路、电力电子系统、电机系统、电力传输等领域的仿真，它提供了一种类似电路搭建的方法用于系统的建模。

7.3.1.1 Simulink 工具箱简介

在 MATLAB 命令窗口中键入【Simulink】命令，或单击 MATLAB 工具栏中的 Simulink 图标，则可打开 Simulink 工具箱窗口，如图 7-1 所示。

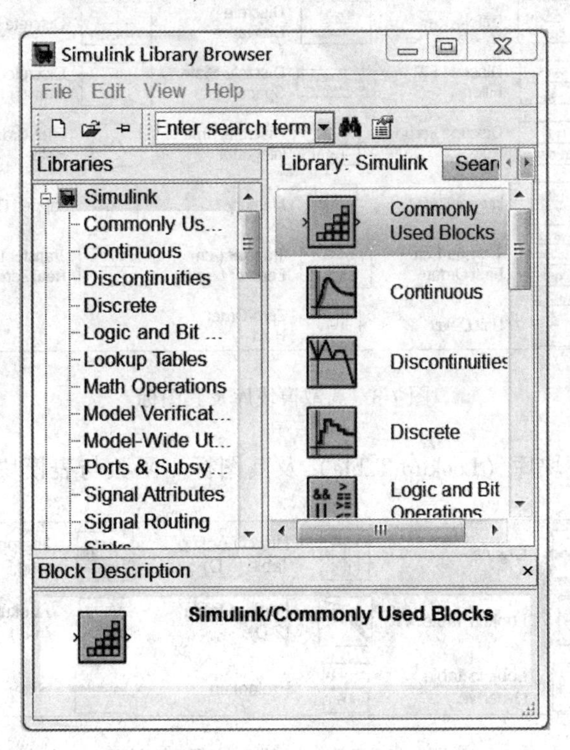

图 7-1 Simulink 模型库界面

在图7-1所示的界面左侧可以看到，整个Simulink工具箱是由若干个模块库构成，故该界面又称为工具箱浏览器。可以看出，在标准的Simulink工具箱中，包含连续模块库（Continuous）、离散模块库（Discrete）、函数与表模块库（Lookup Table）、数学运算模块库（Math Operations）、非连续系统模块库（Signal Routing）、信号属性模块库（Signals Attributes）、输出模块库（Sinks）、输入源模块库（Sources）和子系统模块库（Subsystems）等。下面对常用的模块库和模块做一概述。

（1）连续模块库（Continuous）及其图标。连续模块库包括的主要模块及其图标如图7-2所示。连续系统模块库有8个标准基本模块。基本模块的用途和使用方法可查阅相关资料。

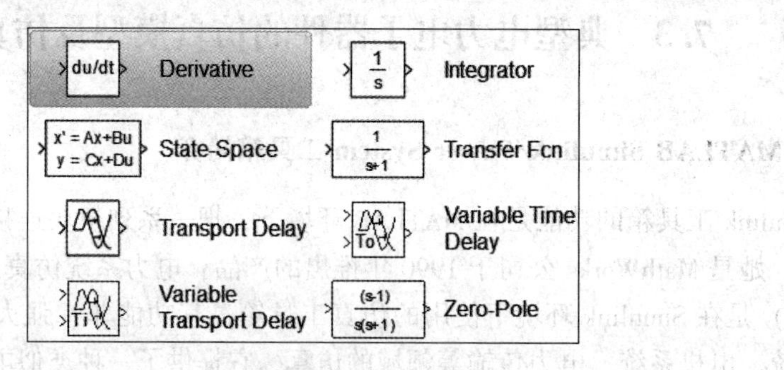

图7-2　连续模块库及其图标

（2）离散模块库（Discrete）及其图标。离散模块库主要用于建立离散采用系统的模型，离散模块库的内容如图7-3所示。离散系统模块库有17个标准基本模块。

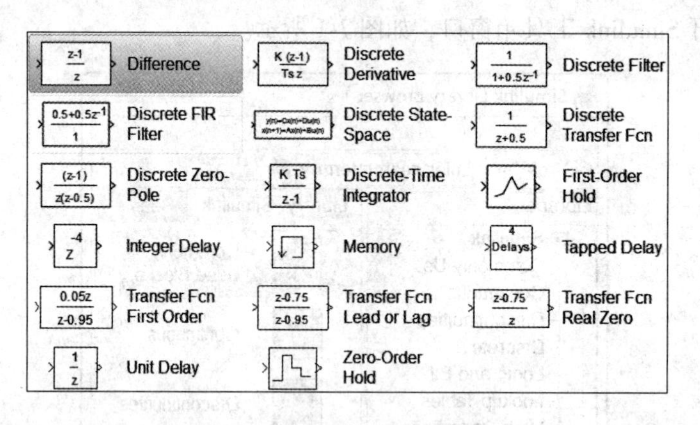

图7-3　离散模块库及其图标

（3）函数与表模块库（Lookup Table）及其图标。函数与表模块库及其图标如图7-4

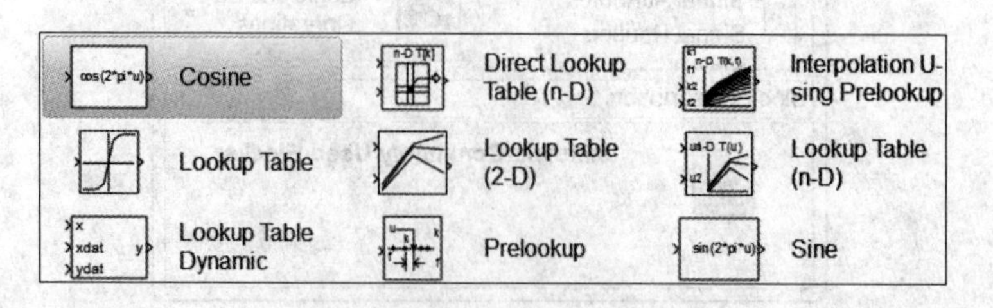

图7-4　函数与表模块库及其图标

所示，该模块库有 9 个标准基本模块。

（4）数学运算模块库（Math Operations）及其图标。数学运算模块库及其图标如图 7-5 所示，它共有 33 个标准基本模块。

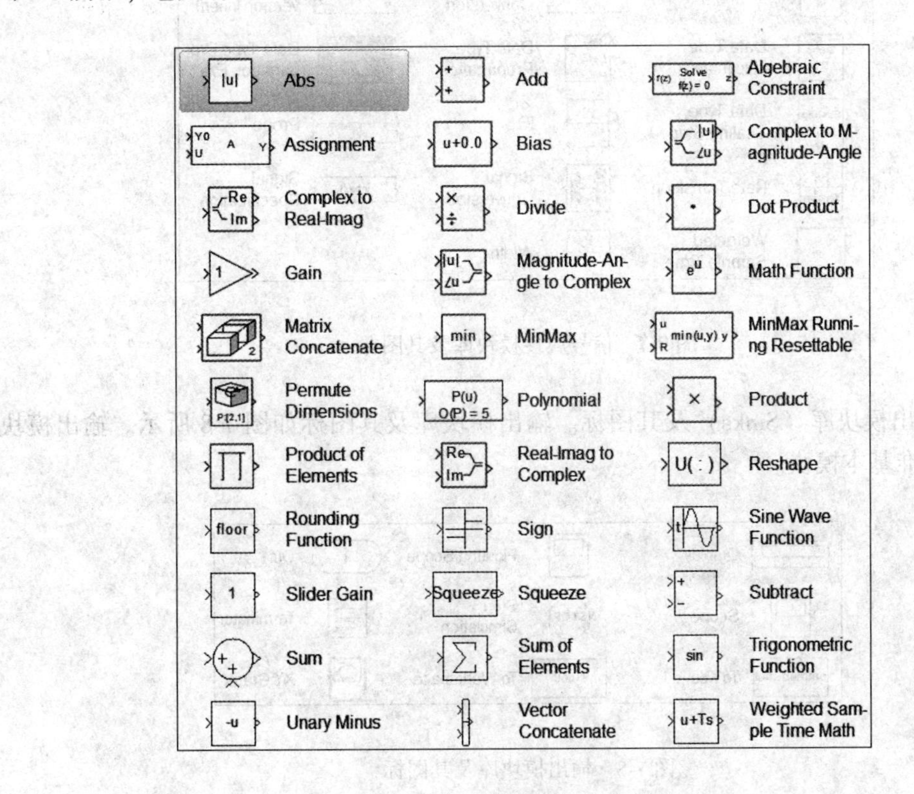

图 7-5 数学运算模块库及其图标

（5）非连续系统模块库（Signal Routing）及其图标。非连续系统模块库及其图标如图 7-6 所示。非连续系统模块库有 18 个标准基本模块。

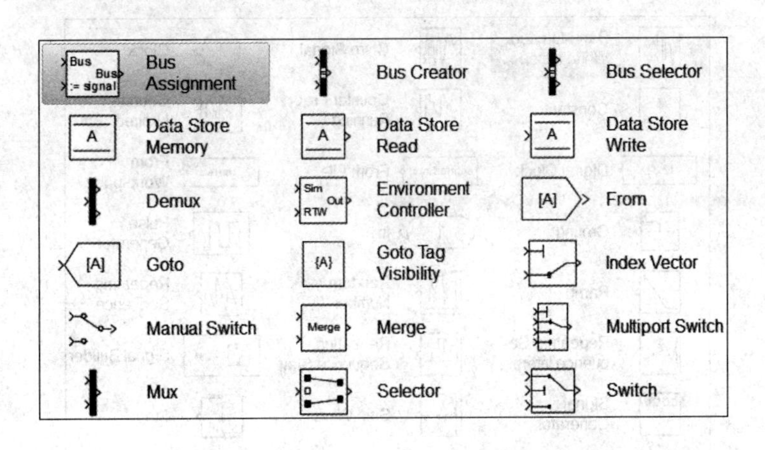

图 7-6 非连续系统模块库及其图标

（6）信号属性模块库（Signals Attributes）及其图标。信号属性模块库及其图标如图

7-7 所示，有 14 个标准基本模块。

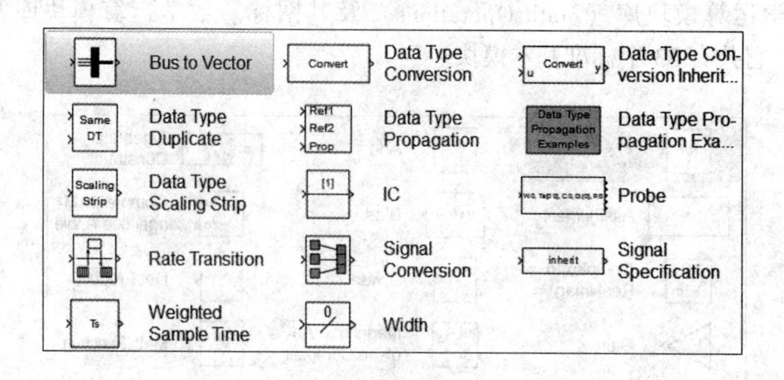

图 7-7　信号属性模块库及其图标

（7）输出模块库（Sinks）及其图标。输出模块库及其图标如图 7-8 所示。输出模块库有 9 个标准基本模块。

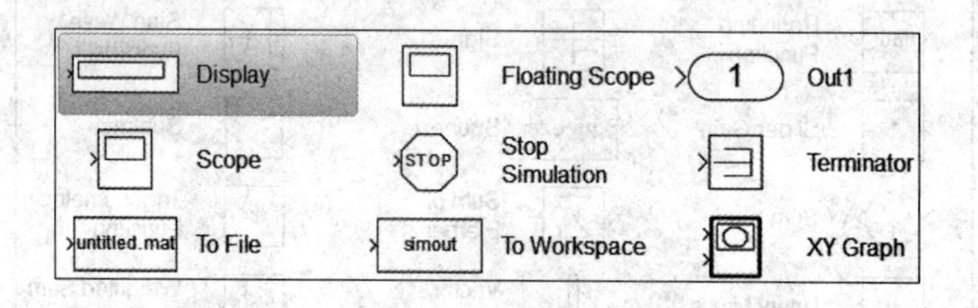

图 7-8　输出模块库及其图标

（8）输入源模块库（Sources）及其图标。输入源模块库及其图标如图 7-9 所示，共有 22 个标准基本模块。

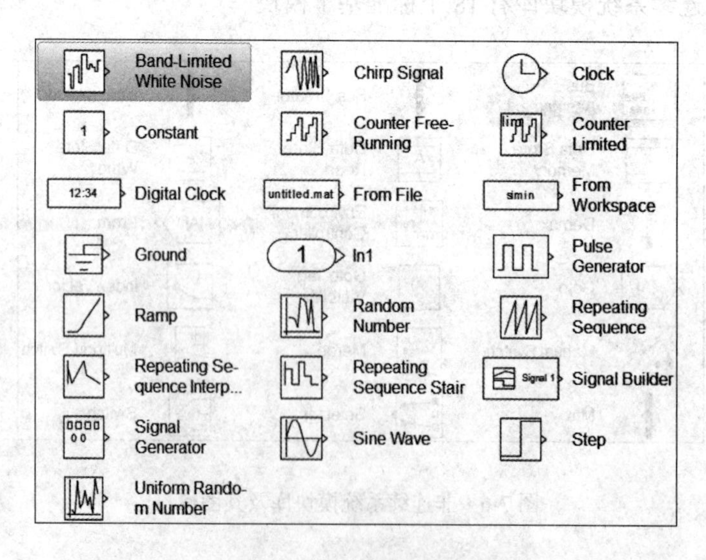

图 7-9　输入源模块库及其图标

此外，Simulink 的公共模块库还包括 1 个子系统模块库，它包含 13 个子系统模块及 1 个子系统例子。由于本课程应用较少，故不做具体介绍，有兴趣的读者可查阅相关资料。

熟悉这些模块库所包含的模块及在工具箱中的位置，将有助于建模时迅速查找到这些模块。

7.3.1.2　电力系统（Power System）工具箱简介

在 MATLAB 命令窗口中键入【powerlib】命令，将得到如图 7-10 所示的工具箱。当然，电力系统工具箱也可以从 Simulink 模块浏览窗口中直接启动。

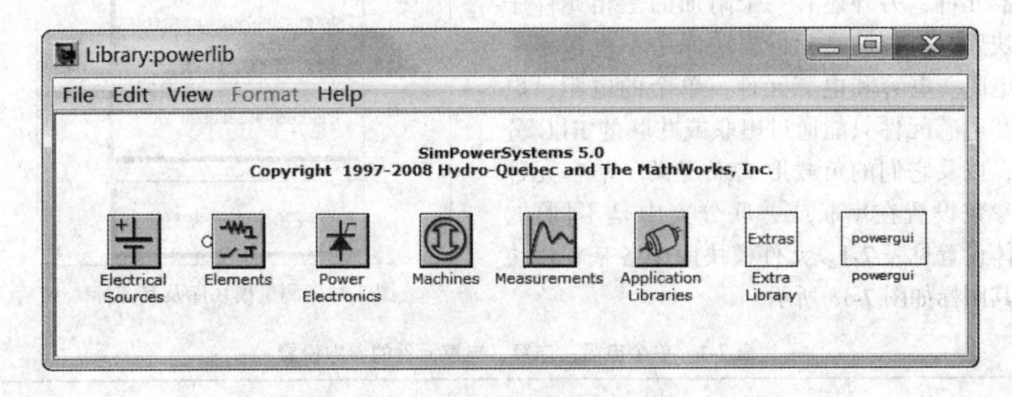

图 7-10　电力系统工具箱界面

在该工具箱中有很多模块库，主要有电源（Electrical Sources）、元件（Elements）、电力电子（Power Electronics）、电机系统（Machines）、测量（Measurements）、附加（Extras）、演示（Demons）等模块库。双击每一个图标都可以打开一个模块库，下面简要介绍各模块库的内容。

（1）电源（Electrical Sources）模块库。电源模块库包括直流电压源、交流电压源、交流电流源、受控电压源和受控电流源等基本模块。电源模块库中各基本模块及其图标如图 7-11 所示。

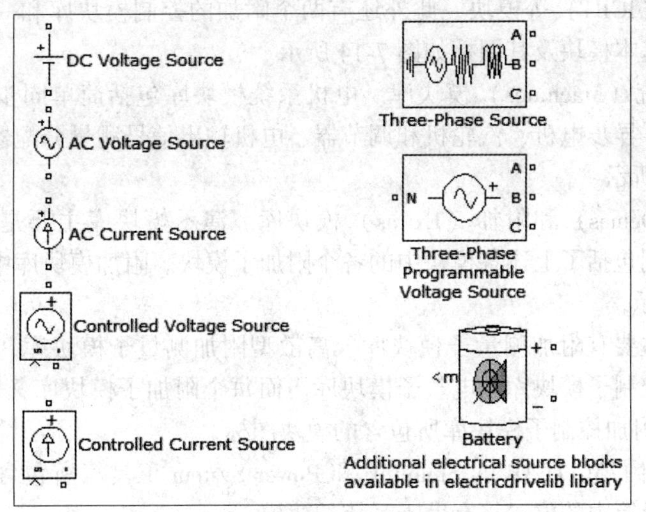

图 7-11　电源模块库及其图标

(2) 测量（Measurements）模块库。测量模块库包括电压表、电流表、阻抗表、多用表和各种附加的子模块库等基本模块。测量模块库中的各基本模块及其图标如图7-12所示。

(3) 元件（Elements）模块库。元件模块库包括各种电阻、电容和电感元件，各种变压器元件，另外还有一个附加的三相元件子模块库。遗憾的是元件模块库中不包含单个的电阻、电容和电感元件，单个的电阻、电容和电感元件只能通过串联或并联的 RLC 分支，以及它们的负载形式来定义。单个元件的参数设置在串联或并联分支中是不同的，具体设置见表 7-1。元件模块库中各基本模块及其图标如图 7-13 所示。

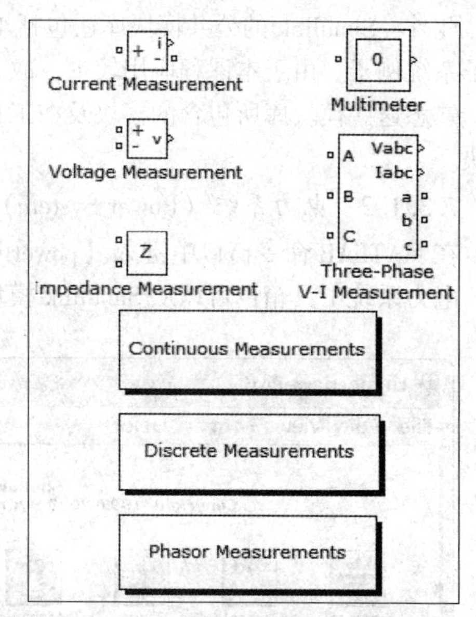

图 7-12　测量模块库及其图标

表 7-1　单个电阻、电容、电感元件的参数设置

元　件	串联 RLC 分支			并联 RLC 分支		
类　型	电阻数值	电感数值	电容数值	电阻数值	电感数值	电容数值
单个电阻	R	0	inf	R	inf	0
单个电感	0	L	inf	inf	L	0
单个电容	0	0	C	inf	inf	C

(4) 电力电子（Power Electronics）模块库。电力电子模块库包括理想开关、二极管（Diode）、晶闸管（Thyristor）、可关断晶闸管（GTO）、功率 MOS 场效应管（MOSFET）、绝缘门极晶体管（IGBT）等模块，此外还有两个附加的控制模块库和一个整流桥。电力电子模块库中各基本模块及其图标如图 7-14 所示。

(5) 电机系统（Machines）模块库。电机系统模块库包括简单同步电机、永磁同步电机、直流电机、异步电机、汽轮机和调节器、电机输出信号测量分配器等模块，各模块的图标如图 7-15 所示。

(6) 演示（Demos）和附加（Extras）模块库。演示模块库主要是提供一些演示实例；附加模块库则包括了上述各模块中的各个附加子模块。附加模块库中各基本模块及其图标如图 7-16 所示。

附加模块库主要有附加测量子模块库、离散型附加测量子模块库、附加控制子模块库、离散型附加控制子模块库及电气子模块库。而每个附加子模块库又包含了多个模块。图 7-17 所示的是附加控制子模块库所包含的模块图标。

以上简要介绍了 MATLAB 的 Simulink 和 Power System 工具箱所包含的模块内容，熟悉这些模块在工具箱中的位置将有助于系统的建模。

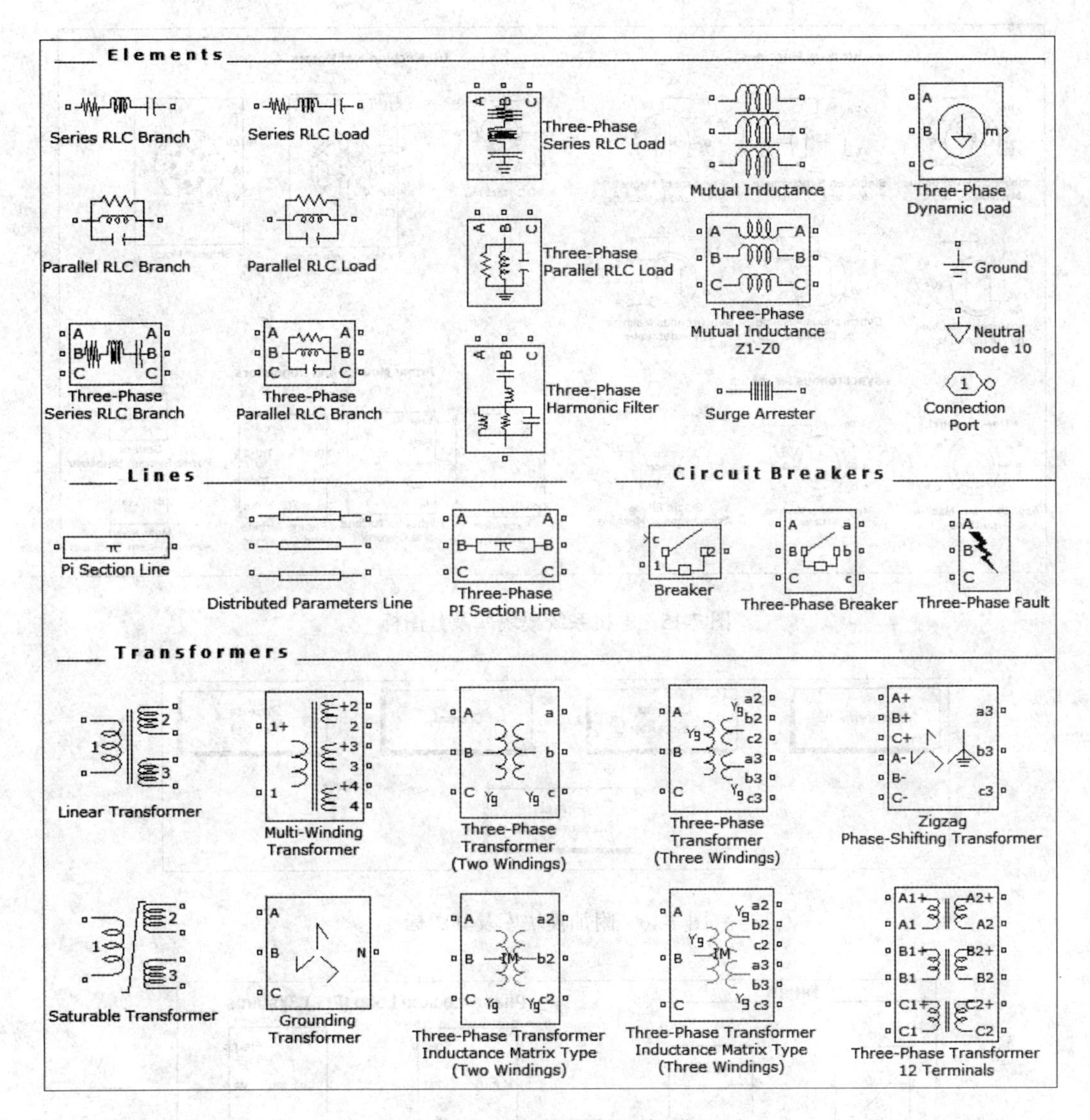

图 7-13 元件模块库及其图标

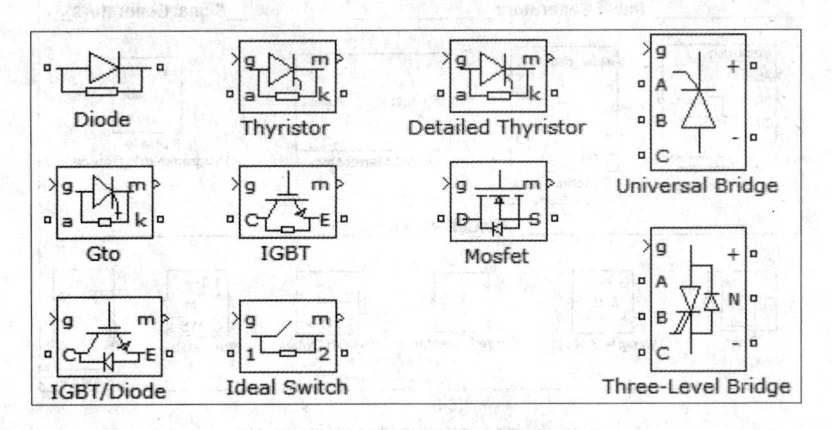

图 7-14 电力电子模块库及其图标

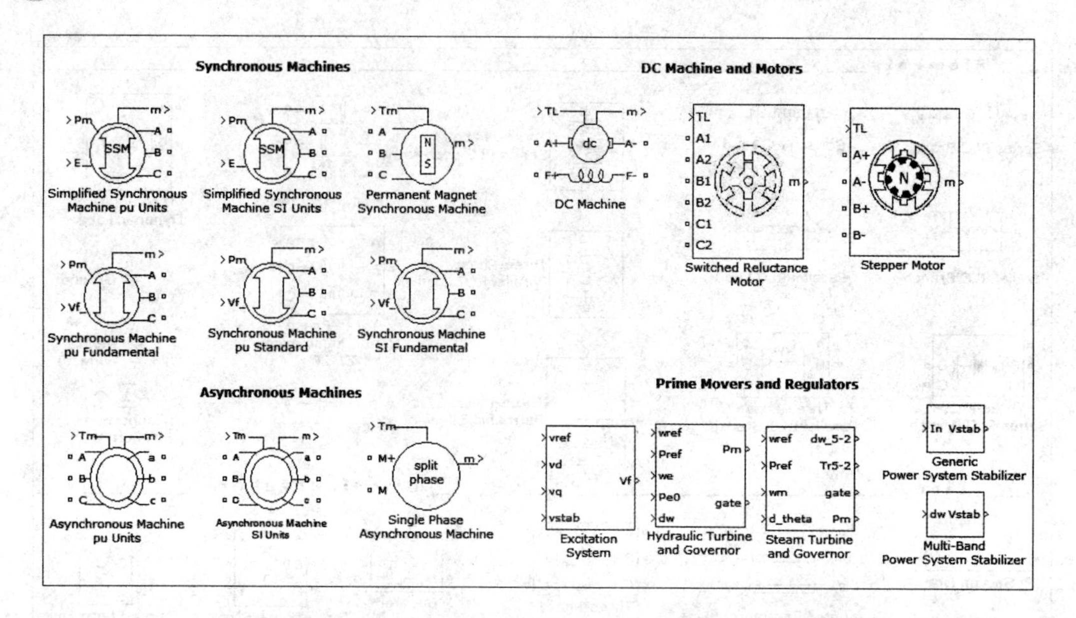

图 7-15 电机系统模块库及其图标

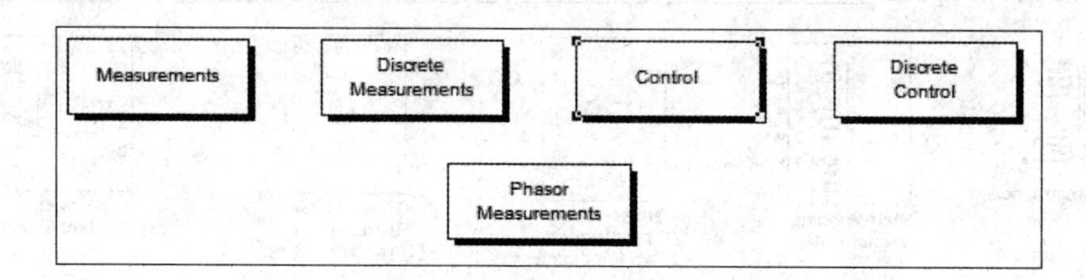

图 7-16 附加模块库及其图标

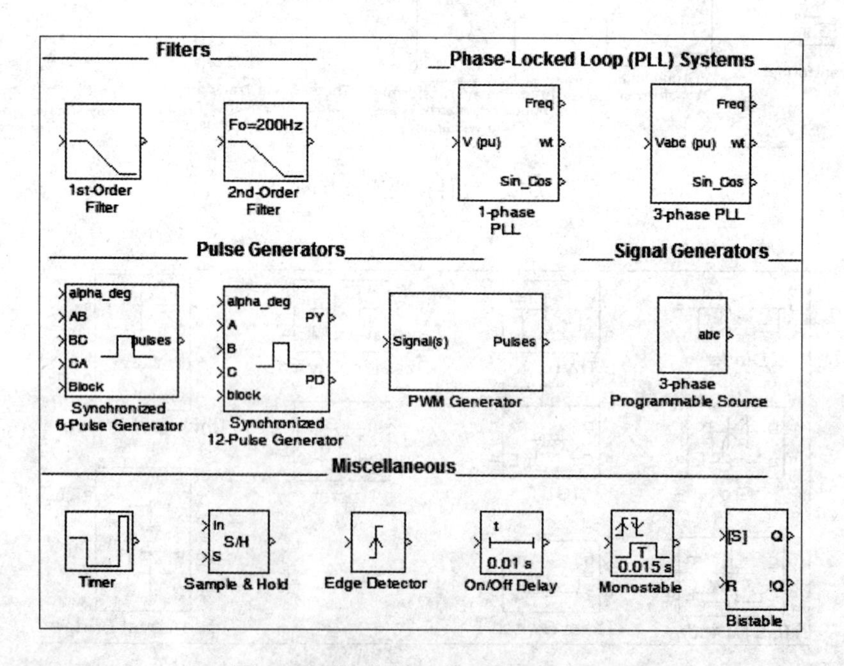

图 7-17 附加控制子模块库及其图标

7.3.2　典型电力电子器件的MATLAB仿真模型

7.3.2.1　二极管元件的仿真模型

A　二极管元件的符号和仿真模型

MATLAB中的二极管就是一个单项导电的半导体二端器件，没有普通二极管、功率二极管等种类之分，都是一个图标，它们的区别主要是在参数设置上。二极管的仿真模型由一个内电阻R_{on}、一个电感L_{on}、一个直流电压源U_f和一个开关SW串联而成。开关受二极管电压U_{ak}和电流I_{ak}控制。二极管元件的符号和仿真模型如图7-18所示。

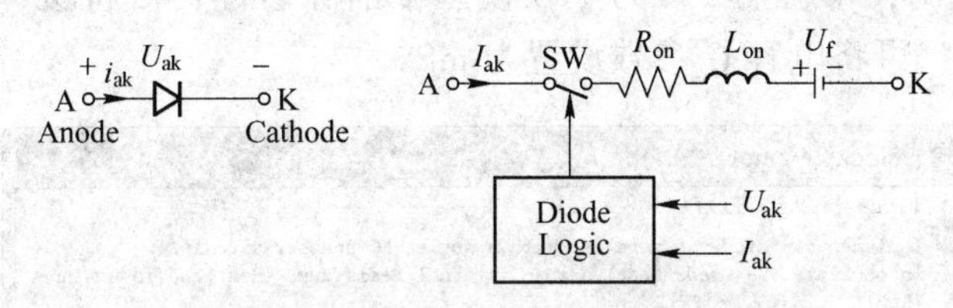

图7-18　二极管元件的符号和仿真模型

二极管模块还带有一个R_sC_s串联缓冲电路，它通常与二极管并联。缓冲电路的R_s和C_s值可以设置。当指定C_s=inf时，缓冲电路为纯电阻；当指定$R_s=0$时，缓冲电路为纯电容；当指定R_s=inf或$C_s=0$时，缓冲电路去除。如图7-19所示。当二极管承受正向电压时导通，此时管压降U_f很小；当二极管承受反向电压或流过管子的电流降到零时关断。

B　二极管元件的静态伏安特性

二极管的静态伏安特性如图7-20所示。

二极管元件本质是一个PN结，其导电特性为单向导电，由图7-20可见，当外加正向电压很低时，正向电流很小，几乎为零。当正向电压超过一定数值后，电流增大很快。在二极管上加反向电压时，反向电流很小，但当把反向电压加大至某一数值时，反向电流会突然增大，二极管被击穿，失去单向导电性。

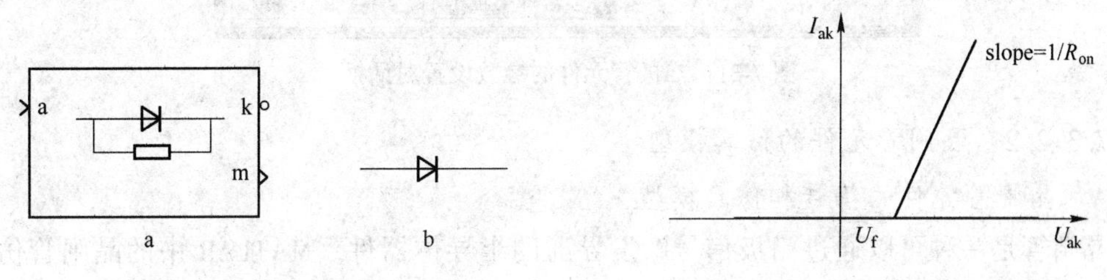

图7-19　二极管模块的图标
a—带缓冲电路的图标；b—不带缓冲电路的图标

图7-20　二极管的静态伏安特性

C　二极管仿真元件的输入、输出和参数设置

在二极管模块图标中可以看到，它有一个输入和两个输出。一个输入是二极管的阳极a。第一个输出是二极管的阴极k，第二个输出m用于测量二极管的电流和电压输出向量[I_{ak}，U_{ak}]。

二极管元件的参数设置对话框如图7-21所示。要设置的参数有：

（1）二极管元件内电阻 R_{on}，单位为Ω。当内电感参数设置为0时，内电阻 R_{on} 不能为0。

（2）二极管元件内电感 L_{on}，单位为H。当内电阻参数设置为0时，内电感不能为0。

（3）二极管元件的正向电压 U_f，单位为V。即二极管的门槛电压，在设置了门槛电压后，只有当二极管所加的正向电压大于门槛电压时，二极管才能导通。

（4）初始电流 I_c，单位为A。通常将 I_c 设为0，使器件在零状态下开始工作；当然，也可以将 I_c 设为非0，其前提是二极管的内电感大于0，仿真电路的其他储能元件也设置了初始值。

（5）缓冲电阻 R_s，单位为Ω。为了在模型中消除缓冲，可将 R_s 参数设置为inf。

（6）缓冲电容 C_s，单位为F。为了在模型中消除缓冲，可将缓冲电容 C_s 设置为0；为了得到纯电阻 R_s，可将电容 C_s 参数设置为inf。

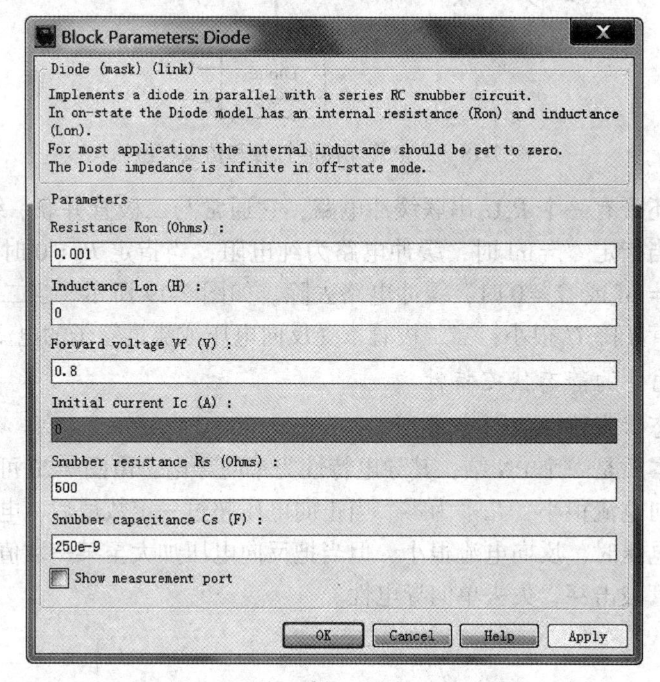

图7-21　二极管元件的参数设置对话框

7.3.2.2　晶闸管元件的仿真模型

A　晶闸管元件的符号和仿真模型

晶闸管是一种可以通过门极信号触发导通的半导体器件。MATLAB中的晶闸管仿真模型由一个电阻 R_{on}、一个电感 L_{on}、一个直流电压源 U_f 和一个开关串联组成。开关受逻辑信号控制，该逻辑信号由电压 U_{ak}、电流 I_{ak} 和门极触发信号 g 决定。晶闸管元件的符号和仿真模型如图7-22所示。

晶闸管模块还包括一个 R_sC_s 串联缓冲电路，它通常与晶闸管并联。缓冲电路的 R_s 和 C_s 值可以设置，当指定 C_s=inf时，缓冲电路为纯电阻；当指定 R_s=0时，缓冲电路为纯电容；当指定 R_s=inf或 C_s=0时，缓冲电路去除。如图7-23所示。

B　晶闸管元件的静态伏安特性

晶闸管的静态伏安特性如图7-24所示。

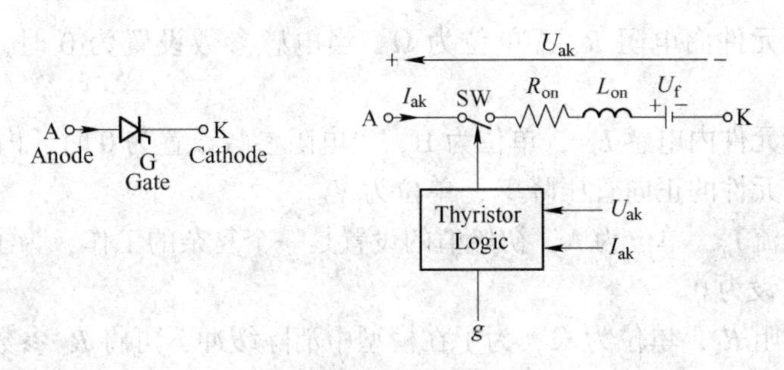

图 7-22 晶闸管元件的符号和仿真模型

A—阳极；K—阴极；G—门极

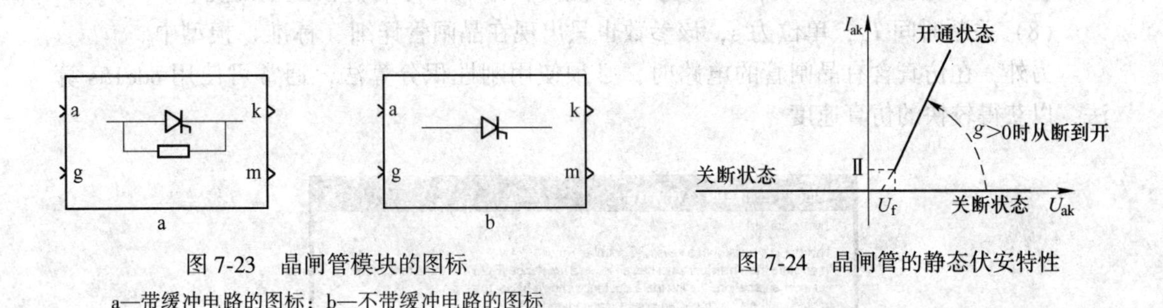

图 7-23 晶闸管模块的图标

a—带缓冲电路的图标；b—不带缓冲电路的图标

图 7-24 晶闸管的静态伏安特性

当阳极和阴极之间的电压大于 U_f 且门极触发脉冲为正（g>0）时，晶闸管开通。该触发脉冲的幅值必须大于 0 且有一定的持续时间，以保证晶闸管阳极电流大于擎住电流。

当晶闸管的阳极电流下降到零（$I_{ak}=0$），且阳极和阴极之间施加反向电压的时间大于或等于晶闸管的关断时间 T_q时，晶闸管关断。如果阳极和阴极之间施加反向电压的持续时间小于晶闸管的关断时间 T_q，晶闸管就会自动导通，除非没有门极触发信号（即 $g=0$）且阳极电流小于擎住电流。另外，在导通时，阳极电流小于参数对话框设置的擎住电流，当触发脉冲去掉后，晶闸管将立即关断。

晶闸管关断时间 T_q取决于载流子的恢复时间，它包括阳极电流下降到零的时间和晶闸管加上正向阳极电压而不导通的时间。

C 晶闸管元件的仿真模型类型和输入、输出

a 晶闸管元件的仿真模型类型

晶闸管元件的仿真模型有详细（标准）模型和简化模型两种。为了提高仿真速度，可以采用简化的晶闸管模型，即令详细（标准）模型中的擎住电流 I_L 和关断时间 T_q为 0。

在设置晶闸管模型参数时需要注意，不能将电感 L_{on}设为零。

b 输入与输出

在晶闸管模块图标中可以看到，它有两个输入和两个输出。第一个输入 a 和输出 k 对应于晶闸管阳极和阴极。第二个输入 g 为加在门极上的逻辑信号（g）。第 2 个输出 m 用于测量输出向量［I_{ak}，U_{ak}］。

D 晶闸管仿真元件的参数

晶闸管元件的参数设置对话框如图 7-25 所示。要设置的参数有：

（1）晶闸管元件内电阻 R_{on}，单位为 Ω，当电感参数设置为 0 时，内电阻 R_{on} 不能为 0。

（2）晶闸管元件内电感 L_{on}，单位为 H，当电阻参数设置为 0 时，内电感不能为 0。

（3）晶闸管元件的正向管压降 V_f，单位为 V。

（4）初始电流 I_c，单位为 A，初始值的设置是一个复杂的工作，为了配合晶闸管进行仿真，通常将 I_c 设为 0。

（5）缓冲电阻 R_s，单位为 Ω，为了在模型中消除缓冲，可将 R_s 参数设置为 inf。

（6）缓冲电容 C_s，单位为 F，为了在模型中消除缓冲，可将缓冲电容 C_s 设置为 0；为了得到纯电阻 R_s，可将电容 C_s 参数设置为 inf。

（7）擎住电流 I_L，单位为 A，该参数在晶闸管详细（标准）模型中出现。

（8）关断时间 T_q，单位为 s，该参数也只出现在晶闸管详细（标准）模型中。

另外，在仿真含有晶闸管的电路时，必须使用刚性积分算法，通常可使用 ode15s 算法，以获得较快的仿真速度。

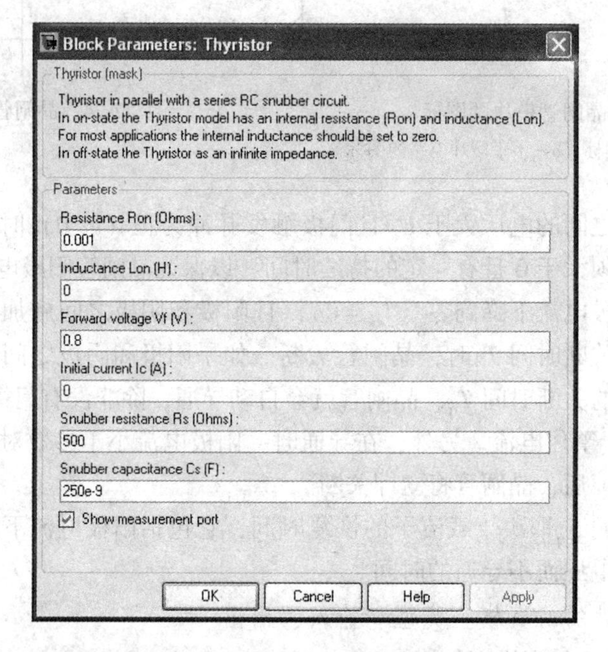

图 7-25　晶闸管元件的参数设置对话框

7.3.2.3　GTO 元件的仿真模型

A　可关断晶闸管元件 GTO 的符号和仿真模型

可关断晶闸管 GTO 是一个由门极信号控制其导通和关断的半导体器件。与普通晶闸管一样的是：GTO 可被正的门极驱动控制信号（$g>0$）触发导通。与普通晶闸管不一样的是：普通的晶闸管导通后，只有等到阳极电流为 0 时才能关断；而 GTO 可在任何时刻，通过施加等于 0 或负的门极驱动信号就可将其关断。

可关断晶闸管 GTO 的仿真模型由电阻 R_{on}、电感 L_{on}、直流电压源 U_f 和一个开关 SW 串联组成，该开关受 GTO 逻辑信号控制，该逻辑信号又由可关断晶闸管的电压 U_{ak}、电流

I_{ak}和门极驱动信号 g 决定。可关断晶闸管元件的符号和仿真模型如图 7-26a、b 所示。

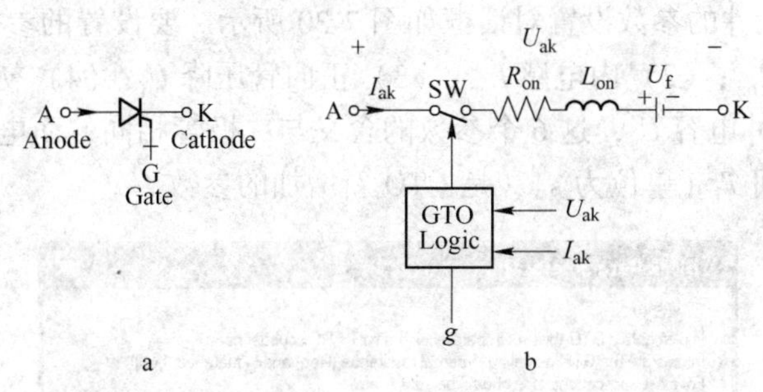

图 7-26 可关断晶闸管元件的符号和仿真模型

a—符号；b—仿真模型

可关断晶闸管模块也包括一个 R_sC_s 串联缓冲电路，它通常与 GTO 并联（连接在端口 a 和 k 之间）。带有缓冲电路的 GTO 图标如图 7-27 所示。

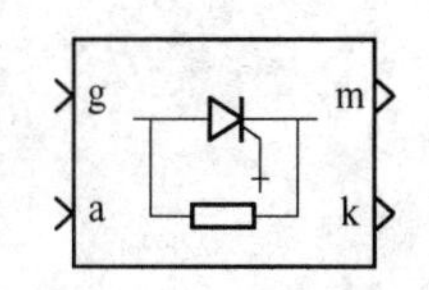

图 7-27 可关断晶闸管的图标

B 可关断晶闸管元件的静态伏安特性

可关断晶闸管的静态伏安特性如图 7-28 所示。当阳极和阴极之间的正向电压大于 U_f且门极驱动脉冲为正（g>0）时，可关断晶闸管 GTO 开通。当门极信号为 0 或负时，GTO 开始截止，但它的电流并不立即为 0，因为 GTO 的电流衰减过程需要时间。GTO 的电流衰减过程对晶闸管的关断损耗有很大影响，所以在模型中考虑了关断特性。电流衰减过程被近似分成两段。当门极信号变为 0 后，电流 I_{ak}从最大值 I_{max}降到 $0.1I_{max}$所用的时间即为下降时间 T_f；从 $0.1I_{max}$降到 0 的时间即为拖尾时间 T_t。当电流 I_{ak}将为 0 时，GTO 彻底关断。关断电流曲线如图 7-29 所示。

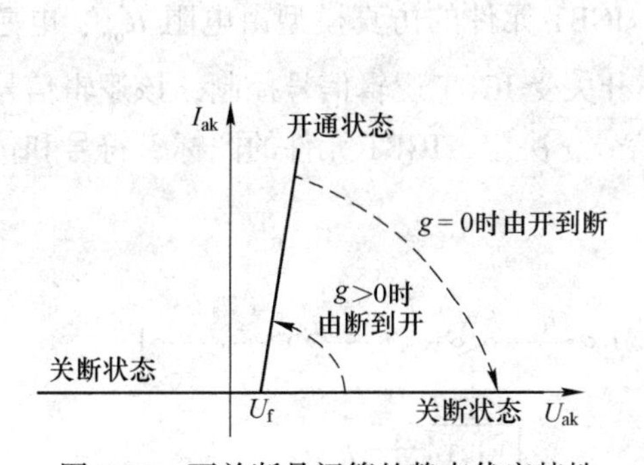

图 7-28 可关断晶闸管的静态伏安特性

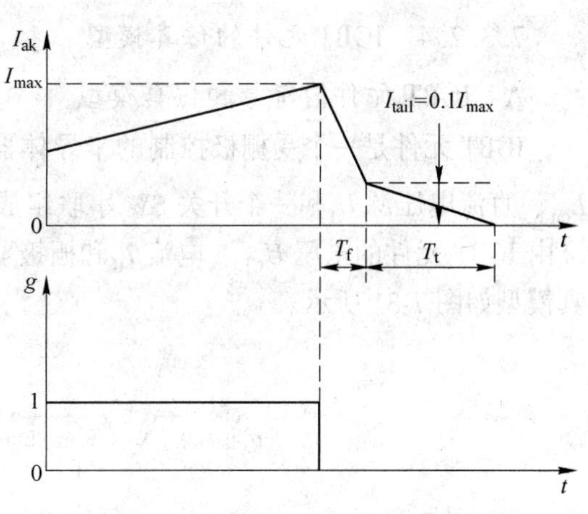

图 7-29 可关断晶闸管的关断电流曲线

C 可关断晶闸管元件的输入、输出和参数设置

由图 7-27 的可关断晶闸管模块图标可见，它有两个输入和两个输出。第一个输入和输出对应于可关断晶闸管的阳极 a 和阴极 k。第二个输入 g 为加在门极上的仿真信号 g。

第二个输出 m 用于测量可关断晶闸管的电流和电压输出向量 $[I_{ak}, U_{ak}]$。

可关断晶闸管元件的参数设置对话框如图 7-30 所示。要设置的参数有：(1) 可关断晶闸管元件内电阻 R_{on}；(2) 内电感 L_{on}；(3) 正向管压降 U_f；(4) 初始电流 I_c；(5) 缓冲电阻 R_s；(6) 缓冲电容 C_s，这 6 个参数的含义与二极管相同；而电流下降到 10%的时间 T_f和电流拖尾时间 T_t（单位为 s），是 GTO 新增加的参数。

Block Parameters: Gto

Gto (mask)

Implements a GTO thyristor in parallel with a series RC snubber circuit.
In on-state the GTO model has internal resistance (Ron) and inductance (Lon).
For most applications, Lon should be set to zero.
In off-state the model has infinite impedance.

Parameters

Resistance Ron (Ohms) :
0.001

Inductance Lon (H) :
0

Forward voltage Vf (V) :
1

Current 10% fall time Tf (s) :
10e-6

Current tail time Tt (s) :
20e-6

Initial current Ic (A) :
0

Snubber resistance Rs (Ohms) :
1e5

Snubber capacitance Cs (F) :
inf

☑ Show Measurement port

OK　Cancel　Help　Apply

图 7-30　可关断晶闸管元件的参数设置对话框

7.3.2.4　IGBT 元件的仿真模型

A　IGBT 元件的符号和仿真模型

IGBT 元件是一个受栅极控制的半导体器件，IGBT 元件的仿真模型由电阻 R_{on}、电感 L_{on}、直流电压源 U_f和一个开关 SW 串联组成，该开关受 IGBT 逻辑信号控制，该逻辑信号又由 IGBT 元件的电压 U_{CE}、电流 I_C和栅极驱动信号 g 决定，IGBT 元件的图标、符号和仿真模型如图 7-31 所示。

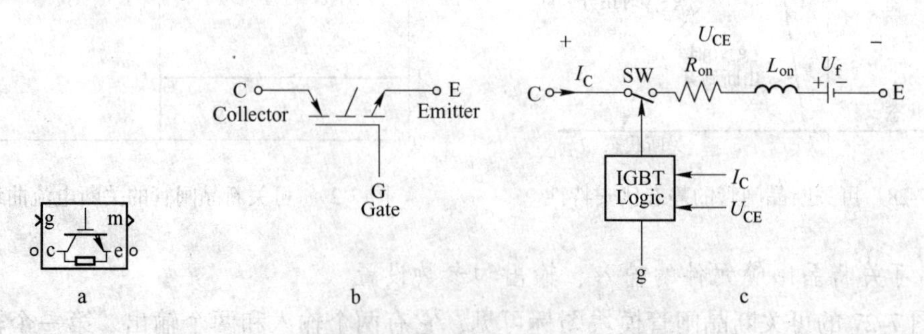

图 7-31　IGBT 元件的图标、符号和仿真模型
a—图标；b—符号；c—仿真模型

B IGBT 元件的静态伏安特性

IGBT 元件的静态伏安特性如图 7-32 所示，关断电流曲线如图 7-33 所示。当集-射极（C-E 极）电压为正且大于 U_f，同时栅极施加正信号（$g>0$）时，IGBT 开通。当集-射极电压为负时，IGBT 也处于关断状态。

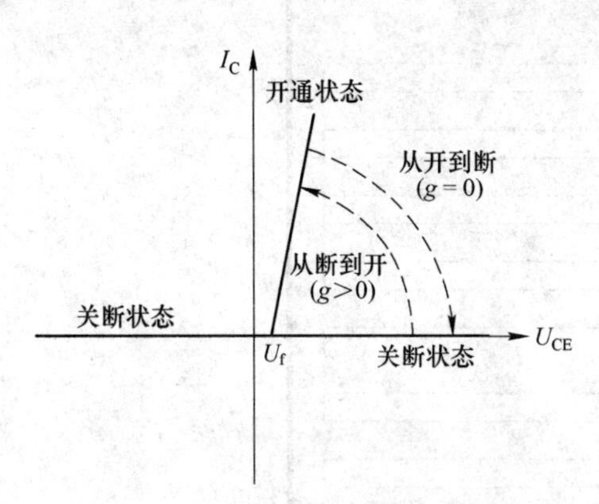

图 7-32 IGBT 元件的静态伏安特性

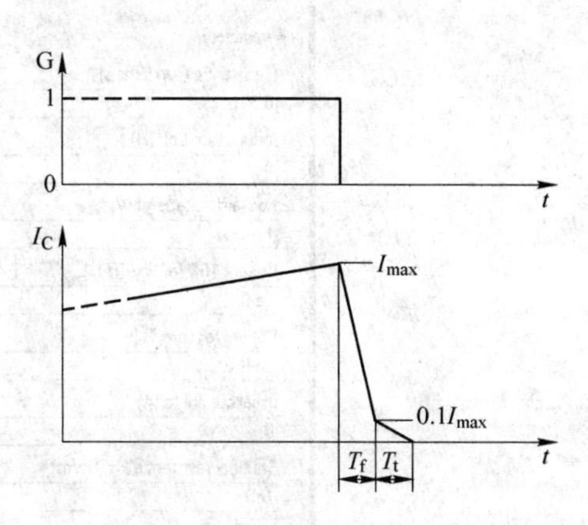

图 7-33 关断电流曲线

该模块还含有一个 R_s-C_s 缓冲电路，它们并行连接在 IGBT 上（在点 C 和 E 之间）。

IGBT 元件的关断特性被近似分成两端。当栅极信号变为 0（$g=0$）时，集电极电流 I_c 从最大值 I_{max} 下降到 $0.1I_{max}$ 所用的时间称为下降时间 T_f；从 $0.1I_{max}$ 下降到 0 的时间称为拖尾时间 T_t。

C IGBT 元件的输入、输出和参数设置

IGBT 元件的图标如图 7-31a 所示，由图标可见，它有两个输入和两个输出，第一个输入 C 和输出 E 对应于 IGBT 的集电极（C）和发射极（E）；第二个输入 g 为加在栅极上的 Simulink 逻辑控制信号（g），第二个输出 m 用于测量 IGBT 元件的电流和电压输出向量 $[I_{ak}, U_{ak}]$。

IGBT 元件的参数设置对话框如图 7-34 所示。要设置的参数有内电阻 R_{on}、内电感 L_{on}、正向管压降 U_f、电流下降到 10%的时间 T_f、电流拖尾时间 T_t、初始电流 I_c、缓冲电阻 R_s 和缓冲电容 C_s 等，它们的含义和设置方法与可关断晶闸管相同。需要说明的是初始电流 I_c 通常设置为 0，表示仿真模型从 IGBT 的关断状态开始。如果设置为一个大于 0 的数值，则仿真模型认为 IGBT 的初始状态是导通状态。仿真含有 IGBT 元件的电路时，也必须使用刚性积分算法，通常可使用 ode23tb 或 ode15s，以获得较快的仿真速度。

7.3.2.5 MOSFET 元件的仿真模型

A MOSFET 元件的符号和仿真模型

MOSFET 元件是一种在漏极电流 $I_d>0$ 时，受栅极信号（$g>0$）控制的半导体器件。MOSFET 元件内部并联了一个二极管，该二极管在 MOSFET 元件被反向偏置时开通；它的仿真模型由电阻 R_d、电感 L_{on}、二极管 U_f 串联后和一个开关 SW 以及内电阻 R_{on} 并联组成，该开关受 MOSFET 逻辑信号控制，该逻辑信号又由 MOSFET 元件的电压 U_{DS}、电流 I_d 和栅极驱动信号（g）决定。MOSFET 元件的图标、符号和仿真模型如图 7-35 所示。

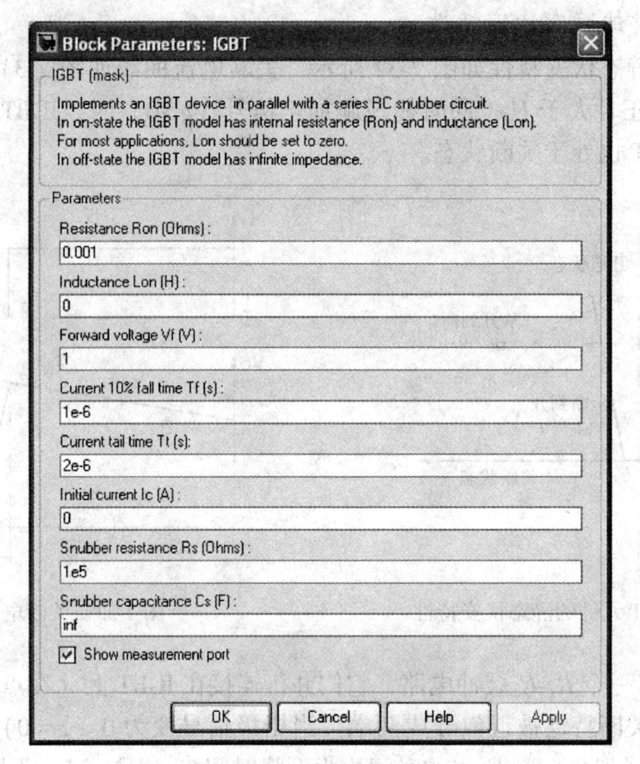

图 7-34 IGBT 元件的参数设置对话框

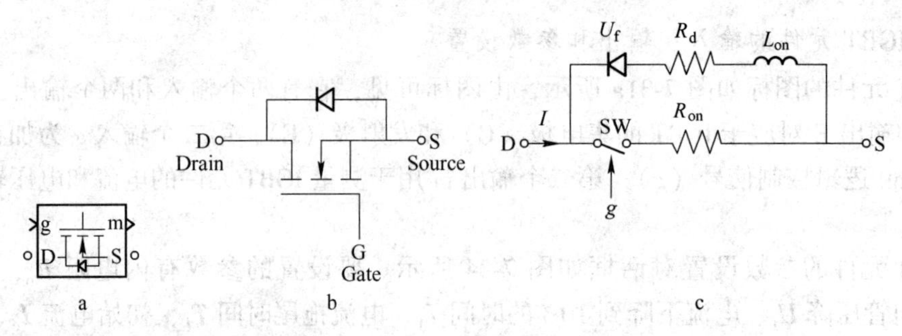

图 7-35 MOSFET 元件的图标、符号和仿真模型

a—图标；b—符号；c—仿真模型

B MOSFET 元件的静态伏安特性

MOSFET 元件的静态伏安特性如图 7-36 所示，关断电流曲线如图 7-37 所示。当漏-源极（D-S 极）电压 U_{DS}为正且栅极施加正信号（$g>0$）时，MOSFET 元件开通。当栅极控制信号变为 0 时（$g=0$），MOSFET 开始关断，流过元件的正向电流逐渐下降，如果漏极电流 I_d为负（I_d流过内部二极管），当电流 I_d下降为 0（$I_d=0$）时，MOSFET 关断。

注意：电阻 R_t 由漏电流方向决定。当 $I_d>0$ 时，$R_t=R_{on}$，其中 R_{on}表示 MOSFET 元件正向导通电阻的典型值；当 $I_d<0$ 时，$R_t=R_d$，其中 R_d表示内部二极管电阻。

MOSFET 元件内部还含有一个 R_s-C_s缓冲电路，它们并行连接在 MOSFET 上（在点 D 和 S 之间）。

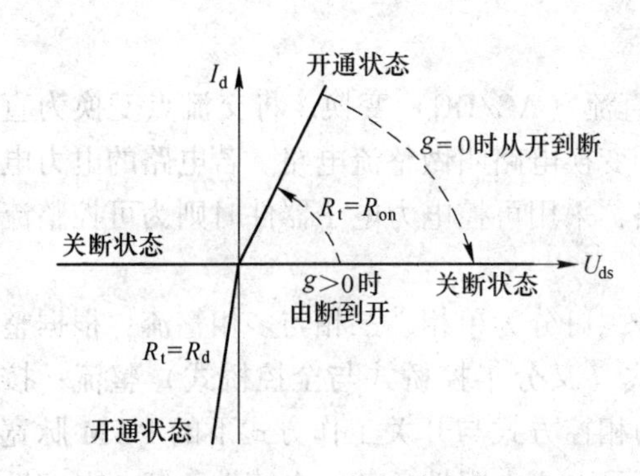

图 7-36 MOSFET 元件的静态伏安特性

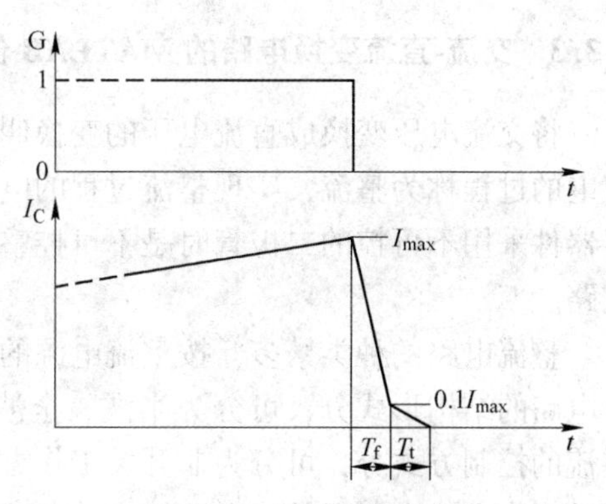

图 7-37 关断电流曲线

C MOSFET 元件的输入、输出和参数设置

MOSFET 元件的图标如图 7-35a 所示。由图标可见，它有两个输入和两个输出，第一个输入 d 和输出 s 对应于 MOSFET 的漏极（D）和源极（S）；第二个输入 g 为加在栅极上的 Simulink 逻辑控制信号（g），第二个输出 m 用于测量 MOSFET 元件的电流和电压输出向量 $[I_{ak}, U_{ak}]$。

MOSFET 元件的参数设置对话框如图 7-38 所示。要设置的参数有内电阻 R_{on}、内电感 L_{on}、内部二极管电阻 R_d、初始电流 I_c、缓冲电阻 R_s 和缓冲电容 C_s 等，除二极管电阻 R_d 是一个新参数外，其他参数的含义和设置方法与可关断晶闸管相同。仿真含有 MOSFET 元件的电路时，也必须使用刚性积分算法，通常可使用 ode23tb 或 ode15s，以获得较快的仿真速度。

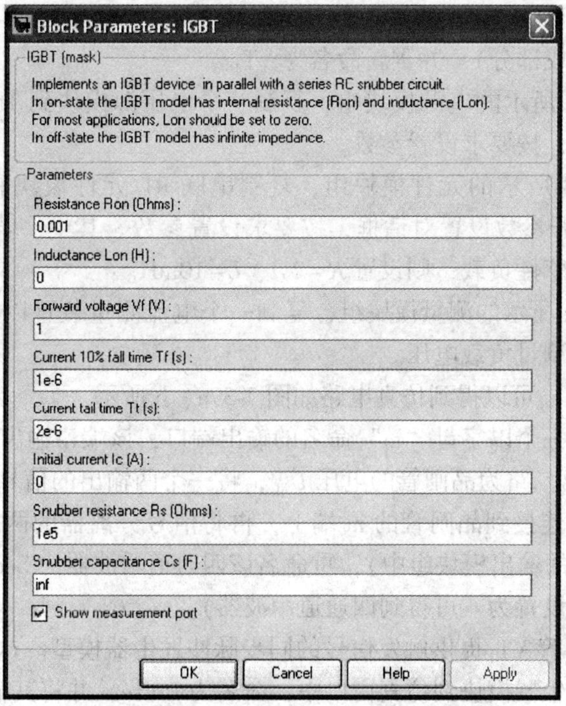

Block Parameters: IGBT

IGBT (mask)

Implements an IGBT device in parallel with a series RC snubber circuit.
In on-state the IGBT model has internal resistance (Ron) and inductance (Lon).
For most applications, Lon should be set to zero.
In off-state the IGBT model has infinite impedance.

Parameters

Resistance Ron (Ohms) :
0.001
Inductance Lon (H) :
0
Forward voltage Vf (V) :
1
Current 10% fall time Tf (s) :
1e-6
Current tail time Tt (s):
2e-6
Initial current Ic (A) :
0
Snubber resistance Rs (Ohms) :
1e5
Snubber capacitance Cs (F) :
inf
☑ Show measurement port

OK Cancel Help Apply

图 7-38 MOSFET 元件的参数设置对话框

7.3.3 交流-直流变换电路的MATLAB仿真

将交流电压变换成直流电压的变换叫交流-直流（AC/DC）变换。将交流点变换为直流电的过程称为整流，实现整流过程的电力电子变换电路叫做整流电路。若电路的电力电子器件采用不可控的二极管时是不可控整流电路；采用可控电力电子器件时则为可控整流电路。

整流电路的种类繁多，按整流电源的相数分，可分为单相、三相与多相整流；根据整流电路的结构形式分，可分为半波、全波与桥式（又分半控桥式与全控桥式）整流；按整流的控制方式分，可分为非开关工作方式下的相控方式与开关工作方式下的PWM脉宽调试工作方式。根据整流电路输出的负载性质还可分为电阻性负载、电感性负载、电容性负载、电阻电感电容相组合负载、反电动势负载与电动机负载等。

此后介绍的仿真模型，其参数值设置虽已仿真寻优，但读者还可对参数进一步优化。

7.3.3.1 单相半波可控整流电路（电阻性负载及阻感性负载）的MATLAB仿真

A 电路的建模与参数设置

单相半波可控整流电路从图3-7中电路图可知，该电路由电压源、晶闸管、同步脉冲发生器、电阻负载及阻感性负载等部分组成。电路建模与参数设置如下：

（1）建立一个新的模型窗口，命名为ThyristorDXBB（文件名在符合语法的情况下，可任意定）。

（2）打开如图7-14所示的电力电子模块组，复制一个晶闸管模块到ThyristorDXBB模型中。

（3）打开晶闸管对话框，按如下参数进行设置参数：内电阻$R_{on}=0.001\Omega$；内电感$L_{on}=0$；正向管压降$U_f=0.8V$；缓冲电阻$R_s=20\Omega$；缓冲电容$C_s=4e\text{-}6F$（注意RC缓冲电路是晶闸管模块的组成部分）。并重新命名为VT_1。

（4）打开图7-11所示的电源模块组，复制一个电压源模块到ThyristorDXBB模型中，打开参数设置对话框，按要求设置参数。

（5）打开图7-13所示的元件模块组，复制串联RL元件模块和接地模块到ThyristorDXBB模型中，打开参数设置对话框，按要求设置参数。其中，若负载为电阻性负载，设置$R=2\Omega$；若为阻感性负载，则设置$R=2\Omega$、$L=10mH$。

（6）打开图7-12所示的测量模块组，复制一个电流测量装置以测量负载电流；复制一个电压测量装置以测量负载电压。

（7）适当连接后，可以得到仿真电路如图7-39a、b所示。

注意：晶闸管有一个以字母“m”命名的输出端口，该端口输出两路信号；第一路为晶闸管的电流I_{ak}、第二路为晶闸管的电压U_{ak}，将一个两输出的信号分离器（在图7-7的信号与系统模块中）连接到晶闸管的m端上，再将信号分离器的两个输出信号接入四通道示波器（在图7-8的输出模块组中），重命名该四通道示波器为Scopel（在示波器特性/基础对话框中将轴数设置为4可得到四通道示波器）。

（8）建立给晶闸管VT_1提供触发信号的同步脉冲发生器模型。从图7-9的输入源模块组中复制一个脉冲发生器模块到仿真窗口中，命名为Pulse，并将其输出连接到VT_1的门

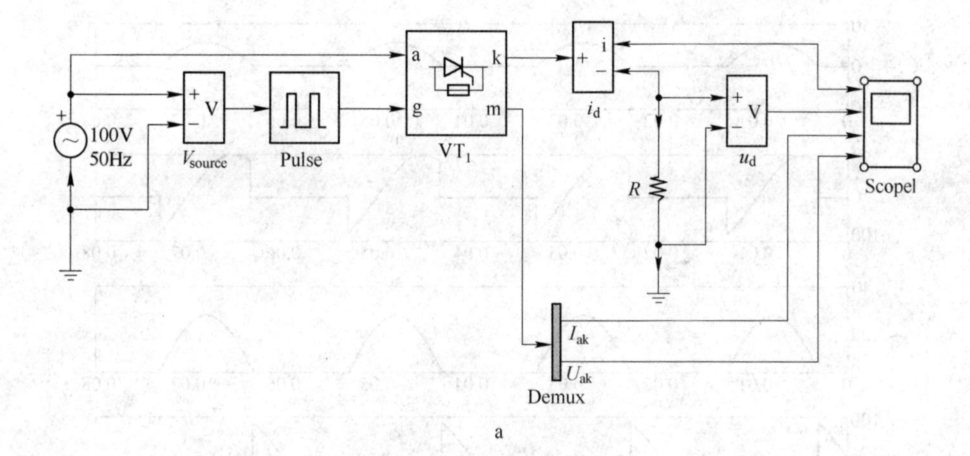
100V
50Hz
V
V_{source}
Pulse
a
k
g
m
VT_1
i
i_d
V
u_d
R
Scopel
I_{ak}
U_{ak}
Demux

a

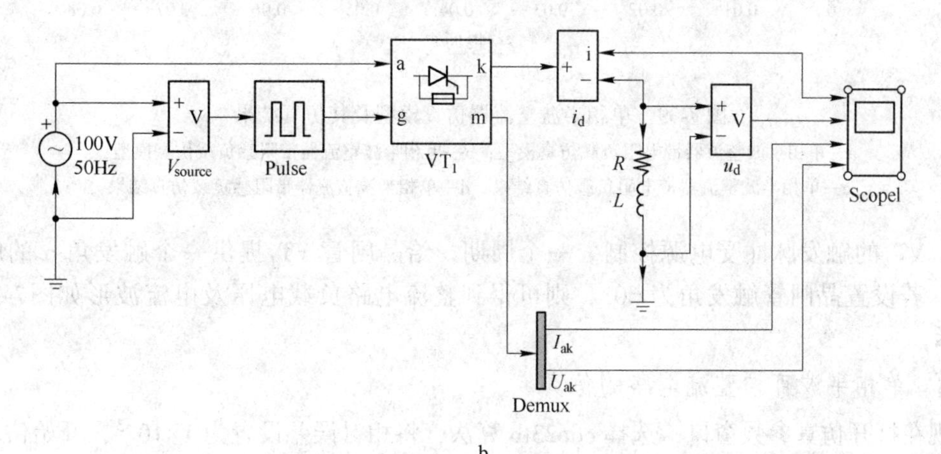
100V
50Hz
V
V_{source}
Pulse
a
k
g
m
VT_1
i
i_d
V
u_d
R
L
Scopel
I_{ak}
U_{ak}
Demux

b

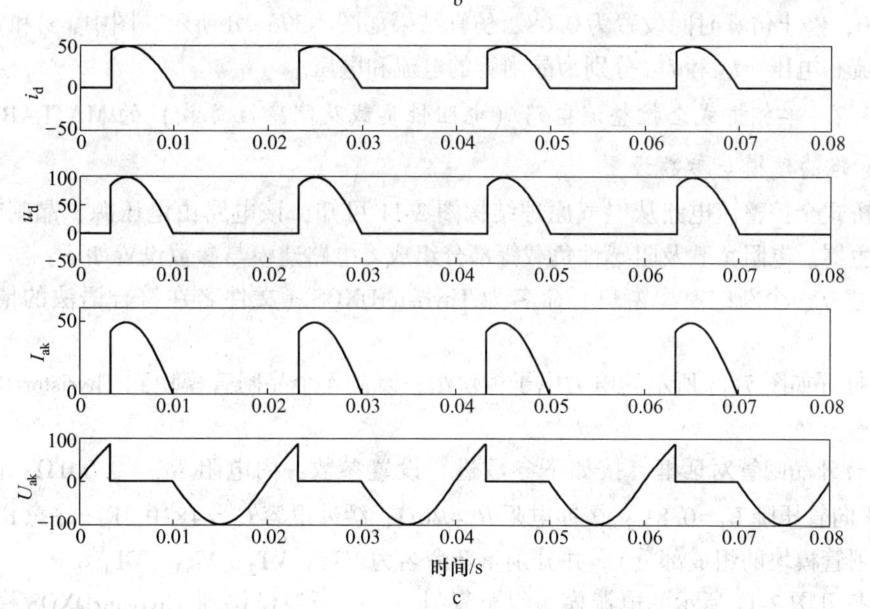
i_d
u_d
I_{ak}
U_{ak}
时间/s

c

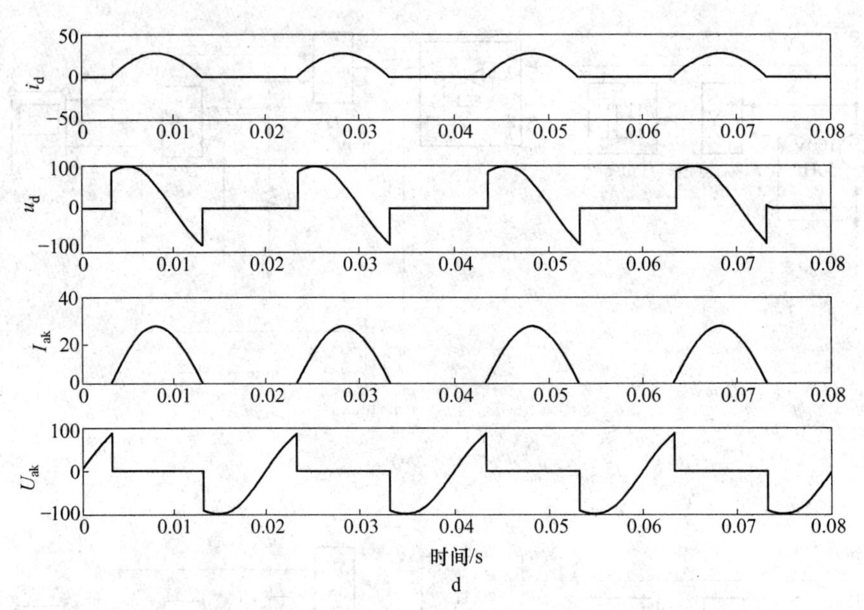

图 7-39 单相半波整流器仿真模型及其仿真结果

a—单相半波整流器带电阻负载仿真模型；b—单相半波整流器带阻感负载仿真模型；
c—单相半波整流器带电阻负载仿真结果；d—单相半波整流器带阻感负载仿真结果

极上。VT_1的触发脉冲受电源控制。一个周期，给晶闸管 VT_1提供一个触发角 α 的触发脉冲。若设置晶闸管触发角为 60°，则可得到整流电路负载电压及电流波形如图7-39c、d 所示。

B 单相半波可控整流电路的仿真

现在打开仿真参数窗口，选择 ode23tb 算法，将相对误差设置为 1×10^{-3}，开始仿真时间设置为0，停止仿真时间设置为0.08。仿真结果如图 7-39c、d 所示。图中，i_d和 u_d分别为负载电流和电压，I_{ak}和 U_{ak}分别为晶闸管的电流和电压。

7.3.3.2 单相桥式全控整流电路（电阻性负载及阻感性负载）的 MATLAB 仿真

A 电路的建模与参数设置

单相桥式全控整流电路从电气原理结构图 3-11 可知，该电路由电压源、晶闸管、同步脉冲发生器、电阻负载及阻感性负载等部分组成。电路建模与参数设置如下：

（1）建立一个新的模型窗口，命名为 ThyristorDXQS（文件名在符合语法的情况下，可任意定）。

（2）打开如图 7-14 所示的电力电子模块组，复制 4 个晶闸管模块到 ThyristorDXQS 模型中。

（3）打开晶闸管对话框，按如下参数进行设置参数：内电阻 $R_{on}=0.001\Omega$；内电感 $L_{on}=0$；正向管压降 $U_f=0.8V$；缓冲电阻 $R_s=20\Omega$；缓冲电容 $C_s=4\times10^{-6}F$（注意 RC 缓冲电路是晶闸管模块的组成部分）。并分别重新命名为 VT_1、VT_2、VT_3、VT_4。

（4）打开图 7-11 所示的电源模块组，复制一个电压源模块到 ThyristorDXQS 模型中，打开参数设置对话框，按要求设置参数。

（5）打开图 7-13 所示的元件模块组，复制串联 RL 元件模块和接地模块到 ThyristorDXQS 模型中，打开参数设置对话框，按要求设置参数。其中，若负载为电阻性负载设置 $R=2\Omega$；若为阻感性负载，则设置 $R=2\Omega$、$L=0.05\text{H}$。

（6）打开图 7-12 所示的测量模块组，复制一个电流测量装置以测量负载电流；复制一个电压测量装置以测量负载电压。

（7）适当连接后，可以得到仿真电路如图 7-40a、b 所示。

（8）建立给晶闸管提供触发信号的同步脉冲发生器模型。从图 7-9 的输入源模块组中复制 4 个脉冲发生器模块到仿真窗口中，为每一个晶闸管提供同步脉冲信号，将其输出连接到对应晶闸管的门极上，并分别命名为 Pulse1、Pulse2、Pulse3 和 Pulse4。晶闸管的触发脉冲根据仿真时间产生，一个周期内给晶闸管提供一个触发角 α 的触发脉冲。

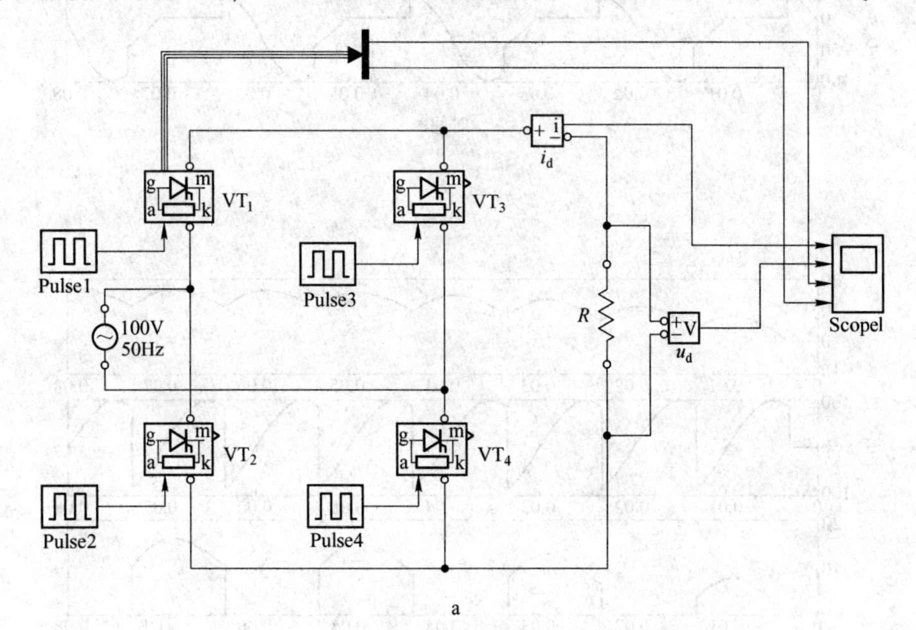

a

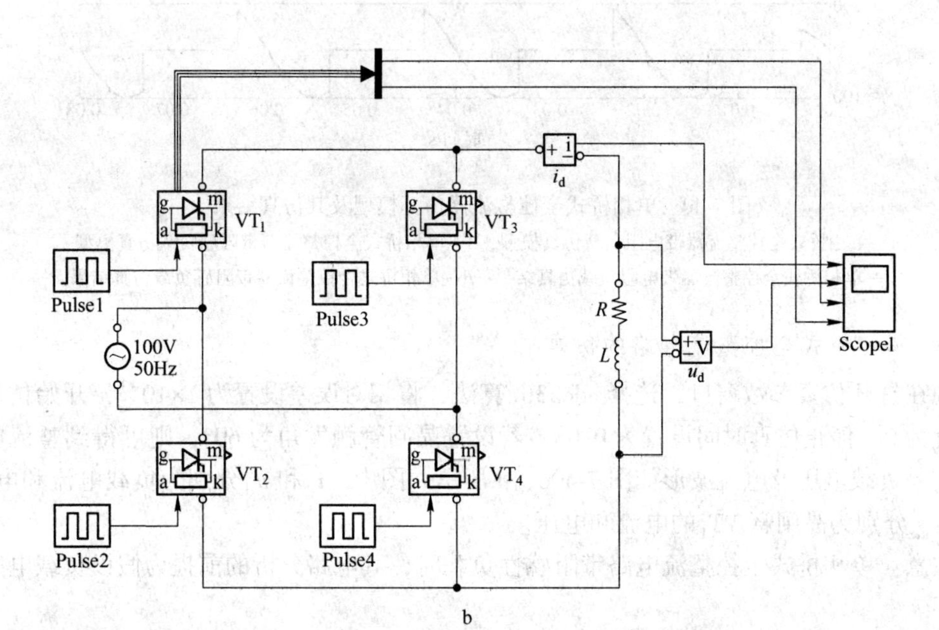

b

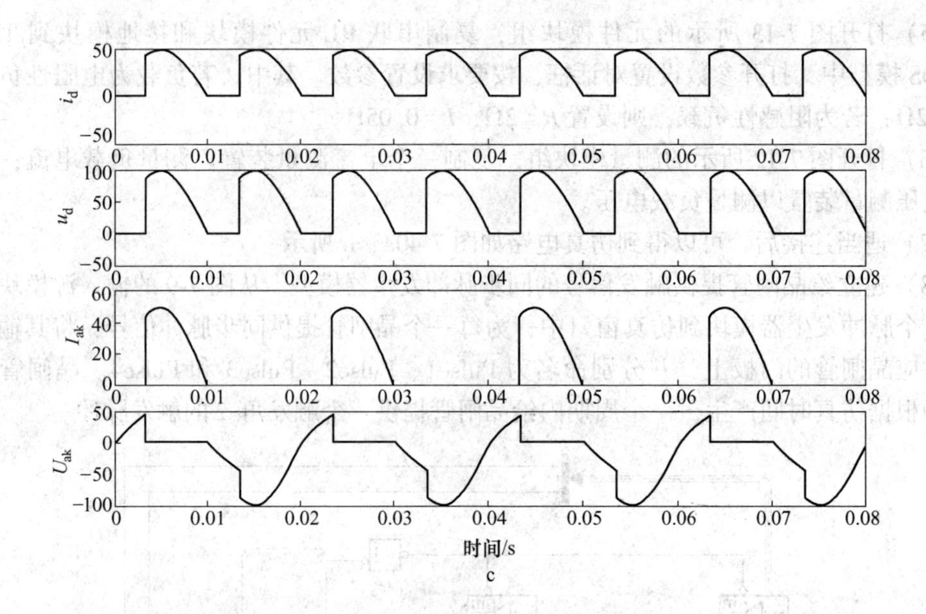

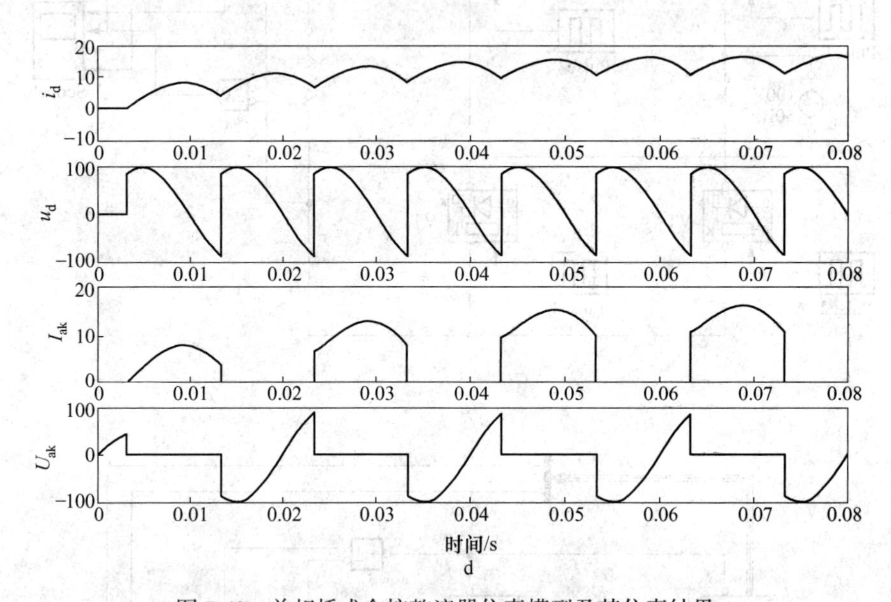

图 7-40 单相桥式全控整流器仿真模型及其仿真结果

a—单相桥式全控整流器带电阻负载仿真模型；b—单相桥式全控整流器带阻感负载仿真模型；
c—单相桥式全控整流器带电阻负载仿真结果；d—单相桥式全控整流器带阻感负载仿真结果

B 单相桥式全控整流电路的仿真

现在打开仿真参数窗口，选择 ode23tb 算法，将相对误差设置为 1×10^{-3}，开始仿真时间设置为 0，停止仿真时间设置为 0.08。若设置晶闸管触发角为 60°，则可得到整流电路仿真结果负载电压及电流波形如图 7-40c、d 所示。图中，i_d 和 u_d 分别为负载电流和电压，I_{ak} 和 U_{ak} 分别为晶闸管 VT_1 的电流和电压。

注意：单相桥式全控整流电路带阻感性负载时，其电路分析的前提为假设负载电感很大，即 $\omega L>>R$，并且电路已处于稳态。在此前提条件下负载电流 i_d 连续，且整流电流波形近似为一水平线。但在实际的仿真电路中，很难得到近似水平线的电流输出波形。

7.3.3.3 单相全波可控整流电路（电阻性负载）的 MATLAB 仿真

A 电路的建模与参数设置

单相全波可控整流电路从电气原理结构图 3-13 可知，该电路由电压源、晶闸管、同步脉冲发生器及电阻性负载等部分组成。电路建模与参数设置如下：

（1）建立一个新的模型窗口，命名为 ThyristorDXQB（文件名在符合语法的情况下，可任意定）。

（2）打开如图 7-14 所示的电力电子模块组，复制两个晶闸管模块到 ThyristorDXQB 模型中。

（3）打开晶闸管对话框，按如下参数进行设置参数：内电阻 $R_{on}=0.001\Omega$；内电感 $L_{on}=0$；正向管压降 $U_f=0.8$V；缓冲电阻 $R_s=20\Omega$；缓冲电容 $C_s=4\times10^{-6}$F（注意 RC 缓冲电路是晶闸管模块的组成部分）。并分别重新命名为 VT_1、VT_2。

（4）打开图 7-11 所示的电源模块组，复制一个电压源模块到 ThyristorDXQB 模型中，打开参数设置对话框，按要求设置参数。

（5）打开图 7-13 所示的元件模块组，复制电阻元件模块和接地模块到 ThyristorDXQB 模型中，打开参数设置对话框，按要求设置参数。其中设置 $R=2\Omega$。

（6）打开图 7-12 所示的测量模块组，复制一个电流测量装置以测量负载电流；复制一个电压测量装置以测量负载电压。

（7）适当连接后，可以得到仿真电路如图 7-41a 所示。

（8）建立给晶闸管提供触发信号的同步脉冲发生器模型。从图 7-9 的输入源模块组中复制两个脉冲发生器模块到仿真窗口中，为每一个晶闸管提供同步脉冲信号，将其输出连接到对应晶闸管的门极上，并分别命名为 Pulse1、Pulse2。晶闸管的触发脉冲根据仿真时间产生，一个周期内给晶闸管提供一个触发角 α 的触发脉冲。

B 单相全波可控整流电路的仿真

现在打开仿真参数窗口，选择 ode23tb 算法，将相对误差设置为 1×10^{-3}，开始仿真时间设置为 0，停止仿真时间设置为 0.08。若设置晶闸管触发角为 60°，则可得到整流电路仿真结果负载电压及电流波形见图 7-41b。图中，i_d 和 u_d 分别为负载电流和电压，I_{ak} 和 U_{ak} 分别为晶闸管 VT_1 的电流和电压。

7.3.3.4 单相桥式半控整流电路（阻感性负载或附加续流二极管）的 MATLAB 仿真

A 电路的建模与参数设置

单相桥式半控整流电路从电气原理结构图 3-14、图 3-15 可知，该电路由电压源、晶闸管、同步脉冲发生器、阻感性负载及二极管等部分组成。电路建模与参数设置如下：

（1）建立一个新的模型窗口，命名为 ThyristorDXQS1（文件名在符合语法的情况下，可任意定）。

（2）打开如图 7-14 所示的电力电子模块组，复制两个晶闸管模块到 ThyristorDXQS1 模型中。

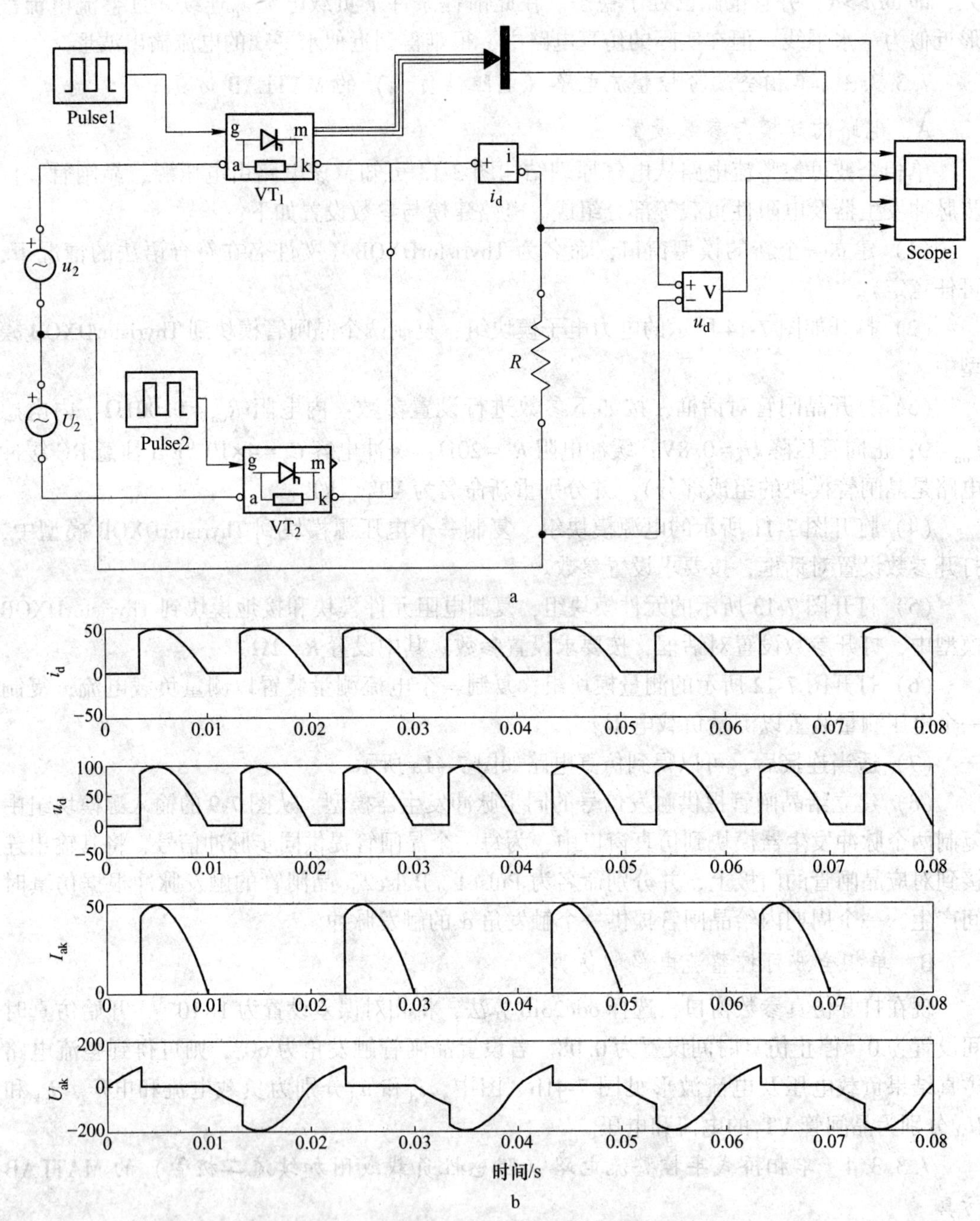

图 7-41　单相半波整流器仿真模型及其仿真结果

a—单相半波整流器带电阻负载仿真模型；b—单相半波整流器带电阻负载仿真结果

（3）打开晶闸管对话框，按如下参数进行设置参数：内电阻 $R_{on}=0.001\Omega$；内电感 $L_{on}=0$；正向管压降 $U_f=0.8V$；缓冲电阻 $R_s=20\Omega$；缓冲电容 $C_s=4\times10^{-6}F$（注意 RC 缓冲电路是晶闸管模块的组成部分）。并分别重新命名为 VT$_1$、VT$_2$、VT$_3$、VT$_4$。

（4）打开图 7-11 所示的电源模块组，复制一个电压源模块到 ThyristorDXQS1 模型中，打开参数设置对话框，按要求设置参数。

（5）打开图 7-13 所示的元件模块组，复制串联阻感元件模块和接地模块到 ThyristorDXQS1 模型中，打开参数设置对话框，按要求设置参数。其中阻感性负载，设置 $R=2\Omega$、$L=10\text{mH}$。

（6）打开图 7-12 所示的测量模块组，复制一个电流测量装置以测量负载电流；复制一个电压测量装置以测量负载电压。

（7）适当连接后，可以得到仿真电路如图 7-42a 所示。

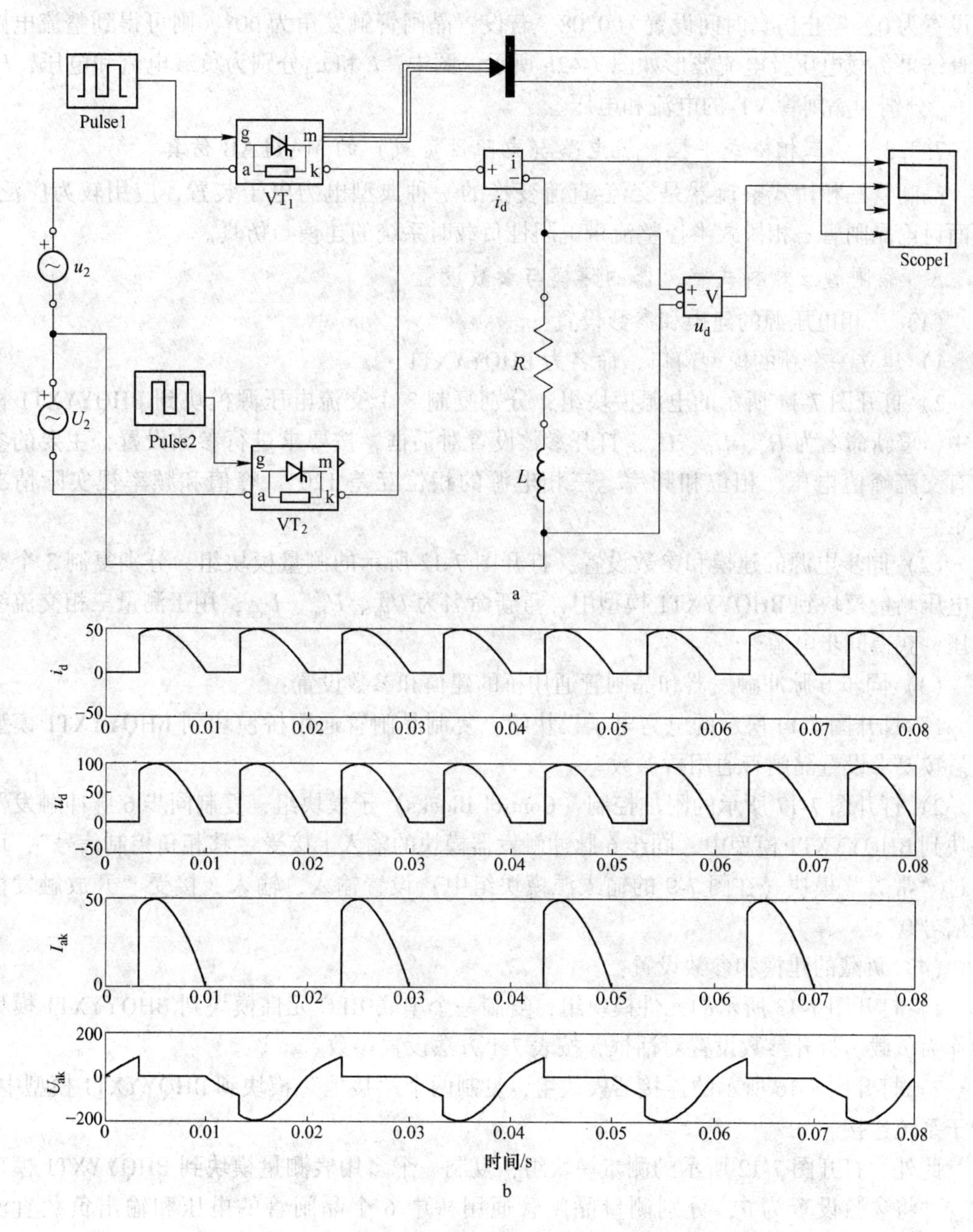

图 7-42 单相半波整流器仿真模型及其仿真结果

a—单相半波整流器带阻感性负载仿真模型；b—单相半波整流器带阻感性负载仿真结果

（8）建立给晶闸管提供触发信号的同步脉冲发生器模型。从图 7-9 的输入源模块组中复制两个脉冲发生器模块到仿真窗口中，为每一个晶闸管提供同步脉冲信号，将其输出连接到对应晶闸管的门极上，并分别命名为 Pulse1、Pulse2。晶闸管的触发脉冲根据仿真时间产生，一个周期内给晶闸管提供一个触发角 α 的触发脉冲。

B 晶闸管元件应用系统的仿真

现在打开仿真参数窗口，选择 ode23tb 算法，将相对误差设置为 1×10^{-3}，开始仿真时间设置为 0，停止仿真时间设置为 0.08。若设置晶闸管触发角为 60°，则可得到整流电路仿真结果负载电压及电流波形如图 7-42b 所示。图中，i_d 和 u_d 分别为负载电流和电压，I_{ak} 和 U_{ak} 分别为晶闸管 VT_1 的电流和电压。

7.3.3.5 三相桥式半控整流电路（电阻性负载）的 MATLAB 仿真

晶闸管三相桥式整流器是交流-直流变换的一种典型电力电子装置，应用较为广泛，下面讨论晶闸管三相桥式半控整流带电阻性负载时系统的建模与仿真。

A 晶闸管三相桥式整流器的建模与参数设置

（1）三相电压源的建模和参数设置：

1）建立一个新的模型窗口，命名为 BHQYYXT1。

2）打开图 7-11 所示的电源模块组，分别复制 3 个交流电压源模块到 BHQYYXT1 模型中，重新命名为 U_a、U_b、U_c；打开参数设置对话框，按要求进行参数设置，主要的参数有交流峰值电压、相位和频率。三相电源的相位互差 120°，峰值和频率视实际情况而定。

（2）同步电源的建模和参数设置：打开图 7-12 所示的测量模块组，分别复制 3 个交流电压测量模块到 BHQYYXT1 模型中，重新命名为 U_{ab}、U_{bc}、U_{ca}，用于测量三相交流线电压，获得同步电源。

（3）同步 6 脉冲触发器和晶闸管通用桥的建模和参数设置：

1）打开图 7-14 所示的电力电子模块组，复制晶闸管通用桥模块到 BHQYYXT1 模型中。按要求设置晶闸管通用桥参数。

2）打开图 7-17 所示的附加控制（Control Blocks）子模块组，复制同步 6 脉冲触发器模块到 BHQYYXT1 模型中。同步 6 脉冲触发器模块的输入 1 接受“移相角控制信号”，可通过“常数”模块（在图 7-9 的输入源模块组中）设置输入，输入 5 接受“开放触发控制信号 0”。

（4）负载的建模和参数设置：

1）打开图 7-13 所示的元件模块组，复制一个串联 RLC 元件模块到 BHQYYXT1 模型中作为负载，打开参数设置对话框，按表 7-1 方法设置参数。

2）打开图 7-16 所示的连接器模块组，复制两个“接地”模块到 BHQYYXT1 模型中，用于系统连接。

此外，打开图 7-12 所示的测量模块组，复制一个多用表测量模块到 BHQYYXT1 模型中，并将参数设置为 7，分别测量晶闸管通用桥中 6 个晶闸管的电压和输出负载直流电压。

通过连接后，可以得到系统仿真模型如图 7-43 所示。

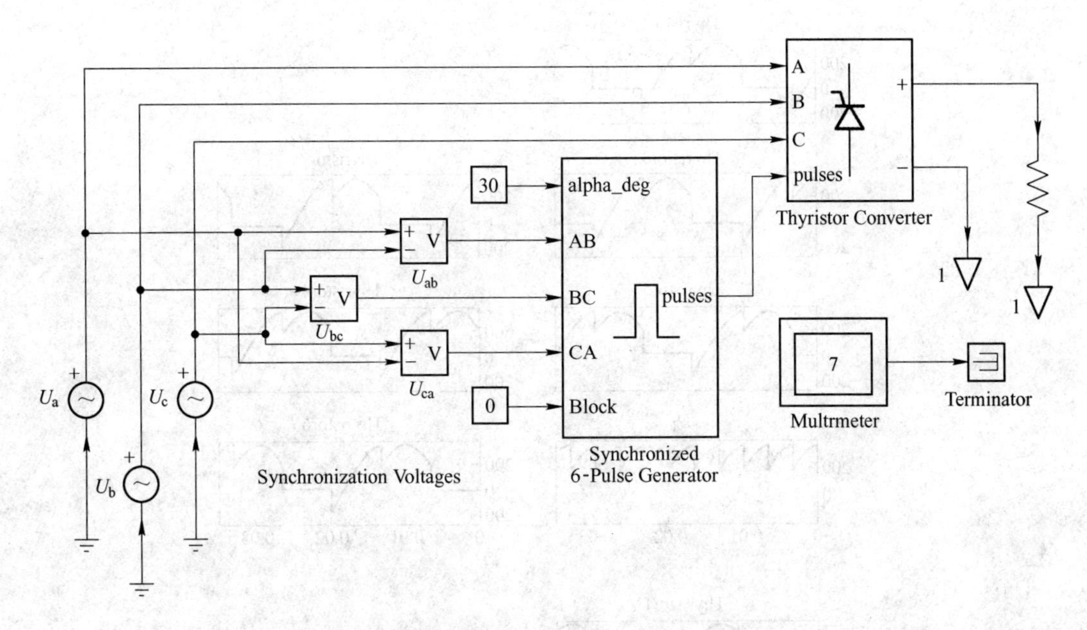

图 7-43 晶闸管三相桥式整流器的仿真模型

B 晶闸管三相桥式整流器的仿真

打开仿真/参数窗口，选择 ode23s 算法，将相对误差设置为 1×10^{-5}，仿真开始时间为 0，停止时间设置为 0.035，并开始进行仿真。图 7-44a ~ c 分别给出了移相控制角 0°、30°、60°时 6 个晶闸管的电压和输出负载直流电压波形。

仿真波形验证了前面的理论分析波形。

7.3.3.6 三相桥式全控整流电路（电阻性负载）的 MATLAB 仿真

A 晶闸管三相桥式全控整流器的建模与参数设置

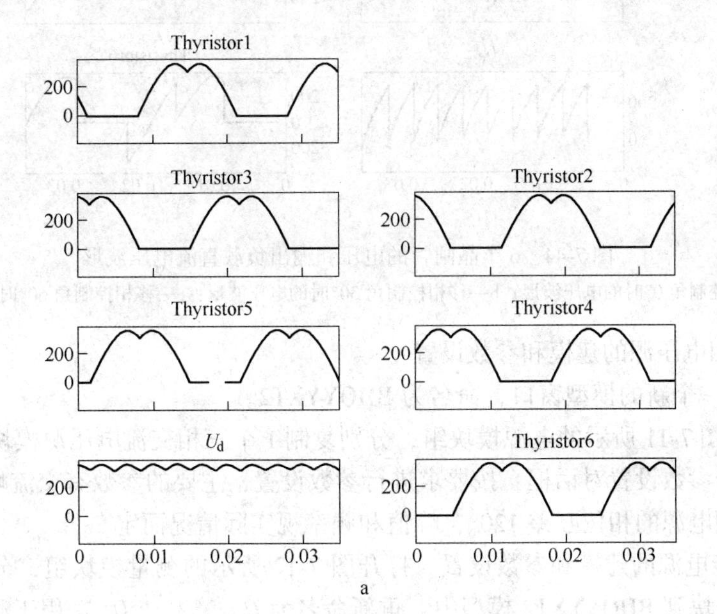

a

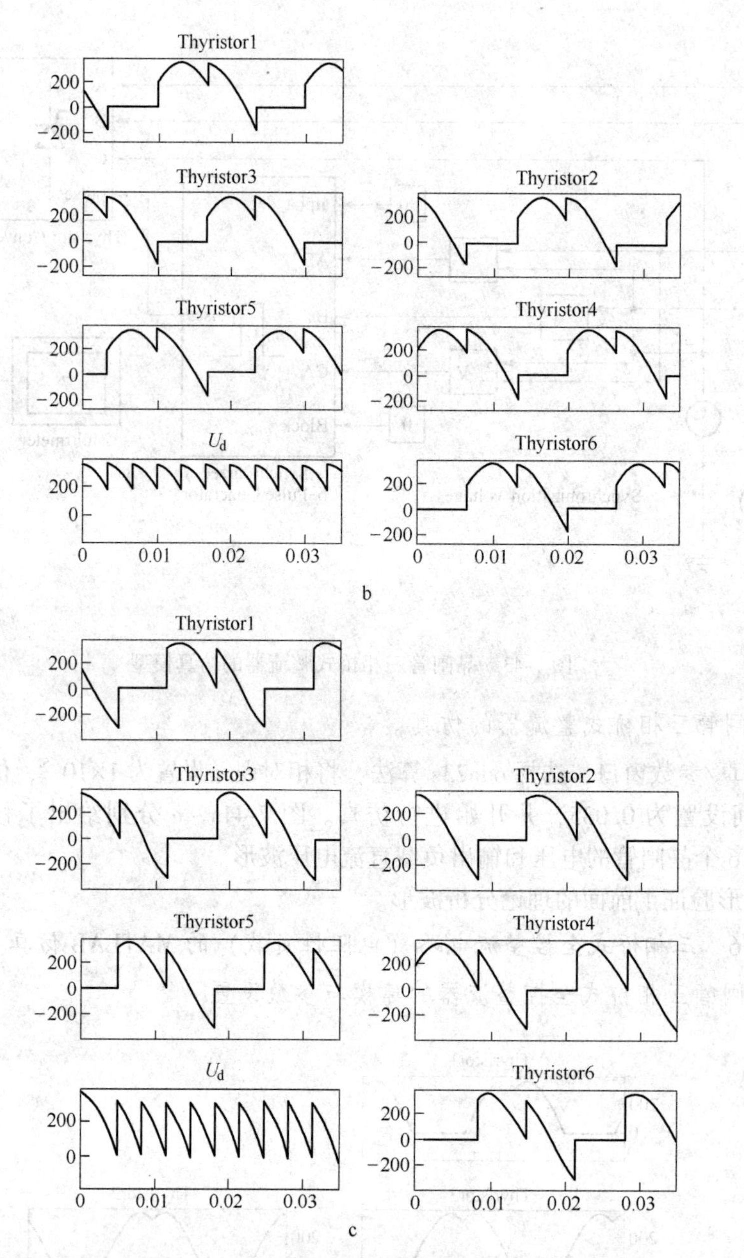

图 7-44 6 个晶闸管的电压和输出负载直流电压波形

a—移相控制角 0°时的电压波形；b—移相控制角 30°时的电压波形；c—移相控制角 60°时的电压波形

（1）三相电压源的建模和参数设置：

1）建立一个新的模型窗口，命名为 BHQYYXT2。

2）打开图 7-11 所示的电源模块组，分别复制 1 个三相交流电压源模块到 BHQYYXT2 模型中；打开参数设置对话框，按要求进行参数设置，主要的参数有交流峰值电压、相位和频率。三相电源的相位互差 120°，峰值和频率视实际情况而定。

（2）同步电源的建模和参数设置：打开图 7-12 所示的测量模块组，分别复制 3 个交流电压测量模块到 BHQYYXT2 模型中，重新命名为 U_{ab}、U_{bc}、U_{ca}，用于测量三相交流线电压，获得同步电源。

（3）同步6脉冲触发器和晶闸管通用桥的建模和参数设置：

1）打开图7-14所示的电力电子模块组，复制晶闸管通用桥模块到BHQYYXT2模型中。按要求设置晶闸管通用桥参数。

2）打开图7-17所示的附加控制（Control Blocks）子模块组，复制同步6脉冲触发器模块到BHQYYXT2模型中。同步6脉冲触发器模块的输入1接受“移相角控制信号”，可通过“常数”模块（在图7-9的输入源模块组中）设置输入，输入5接受“开放触发控制信号0”。

（4）负载的建模和参数设置：

1）打开图7-13所示的元件模块组，复制一个串联RLC元件模块到BHQYYXT2模型中作为负载，打开参数设置对话框，按表7-1方法设置参数。

2）打开图7-16所示的连接器模块组，复制两个“接地”模块到BHQYYXT2模型中，用于系统连接。

此外，打开图7-12所示的测量模块组，复制一个多用表测量模块到BHQYYXT2模型中，并将参数设置为2，分别测量输出负载直流电流及电压。

通过连接后，可以得到系统仿真模型如图7-45所示。

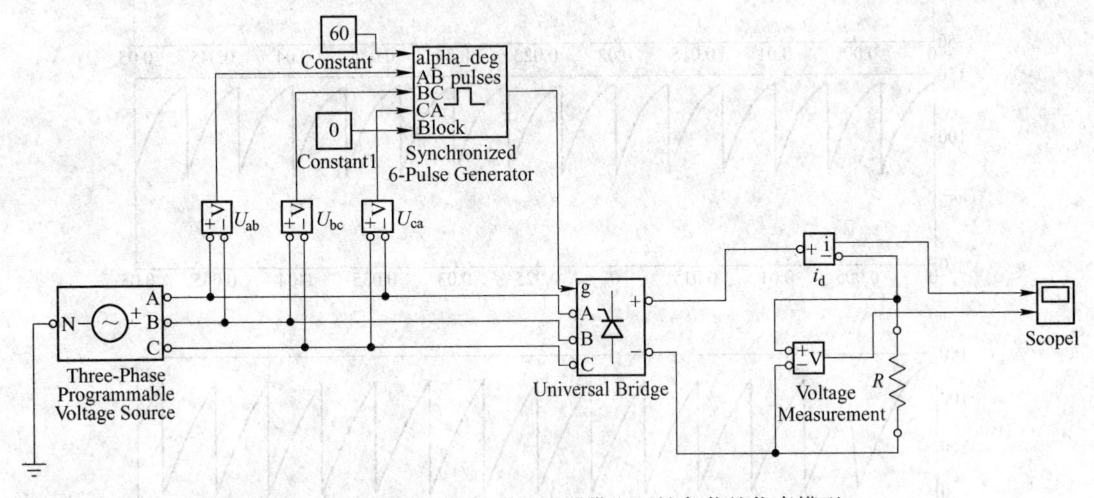

图7-45 晶闸管三相桥式整流器带电阻性负载的仿真模型

B 晶闸管三相桥式整流器的仿真

打开仿真/参数窗口，选择ode23s算法，将相对误差设置为1×10^{-5}，仿真开始时间为0，停止时间设置为0.05，并开始进行仿真。图7-46a~c分别给出了移相控制角0°、30°、60°时晶闸管的电压和输出负载直流电压波形。

7.3.3.7 三相桥式全控整流电路（阻感性负载）的MATLAB仿真

A 晶闸管三相桥式全控整流器的建模与参数设置

（1）三相电压源的建模和参数设置：

1）建立一个新的模型窗口，命名为BHQYYXT3。

2）打开图7-11所示的电源模块组，分别复制1个三相交流电压源模块到BHQYYXT3

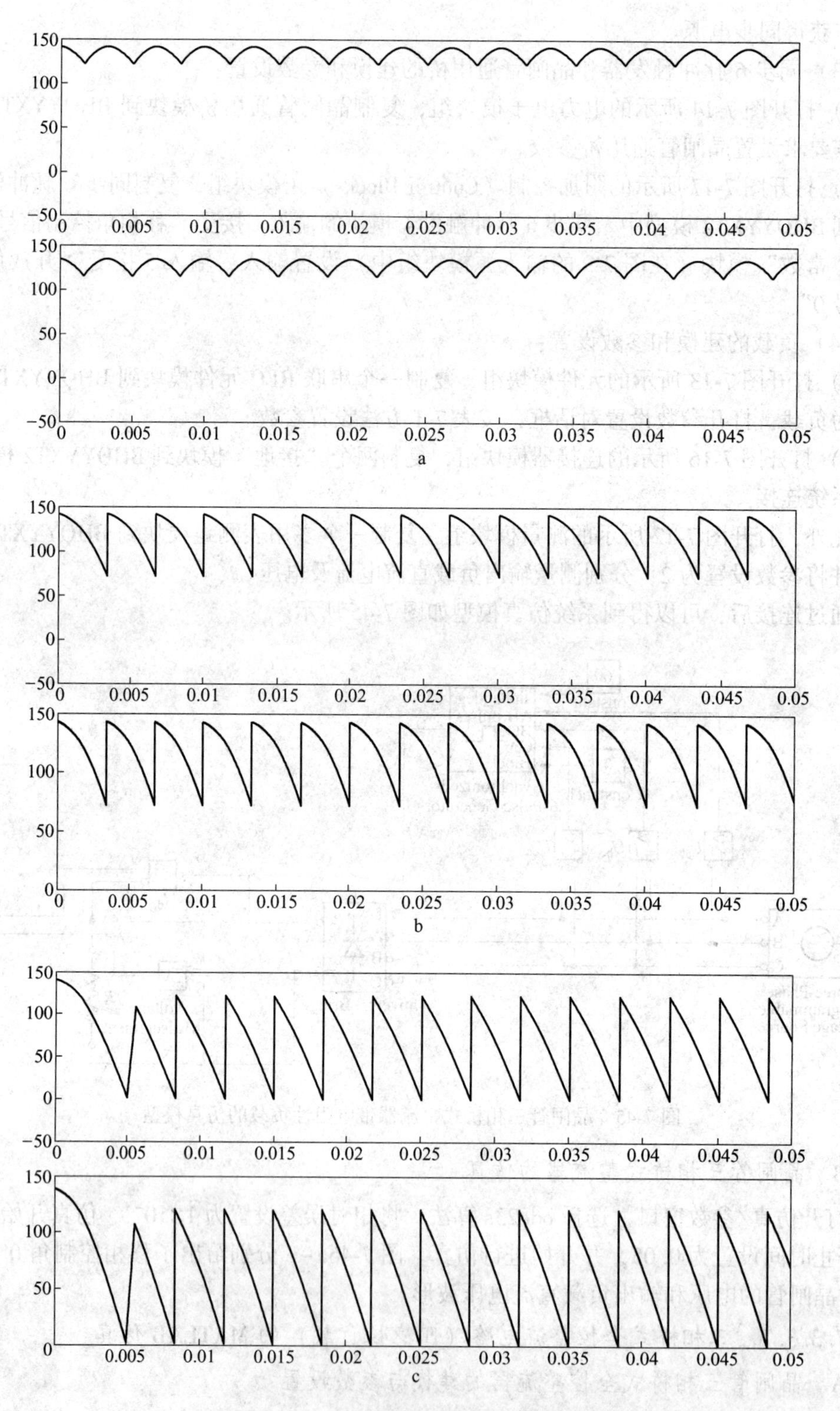

图 7-46 晶闸管三相桥式整流器的仿真结果

a—移相控制角 0°；b—移相控制角 30°；c—移相控制角 60°

模型中；打开参数设置对话框，按要求进行参数设置，主要的参数有交流峰值电压、相位和频率。三相电源的相位互差 120°，峰值和频率视实际情况而定。

（2）同步电源的建模和参数设置：

打开图 7-12 所示的测量模块组，分别复制 3 个交流电压测量模块到 BHQYYXT3 模型中，重新命名为 U_{ab}、U_{bc}、U_{ca}，用于测量三相交流线电压，获得同步电源。

（3）同步 6 脉冲触发器和晶闸管通用桥的建模和参数设置：

1）打开图 7-14 所示的电力电子模块组，复制晶闸管通用桥模块到 BHQYYXT3 模型中。按要求设置晶闸管通用桥参数。

2）打开图 7-17 所示的附加控制（Control Blocks）子模块组，复制同步 6 脉冲触发器模块到 BHQYYXT3 模型中。同步 6 脉冲触发器模块的输入 1 接受"移相角控制信号"，可通过"常数"模块（在图 7-9 的输入源模块组中）设置输入，输入 5 接受"开放触发控制信号 0"。

（4）负载的建模和参数设置：

1）打开图 7-13 所示的元件模块组，复制一个串联 RLC 元件模块到 BHQYYXT3 模型中作为负载，打开参数设置对话框，按表 7-1 方法设置参数。

2）打开图 7-16 所示的连接器模块组，复制两个"接地"模块到 BHQYYXT3 模型中，用于系统连接。

此外，打开图 7-12 所示的测量模块组，复制一个多用表测量模块到 BHQYYXT3 模型中，并将参数设置为 1，输出负载电压。

通过连接后，可以得到系统仿真模型如图 7-47 所示。

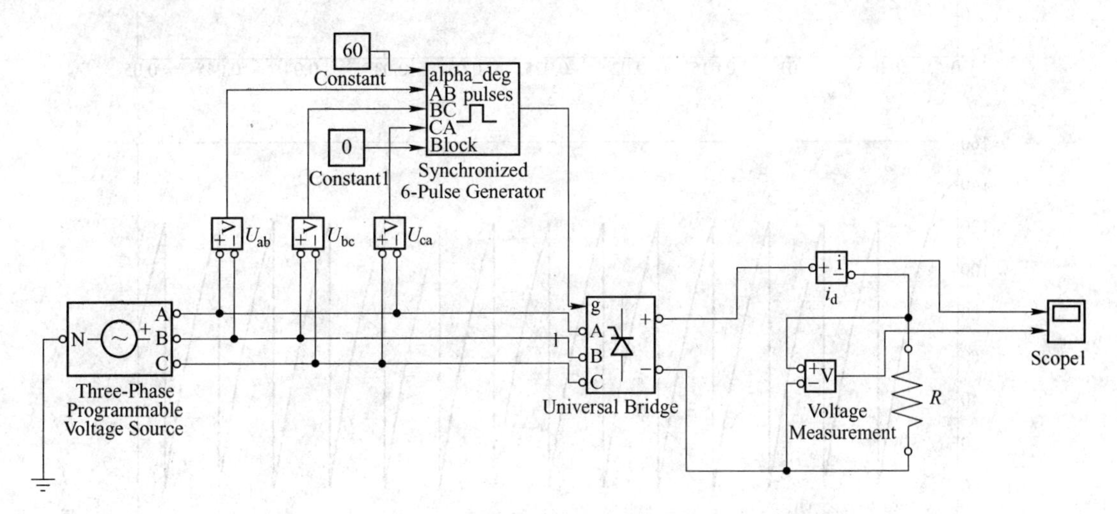

图 7-47 晶闸管三相桥式整流器带阻感性负载的仿真模型

B 晶闸管三相桥式整流器的仿真

打开仿真/参数窗口，选择 ode23s 算法，将相对误差设置为 1×10^{-5}，仿真开始时间为 0，停止时间设置为 0.05，并开始进行仿真。图 7-48a～c 分别给出了移相控制角 0°、30°、60°时输出负载直流电压波形。

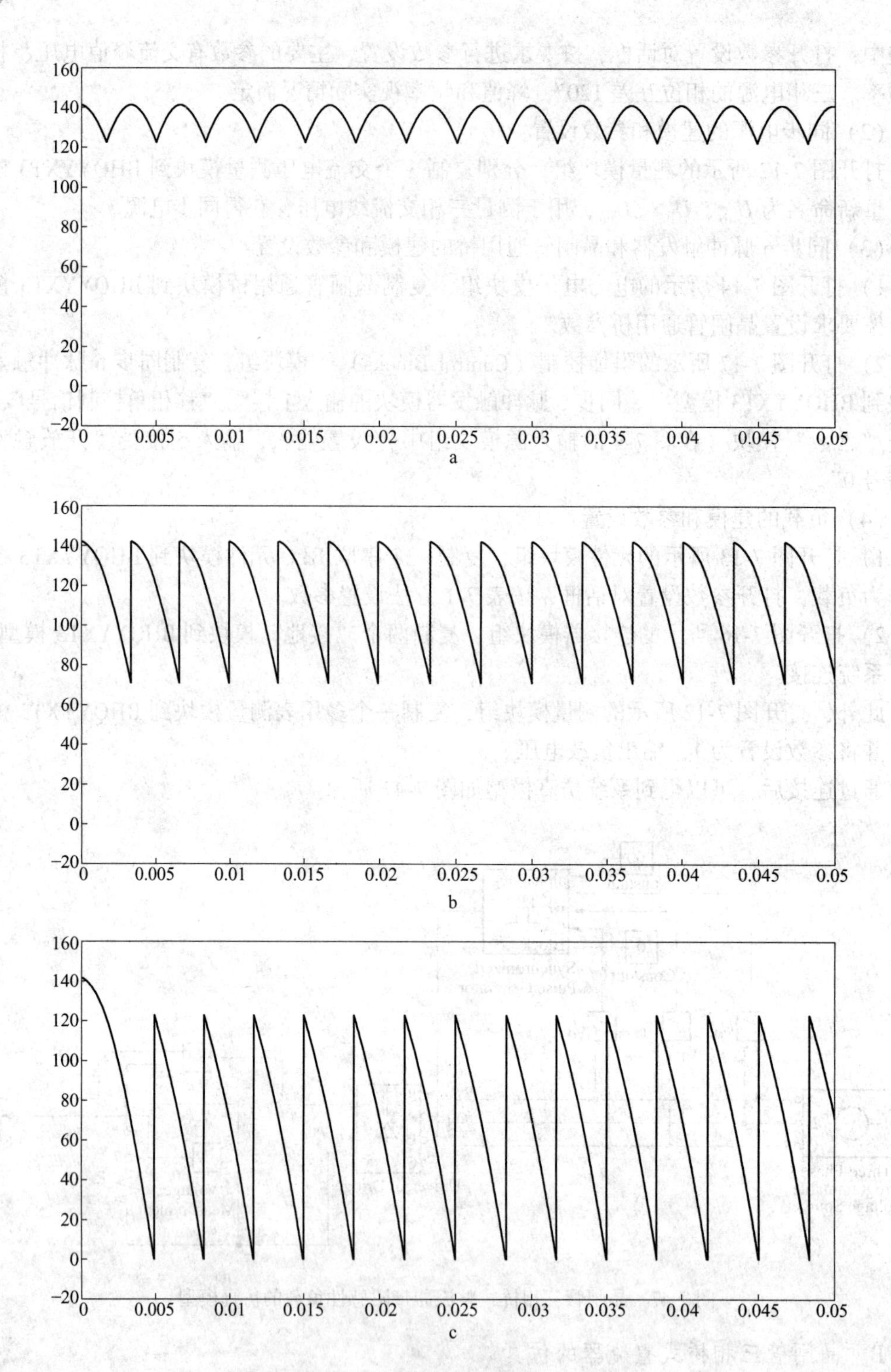

图 7-48 晶闸管三相桥式整流器的仿真结果

a—移相控制角 0°；b—移相控制角 30°；c—移相控制角 60°

习题与思考题

1. 用 MATLAB 仿真单相交流调压电路，设输入交流电压为 100V，频率为 50Hz，触发电路的周期去 0.01s，触发角（Phase Delay）取 0.04s。分别按下负载参数进行仿真，要求得到输出电压、输出电流、晶闸管 VT_1 的电压和电流的波形。仿真器算法用 ode15s 或 ode23tb。

（1）负载参数取 $R = 10\Omega$，$L = 0$（纯电阻负载，电路工作正常）；

（2）负载参数取 $R = 10\Omega$，$L = 5H$（阻感性负载，此时 $\alpha < \beta$，电路失控）；

（3）负载参数取 $R = 10\Omega$，$L = 0.04H$（阻感性负载，此时 $\alpha > \beta$，电路工作正常）。

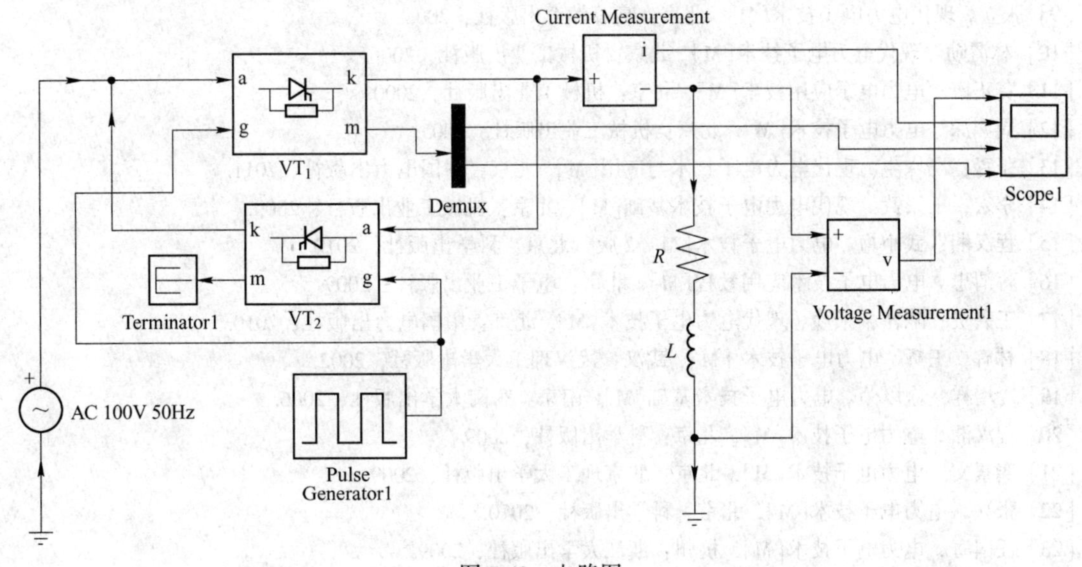

图 7-49　电路图

参考文献

[1] 王兆安，黄俊．电力电子技术[M].4版．北京：机械工业出版社，2010.
[2] 王兆安，刘进军．电力电子技术[M].5版．北京：机械工业出版社，2010.
[3] 张兴，杜少武，黄海宏．电力电子技术[M]．北京：科学出版社，2010.
[4] 周渊深，宋永英．电力电子技术[M].2版．北京：机械工业出版社，2010.
[5] 杨卫国，肖冬．电力电子技术[M]．北京：冶金工业出版社，2011.
[6] 王云亮，周渊深．电力电子技术[M].2版．北京：电子工业出版社，2009.
[7] 贺益康，潘再平．电力电子技术[M]．北京：科学出版社，2004.
[8] 刘志刚，叶斌，梁晖．电力电子学[M]．北京：清华大学出版社，北京交通大学出版社，2004.
[9] 张立．现代电力电子技术[M]．北京：高等教育出版社，2004.
[10] 林渭勋．现代电力电子技术[M]．北京：机械工业出版社，2006.
[11] 莫正康．电力电子应用技术[M]．北京：机械工业出版社，2000.
[12] 周渊深．电力电子技术[M]．北京：机械工业出版社，2005.
[13] 张森，冯垛生．现代电力电子技术与应用[M]．北京：中国电力出版社，2011.
[14] 李宏，王崇武．现代电力电子技术基础[M]．北京：机械工业出版社，2009.
[15] 程汉湘，武小梅．电力电子技术[M].2版．北京：科学出版社，2010.
[16] 蒋渭忠．电力电子技术应用教程[M]．北京：电子工业出版社，2009.
[17] 王兴贵，陈伟，张巍．现代电力电子技术[M]．北京：中国电力出版社，2010.
[18] 林辉，王辉．电力电子技术 [M]．武汉：武汉理工大学出版社，2002.
[19] 冷增祥，徐以荣．电力电子技术基础[M]．南京：东南大学出版社，2006.
[20] 程汉湘．电力电子技术[M]．北京：科学出版社，2009.
[21] 龚素文．电力电子技术[M]．北京：北京理工大学出版社，2009.
[22] 张兴．电力电子技术[M]．北京：科学出版社，2010.
[23] 任国海．电力电子技术[M]．杭州：浙江大学出版社，2009.
[24] 王云亮．电力电子技术[M]．北京：电子工业出版社，2004.
[25] 魏艳君．电力电子电路仿真——MATLAB和PSpice应用[M]．北京：机械工业出版社，2012.
[26] 王晶，翁国庆，张有兵．电力系统的MATLAB/SIMULINK仿真与应用[M]．西安：西安电子科技大学出版社，2008.
[27] 陈建业．电力电子电路的计算机仿真[M]．北京：清华大学出版社，2003.
[28] 孙鹤旭，迟岩．电力电子系统计算机仿真与辅助分析[M]．哈尔滨：哈尔滨工业大学出版社，1994.